“十三五”国家重点出版物出版规划项目·重大出版工程
高超声速出版工程

高速飞行器等离子体鞘套及电磁特性数据手册

吕跃广　郭立新　李江挺　等著

科学出版社
北京

内 容 简 介

本书主要针对高超声速飞行器等离子体鞘套及其电磁特性展开讨论。全书共5章，首先叙述高超声速飞行器的研究意义和应用背景、分析近空间高速飞行器等离子体鞘套的形成机理、给出典型外形高超声速绕流流场数据。其次，数值仿真高超声速飞行器等离子鞘套的电波传播数据，分析高超声速飞行器等离子体鞘套的电磁散射特性。最后，开展高速目标等离子体鞘套特性弹道靶试验研究，内容包括弹道靶模型设计以及高速目标等离子体鞘套特性激波管试验。

本书的使用对象主要是具有大专以上学历的科技工作者、从事试验技术总体与技术管理的工作人员，以及高等院校相关专业的师生。

图书在版编目(CIP)数据

高速飞行器等离子体鞘套及电磁特性数据手册 / 吕跃广等著. —北京：科学出版社，2019.9
高超声速出版工程　国家出版基金项目　“十三五”国家重点出版物出版规划项目・重大出版工程
ISBN 978-7-03-061959-4

Ⅰ. ①高…　Ⅱ. ①吕…　Ⅲ. ①高速度—飞行器—再入等离子体鞘套—电磁性质—数据—技术手册　Ⅳ. ①V47-62

中国版本图书馆 CIP 数据核字(2019)第 165207 号

责任编辑：徐杨峰 / 责任校对：谭宏宇
责任印制：黄晓鸣 / 封面设计：殷　靓

科学出版社 出版
北京东黄城根北街 16 号
邮政编码：100717
http://www.sciencep.com
南京展望文化发展有限公司排版
苏州市越洋印刷有限公司印刷
科学出版社发行　各地新华书店经销
*
2019年9月第　一　版　开本：B5(720×1000)
2019年9月第一次印刷　印张：17 3/4
字数：310 000

定价：170.00 元

(如有印装质量问题，我社负责调换)

高超声速出版工程

专家委员会

高超声速出版工程 · 高超声速信息与测控系列

编写委员会

《高速飞行器等离子体鞘套及电磁特性数据手册》

编写人员

主　编

吕跃广

参编人员

郭立新　李江挺　李小平　陈伟芳

黄　洁　韩一平　孙秀冬

丛书序

飞得更快一直是人类飞行发展的主旋律。

1903 年 12 月 17 日，莱特兄弟发明的飞机腾空而起，虽然飞得摇摇晃晃，犹如蹒跚学步的婴儿，但拉开了人类翱翔天空的华丽大幕；1949 年 2 月 24 日，Bumper-WAC 从美国新墨西哥州白沙发射场发射升空，上面级飞行速度超越马赫数 5，实现人类历史上第一次高超声速飞行。从学会飞行，到跨入高超声速，人类用了不到五十年，蹒跚学步的婴儿似乎长成了大人，但实际上，迄今人类还没有实现真正意义的商业高超声速飞行，我们还不得不忍受洲际旅行需要十多个小时甚至更长飞行时间的煎熬。试想一下，如果我们将来可以在两小时内抵达全球任意城市的时候，这个世界将会变成什么样？这并不是遥不可及的梦！

今天，人类进入高超声速领域已经快 70 年了，无数科研人员为之奋斗了终生。从空气动力学、控制、材料、防隔热到动力、测控、系统集成等众多与高超声速飞行相关的学术和工程领域内，一代又一代科研和工程技术人员传承创新，为人类的进步努力奋斗，共同致力于推动人类飞得更快这一目标。量变导致质变，仿佛是天亮前的那一瞬，又好像是蝶即将破茧而出，几代人的奋斗把高超声速推到了嬗变前的临界点上，相信高超声速飞行的商业应用已为期不远！

高超声速飞行的应用和普及必将颠覆人类现在的生活方式，极大地拓展人类文明，并有力地促进人类社会、经济、科技和文化的发展。这一伟大的事业，需要更多的同行者和参与者！

书是人类进步的阶梯。

实现可靠的长时间高超声速飞行堪称人类在求知探索的路上最为艰苦卓绝的一次前行，将披荆斩棘走过的路夯实、巩固成阶梯，以便于后来者跟进、攀登，意义深远。

以一套丛书,将高超声速基础研究和工程技术方面取得阶段性成果和宝贵经验固化下来,建立基础研究与高超声速技术应用的桥梁,为广大研究人员和工程技术人员提供一套科学、系统、全面的高超声速技术参考书,可以起到为人类文明探索、前进构建阶梯的作用。

2016 年,科学出版社就精心策划并着手启动了“高超声速出版工程”这一非常符合时宜的事业。我们围绕“高超声速”这一主题,邀请国内优势高校和主要科研院所,组织国内各领域知名专家,结合基础研究的学术成果和工程研究实践,系统梳理和总结,共同编写了“高超声速出版工程”丛书,丛书突出高超声速特色,体现学科交叉融合,确保了丛书的系统性、前瞻性、原创性、专业性、学术性、实用性和创新性。

丛书记载和传承了我国半个多世纪尤其是近十几年高超声速技术发展的科技成果,凝结了航天航空领域众多专家学者的智慧,既可为相关专业人员提供学习和参考,又可作为工具指导书。期望本套丛书能够为高超声速领域的人才培养、工程研制和基础研究提供有益的指导和帮助,更期望本套丛书能够吸引更多的新生力量关注高超声速技术的发展,并投身于这一领域,为我国高超声速事业的蓬勃发展做出力所能及的贡献。

是为序!

2017 年 10 月

前言

本书对高超声速飞行器等离子体鞘套进行了全面的研究,研究内容涉及等离子体鞘套的形成机理、绕流流场、电波传播、电磁散射及试验研究部分,从整体上对高超声速飞行器等离子体鞘套进行了深入而系统的分析。高超声速飞行器等离子体鞘套是一门综合性的科学技术,涵盖了高超声速空气动力学、等离子体动力学、物理化学、电磁学、光学等学科和相关技术。如今,航空航天技术的迅猛发展,极大地推动了相关学科的发展,例如,计算电磁学、计算空气动力学等都在航天和航空飞行器的设计中得到了广泛的应用。本书主要针对高超声速飞行器等离子体鞘套开展研究,将不同特性下对应的等离子体鞘套的影响,详尽地进行了分类整理,为后续的研究工作提供了指导,同时也为高超声速飞行器的地面通信及目标隐身提供了理论依据。

本书共 5 章。第 1 章简要叙述高超声速飞行器的研究意义和应用背景。第 2 章叙述高超声速飞行器等离子体鞘套的形成机理、控制方程、绕流流场数值计算方法及典型外形高超声速绕流流场数据。第 3 章采用时域有限差分(finite-difference time-domain, FDTD)法得到高超声速飞行器等离子体鞘套的电波传播计算数据。第 4 章主要分析高超声速飞行器等离子体鞘套的电磁散射特性,并得到典型外形下的电磁散射计算数据。第 5 章开展高速目标等离子体鞘套特性弹道靶试验研究,内容包括弹道靶模型设计及高速目标等离子体鞘套特性激波管试验。

在本书编写过程中，得到了浙江大学、中国空气动力研究与发展中心、北京临近空间飞行器系统工程研究所、清华大学、哈尔滨工业大学、西安电子科技大学等机构及相关领导的关心与支持，在此一并表示感谢。

必须指出的是，本书涉及的学科多、内容广，因此在编写过程中并没有对基本概念进行过多的叙述，而是着眼于应用，把重点放在了解决问题的基本原理、方法和数据结果的叙述上。由于时间仓促、作者学识有限，不妥之处在所难免，敬请读者批评指正。

作　者

2019 年 8 月

高超声速出版工程

目 录

第 3 章 高超声速飞行器等离子体鞘套的电波传播特性分析

第 4 章 高超声速飞行器等离子体鞘套的电磁散射特性分析

第 5 章　高速目标等离子体鞘套特性弹道靶试验研究

参考文献

第1章
绪　论

临近空间[1-4]是指距地面20~100 km高度的空间区域，涉及大气平流层、中间层和热层三块区域，介于卫星和航空平台之间，是迄今尚有待开发的空域[5,6]。随着时代的进步和科学技术的发展，人们对这一区域的认识程度也越来越高。目前，临近空间对于军用和民用都有非常重大的意义：在平流层，由于这一区域没有大气对流现象且空气中含有的杂质比例相对较小，又常年处于恒温状态，在这一区域的高超声速飞行器具有受干扰少、机动性能强、维护简单和使用寿命长等优势，所以这一区域是进行高超声速飞行的理想场所。各国的高超声速武器和飞行器的实验基本上也都在临近空间开展。受到这些方面的影响，对临近空间的合理开发和利用开始受到各国的关注。如何快速、有效地掌握临近空间的最新技术和最佳手段必然会成为今后在这一领域立足的关键点[7,8]。

历史经验表明：要想在新领域获得绝对的领导权和发言权，就必须在这一方面的科技上加大投入，以求最快地掌握前沿技术。对于临近空间的开发和高超声速飞行器的实验，目前各国都在并肩赛跑。最具有代表性的是美国、欧盟、以色列和亚洲的一些科技强国[9,10]。美国的RAVEN公司成立了高空哨兵项目，主要对平流层高空飞艇的监测和通信方面做演示验证。美国空军（United States Air Force，USAF）的导弹防御局也成立了高空飞艇项目，对平流层中的导弹预警及拦截做验证分析，而且目前已经取得了很大的进展[11]。以色列飞机工业公司在2010年启动了侦查飞艇项目，并且完成了飞行实验的目标。欧洲空间局（European Space Agency，ESA）和英国空中交通管制（Air Traffic Control，ATC）分别于近几年启动了高空长航时飞艇和平流层卫星项目，旨在解决临近空间的高空通信问题，目前仍然处于开发阶段。同时，欧盟各国还推出了“Promethee计划”等。日本和韩国也开展了临近空间与地面雷达站的高空通信实验，如平流层飞艇项目和平流层平台项目[10]。

在这些项目的持续推动下，各科技大国相继取得了进展。首先，美国波音公司研制的可重复使用空天飞机 X-37B 从临近空间飞入太空，在近地轨道在轨飞行 7 个月，并首次成功自主重返大气层；美国在 Hyper-X 计划支持下研制的 X-43A 飞行器[12,13]，突破了超燃冲压发动机技术和姿态控制技术，在 35 km 高度的临近空间实现了 10Ma 的超高速飞行和机动变轨；欧洲太空局在超高速载人飞行上迈出了关键一步，近期启动了 IXV 计划，目的是验证载人飞行器的发射、控制和返回等技术。其次，德国联邦研究与技术局早在 20 世纪 70 年代就制订了 HTP 计划，后来随着技术水平的不断更新，到 20 世纪 90 年代中后期，德国的联邦研究技术部开始了 HFK 计划。其基本原理是：首先采用地（海）基发射火箭助推，然后在距离地面 20 km 处自身发动机再次点火加速，以实现高超声速飞行，这样，经过两次加速后的飞行器在巡航段（20～45 km）的平流层基本能保持在 7Ma 的稳定飞行状态。

由前面的介绍可知，临近空间高超声速飞行器有以下几方面的优点：

（1）超高的巡航性能。实现全球范围内的快速客运，将会开辟一种全新的空运模式，其未来商业潜力十分巨大[14]。由于平流层气象条件十分稳定，且不受尘埃、雾霾、冰晶颗粒、高空飞行物等因素的影响，客运载人飞机可以全程超声速飞行，所以对于商业领域是不可多得的机会。

（2）发射成本低。对于在临近空间飞行的飞行器，既可以从地基发射也可以从海基发射，因此对地面后勤的要求非常低，飞行器的适应性强。据估算，其发射费用只有航天飞机的 1/5，将在未来空间发射的激烈竞争中占主导地位。

（3）使用寿命长，可多次发射。受平流层稳定气象条件的影响，当临近空间的飞行器在平流层飞行时，基本不会受到大气的腐蚀。此外，它具备重复使用和往返运输的能力，能适应频繁发射的需要，将是未来建设空间站、开发空间资源的主力运载器[15,16]。

然而，即便高超声速飞行器有诸多优势，但是由于其产生的等离子体鞘套会对电磁波有吸收和折射等作用，所以在电磁波受到干扰后，信号传输会出现问题，这不仅会影响地面雷达监测站与飞行目标的相互通信，还会导致通信中断。

“等离子体鞘套”是一层包覆在飞行器表面的等离子体，是飞行器在高速飞行过程中与空气摩擦而产生高温，当温度高到一定程度时（通常情况下>1 000℃），空气分子被高温激发电离所形成的[17,18]。这些因电离而产生的自由电子、离子和中性粒子会组成一个等离子体流场，当电磁波入射到等离子体层时,这些粒子受到库伦力的作用会加大相互之间的动能,也加强了粒子与粒子之间的碰撞概率,导致电磁波电场能量的损耗,这会对携带信号的电场造成很大的影响,从而导致通信质量恶化,严重时会出现信号消失,形成“黑障”的现象[19,20]。

因此,开展临近空间高超声速飞行器等离子体鞘套的研究意义重大。本书随后的几章就临近空间高超声速飞行器等离子体鞘套的模型建立、流场云图、传播、散射特性及地面试验研究进行了详尽的归纳总结。

第 2 章

高超声速飞行器等离子体鞘套及电磁特性

2.1 高超声速等离子体鞘套形成机理及控制方程

2.1.1 等离子体鞘套形成机理

高焓流动中包含了离解、复合、电离等多种化学反应，从而产生了包含多组元混合气体的等离子体。本小节以飞行高度为 61 km，飞行马赫数为 23.9 的 RAM-C-Ⅱ高超声速飞行器稳态等离子体流场为例，采用七组元空气化学反应模型，对高温驻点区域各主要化学反应的正、逆反应过程进行分析，如图 2.1 所示。从氮气、氧气和一氧化氮的离解与复合反应过程可以看出，在激波后的大部分区域，上述三个反应中均为正向的离解反应占主导地位，并产生了大量氮原子和氧原子。同时，激波后逆向的复合反应速率也有明显增加，并在低温物面附近达到最大值。从一氧化氮的置换反应及氮原子和氧原子的复合与电离反应过程可以看出，激波后区域内处于主导地位的正向置换反应使得一氧化氮的浓度明显增加，同时一氧化氮离子及自由电子的浓度随着正向复合与电离反应速率的增加而提高。对于上述三个反应中的逆向反应过程，其反应速率在激波前区域便开始缓慢增加，并在经过激波后达到最大值。经过上述复杂的化学反应，强激波后区域聚集了由大量高温中性粒子和带电粒子形成的等离子体。值得注意的是，临近空间的特点使得气体分子在经过强激波后存在内能激发过程及松弛过程，这也对等离子体的形成过程产生影响。

高浓度的等离子体在头部驻点区域形成后会随高速来流扩散至包裹住整个飞行器流场，从而形成大范围的等离子体鞘套。等离子体鞘套的分布与飞行器绕流流场密切相关，以返回舱流场为例，其可以分为驻点区、中间区和尾流区，

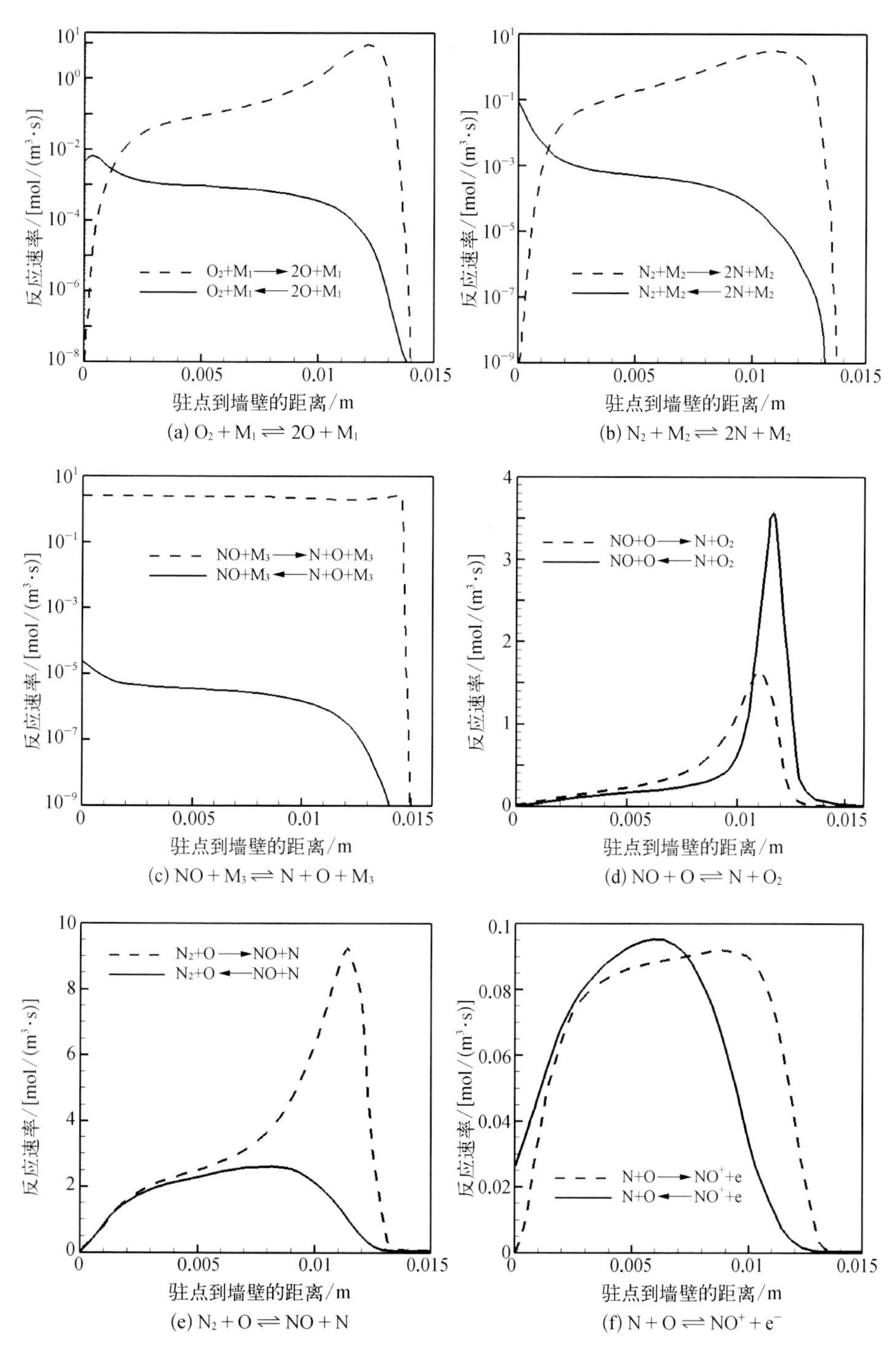

(a) $O_2 + M_1 \rightleftharpoons 2O + M_1$　(b) $N_2 + M_2 \rightleftharpoons 2N + M_2$

(c) $NO + M_3 \rightleftharpoons N + O + M_3$　(d) $NO + O \rightleftharpoons N + O_2$

(e) $N_2 + O \rightleftharpoons NO + N$　(f) $N + O \rightleftharpoons NO^+ + e^-$

图 2.1　RAM-C-Ⅱ流场驻点线上各化学反应的组元生成率曲线图

(H = 61 km, Ma = 23.9, 攻角 = 0°)

如图 2.2 所示[21]。头部弓形激波后区域的高速气流在边界层黏性影响下减速，并在中间区产生非平衡状态的化学反应气体，该区域的等离子体电子浓度及其温度均远低于驻点区。在飞行器尾部，流动经过飞行器肩部的剧烈膨胀产生自由剪切区和分界流线，并在下游区域形成后驻点区及低速回流区。在尾流区，电离区域逐渐扩大，电子与离子复合速率很高，电子数密度逐渐减小。但当存在大量热防护烧蚀材料的污染物时，尾流区中的电子数密度会提高 1~2 个量级，并对飞行器的电磁特性产生影响。

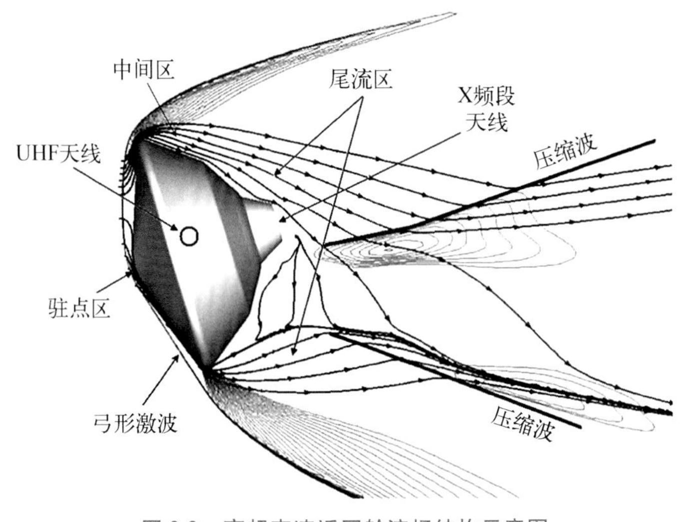

图 2.2 高超声速返回舱流场结构示意图

2.1.2 高超声速流动高温气体效应

运用现代计算流体动力学（computational fluid dynamics, CFD）方法模拟高超声速化学反应流动的尝试始于 20 世纪 80 年代，早期的研究包括采用解耦的化学反应源项[22]或耦合简化的化学反应模型[23]进行化学反应流场的近似模拟。Candler 将热化学非平衡效应以源项的形式添加到纳维-斯托克斯（Navier-Stokes, N-S）方程中，并通过隐式方法推进求解，首次实现了三维高超声速流场的数值仿真。之后国外陆续发展了多套高超声速热化学非平衡流动模拟软件，主要包括 LAURA（Langley aerothermodynamic upwind relaxation algorithm）[24]、US3D[25]和 DPLR（data parallel line relaxation）[26]。这三套软件采用的热力学及化学反应算法类似，其中，热力学非平衡模型采用结合了 Landau-Teller 振动能松弛模型[27]的 Park 双温模型[28]，化学反应模型采用 Gupta 等[29]和 Park 等[30]的空气反应模型,组元热传导系数和热传导系数分别采用二元扩散模型[31]和曲线拟合方法[32]。在上述软件的基础上,国外学者对不同外形和工况下的高超声速飞行器热化学非平衡流场开展了一系列数值模拟研究,取得了诸多有益于工程设计的结果[33-37]。国内非平衡流的相关研究在近年来发展迅速,成果主要包括在 NND(nonpdrm) 格式和 AUSM(advection upstveam splitting method) 类格式[38]基础上发展的一系列化学反应流动数值模拟方法,并已成功地运用于多种模型的高超声速流场仿真,获得了与理论及实验值都较为吻合的结果[39-42]。

上述研究工作使得数值模拟等离子体鞘套成为可能。与实验方法相比,数值模拟方法有其天然的优势。一方面,数值模拟能在充分考虑高超声速流动中多种物理化学效应的前提下更准确地模拟临近空间的大气环境,从而捕捉到复杂流动现象中的物理细节,提供更为丰富的等离子体特征参数分布数据。另一方面,数值模拟可以较为便捷地进行飞行器外形及飞行条件变更,其仿真周期主要依赖计算方法的执行效率和计算机硬件条件,可以显著减少探索极端环境下等离子体鞘套特性的研究费用。本章将通过考察高超声速流动中的高温气体效应,研究等离子体鞘套的形成机理及特征参数,探索等离子体鞘套与入射电磁波的作用规律,并构造描述等离子体流动的控制方程。

从物理化学概念出发,以是否考虑分子间的作用势为界限,可以将气体分为真实气体与完全气体两类。其中,气体只有在极低温(小于 30 K)和高压(大于 1 000 atm①)情况下才会呈现真实气体状态,此时分子间的作用势对气体的宏观特性产生影响,完全气体状态方程不再成立,同时该条件下难以发生化学反应,因此真实气体状态下单位质量气体的比定压热容、比定容热容、焓值与内能均为温度和压力的函数。

除了上述情况外,空气都可视为完全气体。在完全气体模型中,又可以依据分子能量模式的特点将气体分为量热完全气体、热完全气体和化学反应完全气体混合物。当空气温度在 30~800 K 时,只需考虑气体分子平动能和转动能的激发,适用于量热完全气体模型。此时,单位质量气体的比定压热容 c_p 与比定容热容 c_v 均为常数,并满足完全气体状态方程 $p = \rho RT$。当空气温度升高到 800~2 500 K 时,气体分子内部振动能及分子和原子内部的电子能被部分激发,导致气体的热力学性质发生变化,适用于热完全气体模型。此时,单位质量气体的比定压热容 c_p 与比定容热容 c_v 为且仅为温度 T 的函数,并仍然满足完全气体

① 1 atm = 1.013 25×10^5 Pa。

状态方程 $p = \rho RT$。当空气温度大于 2 500 K 时,气体分子开始发生离解、复合、电离等化学反应,适用于化学反应完全气体混合物模型。此时,单位质量气体的比定压热容 c_p 和比定容热容 c_v 与混合气体温度、压力和化学反应及流动的特征时间相关。经过足够长的时间,空气中各组元的质量分数不再变化,整个系统达到平衡状态,此时,单位质量气体的比定压热容 c_p 与比定容热容 c_v 仅为混合气体温度和压力的函数。需要注意的是,在平衡及非平衡状态下,混合气体中各气体组元依然满足各自的完全气体状态方程。不同温度范围对应的气体模型如表 2.1 所示[43]。

表 2.1　不同温度范围对应的气体模型

温度范围/K	空　气　组　元	气 体 模 型
30~800	O_2,N_2	量热完全气体模型
800~2 500	O_2,N_2	热完全气体模型
2 500~9 000	O_2,N_2,O,N,NO	化学反应完全气体混合物模型
>9 000	O_2,N_2,O,N,NO,NO^+,e^-	
	O_2,N_2,O,N,NO,O_2^+,N_2^+,O^+,N^+,NO^+,e^-	

值得注意的是,许多高超声速空气动力学文献中都将气体振动能激发、离解、复合及电离现象称为"真实气体效应",但这里的"真实气体效应"并不是指考虑了分子间作用力的真实气体模型,而是指由高速流动转变成高焓流动所产生的化学反应完全气体混合物模型。因此,本书在研究临近空间高超声速飞行器等离子体鞘套的相关问题时,均采用高温气体效应对高超声速流动中的物理化学问题进行表述。

1. 热力学模型

在统计热力学的理论中,气体分子的能量模式主要包括平动能 e_{tr}^s、转动能 e_{rot}^s、振动能 e_{vib}^s 和电子能 e_{el}^s。当组元 s 为分子时,$e_s = e_{\mathrm{tr}}^s + e_{\mathrm{rot}}^s + e_{\mathrm{vib}}^s + e_{\mathrm{el}}^s$;当组元 s 为原子时,$e_s = e_{\mathrm{tr}}^s + e_{\mathrm{el}}^s$。

图 2.3 为双原子气体分子的比定容热容随温度变化曲线,并包含了不同种类内能开始被激发的温度[44]。由图 2.3 可以看出,在极低的温度下(1 K),只有平动能被完全激发;当温度超过 3 K 时,转动能就被完全激发,并迅速和平动能达到平衡;当温度达到 600 K 时,多原子分子的振动能开始被激发,并在 2 000 K 之后逐渐发生离解等化学反应;当温度达到 10 000 K 时,气体分子便会出现电离

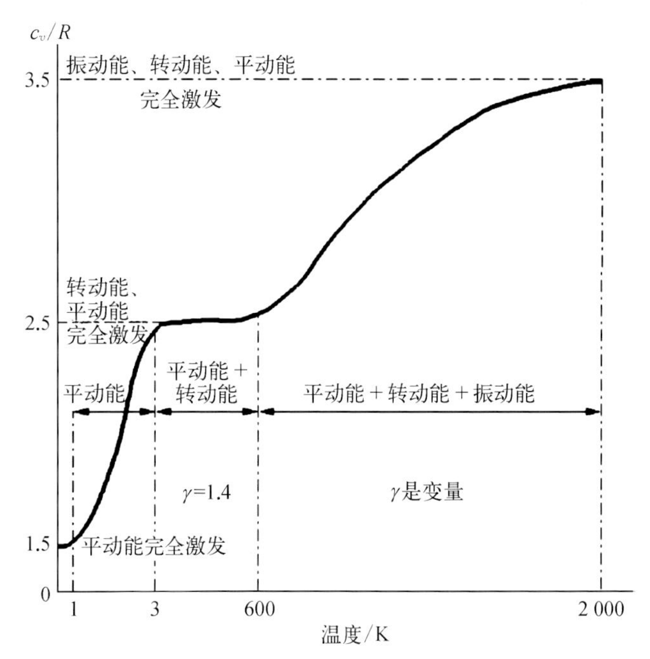

图 2.3　双原子气体分子的比定容热容随温度变化曲线

现象,生成自由电子和正离子。

在不考虑辐射热的前提下,分子间碰撞导致的能量松弛过程是分子各能量模式变化的前提。整个松弛过程的时间称为松弛时间,其与分子平均碰撞时间正相关。与化学平衡和非平衡的定义类似,也可以用松弛时间来表述热力学平衡状态与非平衡状态:如果气体分子的各能量模式变化的松弛时间远小于流动特征时间,即系统处于热力学平衡状态,那么此时只需用一个温度描述分子的内能;如果气体分子的各能量模式变化的松弛过程较长,其松弛时间接近甚至大于流动特征时间,那么流动过程中的分子碰撞数不能使各能量模式达到平衡状态,即系统处于热力学非平衡状态,此时必须用不同的温度描述对应的能量模式。图 2.4 为半径为 0.305 m 的钝头球体在不同飞行高度及速度下的驻点区域流动特性,并结合高超声速飞行器 ASTV 和 NASP 的飞行走廊及航天飞机的发射及再入弹道,给出了多种混合气体模型所对应的飞行器高度和速度范围,同时描述了不同高度和速度区间下的热力学化学平衡及非平衡特性[45]。从图 2.4 中可以看出,临近空间高超声速飞行器的飞行走廊中存在大范围的热力学非平衡区域,显著影响飞行器的气动及电磁环境。

在不考虑辐射的条件下,分子间碰撞所产生的能量交换模式主要包括振动

化学和热非平衡区域	
区域	气动热现象
Ⓐ	化学与热平衡
Ⓑ	热平衡而化学不平衡
Ⓒ	化学和热都不平衡

高温气体中的化学物质		
区域	气体化学模型	物质介绍
Ⅰ	2种物质	O_2, N_2
Ⅱ	5种物质	O_2, N_2, O, N, NO
Ⅲ	7种物质	O_2, N_2, O, N, NO, NO^+, e^-
Ⅳ	11种物质	O_2, N_2, O, N, NO, O_2^+, N_2^+, O^+, N^+, NO^+, e^-

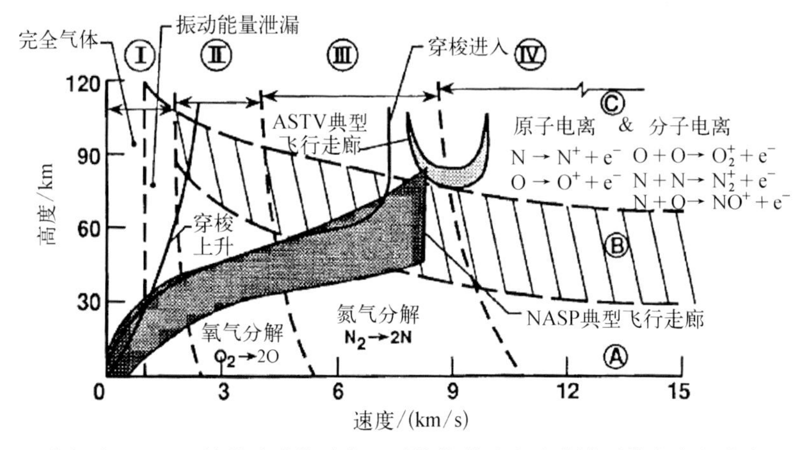

图 2.4 半径为 0.305 m 的钝头球体驻点区域热化学反应流动模型的高度和速度图

能—振动能交换、平动能—振动能交换、振动能—电子能交换及平动能—电子能交换四类,因此需要采用不同温度模型对热力学非平衡流动中对应的能量模式进行描述,通常包括平动温度 T_t、振动温度 T_{vib}、电子温度 T_{el} 等。如果进一步研究多原子分子内部的能量模式,那么还可为不同的分子定义独立的振动温度,并考虑分子在不同方向上的平动温度,从而得到更为复杂的多温度模型。但此类多温度模型涉及模型精度的问题,并未广泛应用于实际问题的研究中。目前,针对临近空间高超声速飞行器的飞行空域与速度范围,采用包含了平动—转动温度及振动—电子温度的双温度模型便可达到较高的计算精度。其中,又以 Park 提出的双温度模型应用得最为广泛,该模型的基本假设包括: ① 分子振动模式与自由电子平动模式的能量交换能使振动能与电子能迅速达到平衡;② 电子温度(在模型中等于振动温度)下低电子激发态与重粒子电子基态迅速达到平衡。此外,在研究热力学平衡的化学反应流动问题时,通常假设所有能量模式迅速达到平衡。此时,可以采用统一的热力学温度描述所有的能量模式,即为单温模型。

本书在研究等离子体鞘套相关问题时仅考虑平动能—振动能交换,选取的热力学模型为 Park 双温度模型，并采用平动—转动温度 $T_{t\text{-}r}$ 描述分子平动能和转动能，用振动—电子温度 $T_{vib\text{-}el}$ 描述分子振动能和电子激发能。

2. 化学冻结、化学平衡与化学非平衡

对于高焓流动中的化学反应过程，通常采用达姆科勒数（Damkohler number）（Da）将流动分为化学冻结流、化学平衡流及化学非平衡流，其定义式为

$$Da = \frac{\tau_f}{\tau_r} \tag{2.1}$$

其中，τ_f 为流动特征时间；τ_r 为化学反应特征时间（也称为松弛时间）。

当 $Da \ll 1$ 时，流动特征时间远小于化学反应特征时间，流体微团在高温区滞留的时间很短，各空气组元在未发生化学反应之前就已通过流场，此时为化学冻结流；当 $Da \gg 1$ 时，流动特征时间远大于化学反应特征时间，流体微团在高温区滞留的时间足够长，各空气组元间发生了充分的化学反应并达到局部平衡；当 Da 接近 1 时，流动特征时间与化学反应特征时间量级相同，各空气组元在流场中发生了有限速率的化学反应，但并未达到当地反应的平衡值，形成了复杂的化学反应过程。

当高超声速飞行器在 100 km 以上的高空飞行时，由于稀薄效应的影响，分子平均碰撞时间很长，化学反应特征时间远大于流动特征时间，流动呈现化学冻结流状态；随着飞行高度的降低，稀薄效应逐渐减弱，化学冻结流逐渐向化学非平衡流转变；当飞行高度在 20 km 以下时，飞行器完全进入连续流域，化学反应特征时间远小于流动特征时间，化学非平衡流转变成化学平衡流。因此，对于高度在 20～100 km 的临近空间，化学非平衡模型更符合高超声速飞行器等离子体鞘套真实的生成、演化及分布特性。

2.1.3　高超声速等离子体流动控制方程

1. 热化学非平衡 N-S 方程

对高超声速等离子体流动的模拟需构造多组元混合气体的动量守恒方程、能量守恒方程及各组元的质量守恒方程。此外，在双温模型的假设下，考虑热力学非平衡效应还需建立多原子组元的振动能—电子能的守恒关系。因此，本小节采用包含热化学非平衡效应的可压缩 N-S 方程作为控制方程，其在笛卡儿坐标系下可写为

$$\frac{\partial \rho_s}{\partial t} + \frac{\partial}{\partial x_j}[\rho_s(\mu_j + D_{s,j})] = \dot{\omega}_s$$

$$\frac{\partial \rho u_i}{\partial t} + \frac{\partial}{\partial x_j}(\rho u_i u_j + \delta_{ij} p - \tau_{ij}) = 0$$

$$\frac{\partial}{\partial t}\left[\sum_s \rho_s e_s + \frac{1}{2}\rho u_i u_i\right] + \frac{\partial}{\partial x_j}\left[u_j\left(\sum_s \rho_s h_s + \frac{1}{2}\rho u_i u_i\right) + q_j\right.$$
$$\left. + q_{\mathrm{vib},j} - \mu_i \tau_{ij} + \sum_s \rho_s h_s D_{s,j}\right] = 0$$

$$\frac{\partial \rho e_{\mathrm{ve}}}{\partial t} + \frac{\partial}{\partial x_j}\left(u_j e_{\mathrm{ve}} + q_{\mathrm{vib},j} + \sum_s \rho_s e_{\mathrm{ve},s} D_{s,j}\right) = \dot{\omega}_{\mathrm{vib}} \tag{2.2}$$

其中，$\rho = \sum_{s=1}^{ns} \rho_s$ 为混合气体的密度；$D_{s,j}$ 为组元 s 的扩散系数；q_{vib} 为多原子分子组元的振动热流项；$\dot{\omega}_s$ 和 $\dot{\omega}_{\mathrm{vib}}$ 分别为组元生成源项和振动能量生成源项。

混合气体状态方程为

$$p = \sum_{s=1}^{ns} \rho_s R_s T \tag{2.3}$$

混合气体中各组元的气体常数 R_s 为

$$R_s = \frac{R_0}{M_{w,s}} \tag{2.4}$$

其中，R_0 为普适气体常数 8.314 34 J/(mol · K)。一阶黏性剪切应力张量 $\boldsymbol{\tau}_{ij}$、Fourier 热流项 q_j 及振动热流项 $q_{\mathrm{vib},j}$ 的表达式分别为

$$\boldsymbol{\tau}_{ij} = \mu\left(\frac{\partial u_i}{\partial x_j} + \frac{\partial u_j}{\partial x_i} - \frac{2}{3}\frac{\partial u_k}{\partial x_k}\delta_{ij}\right)$$
$$q_j = -\kappa \frac{\partial T}{\partial x_j} \tag{2.5}$$
$$q_{\mathrm{vib},j} = -\kappa_{\mathrm{vib}} \frac{\partial T_{\mathrm{vib}}}{\partial x_j}$$

定义声速

$$a = \sqrt{\bar{\gamma}\,\frac{p}{\rho}}$$

其中，$\bar{\gamma} = \dfrac{\partial p}{\partial(\rho E)} + 1$ 为等效比热比。

2. 简化常规 Burnett 方程

在 Burnett 于 1936 年首先推导出原始 Burnett 方程之后，Chapman 与 Cowling 补充了热流项，得到完整的原始 Burnett 方程。该方程中的本构关系为

$$\tau^{(2)} = \frac{\mu^2}{p}\Big[K_1(\nabla\cdot\boldsymbol{v})\boldsymbol{e} + K_2(\mathrm{D}\boldsymbol{e} - 2\,\overline{\nabla\boldsymbol{v}\cdot\boldsymbol{e}}) + K_3R\,\overline{\nabla\nabla T} + \frac{K_4}{\rho T}\,\overline{\nabla p\ \nabla T} + K_5\frac{R}{T}\,\overline{\nabla T\ \nabla T} + K_6\,\overline{\boldsymbol{e}\cdot\boldsymbol{e}}\Big] \tag{2.6}$$

$$q^{(2)} = R\frac{\mu^2}{p}\Big[\theta_1(\nabla\cdot\boldsymbol{v})\ \nabla T + \theta_2(\mathrm{D}\,\nabla T - \nabla\boldsymbol{v}\cdot\ \nabla T) + \theta_3\frac{T}{p}\ \nabla p\cdot\boldsymbol{e} + \theta_4 T\,\nabla\cdot\boldsymbol{e} + 3\theta_5\,\nabla T\cdot\boldsymbol{e}\Big] \tag{2.7}$$

其中，$\boldsymbol{e} = \overline{\nabla\boldsymbol{v}} = \overline{\dfrac{\partial u_i}{\partial x_j}}$；D 为随体导数。Burnett 方程本构关系中参数的选取需要根据不同的分子模型假设，此处直接给出计算得到的系数，如表 2.2 所示。

表 2.2　Burnett 方程本构关系中的系数

系　数	硬球分子模型	麦克斯韦分子模型
K_1	4.056	3.333
K_2	2.028	2
K_3	2.418	3
K_4	0.681	0
K_5	0.219	3
K_6	7.424	8
θ_1	11.644	9.375
θ_2	−5.822	−5.625
θ_3	−3.090	−3
θ_4	2.418	3
θ_5	25.158	29.25

Chapman 和 Cowling 首先采用欧拉形式的描述方法处理了原始 Burnett 方程中含时间项的物质导数项，Wang Chang 在此基础上加入了热流通量与应力张

量，最终得到常规 Burnett 方程中的高阶本构关系为

$$\boldsymbol{\tau}_{ij}^{(2)} = K_1 \frac{\mu^2}{p} \frac{\partial u_k}{\partial x_k} \overline{\frac{\partial u_i}{\partial x_j}} + K_2 \frac{\mu^2}{p}\left(\overline{\frac{\partial}{\partial x_i} \frac{1}{\rho} \frac{\partial p}{\partial x_j}} - \overline{\frac{\partial u_k}{\partial x_i} \frac{\partial u_j}{\partial x_k}} - 2 \overline{\overline{\frac{\partial u_i}{\partial x_k}} \frac{\partial u_k}{\partial x_j}} \right)$$

$$+ K_3 \frac{\mu^2}{\rho T} \overline{\frac{\partial^2 T}{\partial x_i \partial x_j}} + K_4 \frac{\mu^2}{\rho^2 R T^2} \overline{\frac{\partial p}{\partial x_i} \frac{\partial T}{\partial x_j}} + K_5 \frac{\mu^2}{\rho T^2} \overline{\frac{\partial T}{\partial x_i} \frac{\partial T}{\partial x_j}} + K_6 \frac{\mu^2}{p} \overline{\overline{\frac{\partial u_i}{\partial x_k}} \frac{\partial u_k}{\partial x_j}} \tag{2.8}$$

$$q_i^{(2)} = \theta_1 \frac{\mu^2}{\rho T} \frac{\partial u_k}{\partial x_k} \frac{\partial T}{\partial x_i} + \theta_2 \frac{\mu^2}{\rho T}\left[\frac{2}{3} \frac{\partial}{\partial x_i}\left(T \frac{\partial u_k}{\partial x_k} \right) + 2 \frac{\partial u_k}{\partial x_i} \frac{\partial T}{\partial x_k} \right]$$

$$+ \left(\theta_3 \frac{\mu^2}{\rho p} \frac{\partial p}{\partial x_k} + \theta_4 \frac{\mu^2}{\rho} \frac{\partial}{\partial x_k} + \theta_5 \frac{\mu^2}{\rho T} \frac{\partial T}{\partial x_k} \right) \overline{\frac{\partial u_k}{\partial x_i}} \tag{2.9}$$

上述表达式在三维笛卡儿坐标系中可写为

$$\boldsymbol{\tau}_{xx}^{(2)} = \frac{\mu^2}{p}\Big(\alpha_1 u_x^2 + \alpha_2 u_y^2 + \alpha_3 u_z^2 + \alpha_4 v_x^2 + \alpha_5 v_y^2 + \alpha_6 v_z^2 + \alpha_7 w_x^2 + \alpha_8 \omega_y^2 + \alpha_9 w_z^2$$

$$+ \alpha_{10} u_x v_y + \alpha_{11} v_y w_z + \alpha_{12} w_z u_x + \alpha_{13} u_y v_x + \alpha_{14} v_z w_y + \alpha_{15} w_x u_z$$

$$+ \alpha_{16} R T_{xx} + \alpha_{17} R T_{yy} + \alpha_{18} R T_{zz} + \alpha_{19} \frac{RT}{\rho} \rho_{xx} + \alpha_{20} \frac{RT}{\rho} \rho_{yy} + \alpha_{21} \frac{RT}{\rho} \rho_{zz}$$

$$+ \alpha_{22} \frac{RT}{\rho^2} \rho_x^2 + \alpha_{23} \frac{RT}{\rho^2} \rho_y^2 + \alpha_{24} \frac{RT}{\rho^2} \rho_z^2 + \alpha_{25} \frac{R}{T} T_x^2 + \alpha_{26} \frac{R}{T} T_y^2 + \alpha_{27} \frac{R}{T} T_z^2$$

$$+ \alpha_{28} \frac{R}{\rho} T_x \rho_x + \alpha_{29} \frac{R}{\rho} T_y \rho_y + \alpha_{30} \frac{R}{\rho} T_z \rho_z \Big) \tag{2.10}$$

$$\boldsymbol{\tau}_{yy}^{(2)} = \frac{\mu^2}{p}\Big(\alpha_1 v_y^2 + \alpha_2 v_z^2 + \alpha_3 v_x^2 + \alpha_4 w_y^2 + \alpha_5 w_z^2 + \alpha_6 w_x^2 + \alpha_7 u_y^2 + \alpha_8 u_z^2 + \alpha_9 u_x^2$$

$$+ \alpha_{10} v_y w_z + \alpha_{11} w_z u_x + \alpha_{12} u_x v_y + \alpha_{13} v_z w_y + \alpha_{14} w_x u_z + \alpha_{15} u_y v_x$$

$$+ \alpha_{16} R T_{yy} + \alpha_{17} R T_{zz} + \alpha_{18} R T_{xx} + \alpha_{19} \frac{RT}{\rho} \rho_{yy} + \alpha_{20} \frac{RT}{\rho} \rho_{zz} + \alpha_{21} \frac{RT}{\rho} \rho_{xx}$$

$$+ \alpha_{22} \frac{RT}{\rho^2} \rho_y^2 + \alpha_{23} \frac{RT}{\rho^2} \rho_z^2 + \alpha_{24} \frac{RT}{\rho^2} \rho_x^2 + \alpha_{25} \frac{R}{T} T_y^2 + \alpha_{26} \frac{R}{T} T_z^2 + \alpha_{27} \frac{R}{T} T_x^2$$

$$+ \alpha_{28} \frac{R}{\rho} T_y \rho_y + \alpha_{29} \frac{R}{\rho} T_z \rho_z + \alpha_{30} \frac{R}{\rho} T_x \rho_x \Big) \tag{2.11}$$

$$\boldsymbol{\tau}_{zz}^{(2)} = \frac{\mu^2}{p}\Big(\alpha_1 w_z^2 + \alpha_2 w_x^2 + \alpha_3 w_y^2 + \alpha_4 u_z^2 + \alpha_5 u_x^2 + \alpha_6 u_y^2 + \alpha_7 v_z^2 + \alpha_8 v_x^2 + \alpha_9 v_y^2$$

$$+\alpha_{10}w_zu_x+\alpha_{11}u_xv_y+\alpha_{12}v_yw_z+\alpha_{13}w_xu_z+\alpha_{14}u_yv_x+\alpha_{15}v_zw_y$$
$$+\alpha_{16}RT_{zz}+\alpha_{17}RT_{xx}+\alpha_{18}RT_{yy}+\alpha_{19}\frac{RT}{\rho}\rho_{zz}+\alpha_{20}\frac{RT}{\rho}\rho_{xx}+\alpha_{21}\frac{RT}{\rho}\rho_{yy}$$
$$+\alpha_{22}\frac{RT}{\rho^2}\rho_z^2+\alpha_{23}\frac{RT}{\rho^2}\rho_x^2+\alpha_{24}\frac{RT}{\rho^2}\rho_y^2+\alpha_{25}\frac{R}{T}T_z^2+\alpha_{26}\frac{R}{T}T_x^2+\alpha_{27}\frac{R}{T}T_y^2$$
$$+\alpha_{28}\frac{R}{\rho}T_z\rho_z+\alpha_{29}\frac{R}{\rho}T_x\rho_x+\alpha_{30}\frac{R}{\rho}T_y\rho_y\Big)\tag{2.12}$$

$$\tau_{xy}^{(2)}=\tau_{yx}^{(2)}=\frac{\mu^2}{p}\Big(\beta_1u_xu_y+\beta_2v_xv_y+\beta_3\omega_x\omega_y+\beta_4u_xv_x+\beta_5u_yv_y+\beta_6u_zv_z$$
$$+\beta_7u_yw_z+\beta_8v_xw_z+\beta_9u_zw_y+\beta_{10}v_zw_x+\beta_{11}RT_{xy}$$
$$+\beta_{12}\frac{RT}{\rho}\rho_{xy}+\beta_{13}\frac{R}{T}T_xT_y+\beta_{14}\frac{RT}{\rho^2}\rho_x\rho_y+\beta_{15}\frac{R}{\rho}\rho_xT_y+\beta_{16}\frac{R}{\rho}T_x\rho_y\Big)\tag{2.13}$$

$$\tau_{xz}^{(2)}=\tau_{zx}^{(2)}=\frac{\mu^2}{p}\Big(\beta_1w_zw_x+\beta_2u_zu_x+\beta_3v_zv_x+\beta_4w_zu_z+\beta_5w_xu_x+\beta_6w_yu_y$$
$$+\beta_7w_xv_y+\beta_8u_zv_y+\beta_9w_yv_x+\beta_{10}u_yv_z+\beta_{11}RT_{zx}$$
$$+\beta_{12}\frac{RT}{\rho}\rho_{zx}+\beta_{13}\frac{R}{T}T_zT_x+\beta_{14}\frac{RT}{\rho^2}\rho_z\rho_x+\beta_{15}\frac{R}{\rho}\rho_zT_x+\beta_{16}\frac{R}{\rho}T_z\rho_x\Big)\tag{2.14}$$

$$\tau_{yz}^{(2)}=\tau_{zy}^{(2)}=\frac{\mu^2}{p}\Big(\beta_1v_yv_z+\beta_2w_yw_z+\beta_3u_yu_z+\beta_4v_yw_y+\beta_5v_zw_z+\beta_6v_xw_x$$
$$+\beta_7v_zu_x+\beta_8w_yu_x+\beta_9v_xu_z+\beta_{10}w_xu_y+\beta_{11}RT_{yz}$$
$$+\beta_{12}\frac{RT}{\rho}\rho_{yz}+\beta_{13}\frac{R}{T}T_yT_z+\beta_{14}\frac{RT}{\rho^2}\rho_y\rho_z+\beta_{15}\frac{R}{\rho}\rho_yT_z+\beta_{16}\frac{R}{\rho}T_y\rho_z\Big)\tag{2.15}$$

$$q_x^{(2)}=\frac{\mu^2}{\rho}\Big(\gamma_1\frac{1}{T}T_xu_x+\gamma_2\frac{1}{T}T_xv_y+\gamma_3\frac{1}{T}T_xw_z+\gamma_4\frac{1}{T}T_yv_x+\gamma_5\frac{1}{T}T_yu_y$$
$$+\gamma_6\frac{1}{T}T_zw_x+\gamma_7\frac{1}{T}T_zu_z+\gamma_8u_{xx}+\gamma_9u_{yy}+\gamma_{10}u_{zz}+\gamma_{11}v_{xy}+\gamma_{12}w_{xz}$$
$$+\gamma_{13}\frac{1}{\rho}\rho_xu_x+\gamma_{14}\frac{1}{\rho}\rho_xv_y+\gamma_{15}\frac{1}{\rho}\rho_xw_z+\gamma_{16}\frac{1}{\rho}\rho_yv_x+\gamma_{17}\frac{1}{\rho}\rho_yu_y$$
$$+\gamma_{18}\frac{1}{\rho}\rho_zw_x+\gamma_{19}\frac{1}{\rho}\rho_zu_z\Big)\tag{2.16}$$

$$q_y^{(2)} = \frac{\mu^2}{\rho}\left(\gamma_1 \frac{1}{T}T_y v_y + \gamma_2 \frac{1}{T}T_y w_z + \gamma_3 \frac{1}{T}T_y u_x + \gamma_4 \frac{1}{T}T_z w_y + \gamma_5 \frac{1}{T}T_z v_z \right.$$
$$+ \gamma_6 \frac{1}{T}T_x u_y + \gamma_7 \frac{1}{T}T_x v_x + \gamma_8 v_{yy} + \gamma_9 v_{zz} + \gamma_{10} v_{xx} + \gamma_{11} w_{yz} + \gamma_{12} u_{xy}$$
$$+ \gamma_{13} \frac{1}{\rho}\rho_y v_y + \gamma_{14} \frac{1}{\rho}\rho_y w_z + \gamma_{15} \frac{1}{\rho}\rho_y u_x + \gamma_{16} \frac{1}{\rho}\rho_z w_y + \gamma_{17} \frac{1}{\rho}\rho_z v_z$$
$$\left. + \gamma_{18} \frac{1}{\rho}\rho_x u_y + \gamma_{19} \frac{1}{\rho}\rho_x v_x \right) \tag{2.17}$$

$$q_z^{(2)} = \frac{\mu^2}{\rho}\left(\gamma_1 \frac{1}{T}T_z w_z + \gamma_2 \frac{1}{T}T_z u_x + \gamma_3 \frac{1}{T}T_z v_y + \gamma_4 \frac{1}{T}T_x u_z + \gamma_5 \frac{1}{T}T_x w_x \right.$$
$$+ \gamma_6 \frac{1}{T}T_y v_z + \gamma_7 \frac{1}{T}T_y w_y + \gamma_8 w_{zz} + \gamma_9 w_{xx} + \gamma_{10} w_{yy} + \gamma_{11} u_{xz} + \gamma_{12} v_{yz}$$
$$+ \gamma_{13} \frac{1}{\rho}\rho_z w_z + \gamma_{14} \frac{1}{\rho}\rho_z u_x + \gamma_{15} \frac{1}{\rho}\rho_z v_y + \gamma_{16} \frac{1}{\rho}\rho_x u_z + \gamma_{17} \frac{1}{\rho}\rho_x w_x$$
$$\left. + \gamma_{18} \frac{1}{\rho}\rho_y v_z + \gamma_{19} \frac{1}{\rho}\rho_y w_y \right) \tag{2.18}$$

其中,系数 α_i、β_i、γ_i 是 Burnett 系数 K_i、θ_i 的函数。常规 Burnett 方程的提出使得数值求解该方程成为可能,并得到了国内外学术界的广泛关注。近年来,由 Zhao 等[46]发展出的简化 Burnett 方程较为成功地解决了常规 Burnett 方程在稳定性及边界条件等方面的问题,已初步应用于滑移过渡流域高超声速流场的模拟,本小节简述其推导及构造过程。

对于 N-S 方程与常规 Burnett 方程中的物理量,有如下的量纲关系:

$$\frac{\partial}{\partial x_i} = O\left(\frac{1}{L}\right), \quad u_i = O(U_\infty), \quad \mu = O(\lambda_\infty \rho_\infty a_\infty)$$
$$T = O(a_\infty^2), \quad \kappa = O(\lambda_\infty \rho_\infty a_\infty), \quad p = O(\rho_\infty a_\infty^2) \tag{2.19}$$

其中, U_∞、a_∞、λ_∞、L 分别为来流速度、来流声速、来流分子平均自由程及特征长度。进一步对 N-S 方程及常规 Burnett 方程中的所有应力项与热流项进行量纲分析,可以得到:

对二阶应力项中的速度梯度项进行量级分析,可得

$$\boldsymbol{\tau}_{ij}^{(1)} = O\left(\frac{a_\infty \rho_\infty \lambda_\infty U_\infty}{L}\right) = O(\rho_\infty a_\infty^2 Kn_\infty Ma_\infty) \tag{2.20}$$

$$q_i^{(1)} = O\left(\frac{a_\infty^3 \rho_\infty \lambda_\infty}{L}\right) = O(\rho_\infty a_\infty^3 Kn_\infty) \tag{2.21}$$

$$\begin{aligned}
&K_1 \frac{\mu^2}{p} \frac{\partial u_k}{\partial x_k} \overline{\frac{\partial u_i}{\partial x_j}} = O(a_\infty^2 \rho_\infty Kn_\infty^2 Ma_\infty^2) \\
&K_2 \frac{\mu^2}{p} \overline{\left(\frac{\partial}{\partial x_i} \frac{1}{\rho} \frac{\partial p}{\partial x_j}\right)} = O\left(\frac{a_\infty^2 \rho_\infty^2 \lambda_\infty^2}{\rho_\infty L^2}\right) = O(a_\infty^2 \rho_\infty Kn_\infty^2) \\
&K_2 \frac{\mu^2}{p} \left(\overline{\frac{\partial u_k}{\partial x_i} \frac{\partial u_j}{\partial x_k}} - 2 \overline{\overline{\frac{\partial u_i}{\partial x_k}} \frac{\partial u_k}{\partial x_j}}\right) = O(a_\infty^2 \rho_\infty Kn_\infty^2 Ma_\infty^2) \\
&K_3 \frac{\mu^2}{\rho T} \overline{\frac{\partial^2 T}{\partial x_i \partial x_j}} = O\left(\frac{a_\infty^2 \rho_\infty^2 \lambda_\infty^2}{\rho_\infty L^2}\right) = O(a_\infty^2 \rho_\infty Kn_\infty^2) \\
&K_4 \frac{\mu^2}{\rho^2 R T^2} \overline{\frac{\partial p}{\partial x_i} \frac{\partial T}{\partial x_j}} = O\left(\frac{a_\infty^2 \rho_\infty^2 \lambda_\infty^2}{\rho_\infty L^2}\right) = O(a_\infty^2 \rho_\infty Kn_\infty^2) \\
&K_5 \frac{\mu^2}{\rho T^2} \overline{\frac{\partial T}{\partial x_i}}\, \overline{\frac{\partial T}{\partial x_j}} = O\left(\frac{a_\infty^2 \rho_\infty^2 \lambda_\infty^2}{\rho_\infty L^2}\right) = O(a_\infty^2 \rho_\infty Kn_\infty^2) \\
&K_6 \frac{\mu^2}{p} \overline{\overline{\overline{\frac{\partial u_i}{\partial x_k} \frac{\partial u_k}{\partial x_j}}}} = O(a_\infty^2 \rho_\infty Kn_\infty^2 Ma_\infty^2)
\end{aligned} \tag{2.22}$$

$$\begin{aligned}
&\theta_1 \frac{\mu^2}{\rho T} \frac{\partial u_j}{\partial x_j} \frac{\partial T}{\partial x_i} = O\left(\frac{a_\infty^2 \rho_\infty^2 \lambda_\infty^2 U_\infty}{\rho_\infty L^2}\right) = O(a_\infty^3 \rho_\infty Kn_\infty^2 Ma_\infty) \\
&\theta_2 \frac{\mu^2}{\rho T}\left[\frac{2}{3} \frac{\partial}{\partial x_i}\left(T \frac{\partial u_j}{\partial x_j}\right) + 2 \frac{\partial u_j}{\partial x_i} \frac{\partial T}{\partial x_j}\right] = O(a_\infty^3 \rho_\infty Kn_\infty^2 Ma_\infty) \\
&\theta_3 \frac{\mu^2}{\rho p} \frac{\partial p}{\partial x_j} \overline{\frac{\partial u_j}{\partial x_i}} = O(a_\infty^3 \rho_\infty Kn_\infty^2 Ma_\infty) \\
&\theta_4 \frac{\mu^2}{\rho} \frac{\partial}{\partial x_j} \overline{\frac{\partial u_j}{\partial x_i}} = O(a_\infty^3 \rho_\infty Kn_\infty^2 Ma_\infty) \\
&\theta_5 \frac{\mu^2}{\rho T} \frac{\partial T}{\partial x_j} \overline{\frac{\partial u_j}{\partial x_i}} = O(a_\infty^3 \rho_\infty Kn_\infty^2 Ma_\infty)
\end{aligned} \tag{2.23}$$

对式(2.22)和式(2.23)中的各项与N-S方程中的一阶应力项式(2.20)和一阶热流项式(2.21)进行量级分析,发现对应项的比值存在两种关系:$O(Kn_{\infty}/Ma_{\infty})$ 或 $O(Kn_{\infty}Ma_{\infty})$。由此可见,对于 $Ma_{\infty} \gg 1$ 的高超声速来流,可以对常规Burnett方程进行简化处理,即保留二阶Burnett本构关系中所有与一阶项比值量纲为 $O(Kn_{\infty}Ma_{\infty})$ 的项,忽略 $O(Kn_{\infty}/Ma_{\infty})$ 项的影响。最终得到适用于高超声速稀薄流动模拟的简化常规Burnett(simplified conventional Burnett, SCB)方程中的高阶应力项与热流项为

$$
\begin{aligned}
\boldsymbol{\tau}_{ij}^{(2)} &= K_1 \frac{\mu^2}{p} \frac{\partial u_k}{\partial x_k} \overline{\frac{\partial u_i}{\partial x_j}} + K_2 \frac{\mu^2}{p} \overline{\left(\frac{\partial u_k}{\partial x_i} \frac{\partial u_j}{\partial x_k} - 2 \overline{\frac{\partial u_i}{\partial x_k}} \frac{\partial u_k}{\partial x_j} \right)} + K_6 \frac{\mu^2}{p} \overline{\overline{\frac{\partial u_i}{\partial x_k}} \frac{\partial u_k}{\partial x_j}} \\
q_i^{(2)} &= \theta_1 \frac{\mu^2}{\rho T} \frac{\partial u_k}{\partial x_k} \frac{\partial T}{\partial x_i} + \theta_2 \frac{\mu^2}{\rho T} \left[\frac{2}{3} \frac{\partial}{\partial x_i} \left(T \frac{\partial u_k}{\partial x_k} \right) + 2 \frac{\partial u_k}{\partial x_i} \frac{\partial T}{\partial x_k} \right] \\
&\quad + \left(\theta_3 \frac{\mu^2}{\rho p} \frac{\partial p}{\partial x_k} + \theta_4 \frac{\mu^2}{\rho} \frac{\partial}{\partial x_k} + \theta_5 \frac{\mu^2}{\rho T} \frac{\partial T}{\partial x_k} \right) \overline{\frac{\partial u_k}{\partial x_i}}
\end{aligned}
\tag{2.24}
$$

SCB方程中的二阶项在笛卡儿坐标系中的表达式为

$$
\begin{aligned}
\tau_{xx}^{(2)} = \frac{\mu^2}{p} \Big(& \alpha_1 u_x^2 + \alpha_2 u_y^2 + \alpha_3 u_z^2 + \alpha_4 v_x^2 + \alpha_5 v_y^2 + \alpha_6 v_z^2 + \alpha_7 w_x^2 + \alpha_8 w_y^2 + \alpha_9 w_z^2 \\
& + \alpha_{10} u_x v_y + \alpha_{11} v_y w_z + \alpha_{12} w_z u_x + \alpha_{13} u_y v_x + \alpha_{14} v_z w_y + \alpha_{15} w_x u_z \Big)
\end{aligned}
\tag{2.25}
$$

$$
\begin{aligned}
\tau_{yy}^{(2)} = \frac{\mu^2}{p} \Big(& \alpha_1 v_y^2 + \alpha_2 v_z^2 + \alpha_3 v_x^2 + \alpha_4 w_y^2 + \alpha_5 w_z^2 + \alpha_6 w_x^2 + \alpha_7 u_y^2 + \alpha_8 u_z^2 + \alpha_9 u_x^2 \\
& + \alpha_{10} v_y w_z + \alpha_{11} w_z u_x + \alpha_{12} u_x v_y + \alpha_{13} v_z w_y + \alpha_{14} w_x u_z + \alpha_{15} u_y v_x \Big)
\end{aligned}
\tag{2.26}
$$

$$
\begin{aligned}
\tau_{zz}^{(2)} = \frac{\mu^2}{p} \Big(& \alpha_1 w_z^2 + \alpha_2 w_x^2 + \alpha_3 w_y^2 + \alpha_4 u_z^2 + \alpha_5 u_x^2 + \alpha_6 u_y^2 + \alpha_7 v_z^2 + \alpha_8 v_x^2 + \alpha_9 v_y^2 \\
& + \alpha_{10} w_z u_x + \alpha_{11} u_x v_y + \alpha_{12} v_y w_z + \alpha_{13} w_x u_z + \alpha_{14} u_y v_x + \alpha_{15} v_z w_y \Big)
\end{aligned}
\tag{2.27}
$$

$$
\begin{aligned}
\tau_{xy}^{(2)} = \tau_{yx}^{(2)} = \frac{\mu^2}{p} \Big(& \beta_1 u_x u_y + \beta_2 v_x v_y + \beta_3 w_x w_y + \beta_4 u_x v_x + \beta_5 u_y v_y + \beta_6 u_z v_z \\
& + \beta_7 u_y w_z + \beta_8 v_x w_z + \beta_9 u_z w_y + \beta_{10} v_z w_x \Big)
\end{aligned}
\tag{2.28}
$$

$$\tau_{xz}^{(2)} = \tau_{zx}^{(2)} = \frac{\mu^2}{p}\Big(\beta_1 w_z w_x + \beta_2 u_z u_x + \beta_3 v_z v_x + \beta_4 w_z u_z + \beta_5 w_x u_x + \beta_6 w_y u_y + \beta_7 w_x v_y + \beta_8 u_z v_y + \beta_9 w_y v_x + \beta_{10} u_y v_z\Big) \tag{2.29}$$

$$\tau_{yz}^{(2)} = \tau_{zy}^{(2)} = \frac{\mu^2}{p}\Big(\beta_1 v_y v_z + \beta_2 w_y w_z + \beta_3 u_y u_z + \beta_4 v_y w_y + \beta_5 v_z w_z + \beta_6 v_x w_x + \beta_7 v_z u_x + \beta_8 w_y u_x + \beta_9 v_x u_z + \beta_{10} w_x u_y\Big) \tag{2.30}$$

$$\begin{aligned} q_x^{(2)} = \frac{\mu^2}{\rho}\Big(&\gamma_1 \frac{1}{T}T_x u_x + \gamma_2 \frac{1}{T}T_x v_y + \gamma_3 \frac{1}{T}T_x w_z + \gamma_4 \frac{1}{T}T_y v_x + \gamma_5 \frac{1}{T}T_y u_y \\ &+ \gamma_6 \frac{1}{T}T_z w_x + \gamma_7 \frac{1}{T}T_z u_z + \gamma_8 u_{xx} + \gamma_9 u_{yy} + \gamma_{10} u_{zz} + \gamma_{11} v_{xy} + \gamma_{12} w_{xz} \\ &+ \gamma_{13} \frac{1}{\rho}\rho_x u_x + \gamma_{14} \frac{1}{\rho}\rho_x v_y + \gamma_{15} \frac{1}{\rho}\rho_x w_z + \gamma_{16} \frac{1}{\rho}\rho_y v_x + \gamma_{17} \frac{1}{\rho}\rho_y u_y \\ &+ \gamma_{18} \frac{1}{\rho}\rho_z w_x + \gamma_{19} \frac{1}{\rho}\rho_z u_z\Big) \end{aligned} \tag{2.31}$$

$$\begin{aligned} q_y^{(2)} = \frac{\mu^2}{\rho}\Big(&\gamma_1 \frac{1}{T}T_y v_y + \gamma_2 \frac{1}{T}T_y w_z + \gamma_3 \frac{1}{T}T_y u_x + \gamma_4 \frac{1}{T}T_z w_y + \gamma_5 \frac{1}{T}T_z v_z \\ &+ \gamma_6 \frac{1}{T}T_x u_y + \gamma_7 \frac{1}{T}T_x v_x + \gamma_8 v_{yy} + \gamma_9 v_{zz} + \gamma_{10} v_{xx} + \gamma_{11} w_{yz} + \gamma_{12} u_{xy} \\ &+ \gamma_{13} \frac{1}{\rho}\rho_y v_y + \gamma_{14} \frac{1}{\rho}\rho_y w_z + \gamma_{15} \frac{1}{\rho}\rho_y u_x + \gamma_{16} \frac{1}{\rho}\rho_z w_y + \gamma_{17} \frac{1}{\rho}\rho_z v_z \\ &+ \gamma_{18} \frac{1}{\rho}\rho_x u_y + \gamma_{19} \frac{1}{\rho}\rho_x v_x\Big) \end{aligned} \tag{2.32}$$

$$\begin{aligned} q_z^{(2)} = \frac{\mu^2}{\rho}\Big(&\gamma_1 \frac{1}{T}T_z w_z + \gamma_2 \frac{1}{T}T_z u_x + \gamma_3 \frac{1}{T}T_z v_y + \gamma_4 \frac{1}{T}T_x u_z + \gamma_5 \frac{1}{T}T_x w_x \\ &+ \gamma_6 \frac{1}{T}T_y v_z + \gamma_7 \frac{1}{T}T_y w_y + \gamma_8 w_{zz} + \gamma_9 w_{xx} + \gamma_{10} w_{yy} + \gamma_{11} u_{xz} + \gamma_{12} v_{yz} \\ &+ \gamma_{13} \frac{1}{\rho}\rho_z w_z + \gamma_{14} \frac{1}{\rho}\rho_z u_x + \gamma_{15} \frac{1}{\rho}\rho_z v_y + \gamma_{16} \frac{1}{\rho}\rho_x u_z + \gamma_{17} \frac{1}{\rho}\rho_x w_x \\ &+ \gamma_{18} \frac{1}{\rho}\rho_y v_z + \gamma_{19} \frac{1}{\rho}\rho_y w_y\Big) \end{aligned} \tag{2.33}$$

3. 包含高阶本构关系的等离子体流场控制方程

SCB 方程推导过程的物理意义清晰，方程的形式较常规 Burnett 方程更为简洁。前期的研究也表明，SCB 方程在保留了高阶本构关系的同时，显著地提高了

Burnett 方程在滑移过渡流域($0.01<Kn<1.0$)高超声速流动模拟中的适用性[47,48]。更为重要的是,SCB 方程与 N-S 方程的差异仅体现在黏通量上,对无黏通量的处理是相同的。因此,N-S 方程的数值求解方法也适用于 SCB 方程的求解。基于 SCB 方程的等离子体流场控制方程为

$$\frac{\partial \boldsymbol{Q}}{\partial t}+\frac{\partial \boldsymbol{E}}{\partial x}+\frac{\partial \boldsymbol{F}}{\partial y}+\frac{\partial \boldsymbol{G}}{\partial z}+\frac{\partial \boldsymbol{E}_v}{\partial x}+\frac{\partial \boldsymbol{F}_v}{\partial y}+\frac{\partial \boldsymbol{G}_v}{\partial z}=\boldsymbol{S} \tag{2.34}$$

其中,$\boldsymbol{Q}$ 为守恒量;$\boldsymbol{E}$、$\boldsymbol{F}$、$\boldsymbol{G}$ 和 $\boldsymbol{E}_v$、$\boldsymbol{F}_v$、$\boldsymbol{G}_v$ 分别为无黏通量和黏通量;$\boldsymbol{S}$ 为化学反应源项。各项的表达式为

$$\boldsymbol{Q}=\begin{bmatrix}\rho C_i\\ \rho u\\ \rho v\\ \rho w\\ \rho E\\ \rho e_{\text{vib}}\end{bmatrix},\quad \boldsymbol{E}=\begin{bmatrix}\rho C_i u\\ \rho u^2+p\\ \rho uv\\ \rho uw\\ (\rho E+p)u\\ \rho e_{\text{vib}}u\end{bmatrix},\quad \boldsymbol{F}=\begin{bmatrix}\rho C_i v\\ \rho uv\\ \rho v^2+p\\ \rho vw\\ (\rho E+p)v\\ \rho e_{\text{vib}}v\end{bmatrix},\quad \boldsymbol{G}=\begin{bmatrix}\rho C_i w\\ \rho uw\\ \rho vw\\ \rho w^2+p\\ (\rho E+p)w\\ \rho e_{\text{vib}}w\end{bmatrix}$$

$$\boldsymbol{E}_v=\begin{bmatrix}-\rho D_i\dfrac{\partial C_i}{\partial x}\\ \boldsymbol{\tau}_{xx}\\ \boldsymbol{\tau}_{yx}\\ \boldsymbol{\tau}_{zx}\\ q_x+q_{\text{vib}x}+u_i\boldsymbol{\tau}_{xi}-\rho\displaystyle\sum_{i=1}^{ns}D_ih_i\dfrac{\partial C_i}{\partial x}\\ q_{\text{vib}x}-\rho\displaystyle\sum_{i=1}^{\text{mol}}D_ie_{\text{vib}}^i\dfrac{\partial C_i}{\partial x}\end{bmatrix},\quad \boldsymbol{F}_v=\begin{bmatrix}-\rho D_i\dfrac{\partial C_i}{\partial y}\\ \boldsymbol{\tau}_{xy}\\ \boldsymbol{\tau}_{yy}\\ \boldsymbol{\tau}_{zy}\\ q_y+q_{\text{vib}y}+u_j\boldsymbol{\tau}_{yj}-\rho\displaystyle\sum_{i=1}^{ns}D_ih_i\dfrac{\partial C_i}{\partial y}\\ q_{\text{vib}y}-\rho\displaystyle\sum_{i=1}^{\text{mol}}D_ie_{\text{vib}}^i\dfrac{\partial C_i}{\partial y}\end{bmatrix}$$

$$\boldsymbol{G}_v=\begin{bmatrix}-\rho D_i\dfrac{\partial C_i}{\partial z}\\ \boldsymbol{\tau}_{xz}\\ \boldsymbol{\tau}_{yz}\\ \boldsymbol{\tau}_{zz}\\ q_z+q_{\text{vib}z}+u_k\boldsymbol{\tau}_{zk}-\rho\displaystyle\sum_{i=1}^{ns}D_ih_i\dfrac{\partial C_i}{\partial z}\\ q_{\text{vib}z}-\rho\displaystyle\sum_{i=1}^{\text{mol}}D_ie_{\text{vib}}^i\dfrac{\partial C_i}{\partial z}\end{bmatrix},\quad \boldsymbol{S}=\begin{bmatrix}\dot{\omega}_i\\ 0\\ 0\\ 0\\ 0\\ \dot{\omega}_{\text{vib}}\end{bmatrix} \tag{2.35}$$

式(2.35)中剪切应力张量 $\boldsymbol{\tau}_{ij}$ 及热通量 q_i 的表达式为

$$\boldsymbol{\tau}_{ij} = \boldsymbol{\tau}_{ij}^{(1)} + \boldsymbol{\tau}_{ij}^{(2)} = -2\mu \overline{\frac{\partial u_i}{\partial x_j}} + K_1 \frac{\mu^2}{p} \frac{\partial u_k}{\partial x_k} \overline{\frac{\partial u_i}{\partial x_j}} + K_2 \frac{\mu^2}{p} \left(\overline{\frac{\partial u_k}{\partial x_i} \frac{\partial u_j}{\partial x_k}} - 2 \overline{\overline{\frac{\partial u_i}{\partial x_k}} \frac{\partial u_k}{\partial x_j}} \right)$$
$$+ K_6 \frac{\mu^2}{p} \overline{\overline{\overline{\frac{\partial u_i}{\partial x_k} \frac{\partial u_k}{\partial x_j}}}} \tag{2.36}$$

$$q_i = q_i^{(1)} + q_i^{(2)} = -\kappa \frac{\partial T}{\partial x_i} + \theta_1 \frac{\mu^2}{\rho T} \frac{\partial u_k}{\partial x_k} \frac{\partial T}{\partial x_i} + \theta_2 \frac{\mu^2}{\rho T} \left[\frac{2}{3} \frac{\partial}{\partial x_i} \left(T \frac{\partial u_k}{\partial x_k} \right) + 2 \frac{\partial u_k}{\partial x_i} \frac{\partial T}{\partial x_k} \right]$$
$$+ \left(\theta_3 \frac{\mu^2}{\rho p} \frac{\partial p}{\partial x_k} + \theta_4 \frac{\mu^2}{\rho} \frac{\partial}{\partial x_k} + \theta_5 \frac{\mu^2}{\rho T} \frac{\partial T}{\partial x_k} \right) \overline{\frac{\partial u_k}{\partial x_i}} \tag{2.37}$$

2.2　高超声速等离子体鞘套绕流流场数值计算方法

2.2.1　控制方程的离散方法

为适应实际计算中的复杂网格拓扑与加密结构,在进行数值计算前需要将非均匀物理网格信息(笛卡儿坐标系)变换到均匀的计算网格(计算坐标系)上,变换关系为

$$\begin{cases} \tau = t \\ \xi = \xi(x, y, z, t) \\ \eta = \eta(x, y, z, t) \\ \zeta = \zeta(x, y, z, t) \end{cases} \tag{2.38}$$

将流动控制方程写成笛卡儿坐标系下的向量形式,有

$$\frac{\partial \boldsymbol{Q}}{\partial t} + \frac{\partial \boldsymbol{E}}{\partial x} + \frac{\partial \boldsymbol{F}}{\partial y} + \frac{\partial \boldsymbol{G}}{\partial z} + \frac{\partial \boldsymbol{E}_v}{\partial x} + \frac{\partial \boldsymbol{F}_v}{\partial y} + \frac{\partial \boldsymbol{G}_v}{\partial z} = \boldsymbol{S} \tag{2.39}$$

其中,$\boldsymbol{Q}$ 为守恒变量;$\boldsymbol{E}$、$\boldsymbol{F}$、$\boldsymbol{G}$ 与 $\boldsymbol{E}_v$、$\boldsymbol{F}_v$、$\boldsymbol{G}_v$ 分别为无黏通量及黏通量;$\boldsymbol{S}$ 为化学反应湍流源项。对上述方程采用链式求导法则,得到计算坐标系下的控制方程为

$$\frac{\partial \tilde{\boldsymbol{Q}}}{\partial \tau} + \frac{\partial \tilde{\boldsymbol{E}}}{\partial \xi} + \frac{\partial \tilde{\boldsymbol{F}}}{\partial \eta} + \frac{\partial \tilde{\boldsymbol{G}}}{\partial \zeta} + \frac{\partial \tilde{\boldsymbol{E}}_v}{\partial \xi} + \frac{\partial \tilde{\boldsymbol{F}}_v}{\partial \eta} + \frac{\partial \tilde{\boldsymbol{G}}_v}{\partial \zeta} = \tilde{\boldsymbol{S}} \tag{2.40}$$

并有

$$\begin{aligned}
&\tilde{\boldsymbol{Q}} = J^{-1}\boldsymbol{Q}, \quad \tilde{\boldsymbol{S}} = J^{-1}\boldsymbol{S} \\
&\tilde{\boldsymbol{E}} = J^{-1}(\xi_t\boldsymbol{Q} + \xi_x\boldsymbol{E} + \xi_y\boldsymbol{F} + \xi_z\boldsymbol{G}), \quad \tilde{\boldsymbol{E}}_v = J^{-1}(\xi_x\boldsymbol{E}_v + \xi_y\boldsymbol{F}_v + \xi_z\boldsymbol{G}_v) \\
&\tilde{\boldsymbol{F}} = J^{-1}(\eta_t\boldsymbol{Q} + \eta_x\boldsymbol{E} + \eta_y\boldsymbol{F} + \eta_z\boldsymbol{G}), \quad \tilde{\boldsymbol{F}}_v = J^{-1}(\eta_x\boldsymbol{E}_v + \eta_y\boldsymbol{F}_v + \eta_z\boldsymbol{G}_v) \\
&\tilde{\boldsymbol{G}} = J^{-1}(\zeta_t\boldsymbol{Q} + \zeta_x\boldsymbol{E} + \zeta_y\boldsymbol{F} + \zeta_z\boldsymbol{G}), \quad \tilde{\boldsymbol{G}}_v = J^{-1}(\zeta_x\boldsymbol{E}_v + \zeta_y\boldsymbol{F}_v + \zeta_z\boldsymbol{G}_v)
\end{aligned} \tag{2.41}$$

其中，J 是两个坐标系变换的雅可比行列式，即

$$J = \frac{\partial(\xi, \eta, \zeta, \tau)}{\partial(x, y, z, t)} = \begin{vmatrix} \xi_x & \xi_y & \xi_z & \xi_t \\ \eta_x & \eta_y & \eta_z & \eta_t \\ \zeta_x & \zeta_y & \zeta_z & \zeta_t \\ 0 & 0 & 0 & 1 \end{vmatrix} \tag{2.42}$$

由式(2.42)可以看出，J^{-1} 的物理意义为网格点组成的控制体的体积，而方程式(2.41)中的正向度量系数则通过 J 关联各逆向度量系数求出。

为将数值方法应用于复杂外形飞行器等离子体流场的模拟，本书针对积分形式的控制方程，在结构化网格上采用有限体积法(finite volume method, FVM)进行数值离散。将控制方程在任意控制体内积分得

$$\iint_V \left(\frac{\partial \boldsymbol{Q}}{\partial t} + \frac{\partial \boldsymbol{E}}{\partial x} + \frac{\partial \boldsymbol{F}}{\partial y} + \frac{\partial \boldsymbol{G}}{\partial z} + \frac{\partial \boldsymbol{E}_v}{\partial x} + \frac{\partial \boldsymbol{F}_v}{\partial y} + \frac{\partial \boldsymbol{G}_v}{\partial z}\right) \mathrm{d}V = \int_V \boldsymbol{S} \mathrm{d}V \tag{2.43}$$

应用高斯散度公式，将黏性项与无黏项在控制体 V 内的体积分转化成在控制体表面 S 上的面积分，得

$$\int_V \frac{\partial \boldsymbol{Q}}{\partial t} \mathrm{d}V + \iint_S \left(\frac{\partial \boldsymbol{E}}{\partial x} + \frac{\partial \boldsymbol{E}_v}{\partial x}\right) \boldsymbol{n}_x \mathrm{d}S + \iint_S \left(\frac{\partial \boldsymbol{F}}{\partial y} + \frac{\partial \boldsymbol{F}_v}{\partial y}\right) \boldsymbol{n}_y \mathrm{d}S + \iint_S \left(\frac{\partial \boldsymbol{G}}{\partial z} + \frac{\partial \boldsymbol{G}_v}{\partial z}\right) \boldsymbol{n}_z \mathrm{d}S = \int_V \boldsymbol{S} \mathrm{d}V \tag{2.44}$$

其中，V 为控制体的体积；S 为控制体的表面积；$\boldsymbol{n}_x$、$\boldsymbol{n}_y$、$\boldsymbol{n}_z$ 为控制体单元面上的外法向单位向量。对守恒变量、化学反应源项及化学反应湍流源项在控制体内取平均，得到半离散形式的控制方程为

$$
\begin{aligned}
V_{ijk}\frac{\partial \boldsymbol{Q}_{ijk}}{\partial t} = -\Big[& (\boldsymbol{E}_v+\boldsymbol{E})_{i+\frac{1}{2}jk}\times(\boldsymbol{n}_x S)_{i+\frac{1}{2}jk}+(\boldsymbol{E}_v+\boldsymbol{E})_{i-\frac{1}{2}jk}\cdot(\boldsymbol{n}_x S)_{i-\frac{1}{2}jk} \\
& +(\boldsymbol{F}_v+\boldsymbol{F})_{ij+\frac{1}{2}k}\times(\boldsymbol{n}_y S)_{ij+\frac{1}{2}k}+(\boldsymbol{F}_v+\boldsymbol{F})_{ij-\frac{1}{2}k}\cdot(\boldsymbol{n}_y S)_{ij-\frac{1}{2}k} \\
& +(\boldsymbol{G}_v-\boldsymbol{G})_{ijk+\frac{1}{2}}\times(\boldsymbol{n}_z S)_{ijk+\frac{1}{2}}+(\boldsymbol{G}_v-\boldsymbol{G})_{ijk-\frac{1}{2}}\cdot(\boldsymbol{n}_z S)_{ijk-\frac{1}{2}}\Big] \\
& + V_{ijk}\boldsymbol{S}_{ijk}
\end{aligned}
\tag{2.45}
$$

在计算坐标系下有

$$
\begin{aligned}
& V_{ijk}=\Delta\xi\Delta\eta\Delta\zeta \\
& S_{i\pm\frac{1}{2}jk}=\Delta\eta\Delta\zeta,\quad S_{ij\pm\frac{1}{2}k}=\Delta\xi\Delta\zeta,\quad S_{ijk\pm\frac{1}{2}}=\Delta\xi\Delta\eta \\
& (\boldsymbol{n}_x)_{i\pm\frac{1}{2}jk}=\pm\boldsymbol{i},\quad (\boldsymbol{n}_y)_{ij\pm\frac{1}{2}k}=\pm\boldsymbol{j},\quad (\boldsymbol{n}_z)_{ijk\pm\frac{1}{2}}=\pm\boldsymbol{k}
\end{aligned}
\tag{2.46}
$$

得到采用有限体积法表示的计算坐标系下半离散形式的控制方程为

$$
\begin{aligned}
& \frac{\partial Q_{ijk}}{\partial t}+\frac{E_{i+\frac{1}{2}jk}-E_{i-\frac{1}{2}jk}}{\Delta\xi}+\frac{F_{ij+\frac{1}{2}k}-F_{ij-\frac{1}{2}k}}{\Delta\eta}+\frac{G_{ijk+\frac{1}{2}}-G_{ijk-\frac{1}{2}}}{\Delta\zeta} \\
& =-\left(\frac{(E_v)_{i+\frac{1}{2}jk}-(E_v)_{i-\frac{1}{2}jk}}{\Delta\xi}+\frac{(F_v)_{ij+\frac{1}{2}k}-(F_v)_{ij-\frac{1}{2}k}}{\Delta\eta}+\frac{(G_v)_{ijk+\frac{1}{2}}-(G_v)_{ijk-\frac{1}{2}}}{\Delta\zeta}\right)+S_{ijk}
\end{aligned}
\tag{2.47}
$$

2.2.2　空间离散方法

在有限体积法中，一般将控制方程中无黏通量的离散和黏通量的离散分开进行。对于黏通量，本小节直接采用二阶中心差分格式进行离散。对于无黏通量，目前常用的空间离散方法主要包括迎风格式和中心格式，前者是高速流动模拟中的主流方法，其构造过程分为以下两步：首先通过网格中心的物理量重构网格节点处的物理量，从而获得网格界面两侧的物理量分布；然后在界面两侧选择合适的数值计算格式，获得界面处的对流通量。本小节采用的 MUSCL 重构方法[49]如下：

$$
\begin{aligned}
& V^-_{i+1/2}=V_i+\frac{1}{4}[(1-k)(V_i-V_{i-1})+(1+k)(V_{i+1}-V_i)] \\
& V^+_{i+1/2}=V_{i+1}-\frac{1}{4}[(1-k)(V_{i+2}-V_{i+1})+(1+k)(V_{i+1}-V_i)]
\end{aligned}
\tag{2.48}
$$

其中,原始变量 $V=(\rho,\ u,\ v,\ w,\ T,\ T_v,\ k,\ \omega)^{-1}$, $k\in[-1,\ 1]$,其取值决定了差分精度:$k=-1$ 时为单侧差分;$k=1$ 时为二阶中心差分格式;$k=0$ 时为 Fromm 格式;$k=1/3$ 时为三阶迎风偏置格式。

高马赫数流动中的强激波会使流场中的物理量出现大梯度甚至间断,此时过大或过小的重构值都会导致计算结果的振荡,因此在原始 MUSCL 方法中还需引入限制器技术。目前,常用的限制器包括压缩型与耗散型两类,其中前者的耗散较小,黏性分辨率较高,但计算稳定性与结果收敛性较差;而后者的耗散较大,计算稳定性与结果收敛性好,但黏通量的求解精度较低。在临近空间高超声速流动中,黏性效应对气动环境的影响显著,因此本小节采用了压缩型 Yan Albada 限制器[50]。

$$
\begin{aligned}
V_{i+1/2}^{-} &= V_i + \frac{S}{4}\left[(1-kS)(V_i - V_{i-1}) + (1+kS)(V_{i+1} - V_i)\right] \\
V_{i+1/2}^{+} &= V_{i+1} - \frac{S}{4}\left[(1-kS)(V_{i+2} - V_{i+1}) + (1+kS)(V_{i+1} - V_i)\right]
\end{aligned}
\tag{2.49}
$$

其中,

$$
S = \max\left[\frac{2(V_i - V_{i-1})(V_{i+1} - V_i) + \varepsilon}{(V_i - V_{i-1})^2 + (V_{i+1} - V_i)^2 + \varepsilon}\right],\ \varepsilon = 10^{-6}
$$

在获得界面两侧的流动物理量后,便可选择多种迎风计算格式求解界面处的对流通量。目前,主流的迎风格式有流通矢量分裂类(flux vector splitting, FVS)格式、通量差分分裂类(flux difference splitting, FDS)格式及混合型格式三类。在混合型格式中,由 Liou 和 Steffen[38] 发展的 AUSM(advection upstream splitting method)格式兼具了 FVS 格式稳健性强和 FDS 格式高分辨率的优点,并衍生出 AUSMDV、AUSM+、AUSM+UP 和 AUSMPW 等多种格式,进而成功地应用于多种流动问题的模拟。2001 年,Kim 等[51]在 AUSMPW 格式的基础上得到了 AUSMPW+(advection upstream splitting method by pressure-based weight function plus)格式。该格式在引入压力权函数抑制振荡与激波过冲的同时,减小了计算精度对网格的依赖性。更为重要的是,AUSMPW+格式对压力进行了单独处理,因此易于推广到考虑高温气体效应的高速流动模拟中。因此,本小节采用 AUSMPW+格式对流通量进行计算。以 ξ 方向为例,其数值通量为

$$
\tilde{E}_{i+1/2} = a_{1/2}(\bar{M}_L^{+}\boldsymbol{\Phi}_L + \bar{M}_R^{-}\boldsymbol{\Phi}_R) + (P_L^{+}\tilde{\boldsymbol{P}}_L + P_R^{-}\tilde{\boldsymbol{P}}_R) \tag{2.50}
$$

其中,对流通量与压力通量分别为

$$\boldsymbol{\Phi}_{L/R}=\begin{pmatrix}\rho_1\\ \vdots\\ \rho_i\\ \rho u\\ \rho H\\ \rho e_{\text{vib}}\\ \rho k\\ \rho\omega\end{pmatrix}_{L/R},\quad \tilde{\boldsymbol{P}}_{L/R}=\begin{pmatrix}0\\ \vdots\\ 0\\ p\\ 0\\ 0\\ 0\\ 0\end{pmatrix}_{L/R} \tag{2.51}$$

界面声速的定义为

$$a_{1/2}=\begin{cases}\dfrac{(a^*)^2}{\max(U_L,\ a^*)}\cdot\dfrac{U_L+U_R}{2}\geqslant 0\\[2ex] \dfrac{(a^*)^2}{\max(U_R,\ a^*)}\cdot\dfrac{U_L+U_R}{2}<0\end{cases},\quad a^*=\sqrt{\frac{2(\gamma-1)}{(\gamma+1)}H_{\text{norm}}} \tag{2.52}$$

其中，U_L、U_R 表示激波法向速度分量；界面法线方向的总焓 $H_{\text{norm}}=(H_L-0.5V_L^2+H_R-0.5V_R^2)/2$，$V_L$、$V_R$ 表示激波切向速度分量。在热化学非平衡流动中并没有明确定义比热比 γ，因此引入等效比热比 $\gamma=[\partial p/\partial(\rho E)+1]$。界面马赫数的定义为

$$Ma_{1/2}=Ma_L^+ + Ma_R^-$$
$$Ma_{L/R}^{\pm}=\begin{cases}\dfrac{1}{2}(Ma_{L/R}\pm|Ma_{L/R}|), & |Ma_{L/R}|\geqslant 1\\[2ex] \pm\dfrac{1}{4}(Ma_{L/R}\pm 1)^2, & |Ma_{L/R}|<1\end{cases} \tag{2.53}$$

在此基础上进行通量分裂得

$$\bar{M}_L^+=\begin{cases}Ma_L^+ + Ma_R^-[(1-w)(1+f_R)-f_L], & Ma_{1/2}\geqslant 0\\ Ma_L^+\cdot w\cdot(1+f_L), & Ma_{1/2}<0\end{cases}$$
$$\bar{M}_R^-=\begin{cases}Ma_R^-\cdot w\cdot(1+f_R), & Ma_{1/2}\geqslant 0\\ Ma_R^- + Ma_L^+[(1-w)(1+f_L)-f_R], & Ma_{1/2}<0\end{cases} \tag{2.54}$$
$$P_{L/R}^{\pm}=\begin{cases}\dfrac{1}{2}\dfrac{Ma_{L/R}\pm|Ma_{L/R}|}{Ma_{L/R}}, & |Ma_{L/R}|\geqslant 1\\[2ex] \dfrac{1}{4}(Ma_{L/R}\pm 1)^2(2\mp Ma_{L/R}), & |Ma_{L/R}|<1\end{cases}$$

其中,压力权函数与耗散函数分别为

$$
\begin{aligned}
&w = w(p_L,\ p_R) = 1 - \min\left(\frac{p_L}{p_R},\ \frac{p_R}{p_L}\right)^3 \\
&f_{L/R} = \begin{cases} 0, & |Ma_{L/R}| < 1 \\ p_{L/R}/p_S - 1, & |Ma_{L/R}| \geqslant 1 \end{cases},\quad p_S = P_L^+ p_L + P_R^- p_R
\end{aligned}
\tag{2.55}
$$

2.2.3 时间相关法

时间相关法是 CFD 中广泛采用的流动控制方程推进求解方法,其中,包括显式方法和隐式方法两种。显式方法单步计算量及存储量小,易于程序实现并构造高阶时间精度,但其计算效率受制于计算稳定性条件,并在应用于包含化学反应的流动模拟时会遇到时间刚性问题。而隐式方法虽然在每一步都需要求解非线性方程组,计算量及存储量都较大,但其计算稳定性强,整体计算效率高,并能通过多种隐式方法加速收敛,同时降低了化学反应问题处理过程中的刚性问题难度,是目前在复杂化学反应流动模拟中普遍采用的方法。为进一步提高计算稳定性,本小节对控制方程中的无黏项、黏性项及化学反应源项均进行隐式处理,并对时间项采用二阶后向隐式差分方法,得到二阶时间精度的控制方程为

$$
\begin{aligned}
&\frac{3\boldsymbol{Q}^{n+1} - 4\boldsymbol{Q}^n + \boldsymbol{Q}^{n-1}}{2\Delta t} + \frac{\partial}{\partial\xi}(\boldsymbol{E}^{n+1} - \boldsymbol{E}^n) + \frac{\partial}{\partial\eta}(\boldsymbol{F}^{n+1} - \boldsymbol{F}^n) + \frac{\partial}{\partial\zeta}(\boldsymbol{G}^{n+1} - \boldsymbol{G}^n) \\
&= -\left[\frac{\partial}{\partial\xi}(\boldsymbol{E}_v^{n+1} - \boldsymbol{E}_v^n) + \frac{\partial}{\partial\eta}(\boldsymbol{F}_v^{n+1} - \boldsymbol{F}_v^n) + \frac{\partial}{\partial\zeta}(\boldsymbol{G}_v^{n+1} - \boldsymbol{G}_v^n)\right] + (\boldsymbol{S}^{n+1} - \boldsymbol{S}^n)
\end{aligned}
\tag{2.56}
$$

通常对方程中的非线性项采用线性化处理,分别定义无黏项、黏性项及湍流项/化学反应源项的雅可比矩阵为

$$
\begin{aligned}
&\boldsymbol{A} = \frac{\partial\boldsymbol{E}}{\partial\boldsymbol{Q}},\quad \boldsymbol{B} = \frac{\partial\boldsymbol{F}}{\partial\boldsymbol{Q}},\quad \boldsymbol{C} = \frac{\partial\boldsymbol{G}}{\partial\boldsymbol{Q}} \\
&\boldsymbol{A}_v = \frac{\partial\boldsymbol{E}_v}{\partial\boldsymbol{Q}},\quad \boldsymbol{B}_v = \frac{\partial\boldsymbol{F}_v}{\partial\boldsymbol{Q}},\quad \boldsymbol{C}_v = \frac{\partial\boldsymbol{G}_v}{\partial\boldsymbol{Q}} \\
&\boldsymbol{T} = \frac{\partial\boldsymbol{S}}{\partial\boldsymbol{Q}}
\end{aligned}
\tag{2.57}
$$

以 ξ 方向为例,对非线性项及源项进行 Taylor 展开并略去高阶项,得到线性化的 $\boldsymbol{E}^{n+1}$、$\boldsymbol{E}_v^{n+1}$ 和 $\boldsymbol{S}^{n+1}$ 分别为

$$
\begin{aligned}
\boldsymbol{E}^{n+1} &= \boldsymbol{E}^n + \boldsymbol{A}^n \Delta \boldsymbol{Q} + O(\Delta \boldsymbol{Q}^2) \\
\boldsymbol{E}_v^{n+1} &= \boldsymbol{E}_v^n + \boldsymbol{A}_v^n \Delta \boldsymbol{Q} + O(\Delta \boldsymbol{Q}^2) \\
\boldsymbol{S}^{n+1} &= \boldsymbol{S}^n + \boldsymbol{T}^n \Delta \boldsymbol{Q} + O(\Delta \boldsymbol{Q}^2)
\end{aligned}
\tag{2.58}
$$

线性化处理及雅可比矩阵的数值近似会导致式(2.56)的时间精度达不到二阶,影响数值方法在非定常流动问题中的时间精度。因此,本小节采用双时间步长方法,通过在冻结的物理时间点进行类似于牛顿迭代的虚拟时间迭代过程,从而弥补数值近似损失的时间精度。将线性化后的数值通量代入式(2.56)后,得到隐式双时间步长方法离散控制方程的一般形式为

$$
\begin{aligned}
&\Delta \boldsymbol{Q}^p \left[\left(\frac{1}{\Delta \tau} + \frac{3}{2\Delta t} \right) \boldsymbol{I} + \left(\frac{\partial}{\partial \xi}\boldsymbol{A} + \frac{\partial}{\partial \eta}\boldsymbol{B} + \frac{\partial}{\partial \zeta}\boldsymbol{C} + \frac{\partial}{\partial \xi}\boldsymbol{A}_v + \frac{\partial}{\partial \eta}\boldsymbol{B}_v + \frac{\partial}{\partial \zeta}\boldsymbol{C}_v - \boldsymbol{T} \right) \right]^p \\
&= -\mathbf{RHS}^p \\
&\mathbf{RHS}^p = \frac{3\boldsymbol{Q}^p - 4\boldsymbol{Q}^n + \boldsymbol{Q}^{n-1}}{2\Delta t} + \left(\frac{\partial \boldsymbol{E}}{\partial \xi} + \frac{\partial \boldsymbol{F}}{\partial \eta} + \frac{\partial \boldsymbol{G}}{\partial \zeta} \right)^p + \left(\frac{\partial \boldsymbol{E}_v}{\partial \xi} + \frac{\partial \boldsymbol{F}_v}{\partial \eta} + \frac{\partial \boldsymbol{G}_v}{\partial \zeta} \right)^p - \boldsymbol{S}^p
\end{aligned}
\tag{2.59}
$$

其中,$\Delta \boldsymbol{Q}^p = \boldsymbol{Q}^{p+1} - \boldsymbol{Q}^p$;$p$ 表示第 p 层虚拟时间;n 表示第 n 层物理时间,由 n 时间层通过虚拟时间 τ 向 $n+1$ 时间层推进求解即为内迭代过程。若直接采用矩阵求逆的方法求解式(2.59)中的 $\Delta \boldsymbol{Q}^p$,则会带来巨大的计算量。因此,本小节采用 LU-SGS 等方法避免巨型矩阵的求逆。

对无黏项雅可比矩阵进行分裂:$\boldsymbol{A} = \boldsymbol{A}^+ + \boldsymbol{A}^-$,$\boldsymbol{B} = \boldsymbol{B}^+ + \boldsymbol{B}^-$,$\boldsymbol{C} = \boldsymbol{C}^+ + \boldsymbol{C}^-$,其中,

$$
\begin{aligned}
\boldsymbol{A}^{\pm} &= \frac{1}{2}[\boldsymbol{A} \pm \rho(\boldsymbol{A})\boldsymbol{I}] \\
\boldsymbol{B}^{\pm} &= \frac{1}{2}[\boldsymbol{B} \pm \rho(\boldsymbol{B})\boldsymbol{I}] \\
\boldsymbol{C}^{\pm} &= \frac{1}{2}[\boldsymbol{C} \pm \rho(\boldsymbol{C})\boldsymbol{I}]
\end{aligned}
\tag{2.60}
$$

其中，$\rho(\boldsymbol{A})=\beta\max(|\lambda_A|)$ 为无黏通量雅可比矩阵的谱半径，λ_A 为矩阵特征值，β 为 1.0~2.0 的系数，本小节取为 1.5。

对于黏性项雅可比矩阵，本小节用黏性谱半径对角矩阵替换雅可比矩阵，从而近似隐式处理了矩阵特征值，以增强矩阵的对角占优性。以 ξ 方向为例，修正后的黏性项雅可比矩阵为

$$
\begin{aligned}
\boldsymbol{A}_v &= \boldsymbol{T}_\xi(\lambda_\xi^{\pm} \mp \gamma_\xi \boldsymbol{I})\boldsymbol{T}_\xi^{-1} \\
\gamma_\xi &= 2\max\left(\frac{4}{3\rho},\ \frac{\gamma}{\rho}\right)\left(\frac{\mu}{Pr}+\frac{\mu_t}{Pr_t}\right)|\nabla\xi|^2
\end{aligned}
\tag{2.61}
$$

对于化学反应源项，直接对雅可比矩阵求逆会带来巨大的计算量。因此，参考文献中的做法，即采用对角化矩阵替代全雅可比矩阵。对于湍流源项，为避免求解过程中的刚性问题，本小节对湍流源项中的负值耗散项采用隐式处理并进行对角化处理，以增强矩阵的对角占优性，而其他项则直接采用显式处理[52]。通过上述方法处理后的湍流源项/化学反应源项雅可比矩阵为

$$
\hat{\boldsymbol{T}}=\begin{bmatrix}
\frac{\partial\dot{\omega}_1}{\partial\rho_1} & \cdots & 0 & 0 & 0 & 0 & 0 & 0 & 0 & 0 \\
\vdots & & \vdots & \vdots & \vdots & \vdots & \vdots & \vdots & \vdots & \vdots \\
0 & \cdots & \frac{\partial\dot{\omega}_{ns}}{\partial\rho_{ns}} & 0 & 0 & 0 & 0 & 0 & 0 & 0 \\
0 & \cdots & 0 & 0 & 0 & 0 & 0 & 0 & 0 & 0 \\
0 & \cdots & 0 & 0 & 0 & 0 & 0 & 0 & 0 & 0 \\
0 & \cdots & 0 & 0 & 0 & 0 & 0 & 0 & 0 & 0 \\
0 & \cdots & 0 & 0 & 0 & 0 & 0 & 0 & 0 & 0 \\
0 & \cdots & 0 & 0 & 0 & 0 & 0 & \frac{\partial\dot{\omega}_{\mathrm{vib}}}{\partial\rho e_{\mathrm{vib}}} & 0 & 0 \\
0 & \cdots & 0 & 0 & 0 & 0 & 0 & 0 & T_k & 0 \\
0 & \cdots & 0 & 0 & 0 & 0 & 0 & 0 & 0 & T_\omega
\end{bmatrix}
\tag{2.62}
$$

其中，各组元生成率对组元密度的偏导数 $\partial\dot{\omega}_s/\partial\rho_s$ 及振动能源项对振动能守恒量的偏导数 $\partial\dot{\omega}_{\mathrm{vib}}/(\partial\rho e_{\mathrm{vib}})$ 的具体表达式见文献[53]。以 DES 模型为例，其湍流源项雅可比矩阵中的值近似处理为

$$
\begin{aligned}
T_k &= -2F\beta_k\tilde{\omega} - C_d\frac{(k)^{1/2}}{\Delta} \\
T_\omega &= -2\beta_\omega\bar{\rho}\omega^2 - 2F_1\frac{\sigma_{\omega,2}}{\omega}\frac{\partial k}{\partial x_j}\frac{\partial \omega}{\partial x_j}
\end{aligned}
\tag{2.63}
$$

将分裂后的雅可比矩阵代入式(2.59)并略去上标,对无黏项进行一阶迎风差分,对黏性项进行中心差分后得

$$
\begin{aligned}
&\Delta \boldsymbol{Q}\left(\frac{1}{\Delta\tau}+\frac{3}{2\Delta t}\right)+\left[\frac{\boldsymbol{A}_i^+\Delta\boldsymbol{Q}_i-\boldsymbol{A}_{i-1}^+\Delta\boldsymbol{Q}_{i-1}}{\Delta\xi}+\frac{\boldsymbol{A}_{i+1}^-\Delta\boldsymbol{Q}_{i+1}-\boldsymbol{A}_i^-\Delta\boldsymbol{Q}_i}{\Delta\xi}\right. \\
&+\frac{\boldsymbol{B}_j^+\Delta\boldsymbol{Q}_j-\boldsymbol{B}_{j-1}^+\Delta\boldsymbol{Q}_{j-1}}{\Delta\eta}+\frac{\boldsymbol{B}_{j+1}^-\Delta\boldsymbol{Q}_{j+1}-\boldsymbol{B}_j^-\Delta\boldsymbol{Q}_j}{\Delta\eta} \\
&+\frac{\boldsymbol{C}_k^+\Delta\boldsymbol{Q}_k-\boldsymbol{C}_{k-1}^+\Delta\boldsymbol{Q}_{k-1}}{\Delta\zeta}+\frac{\boldsymbol{C}_{k+1}^-\Delta\boldsymbol{Q}_{k+1}-\boldsymbol{C}_k^-\Delta\boldsymbol{Q}_k}{\Delta\zeta} \\
&+\frac{\boldsymbol{A}_{i+1}^v\Delta\boldsymbol{Q}_{i+1}-2\boldsymbol{A}_i^v\Delta\boldsymbol{Q}_i+\boldsymbol{A}_{i-1}^v\Delta\boldsymbol{Q}_{i-1}}{\Delta\xi}+\frac{\boldsymbol{B}_{j+1}^v\Delta\boldsymbol{Q}_{j+1}-2\boldsymbol{B}_j^v\Delta\boldsymbol{Q}_j+\boldsymbol{B}_{j-1}^v\Delta\boldsymbol{Q}_{j-1}}{\Delta\eta} \\
&\left.+\frac{\boldsymbol{C}_{k+1}^v\Delta\boldsymbol{Q}_{k+1}-2\boldsymbol{C}_k^v\Delta\boldsymbol{Q}_k+\boldsymbol{C}_{k-1}^v\Delta\boldsymbol{Q}_{k-1}}{\Delta\zeta}-\hat{\boldsymbol{T}}\right]=-\mathbf{RHS}
\end{aligned}
\tag{2.64}
$$

在计算坐标系中将方程式(2.64)写成上三角矩阵 $\bar{\boldsymbol{U}}$、下三角矩阵 $\bar{\boldsymbol{L}}$ 和对角矩阵 $\boldsymbol{D}$ 之和,分别为

$$
\bar{\boldsymbol{U}}=\boldsymbol{A}_{i+1}^-+\boldsymbol{B}_{j+1}^-+\boldsymbol{C}_{K+1}^-+\boldsymbol{A}_{i+1}^v+\boldsymbol{B}_{j+1}^v+\boldsymbol{C}_{k+1}^v \tag{2.65}
$$

$$
\bar{\boldsymbol{L}}=-(\boldsymbol{A}_{i-1}^++\boldsymbol{B}_{j-1}^++\boldsymbol{C}_{k-1}^+)+\boldsymbol{A}_{i-1}^v+\boldsymbol{B}_{j-1}^v+\boldsymbol{C}_{k-1}^v \tag{2.66}
$$

$$
\boldsymbol{D}=\left(\frac{1}{\Delta\tau}+\frac{3}{2\Delta t}\right)\boldsymbol{I}+(\boldsymbol{A}^+-\boldsymbol{A}^-+\boldsymbol{B}^+-\boldsymbol{B}^-+\boldsymbol{C}^+-\boldsymbol{C}^-)-2(\boldsymbol{A}_i^v+\boldsymbol{B}_j^v+\boldsymbol{C}_k^v)-\hat{\boldsymbol{T}} \tag{2.67}
$$

则式(2.64)可写为

$$
(\boldsymbol{D}+\bar{\boldsymbol{U}}+\bar{\boldsymbol{L}})\Delta\boldsymbol{Q}=-\mathbf{RHS} \tag{2.68}
$$

对式(2.68)进行 LU 近似分解得

$$
\begin{aligned}
&\boldsymbol{D}(\boldsymbol{I}+\boldsymbol{D}^{-1}\bar{\boldsymbol{L}}+\boldsymbol{D}^{-1}\bar{\boldsymbol{U}})\Delta\boldsymbol{Q}=-\mathbf{RHS}\\
&\boldsymbol{D}(\boldsymbol{I}+\boldsymbol{D}^{-1}\bar{\boldsymbol{L}})(\boldsymbol{I}+\boldsymbol{D}^{-1}\bar{\boldsymbol{U}})\Delta\boldsymbol{Q}=-\mathbf{RHS}\\
&(\boldsymbol{D}+\bar{\boldsymbol{L}})\boldsymbol{D}^{-1}(\boldsymbol{D}+\bar{\boldsymbol{U}})\Delta\boldsymbol{Q}=-\mathbf{RHS}
\end{aligned}
\tag{2.69}
$$

令

$$
\begin{aligned}
&\boldsymbol{U}=\boldsymbol{D}+\bar{\boldsymbol{U}}\\
&\boldsymbol{L}=\boldsymbol{D}+\bar{\boldsymbol{L}}
\end{aligned}
\tag{2.70}
$$

则有

$$
\boldsymbol{L}\boldsymbol{D}^{-1}\boldsymbol{U}\Delta\boldsymbol{Q}=-\mathbf{RHS} \tag{2.71}
$$

对式(2.71)进行高斯-赛德尔迭代求解,第一步对网格编号 i、j、k 从小到大进行扫描,并在 $i_{\min}$、$j_{\min}$、$k_{\min}$边界上的 $\Delta\boldsymbol{Q}^*$ 给定边界条件,并令

$$
\boldsymbol{L}\Delta\boldsymbol{Q}^*=-\mathbf{RHS} \tag{2.72}
$$

则有

$$
\begin{aligned}
\Delta\boldsymbol{Q}^* &=\boldsymbol{D}^{-1}\boldsymbol{U}\Delta\boldsymbol{Q}^*\\
&=\boldsymbol{D}^{-1}(\boldsymbol{D}+\bar{\boldsymbol{U}})\Delta\boldsymbol{Q}^*\\
&=\boldsymbol{D}^{-1}((\boldsymbol{D}+\bar{\boldsymbol{U}}+\bar{\boldsymbol{L}})\Delta\boldsymbol{Q}^*-\bar{\boldsymbol{L}}\Delta\boldsymbol{Q}^*)\\
&=\boldsymbol{D}^{-1}(-\mathbf{RHS}-\bar{\boldsymbol{L}}\Delta\boldsymbol{Q}^*)
\end{aligned}
\tag{2.73}
$$

同时令

$$
\Delta\boldsymbol{Q}^{**}=\boldsymbol{D}\Delta\boldsymbol{Q}^* \tag{2.74}
$$

类似地,第二步对网格编号 i、j、k 从大到小进行扫描,并在 $i_{\max}$、$j_{\max}$、$k_{\max}$边界上的 $\Delta\boldsymbol{Q}$ 给定边界条件,最后得

$$
\begin{aligned}
&\boldsymbol{U}\Delta\boldsymbol{Q}=\boldsymbol{D}\Delta\boldsymbol{Q}^*=\Delta\boldsymbol{Q}^{**}\\
&\Delta\boldsymbol{Q}=(\Delta\boldsymbol{Q}^{**}-\bar{\boldsymbol{U}}\Delta\boldsymbol{Q})\boldsymbol{D}^{-1}
\end{aligned}
\tag{2.75}
$$

为满足数值计算的收敛性要求,当时间推进控制方程时采用的最大当地时间步长必须同时满足对流与黏性耗散的稳定性要求。本书采用的当地时间步长计算公式为

$$
\Delta t_i=CFL\frac{V_i}{(\lambda_\xi+\lambda_\eta+\lambda_\zeta)+C(\gamma_\xi+\gamma_\eta+\gamma_\zeta)} \tag{2.76}
$$

其中，V_i 为单元体积；本书取常数 $C=2$；λ_ξ、λ_η、λ_ζ 和 γ_ξ、γ_η、γ_ζ 分别为 ξ、η、ζ 方向上的无黏谱半径和黏性谱半径：

$$\begin{aligned}\lambda_\xi &= |u \cdot S_\xi| + c|S_\xi| \\ \lambda_\eta &= |u \cdot S_\eta| + c|S_\eta| \\ \lambda_\zeta &= |u \cdot S_\zeta| + c|S_\zeta|\end{aligned} \tag{2.77}$$

$$\begin{aligned}\gamma_\xi &= \max\left(\frac{4}{3\rho}, \frac{\gamma}{\rho}\right)\left(\frac{\mu}{Pr} + \frac{\mu_t}{Pr_t}\right)\frac{(S_\xi)^2}{V_i} \\ \gamma_\eta &= \max\left(\frac{4}{3\rho}, \frac{\gamma}{\rho}\right)\left(\frac{\mu}{Pr} + \frac{\mu_t}{Pr_t}\right)\frac{(S_\eta)^2}{V_i} \\ \gamma_\zeta &= \max\left(\frac{4}{3\rho}, \frac{\gamma}{\rho}\right)\left(\frac{\mu}{Pr} + \frac{\mu_t}{Pr_t}\right)\frac{(S_\zeta)^2}{V_i}\end{aligned} \tag{2.78}$$

其中，c 为局部声速；S_ξ、S_η、S_ζ 分别为单元在 x、y、z 方向上的投影面积。

在求解定常问题时，控制方程中的空间离散和时间推进是解耦进行的，可以在每个网格单元采取当地稳定性条件允许的最大当地时间步长以达到加速收敛的效果。在求解非定常问题时，由于本书采用双时间步长方法，在每一物理时间步长内求解的还是随虚拟时间推进的定常方程，所以仍然可采用当地时间步长以提高计算效率。

2.2.4　初边值条件

本书涉及的流场初始条件一律取来流条件。在边界条件处理上，本书采用在有限体积法中广泛采用的虚拟网格方法，结合结构化的多块对接网格，通过在各区域网格周围生成两层虚拟网格并进行插值计算，使得控制方程在边界处保持空间二阶计算精度。在具体算例中使用的主要边界条件包括物面边界条件、超声速远场边界条件和亚声速远场边界条件。

（1）物面边界条件。壁面压强梯度 $(\partial p/\partial n)_w = 0$；绝热壁壁面温度梯度 $(\partial T/\partial n)_w = 0$；等温壁给定壁面温度 $T_w = \text{cont}$；湍流变量的壁面值 $k_{wall} = 0$，$\omega_{wall} = 60\mu/\beta\rho y^2$；对于非催化壁面有 $(\partial C_i/\partial n) = 0$；对于完全催化壁面有 $C_i = C_i^{equ}(T, T_{vib})$。

（2）超声速远场边界条件。对于超声速来流，边界上物理量直接取来流值；对于超声速出流，边界上物理量由内部对应的网格单元外推。

（3）亚声速远场边界条件。对于亚声速来流，其边界值可以为

$$
\begin{aligned}
p_{\mathrm{b}} &= \frac{1}{2}\{p_{\infty} + p_{\mathrm{int}} - \rho_{\mathrm{int}}c_{\mathrm{int}}[n_x(u_{\infty} - u_{\mathrm{int}}) + n_y(v_{\infty} - v_{\mathrm{int}}) + n_z(w_{\infty} - w_{\mathrm{int}})]\} \\
\rho_{\mathrm{b}} &= \rho_{\infty} + \frac{p_{\mathrm{b}} - p_{\infty}}{c_{\mathrm{int}}^2} \\
u_{\mathrm{b}} &= u_{\infty} - n_x \frac{p_{\infty} - p_{\mathrm{b}}}{\rho_{\mathrm{int}}c_{\mathrm{int}}} \\
v_{\mathrm{b}} &= v_{\infty} - n_y \frac{p_{\infty} - p_{\mathrm{b}}}{\rho_{\mathrm{int}}c_{\mathrm{int}}} \\
w_{\mathrm{b}} &= w_{\infty} - n_z \frac{p_{\infty} - p_{\mathrm{b}}}{\rho_{\mathrm{int}}c_{\mathrm{int}}}
\end{aligned}
\tag{2.79}
$$

其中，下标 b 表示边界区域；int 表示计算域内的第一层网格；n_x、n_y 和 n_z 为单位法向量。对于亚声速出流，其边界值可以为

$$
\begin{aligned}
p_{\mathrm{b}} &= p_{\infty} \\
\rho_{\mathrm{b}} &= \rho_{\mathrm{int}} + \frac{p_{\mathrm{b}} - p_{\mathrm{int}}}{c_{\mathrm{int}}^2} \\
u_{\mathrm{b}} &= u_{\mathrm{int}} + n_x \frac{p_{\mathrm{int}} - p_{\mathrm{b}}}{\rho_{\mathrm{int}}c_{\mathrm{int}}} \\
v_{\mathrm{b}} &= v_{\mathrm{int}} + n_y \frac{p_{\mathrm{int}} - p_{\mathrm{b}}}{\rho_{\mathrm{int}}c_{\mathrm{int}}} \\
w_{\mathrm{b}} &= w_{\mathrm{int}} + n_z \frac{p_{\mathrm{int}} - p_{b}}{\rho_{\mathrm{int}}c_{\mathrm{int}}}
\end{aligned}
\tag{2.80}
$$

2.2.5 并行化计算方法

精细化的流场模拟要求计算中采用足够数量的高质量局部加密网格，串行化的计算方法导致的计算效率低是难以接受的。因此，本书采用信息传递接口（message passing interface, MPI）技术，构建了基于结构化多块对接网格的并行

化仿真程序。通过合理划分网格区域,实现了多个进程间的负载平衡,从而显著降低了单个 CPU 进程所承担的计算量,提高了计算效率。

2.3　典型外形高超声速绕流流场数据

2.3.1　高超声速 RAM-C-Ⅱ钝锥等离子体流场数值模拟

本小节针对再入临近空间高超声速飞行试验中的 RAM-C-Ⅱ飞行器,开展了跨流域环境下稳态及动态等离子体鞘套的数值模拟。该试验重点考察了飞行器壁面及空间电子数密度分布,并广泛用于高超声速飞行器流场模拟算法的对比验证。如图 2.5 所示,RAM-C-Ⅱ钝锥模型球头半径为 0.152 4 m,半锥角为 9°,全长为 1.295 m。数值模拟中生成的飞行器轴向、法向和周向网格分布为 70×90×60,物面第一层网格高度满足网格雷诺数小于 10。取来流组元质量分数为 79%的氮气与质量分数为 21%的氧气,物面边界采用完全非催化物面,壁温 T_w = 1 500 K。

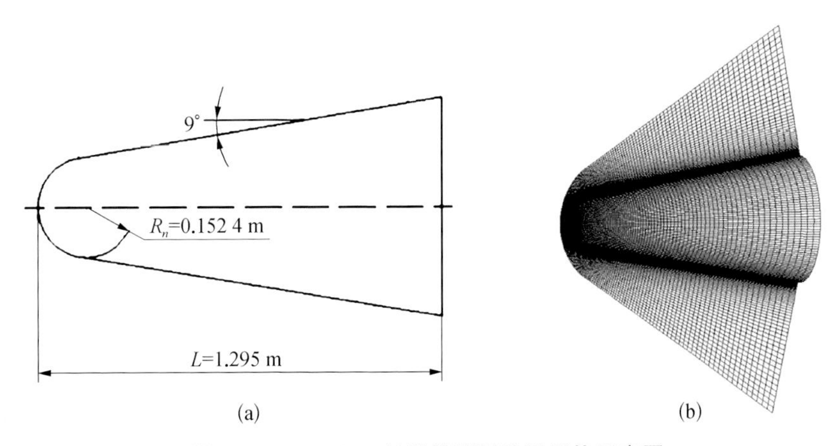

图 2.5　RAM-C-Ⅱ钝锥模型及流场网格示意图

本小节针对 RAM-C-Ⅱ钝锥模型计算了不同高度(H = 30 km, 35 km, 40 km, 45 km, 50 km, 55 km, 60 km, 65 km,70 km)、不同马赫数(Ma = 15, 20, 25)状态下高超声速等离子体绕流流场。另外,给出了不同截面(XOY 平面和 XOZ 平面)、不同位置(X = 0.1 m, 0.7 m, 1.29 m)处的压强 P、温度 T 和电子数密度 N_e 分布。

电子数密度/(No./m^3)	压强/Pa	温度/K

H=30 km, Ma=15, α=0°, X=0.1 m

电子数密度/(No./m^3): 1.2×10^{18}, 1.1×10^{18}, 1×10^{18}, 9×10^{17}, 8×10^{17}, 7×10^{17}, 6×10^{17}, 5×10^{17}, 4×10^{17}, 3×10^{17}, 2×10^{17}, 1×10^{17}, 0

Z/m: 0, 0.2, 0.4, 0.6, 0.8, 1; Y/m: −0.4, −0.2, 0, 0.2, 0.4

H=30 km, Ma=15, α=0°, X=0.1 m

压强/Pa: 37383.9, 37272.4, 27828.7, 22626.1, 20000, 19000, 18000, 17254.9, 17234.9, 17000, 16000, 15000, 14000

Z/m: 0, 0.2, 0.4, 0.6, 0.8, 1; Y/m: −0.4, −0.2, 0, 0.2, 0.4

H=30 km, Ma=15, α=0°, X=0.1 m

温度/K: 2954.92, 2584.57, 1900, 1700, 1500, 1300, 1100, 900, 700, 500, 300

Z/m: 0, 0.2, 0.4, 0.6, 0.8, 1; Y/m: −0.4, −0.2, 0, 0.2, 0.4

H=30 km, Ma=15, α=0°, X=0.7 m

电子数密度/(No./m^3): 1.1×10^{18}, 9.5×10^{17}, 8×10^{17}, 6.5×10^{17}, 5×10^{17}, 3.5×10^{17}, 2.06904×10^{17}, 1.5×10^{17}, 5×10^{16}

Z/m: 0, 0.2, 0.4, 0.6, 0.8, 1, 1.2, 1.4, 1.6; Y/m: −0.8, −0.6, −0.4, −0.2, 0, 0.2, 0.4, 0.6, 0.8

H=30 km, Ma=15, α=0°, X=0.7 m

压强/Pa: 12141.5, 11216.8, 9222.56, 6800, 6200, 5600, 5000, 4400, 3800, 3200, 2600, 2000, 1400

Z/m: 0, 0.2, 0.4, 0.6, 0.8, 1, 1.2, 1.4, 1.6; Y/m: −0.8, −0.6, −0.4, −0.2, 0, 0.2, 0.4, 0.6, 0.8

H=30 km, Ma=15, α=0°, X=0.7 m

温度/K: 2290.53, 2147.15, 2119.8, 1550, 1400, 1250, 1100, 1000, 850, 700, 550, 400, 250

Z/m: 0, 0.2, 0.4, 0.6, 0.8, 1, 1.2, 1.4, 1.6; Y/m: −0.8, −0.6, −0.4, −0.2, 0, 0.2, 0.4, 0.6, 0.8

H=30 km, Ma=15, α=0°, X=1.29 m

电子数密度/(No./m^3): 1.1×10^{18}, 9.5×10^{17}, 8×10^{17}, 6.5×10^{17}, 5×10^{17}, 3.5×10^{17}, 2×10^{17}, 1.21218×10^{17}, 5×10^{16}, 0

Z/m: 0, 0.2, 0.4, 0.6, 0.8, 1, 1.2, 1.4, 1.6, 1.8, 2, 2.2; Y/m: −1, −0.5, 0, 0.5, 1

H=30 km, Ma=15, α=0°, X=1.29 m

压强/Pa: 9073.7, 8484.12, 7785.16, 5000, 4600, 4200, 3800, 3400, 3000, 2600, 2200, 1800, 1400

Z/m: 0, 0.2, 0.4, 0.6, 0.8, 1, 1.2, 1.4, 1.6, 1.8, 2, 2.2; Y/m: −1, −0.5, 0, 0.5, 1

H=30 km, Ma=15, α=0°, X=1.29 m

温度/K: 2070, 1400, 1200, 1000, 900, 700, 500, 300

Z/m: 0, 0.2, 0.4, 0.6, 0.8, 1, 1.2, 1.4, 1.6, 1.8, 2, 2.2; Y/m: −1, −0.5, 0, 0.5, 1

H=30 km, Ma=15, α=0°, XOY平面

电子数密度/(No./m^3): 1.05×10^{18}, 8×10^{17}, 5.5×10^{17}, 3×10^{17}, 1.41813×10^{17}, 3.32321×10^{16}, 9.03179×10^{15}, 4.94865×10[illegible]

Y/m: −1, −0.5, 0, 0.5, 1, 1.5; X/m: 0, 0.5, 1, 1.5, 2, 2.5, 3

H=30 km, Ma=15, α=0°, XOY平面

压强/Pa: 140000, 100000, 60000, 20000, 5835.44, 3560.5, 908.408, 786.915

Y/m: −1, −0.5, 0, 0.5, 1, 1.5; X/m: 0, 0.5, 1, 1.5, 2, 2.5, 3

H=30 km, Ma=15, α=0°, XOY平面

温度/K: 3500, 3100, 2700, 2300, 1900, 1500, 1100, 700, 300

Y/m: −1, −0.5, 0, 0.5, 1, 1.5; X/m: 0, 0.5, 1, 1.5, 2, 2.5, 3

H=30 km, Ma=15, α=0°, XOZ平面

电子数密度/(No./m^3): 1.2×10^{18}, 1×10^{18}, 8×10^{17}, 6×10^{17}, 4×10^{17}, 2×10^{17}, 1.35863×10^{17}, 1×10^{17}, 2.85575×10^{16}, 7.66488×10^{15}, 5.68353×10^{15}

Z/m: 0, 0.5, 1, 1.5, 2, 2.5, 3; X/m: 0, 0.5, 1, 1.5, 2, 2.5, 3

H=30 km, Ma=15, α=0°, XOZ平面

压强/Pa: 140000, 100000, 60000, 20000, 7652.94, 5433.03, 4568.7, 1673.09, 1536.76, 1501.14, 1433.52, 823.764

Z/m: 0, 0.5, 1, 1.5, 2, 2.5, 3; X/m: 0, 0.5, 1, 1.5, 2, 2.5, 3

H=30 km, Ma=15, α=0°, XOZ平面

温度/K: 3500, 3000, 2500, 2000, 1500, 1347.54, 1000, 500

Z/m: 0, 0.5, 1, 1.5, 2, 2.5, 3; X/m: 0, 0.5, 1, 1.5, 2, 2.5, 3

（续表）

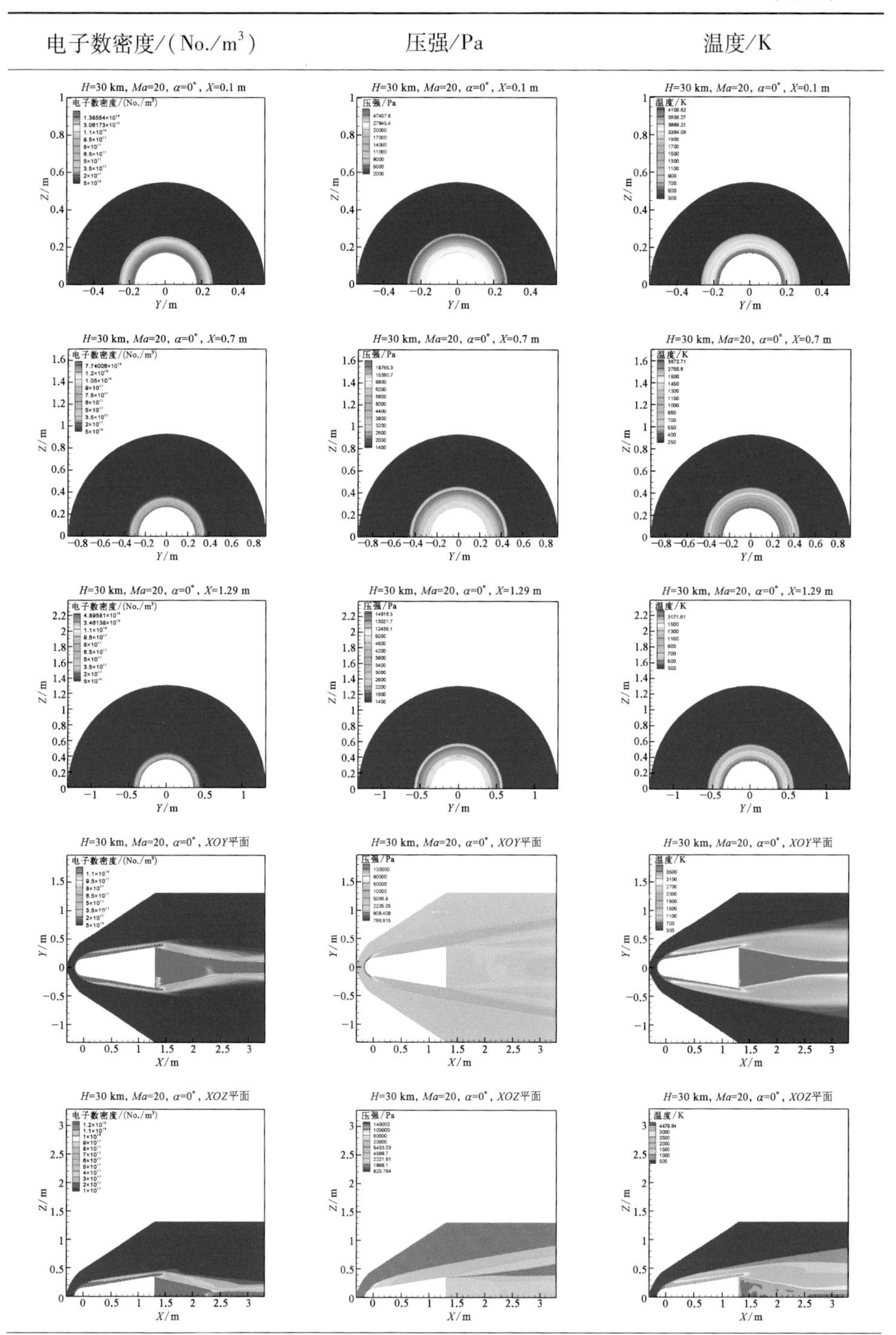

电子数密度/(No./m³)
压强/Pa
温度/K
H=30 km, Ma=20, α=0°, X=0.1 m
H=30 km, Ma=20, α=0°, X=0.7 m
H=30 km, Ma=20, α=0°, X=1.29 m
H=30 km, Ma=20, α=0°, XOY平面
H=30 km, Ma=20, α=0°, XOZ平面
Y/m
Z/m
X/m

（续表）

电子数密度/(No./m^3)	压强/Pa	温度/K

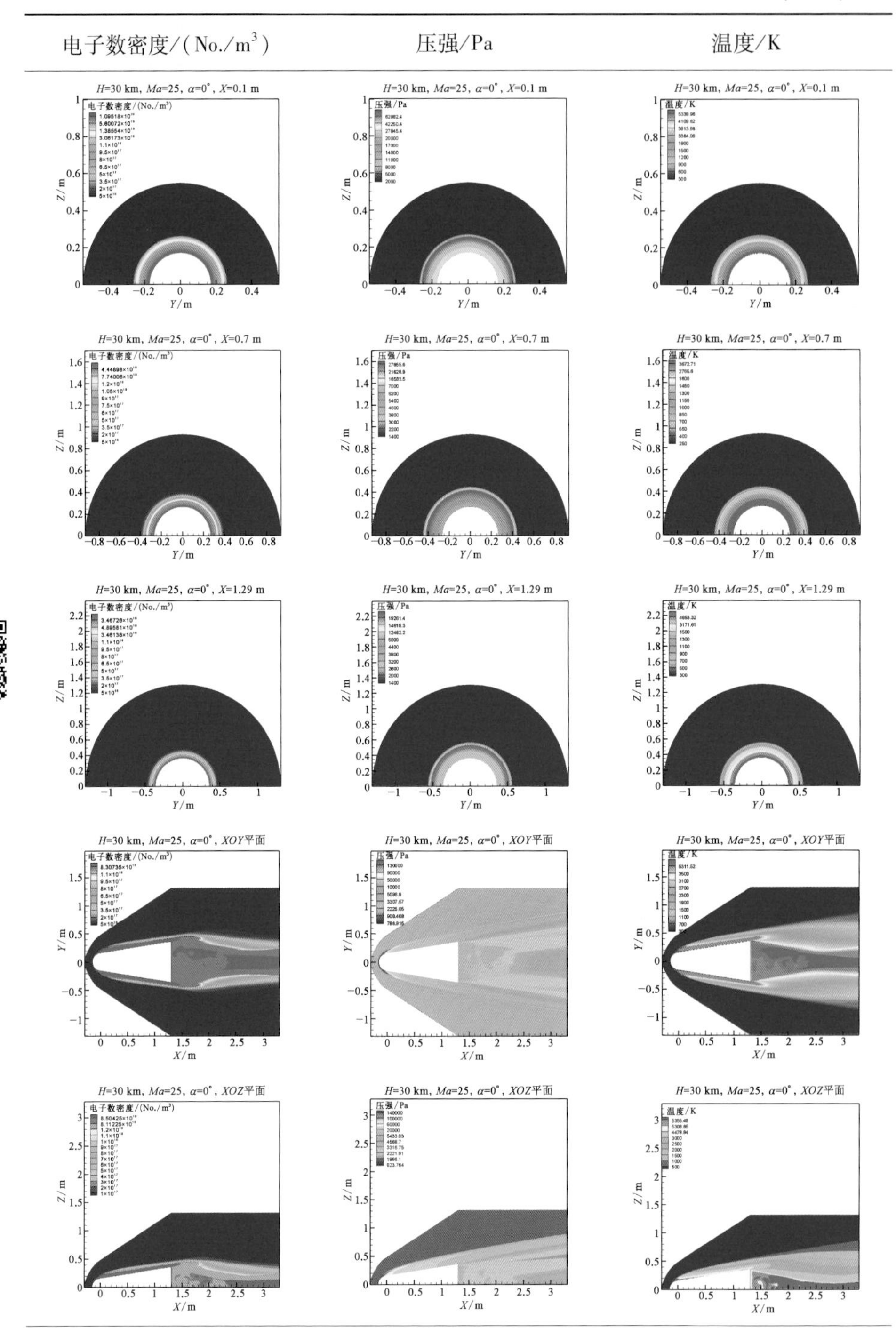

（续表）

电子数密度/(No./m^3)	压强/Pa	温度/K

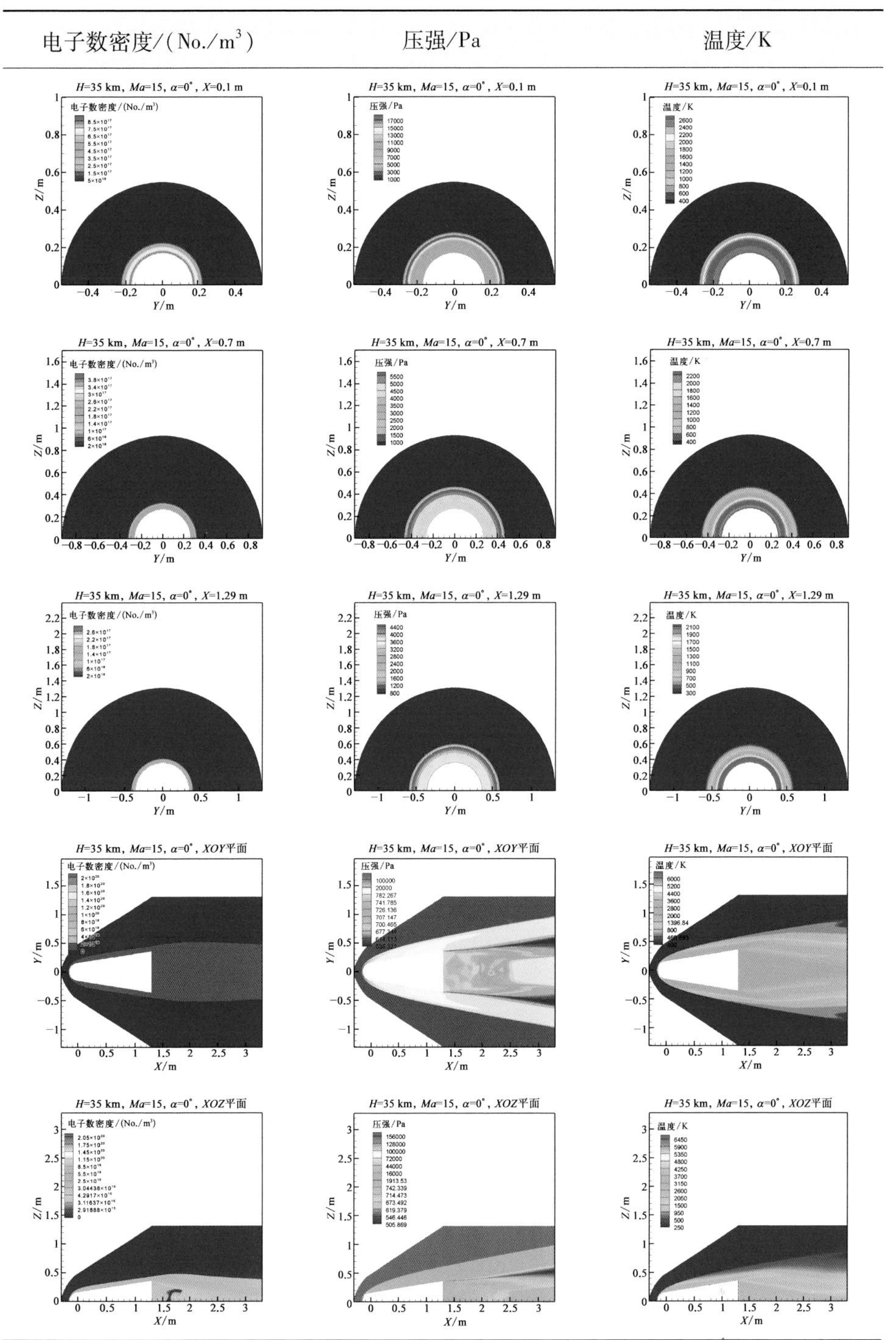

(续表)

电子数密度/(No./m^3)	压强/Pa	温度/K

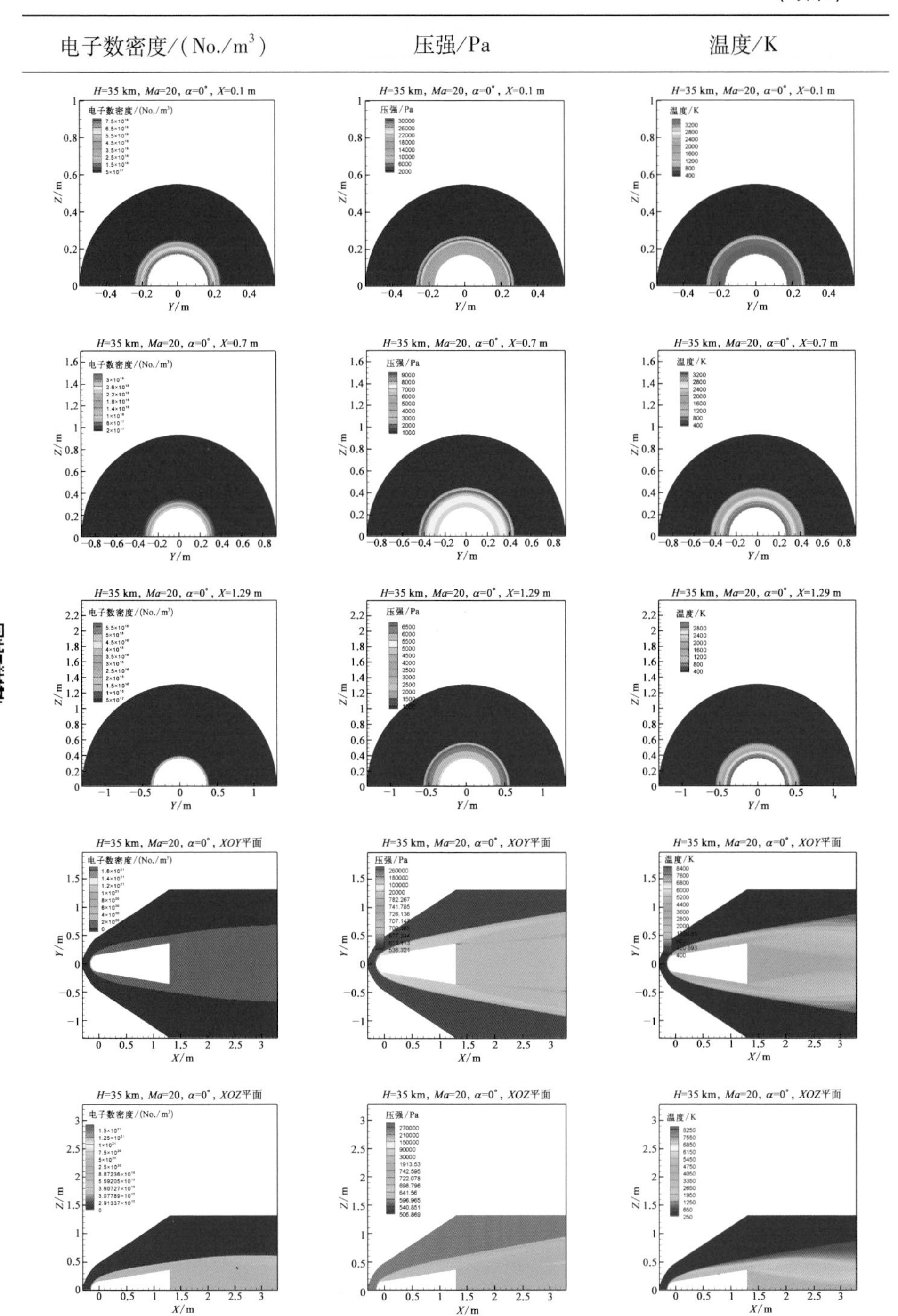

（续表）

电子数密度/(No./m^3)	压强/Pa	温度/K

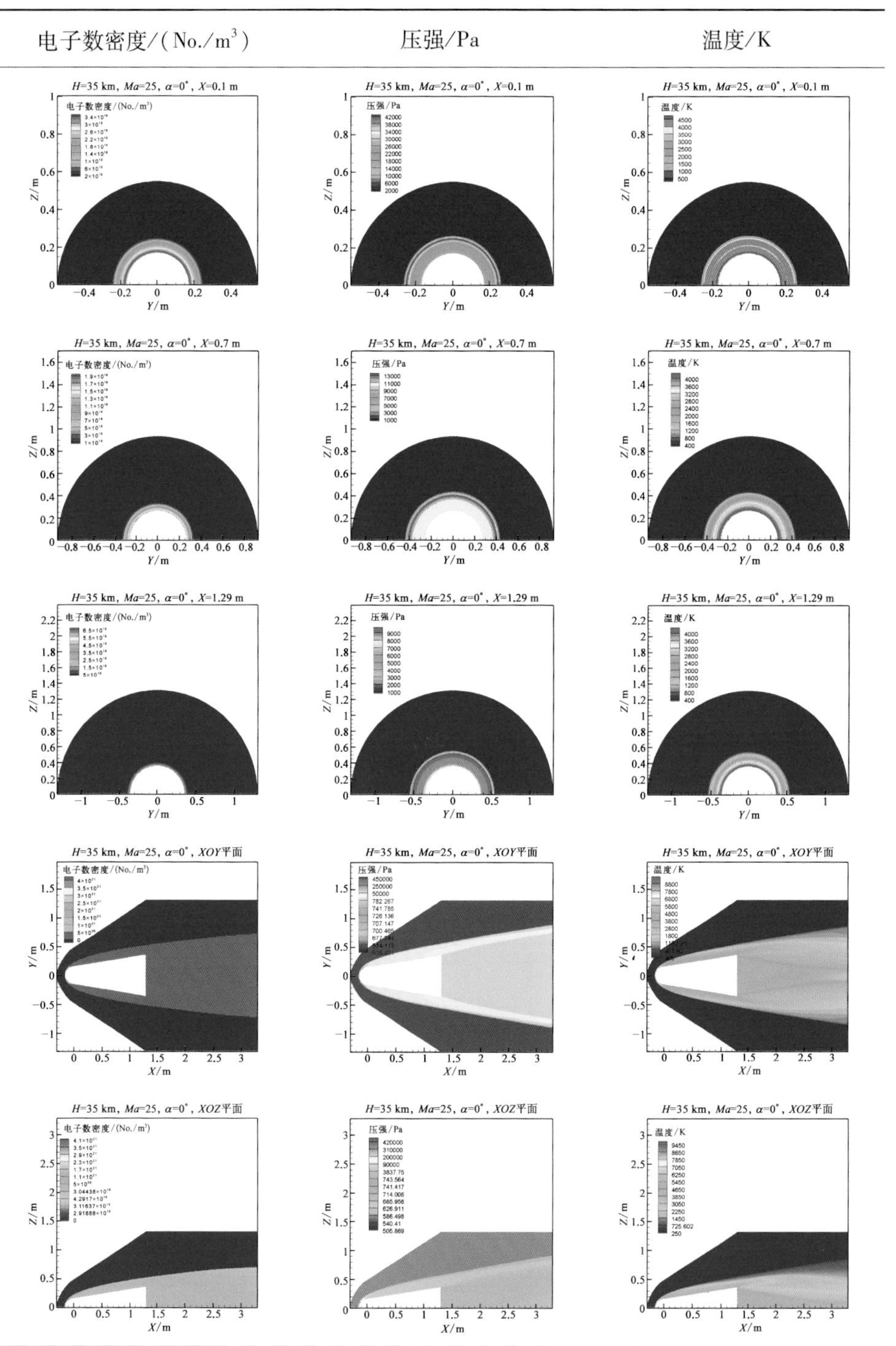

（续表）

电子数密度/(No./m^3)	压强/Pa	温度/K

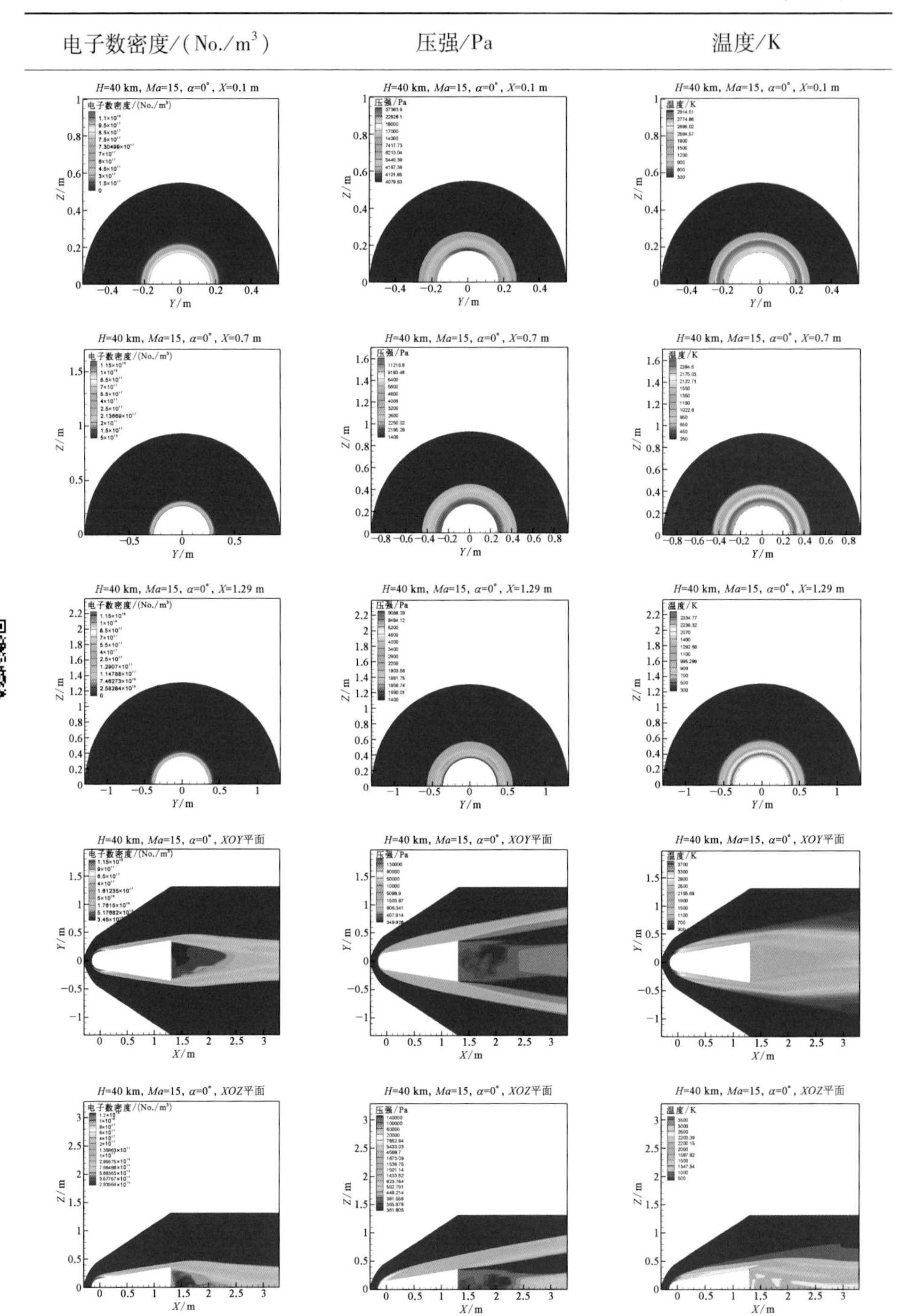

（续表）

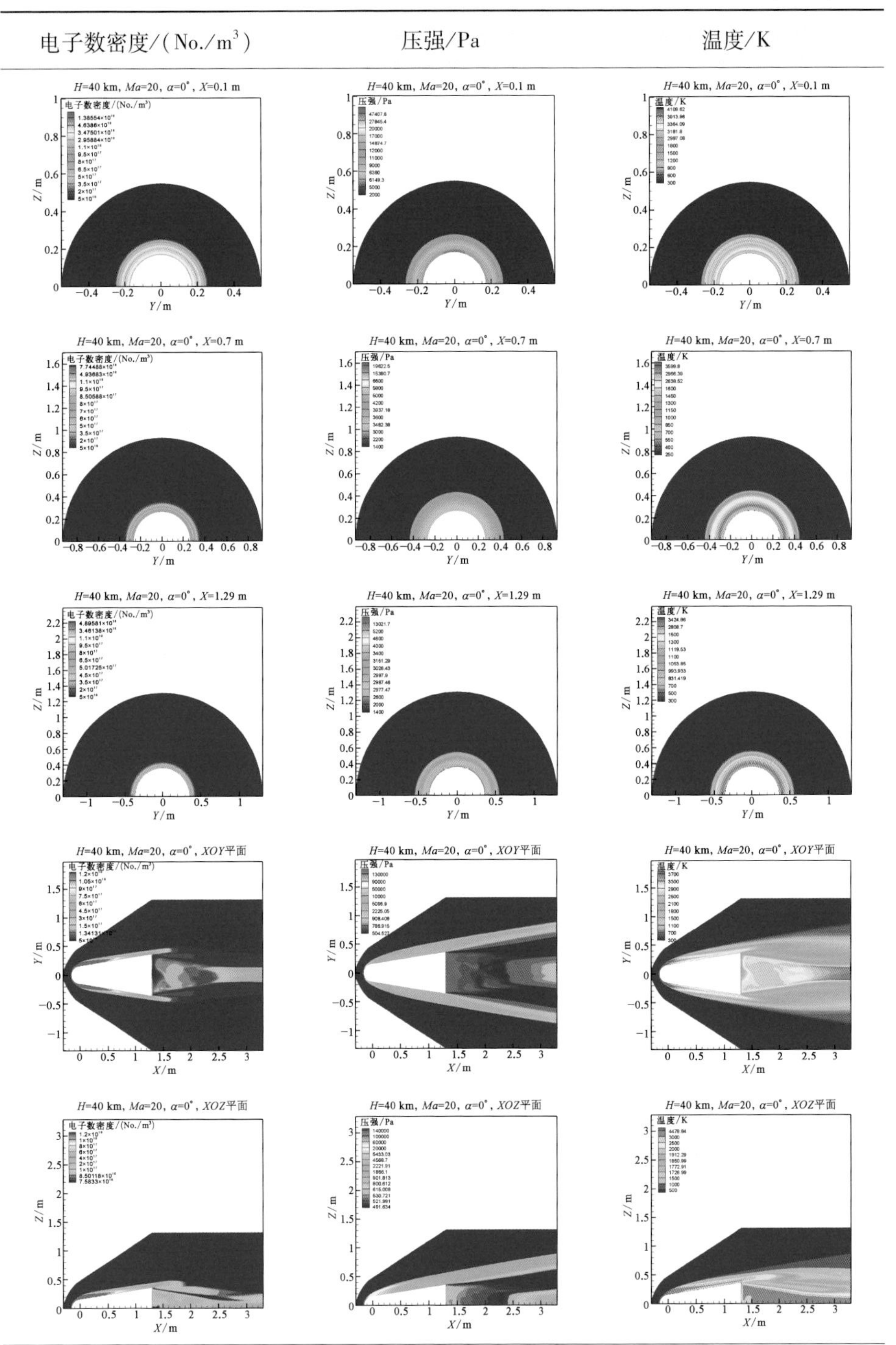
电子数密度/(No./m³)
压强/Pa
温度/K
H=40 km, Ma=20, α=0°, X=0.1 m
H=40 km, Ma=20, α=0°, X=0.7 m
H=40 km, Ma=20, α=0°, X=1.29 m
H=40 km, Ma=20, α=0°, XOY平面
H=40 km, Ma=20, α=0°, XOZ平面
Y/m
Z/m
X/m

（续表）

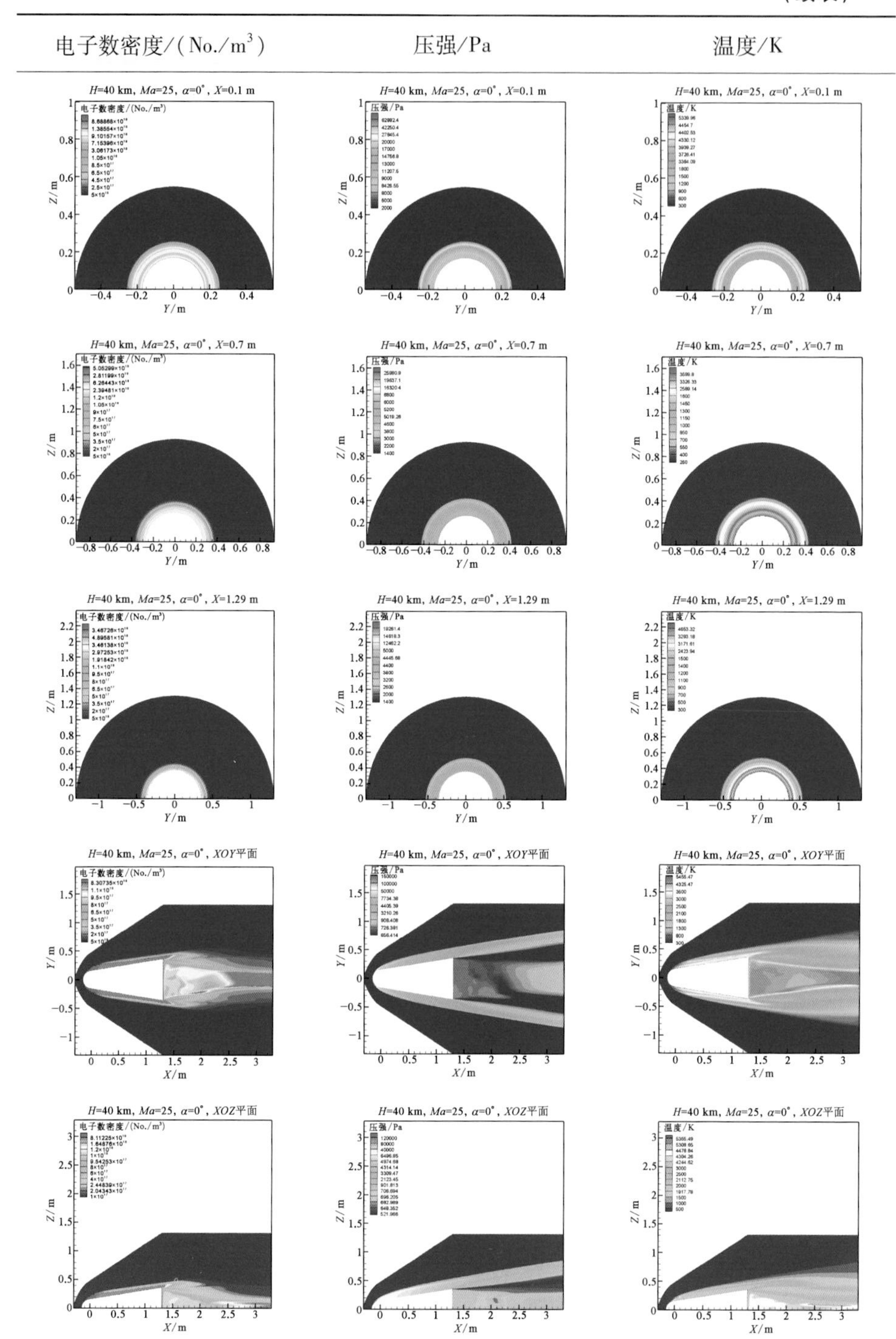

电子数密度/(No./m^3)
压强/Pa
温度/K
H=40 km, Ma=25, α=0°, X=0.1 m
H=40 km, Ma=25, α=0°, X=0.7 m
H=40 km, Ma=25, α=0°, X=1.29 m
H=40 km, Ma=25, α=0°, XOY平面
H=40 km, Ma=25, α=0°, XOZ平面
电子数密度/(No./m^3)
压强/Pa
温度/K
Y/m
Z/m
X/m

（续表）

电子数密度/(No./m³)	压强/Pa	温度/K

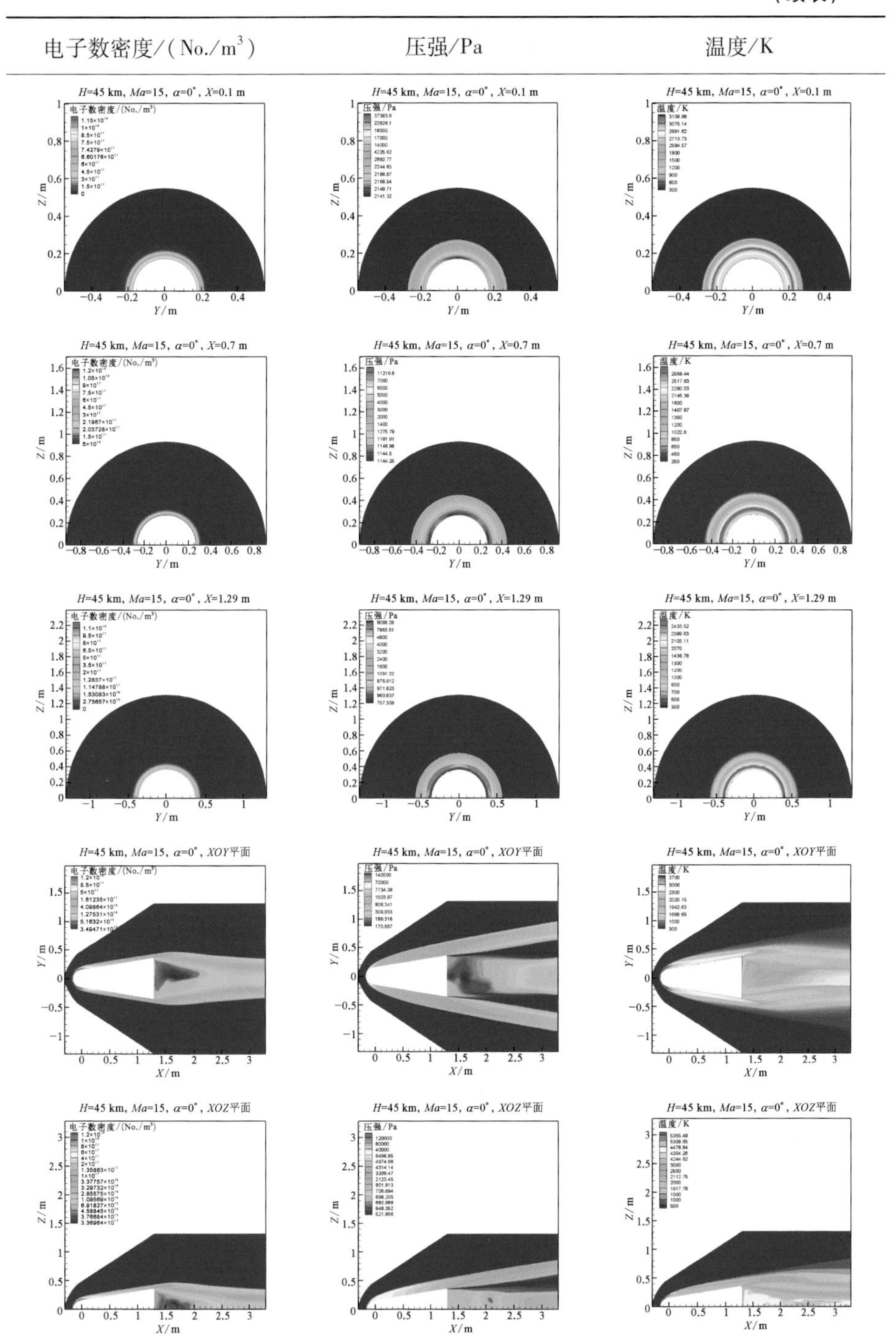

（续表）

电子数密度/(No./m^3)	压强/Pa	温度/K

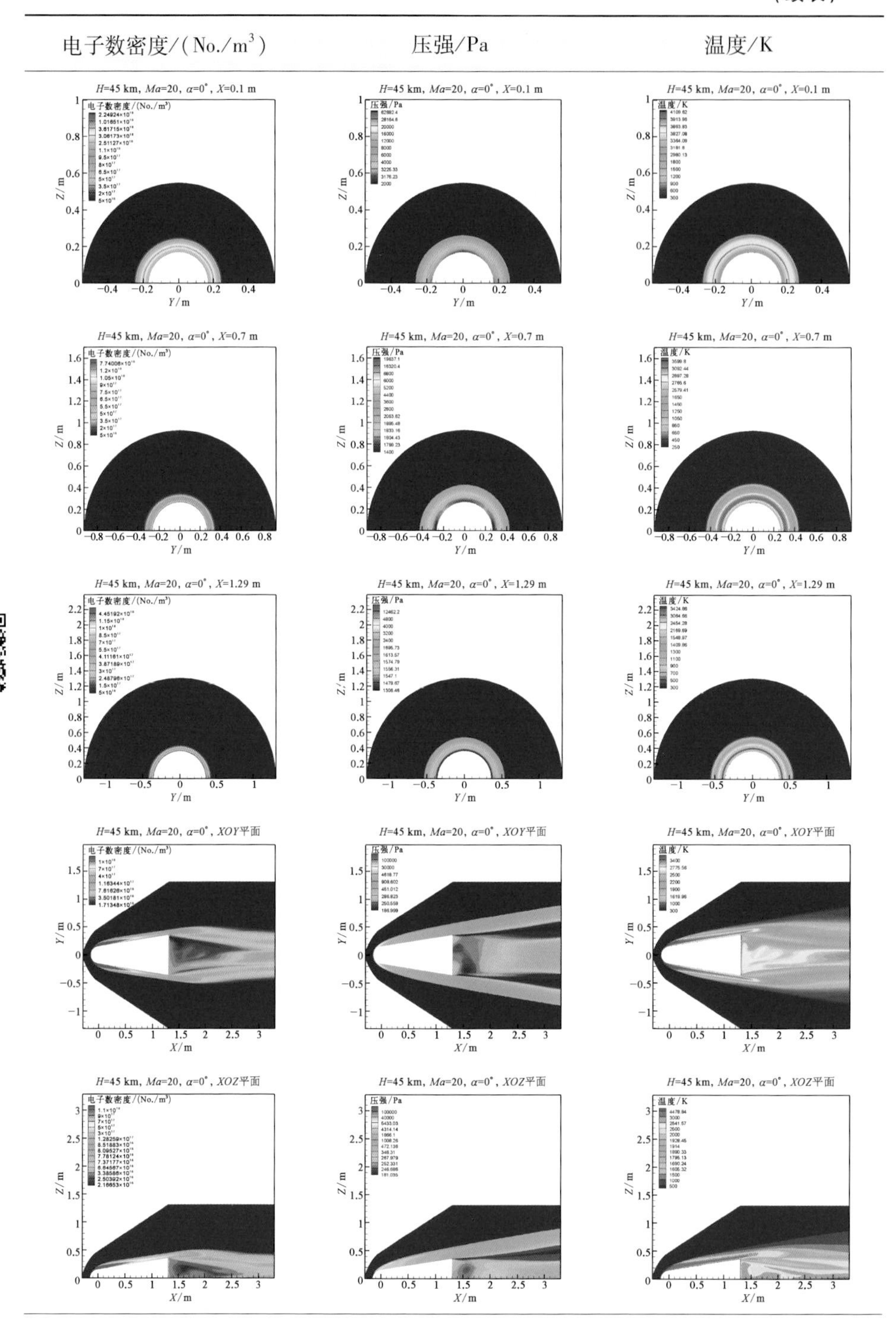

（续表）

电子数密度/(No./m³)	压强/Pa	温度/K

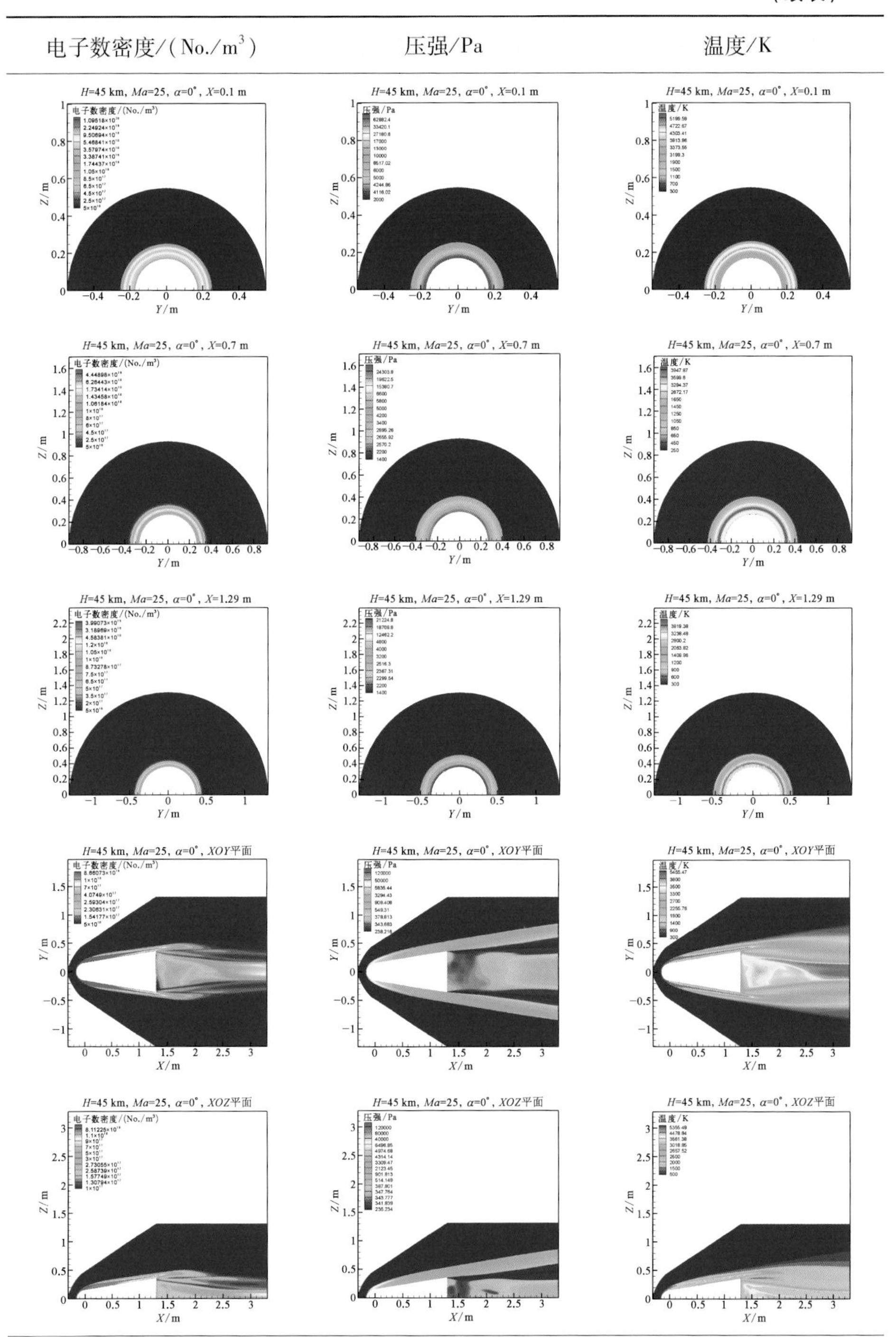

（续表）

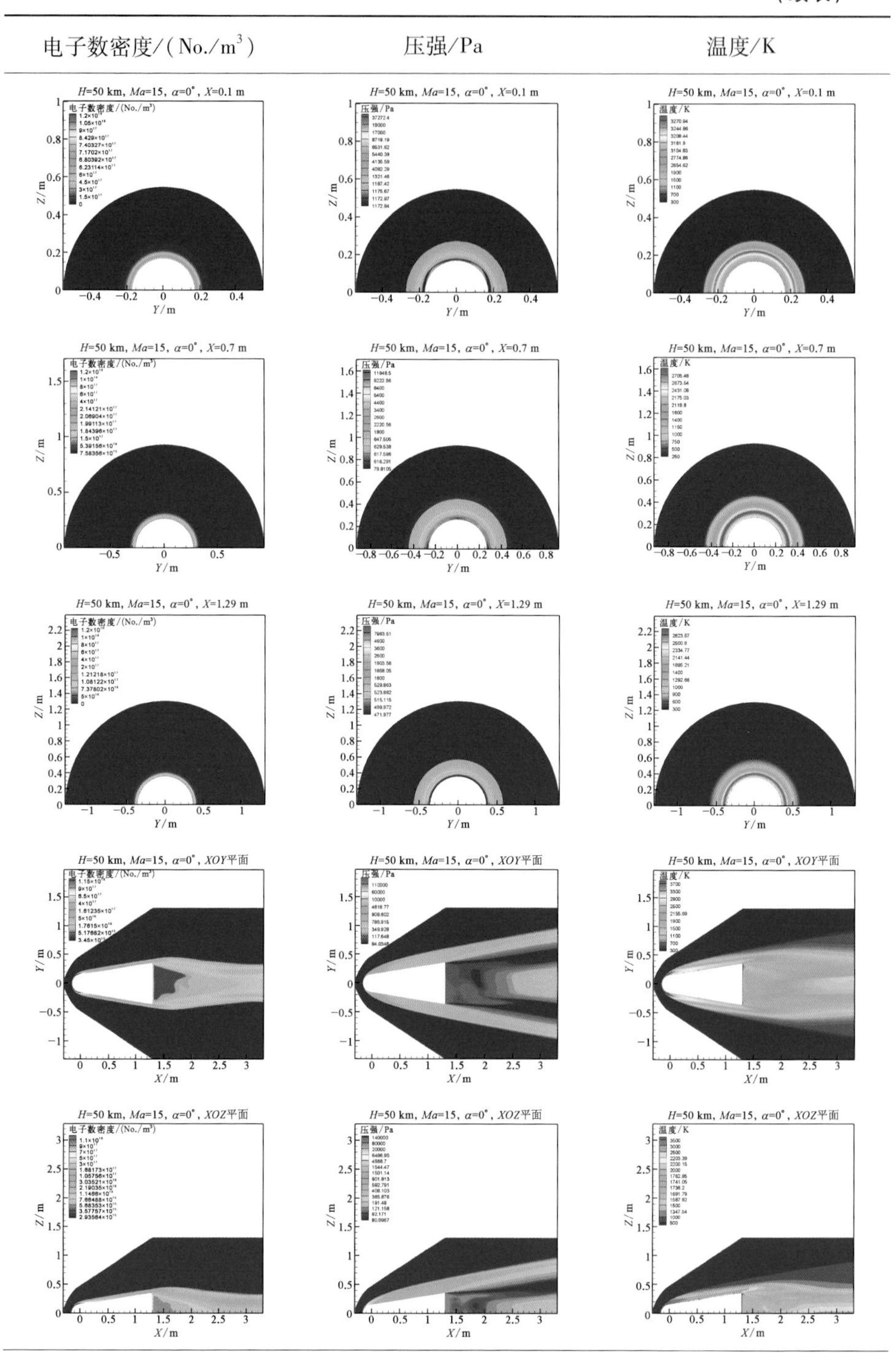
电子数密度/(No./m³)
压强/Pa
温度/K
H=50 km, Ma=15, α=0°, X=0.1 m
H=50 km, Ma=15, α=0°, X=0.7 m
H=50 km, Ma=15, α=0°, X=1.29 m
H=50 km, Ma=15, α=0°, XOY平面
H=50 km, Ma=15, α=0°, XOZ平面
Z/m
Y/m
X/m
电子数密度/(No./m³)
压强/Pa
温度/K

（续表）

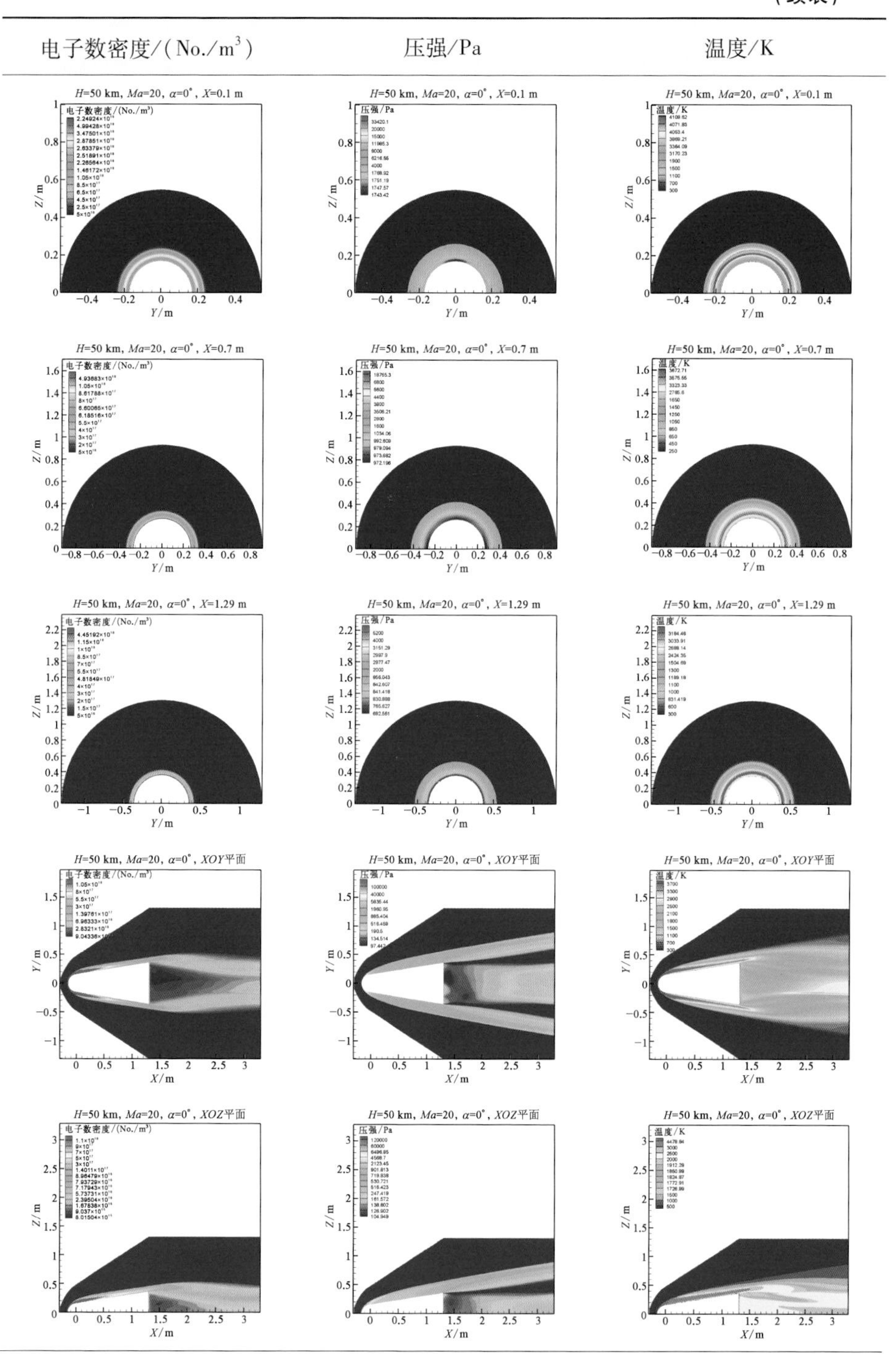
电子数密度/(No./m³)
压强/Pa
温度/K
H=50 km, Ma=20, α=0°, X=0.1 m
H=50 km, Ma=20, α=0°, X=0.7 m
H=50 km, Ma=20, α=0°, X=1.29 m
H=50 km, Ma=20, α=0°, XOY平面
H=50 km, Ma=20, α=0°, XOZ平面
电子数密度/(No./m³)
压强/Pa
温度/K
Y/m
Z/m
X/m

（续表）

电子数密度/(No./m³)	压强/Pa	温度/K

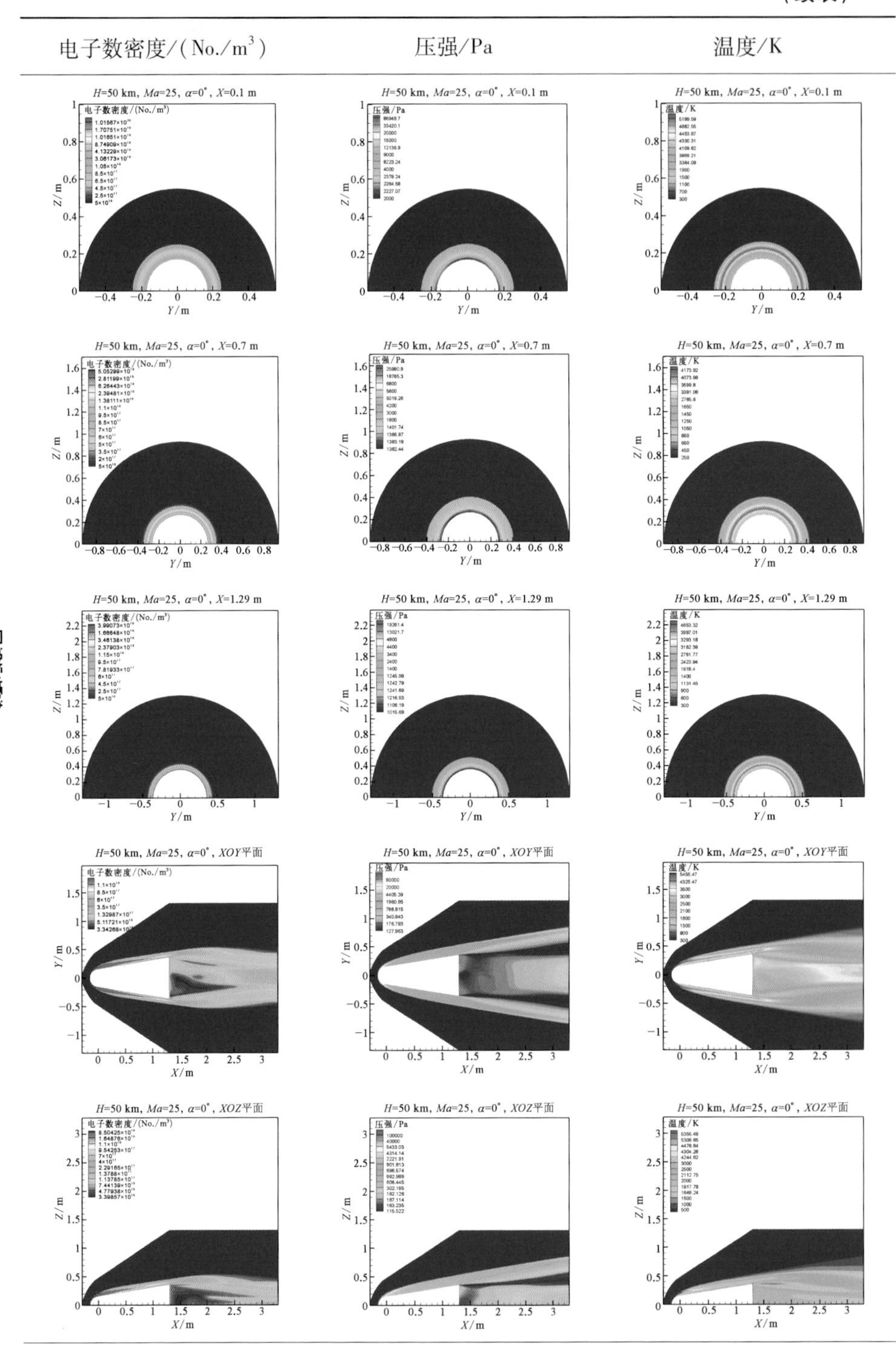

(续表)

电子数密度/(No./m^3)	压强/Pa	温度/K

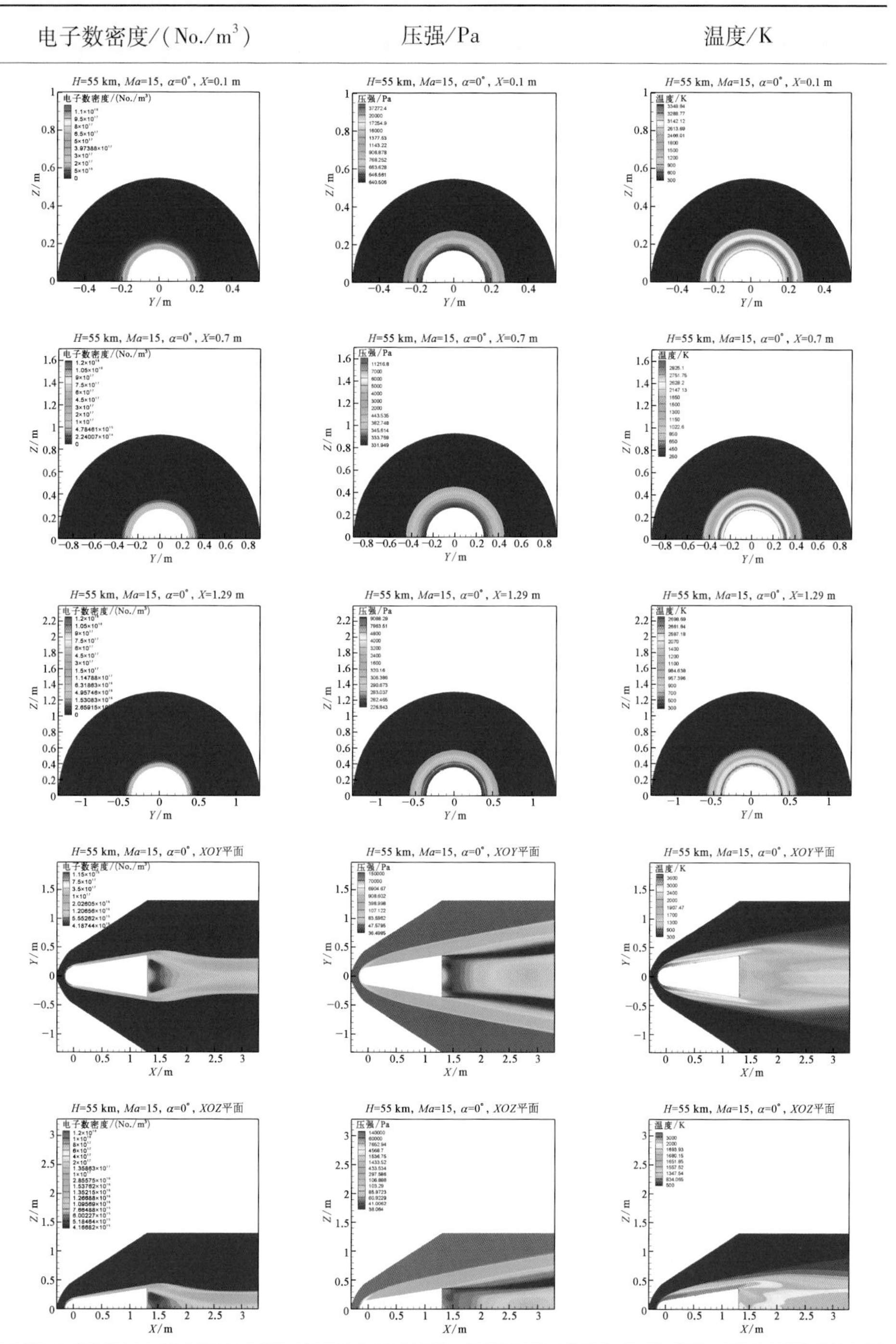

（续表）

电子数密度/(No./m^3)	压强/Pa	温度/K

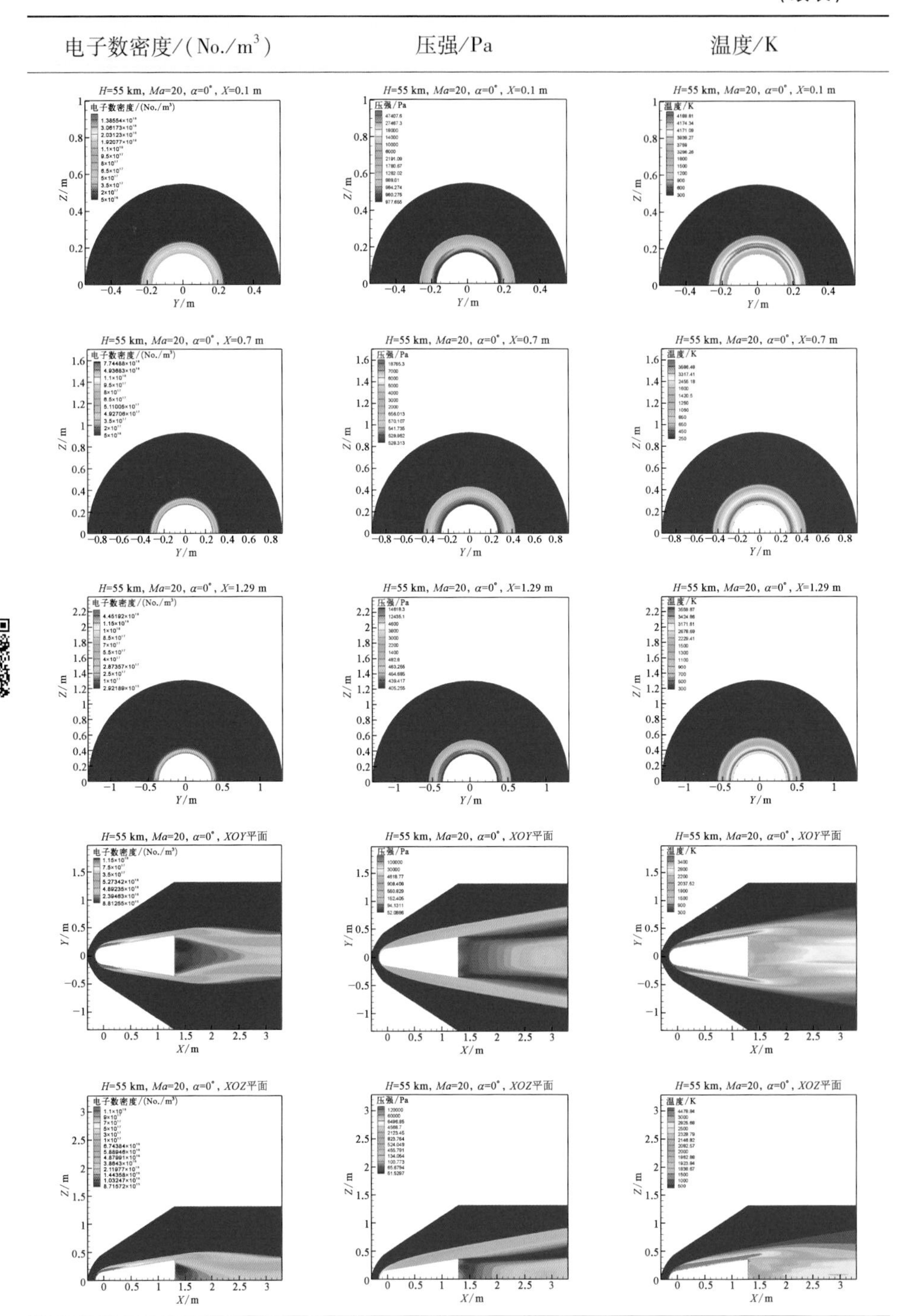

（续表）

电子数密度/(No./m³)	压强/Pa	温度/K

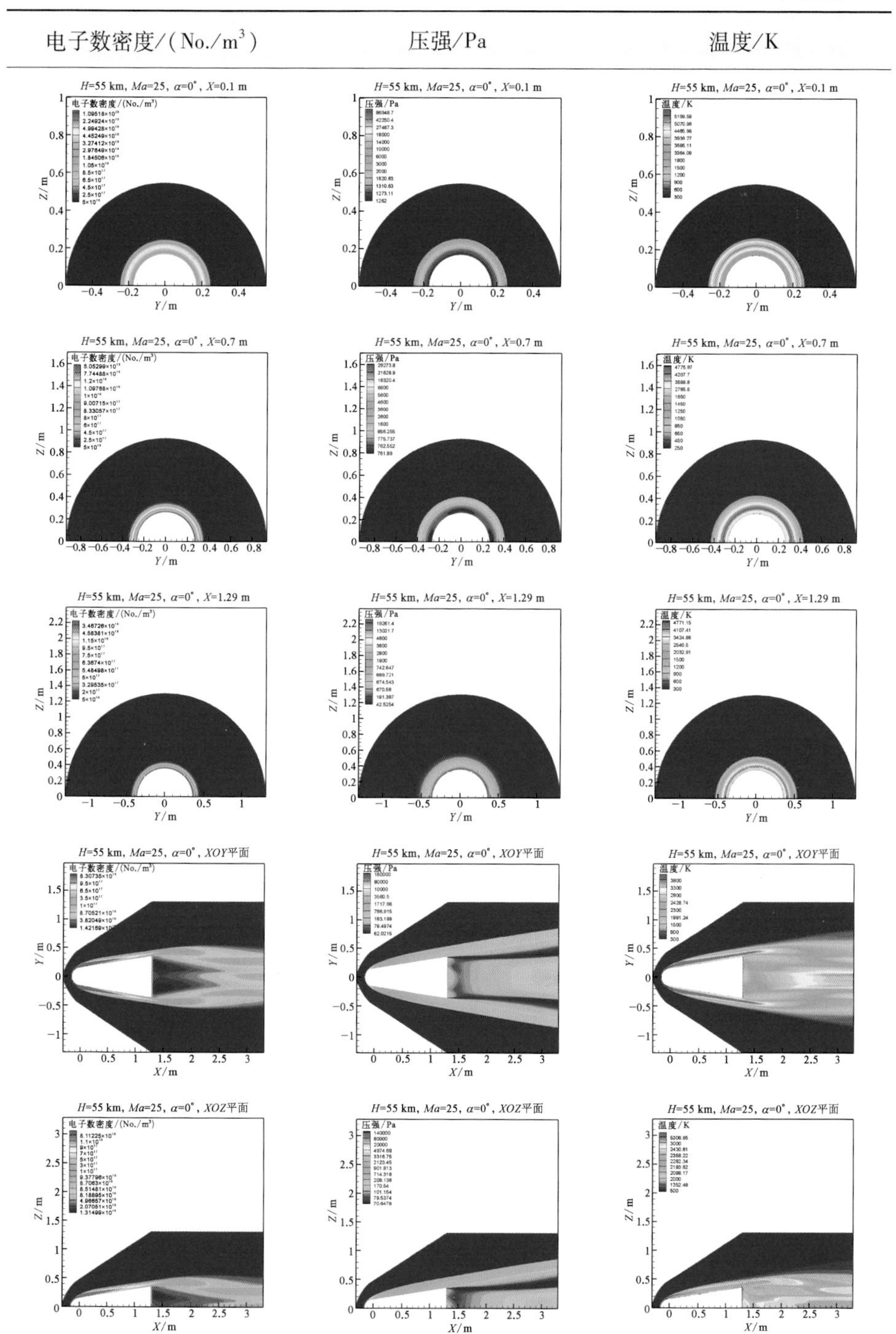

（续表）

电子数密度/(No./m³)	压强/Pa	温度/K

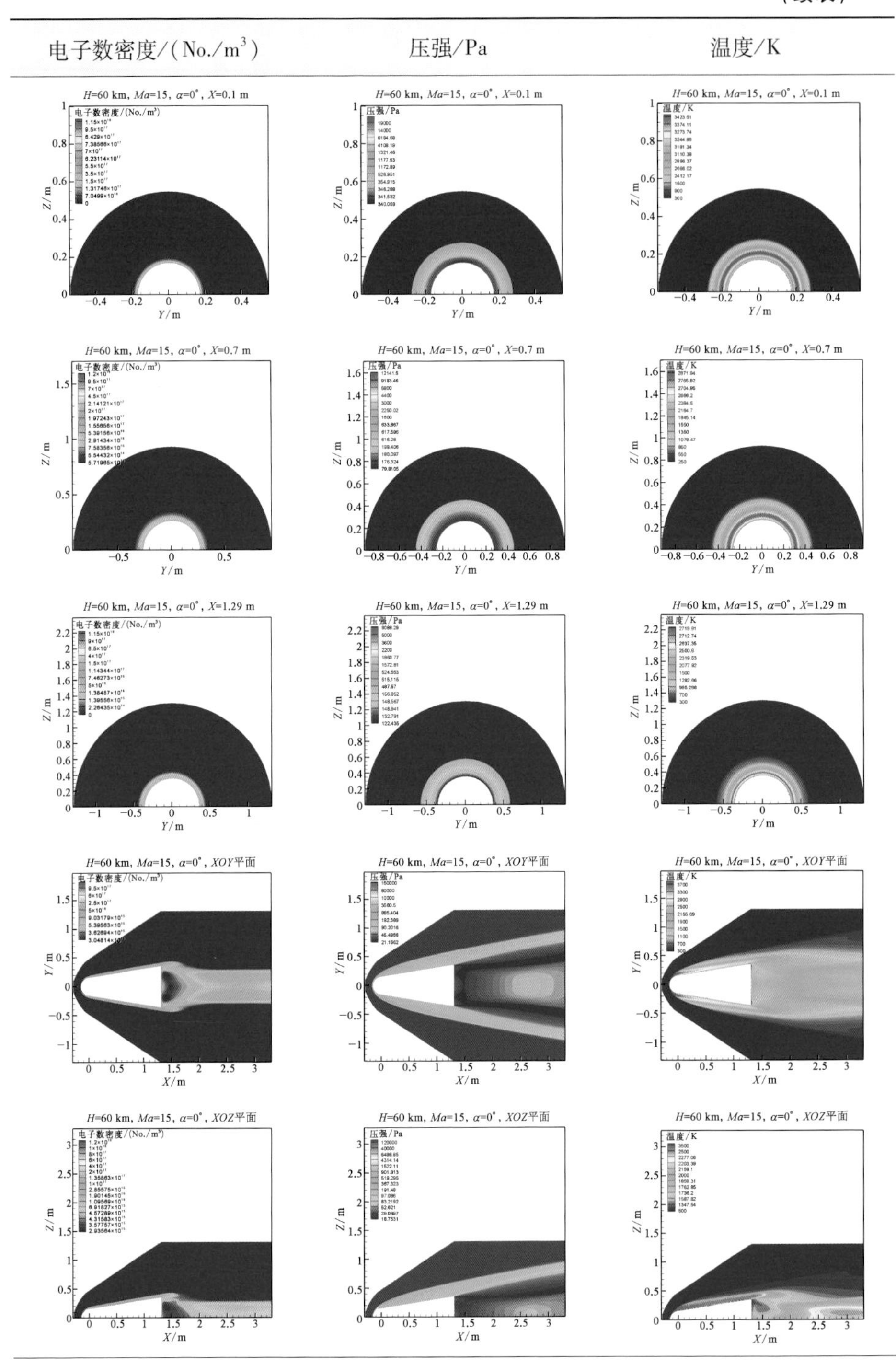

（续表）

电子数密度/(No./m^3)	压强/Pa	温度/K

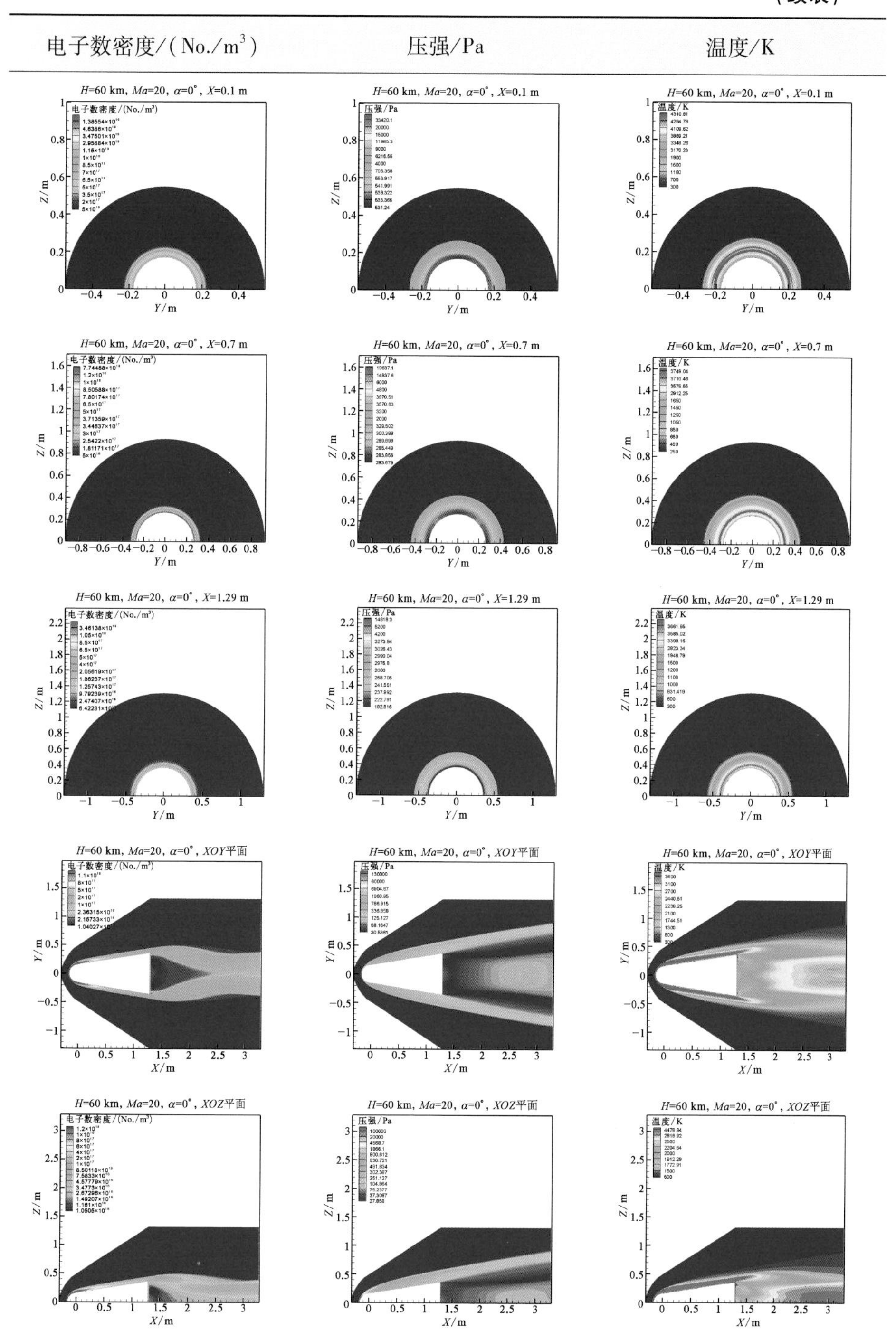

（续表）

电子数密度/(No./m^3)	压强/Pa	温度/K

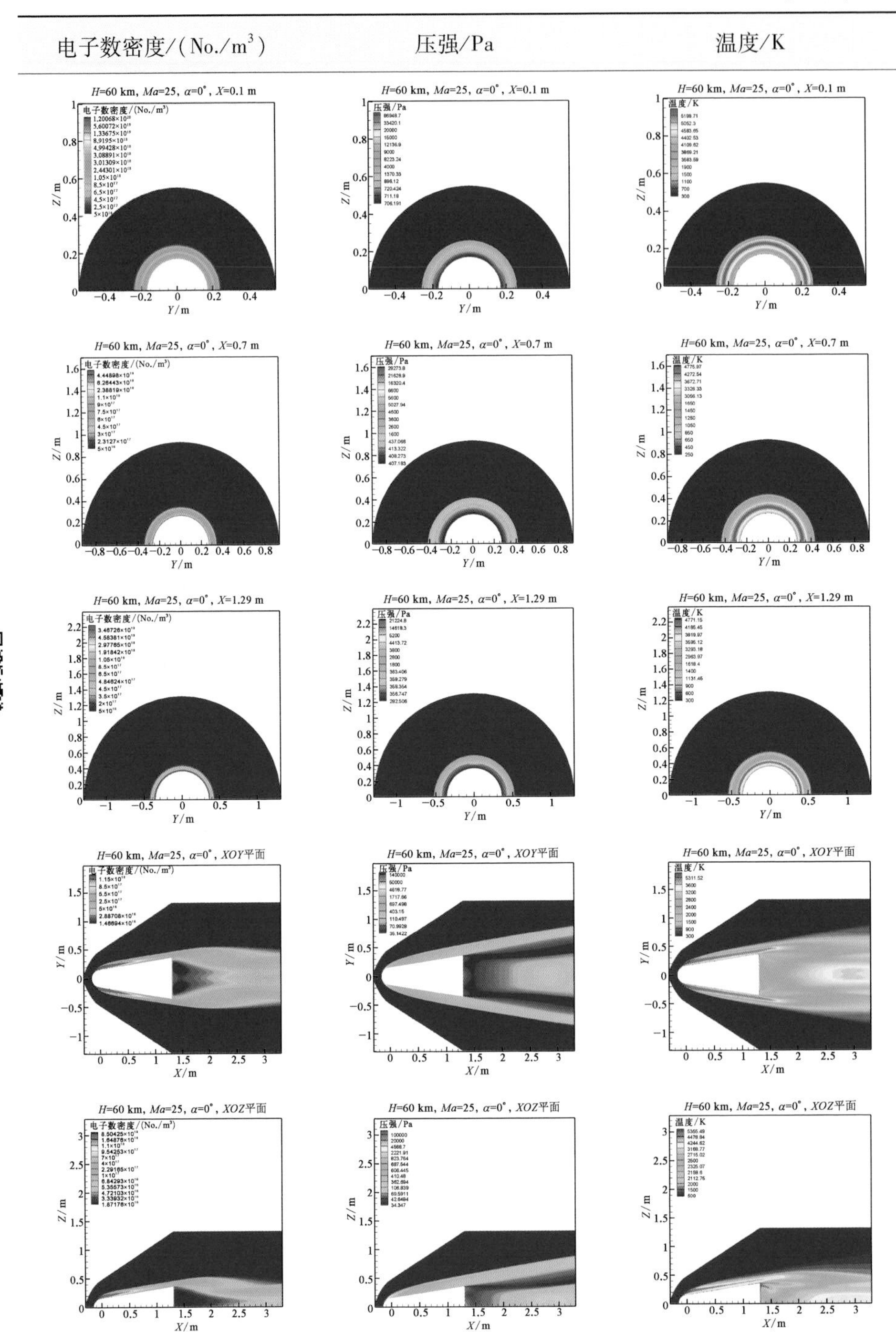

（续表）

电子数密度/(No./m^3)	压强/Pa	温度/K

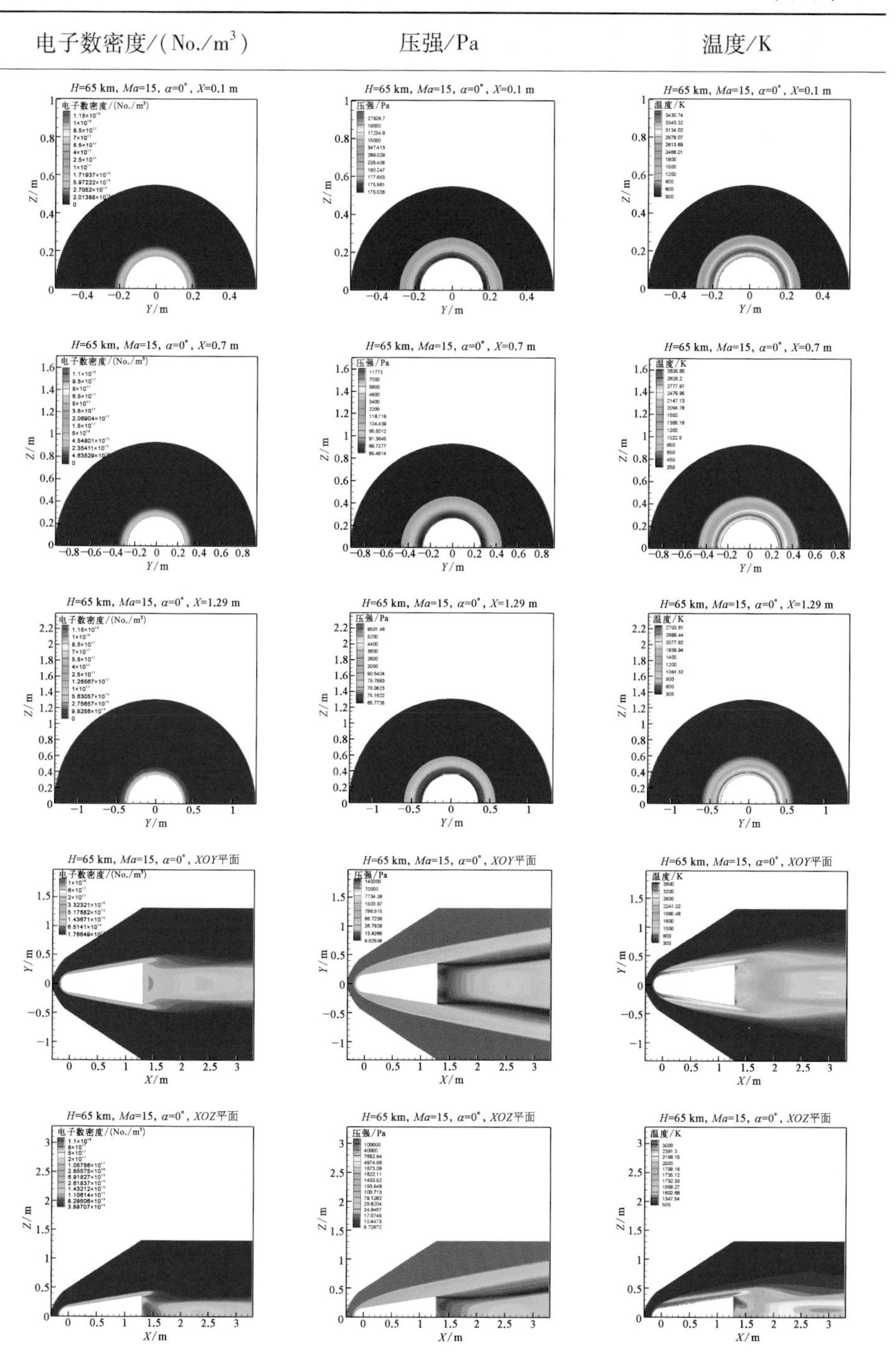

(续表)

电子数密度/(No./m^3)	压强/Pa	温度/K

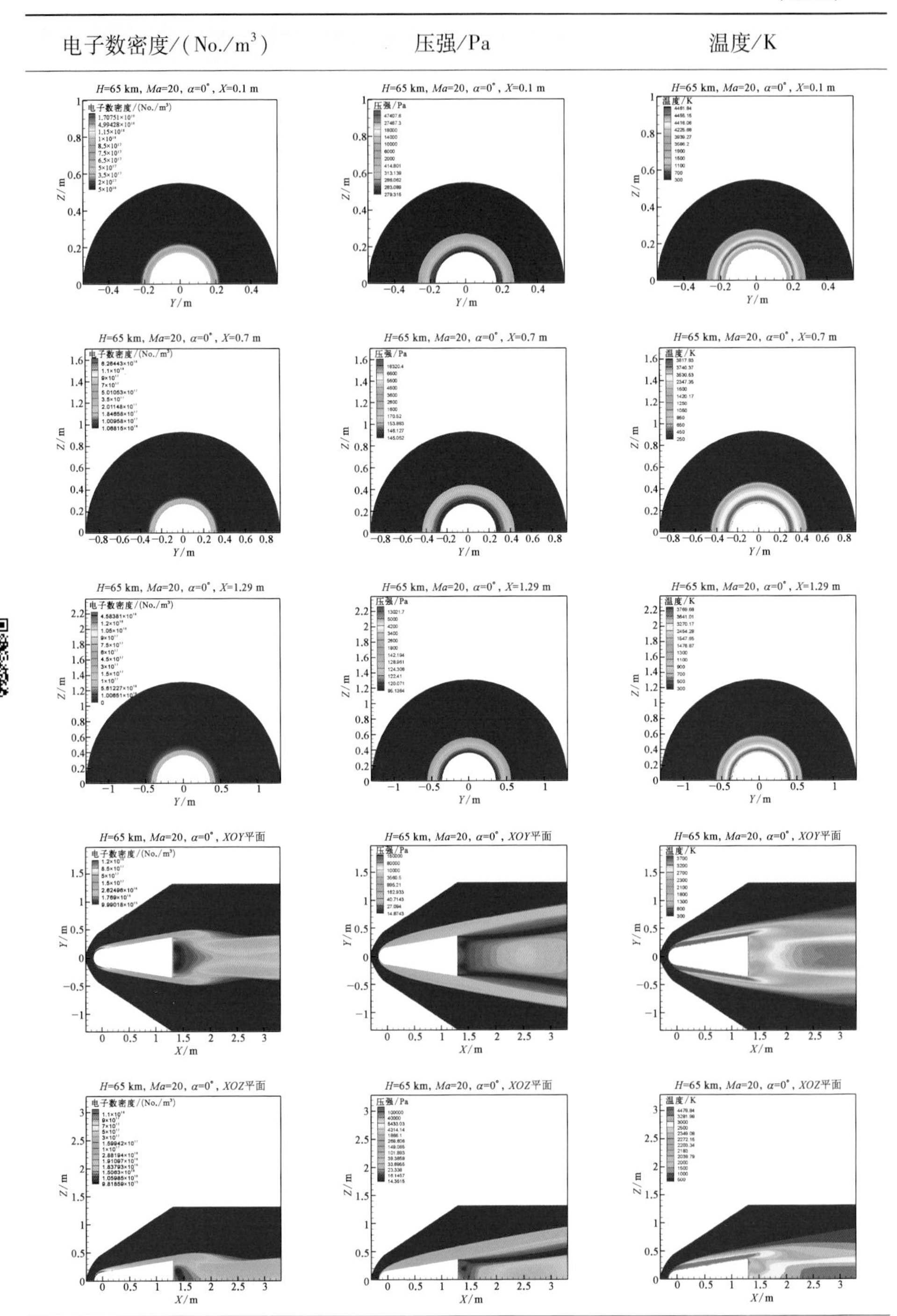

（续表）

电子数密度/(No./m^3)	压强/Pa	温度/K

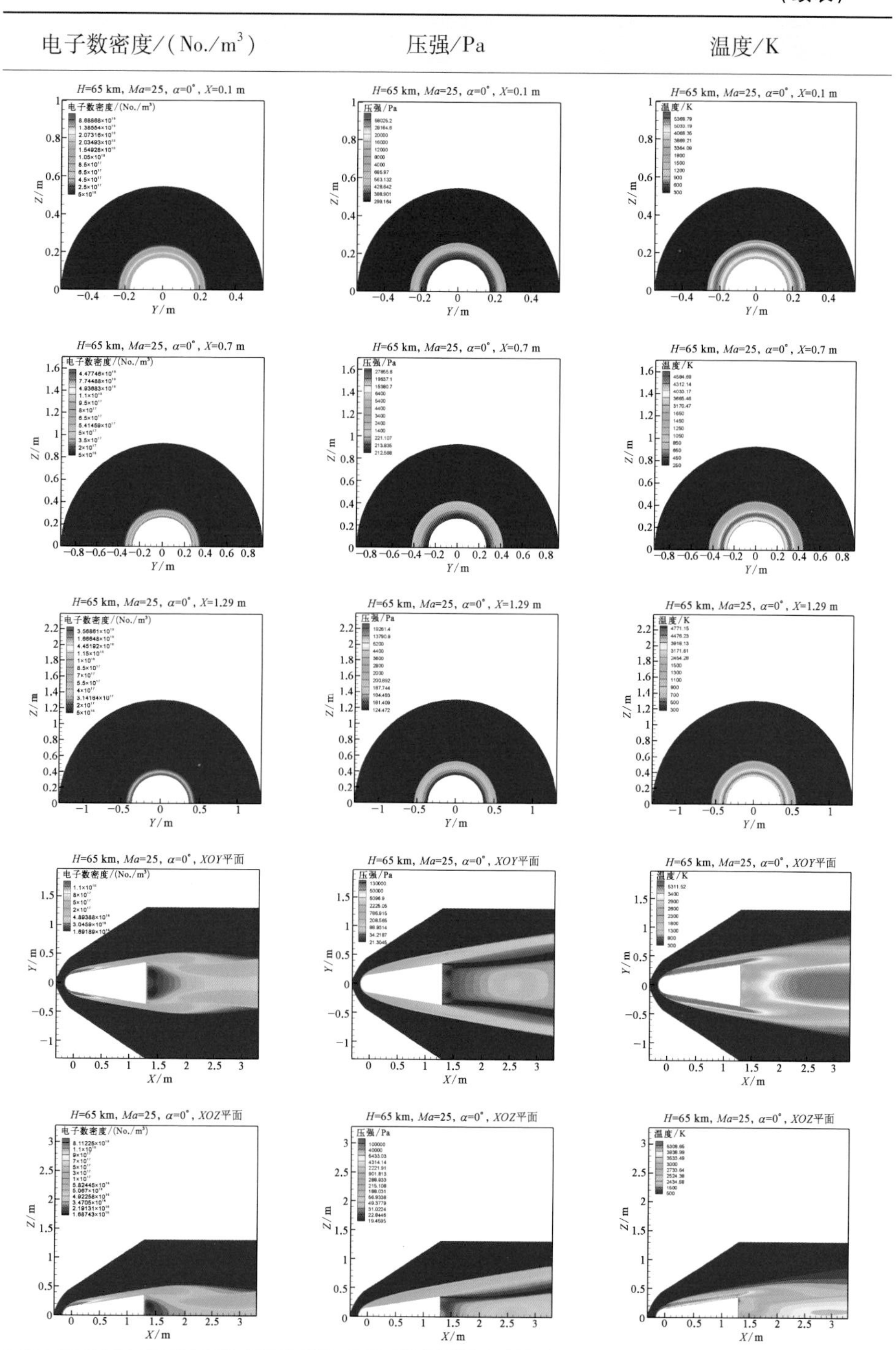

（续表）

电子数密度/(No./m^3)	压强/Pa	温度/K

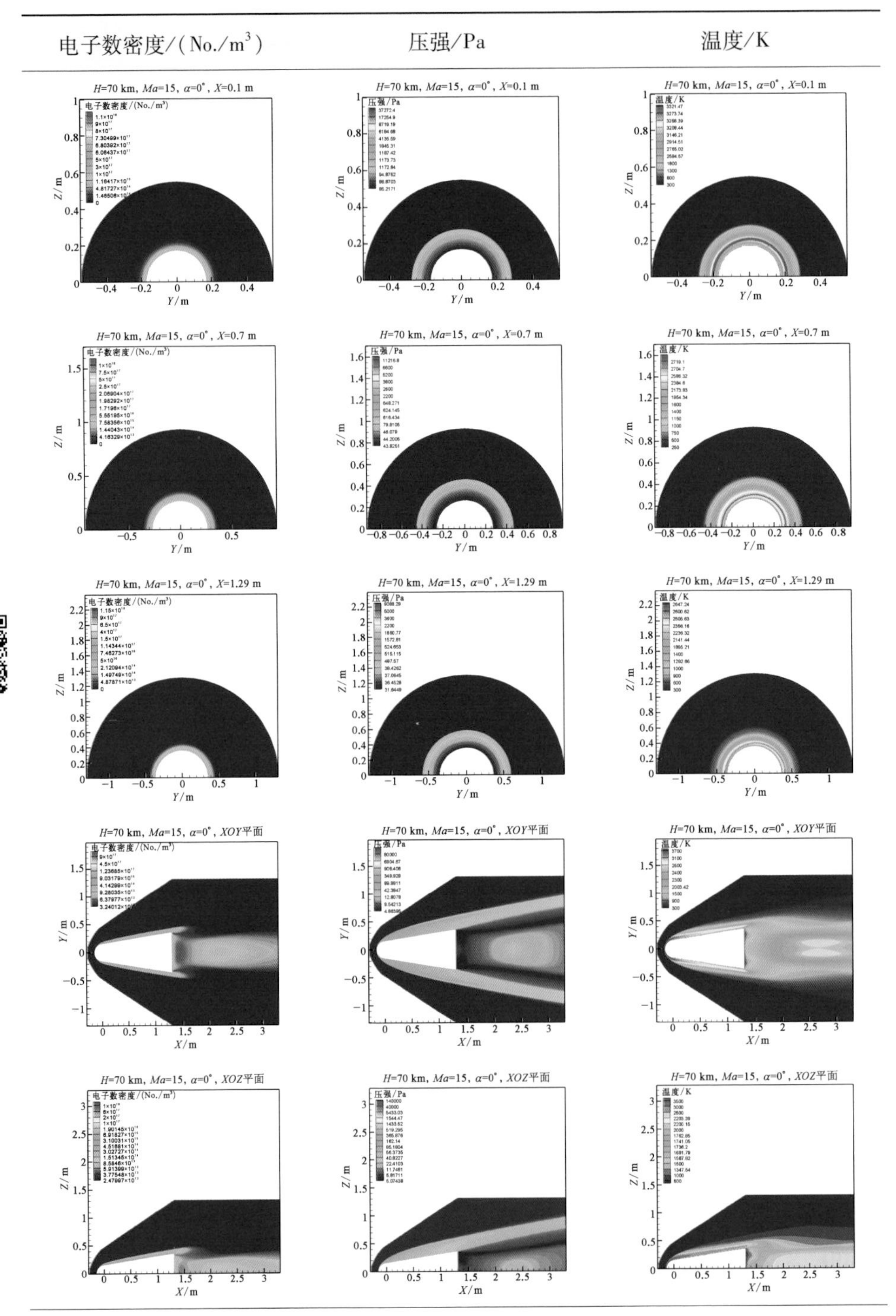

（续表）

电子数密度/(No./m^3)	压强/Pa	温度/K

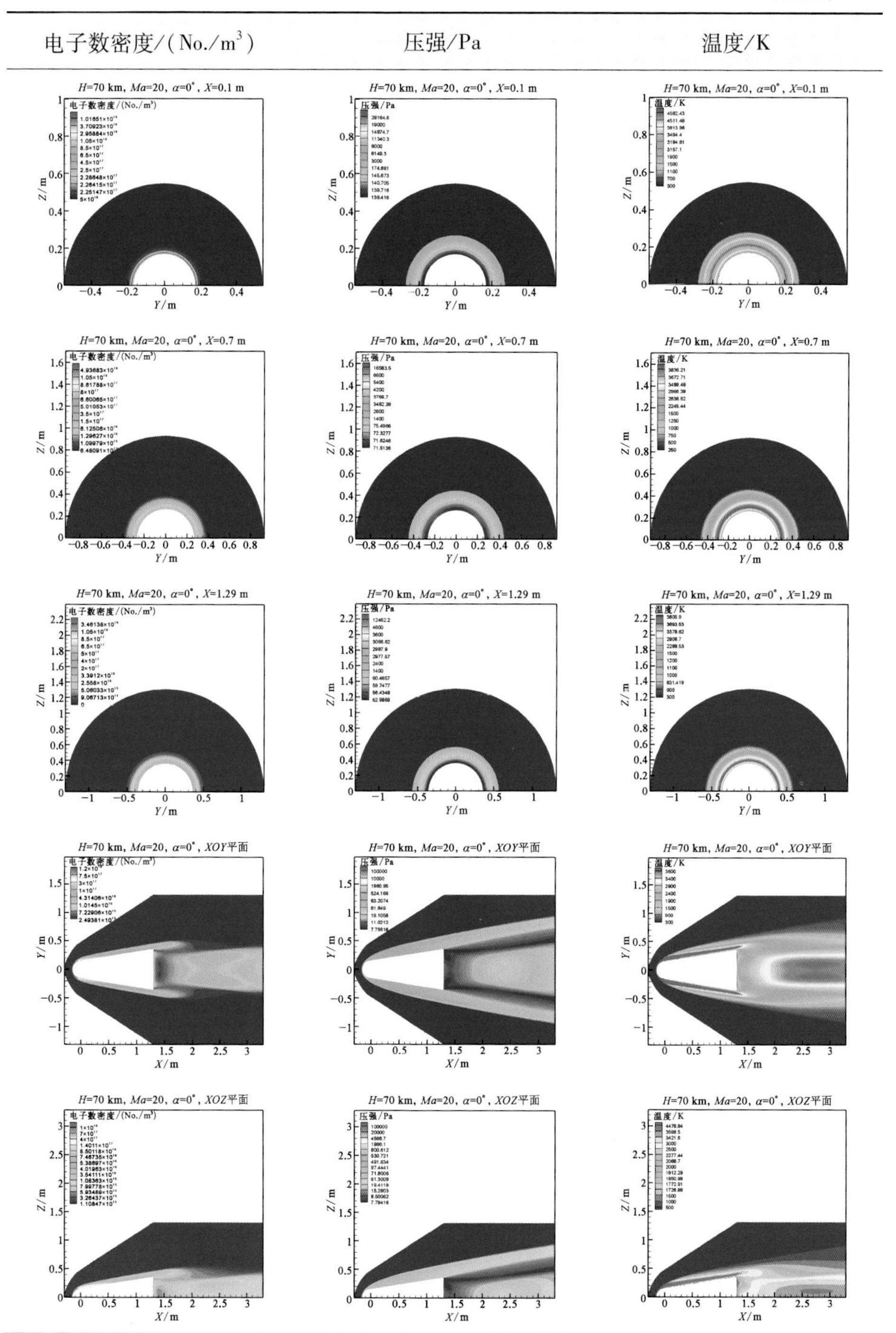

（续表）

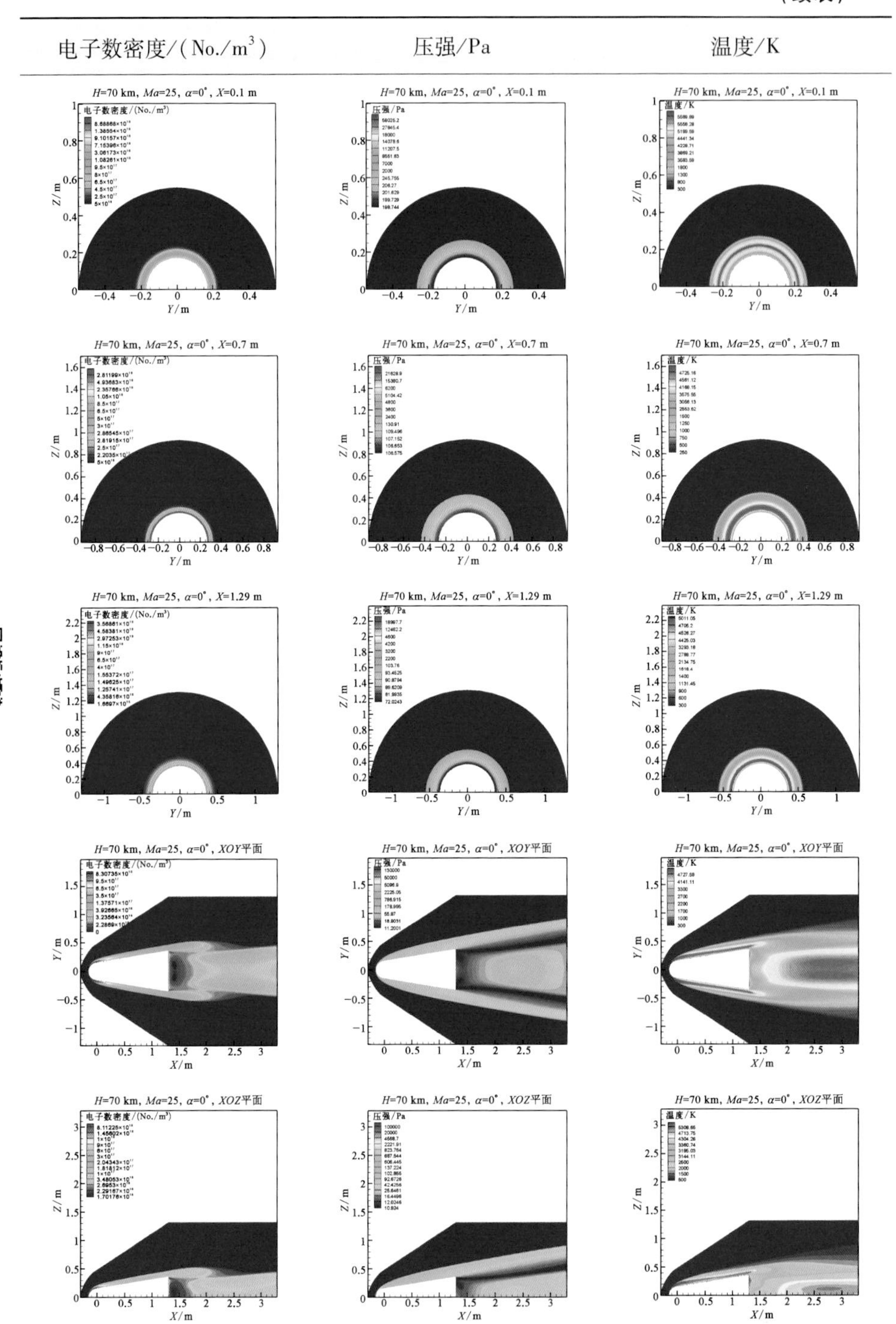

电子数密度/(No./m³)
压强/Pa
温度/K
H=70 km, Ma=25, α=0°, X=0.1 m
H=70 km, Ma=25, α=0°, X=0.7 m
H=70 km, Ma=25, α=0°, X=1.29 m
H=70 km, Ma=25, α=0°, XOY平面
H=70 km, Ma=25, α=0°, XOZ平面
Y/m
Z/m
X/m

2.3.2　高超声速类 HTV-2 飞行器等离子体流场数值模拟

本小节计算了不同高度、不同马赫数、不同攻角条件下类 HTV-2 外形热化学非平衡绕流。由于真实 HTV-2 模型尺寸无法获得,本小节所计算的类 HTV-2 飞行器模型按照文献公开的外形特征进行设计,保留了该类飞行器面对称及小控制舵面等典型特征,其中飞行器全长为 2.1 m,展长为 0.91 m,前端头半径为 0.022 5 m。类 HTV-2 飞行器外形示意图和计算网格示意图分别如图 2.6 和图 2.7 所示。

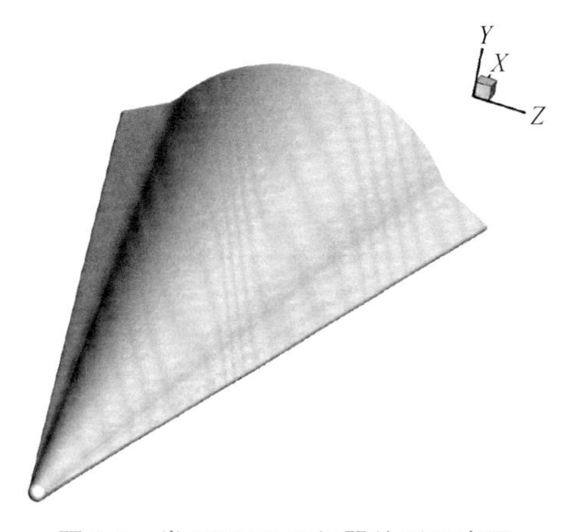

图 2.6　类 HTV-2 飞行器外形示意图

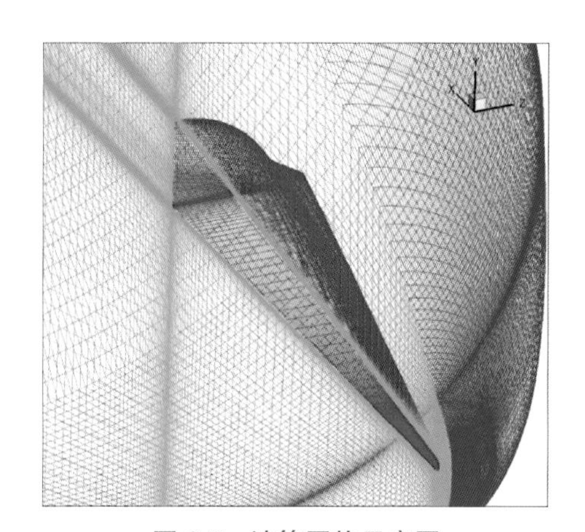

图 2.7　计算网格示意图

本小节针对类 HTV-2 飞行器计算了不同高度(H = 30 km, 40 km, 50 km, 60 km, 70 km)、不同马赫数(Ma = 10, 15, 20, 25)、不同攻角(α = 0°,10°,20°)状态下高超声速等离子体绕流流场(其中高度 60 km 和 70 km 只计算 0°和 10°攻角状态)。另外,给出了不同截面(XOY 平面和 XOZ 平面)、不同位置(X = 0.1 m, 1 m, 1.99 m)处的电子数密度 N_e、压强 P 和温度 T 分布。

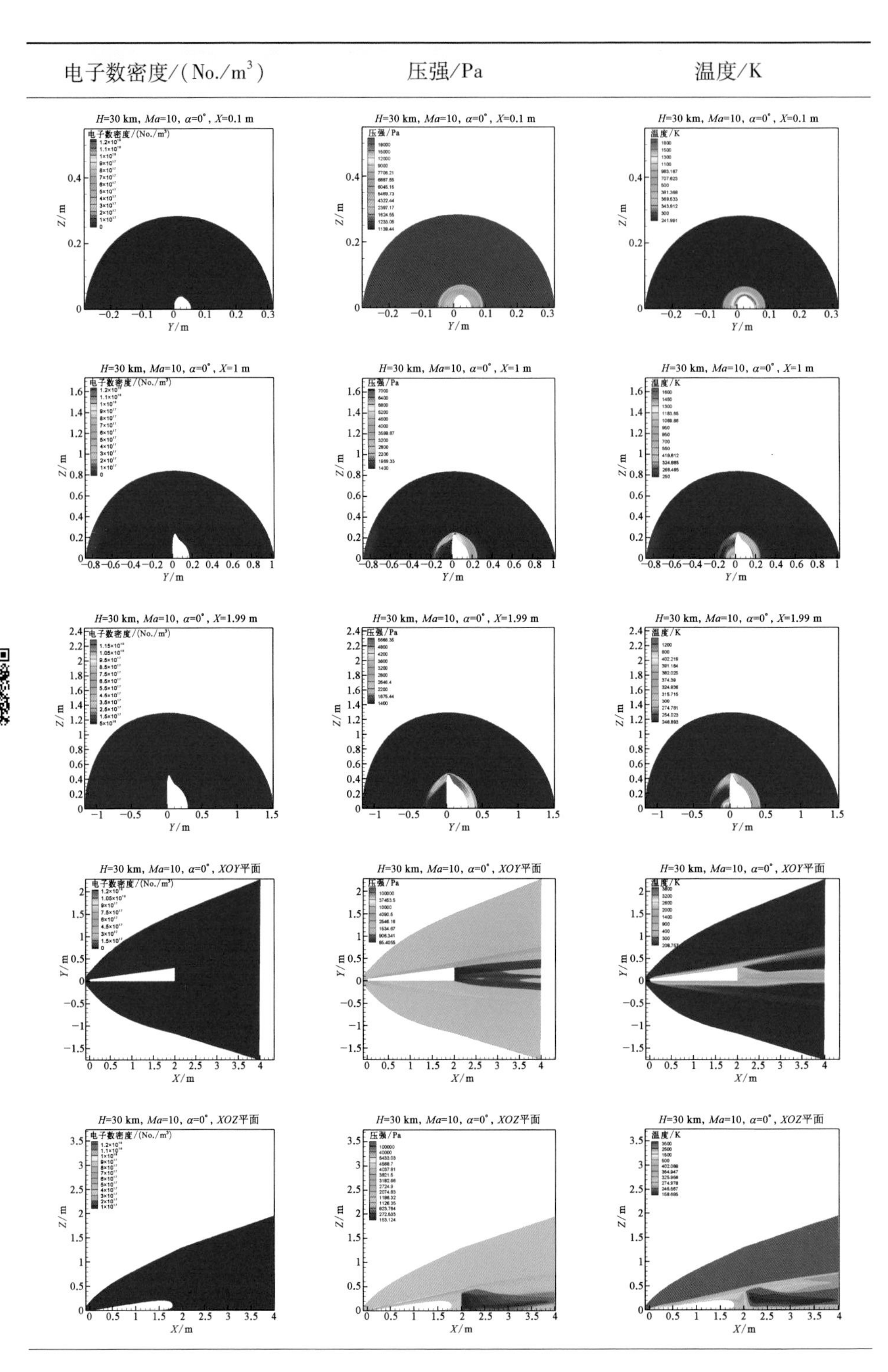
电子数密度/(No./m³)
压强/Pa
温度/K
H=30 km, Ma=10, α=0°, X=0.1 m
H=30 km, Ma=10, α=0°, X=1 m
H=30 km, Ma=10, α=0°, X=1.99 m
H=30 km, Ma=10, α=0°, XOY平面
H=30 km, Ma=10, α=0°, XOZ平面
Y/m
Z/m
X/m

（续表）

电子数密度/（No./m^3）	压强/Pa	温度/K

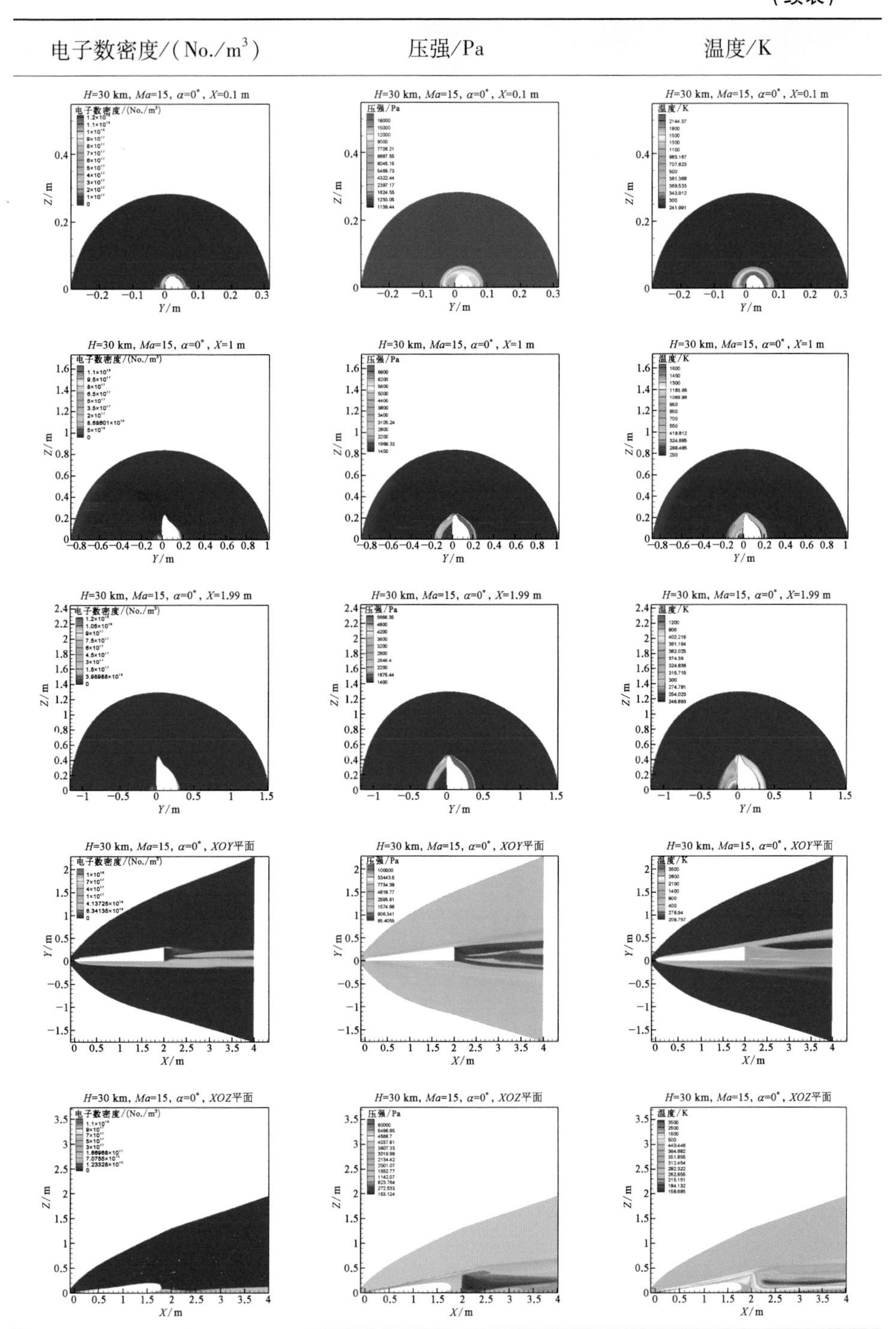

（续表）

电子数密度/(No./m^3)	压强/Pa	温度/K

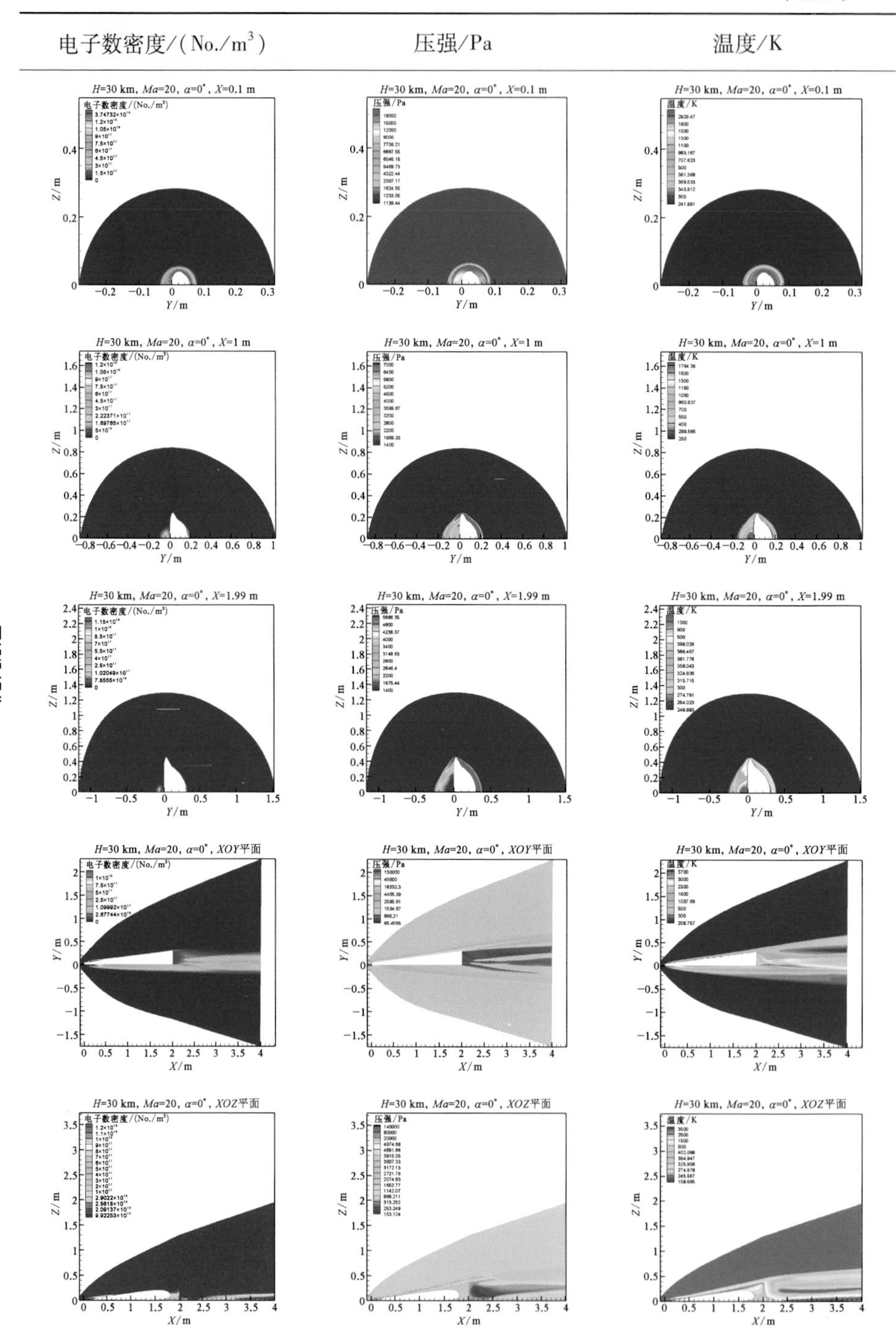

（续表）

电子数密度/(No./m^3)	压强/Pa	温度/K

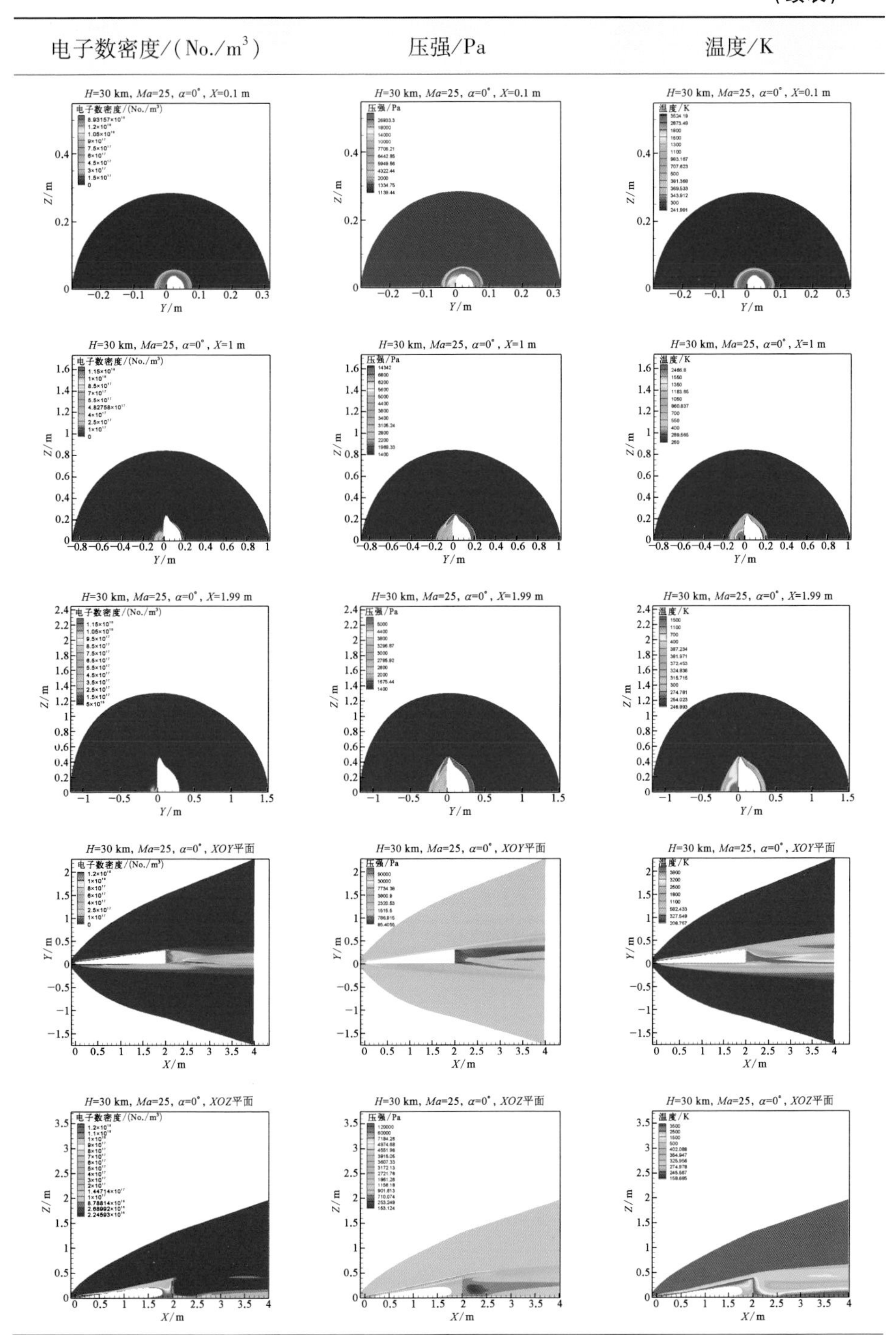

（续表）

电子数密度/(No./m^3)	压强/Pa	温度/K

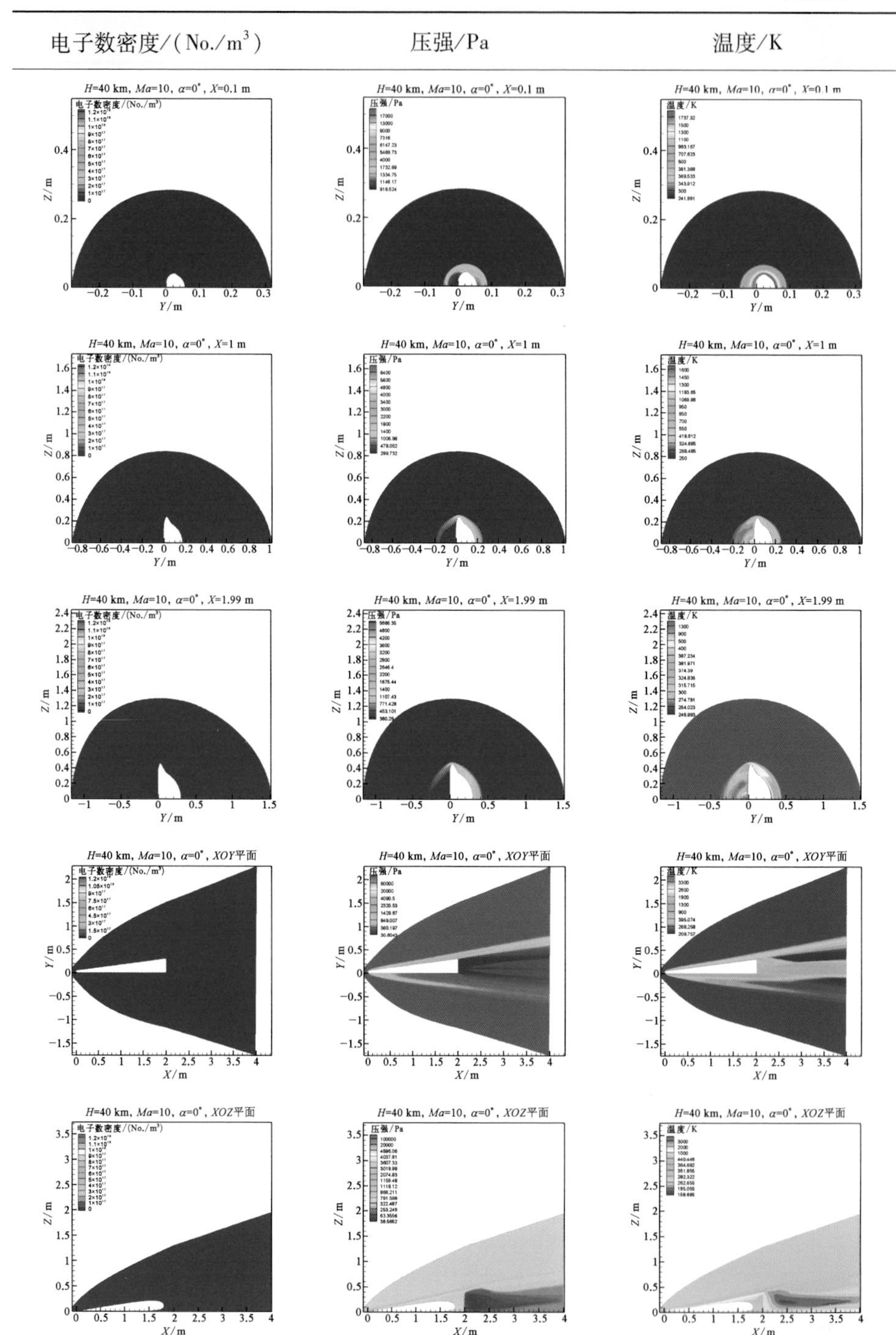

（续表）

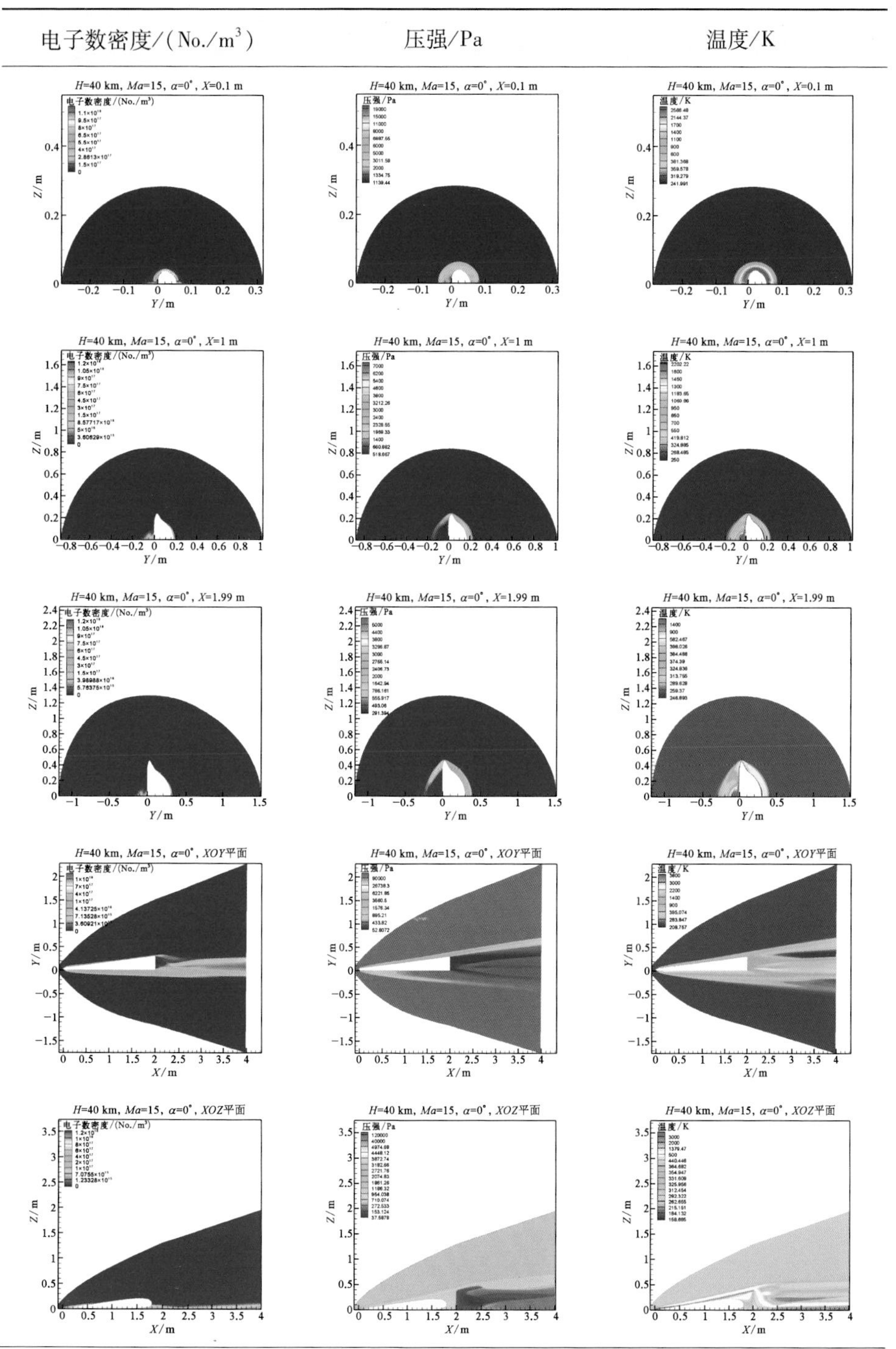
电子数密度/(No./m³)
压强/Pa
温度/K
H=40 km, Ma=15, α=0°, X=0.1 m
H=40 km, Ma=15, α=0°, X=1 m
H=40 km, Ma=15, α=0°, X=1.99 m
H=40 km, Ma=15, α=0°, XOY平面
H=40 km, Ma=15, α=0°, XOZ平面
Y/m
Z/m
X/m

（续表）

电子数密度/(No./m^3)	压强/Pa	温度/K

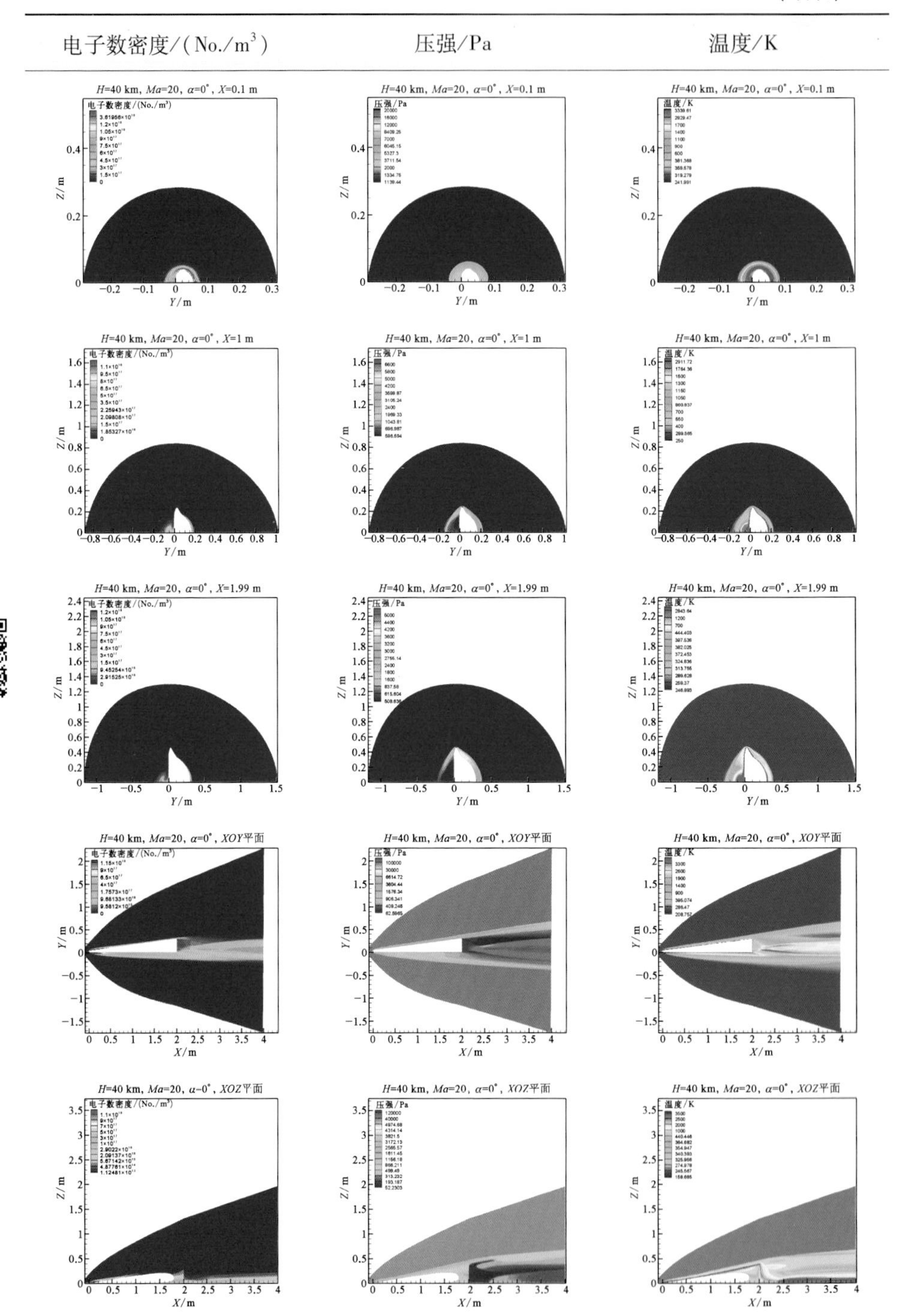

（续表）

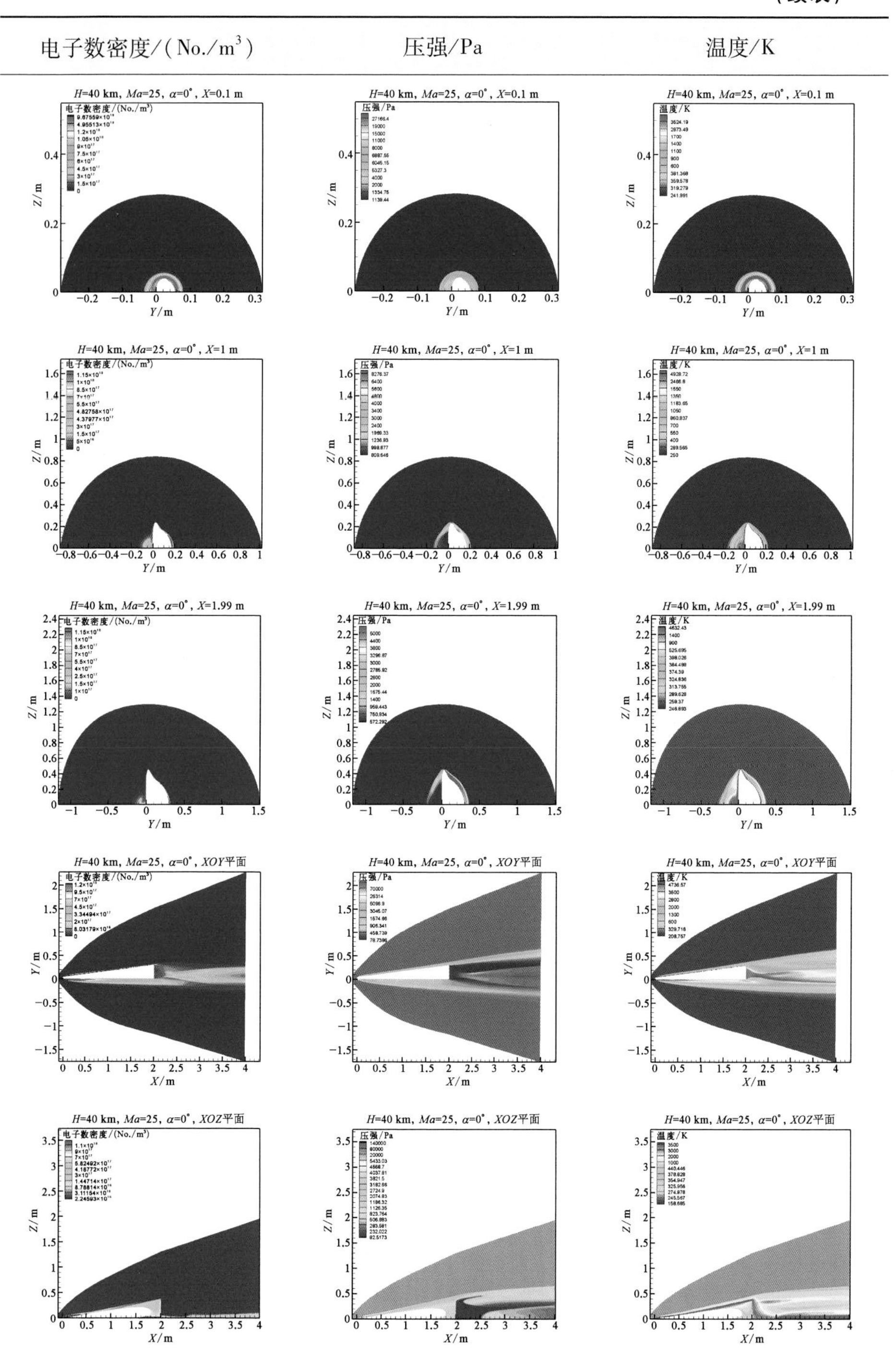
电子数密度/(No./m^3)
压强/Pa
温度/K
H=40 km, Ma=25, α=0°, X=0.1 m
H=40 km, Ma=25, α=0°, X=1 m
H=40 km, Ma=25, α=0°, X=1.99 m
H=40 km, Ma=25, α=0°, XOY平面
H=40 km, Ma=25, α=0°, XOZ平面
电子数密度/(No./m^3)
压强/Pa
温度/K
Y/m
Z/m
X/m

（续表）

电子数密度/(No./m^3)	压强/Pa	温度/K

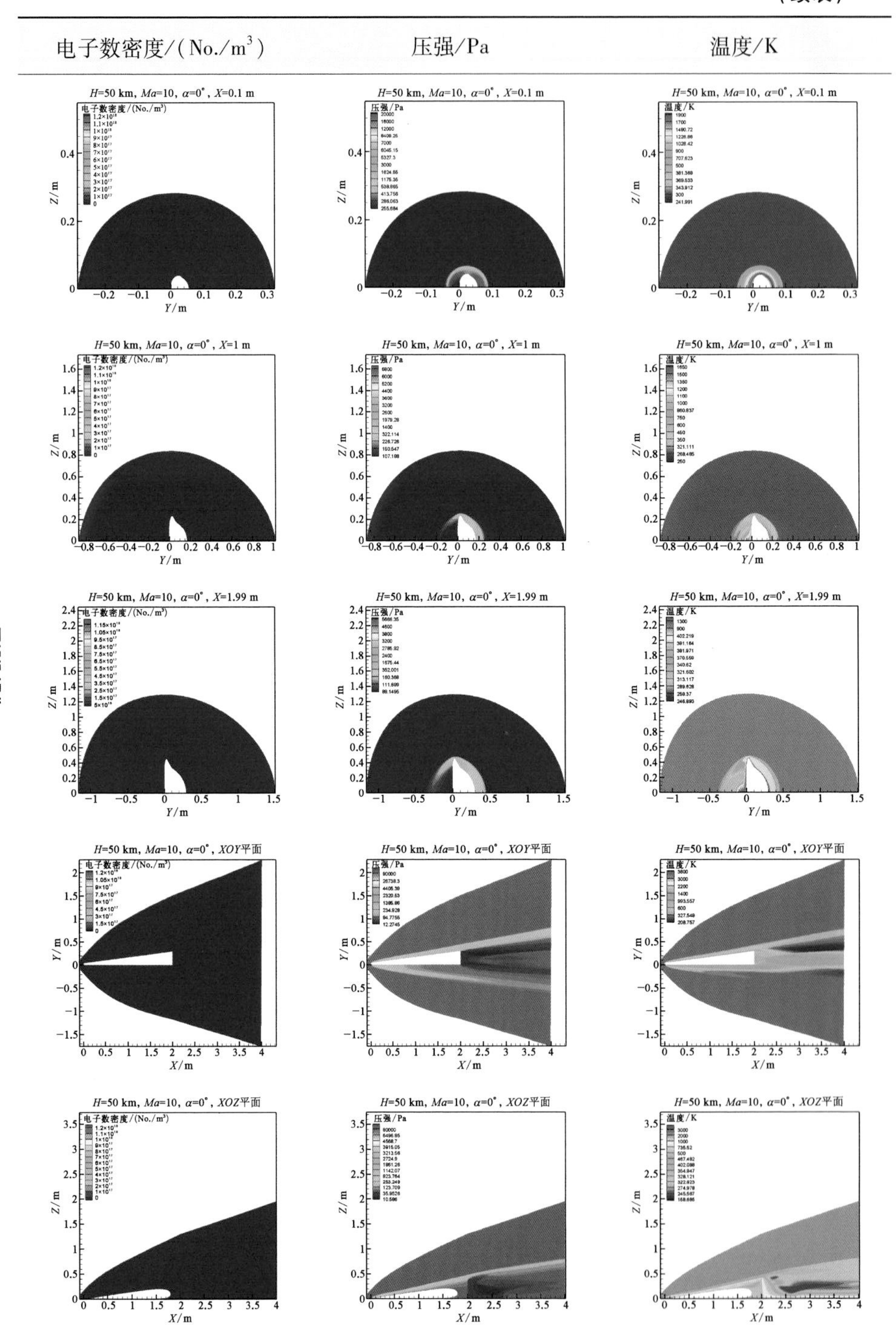

（续表）

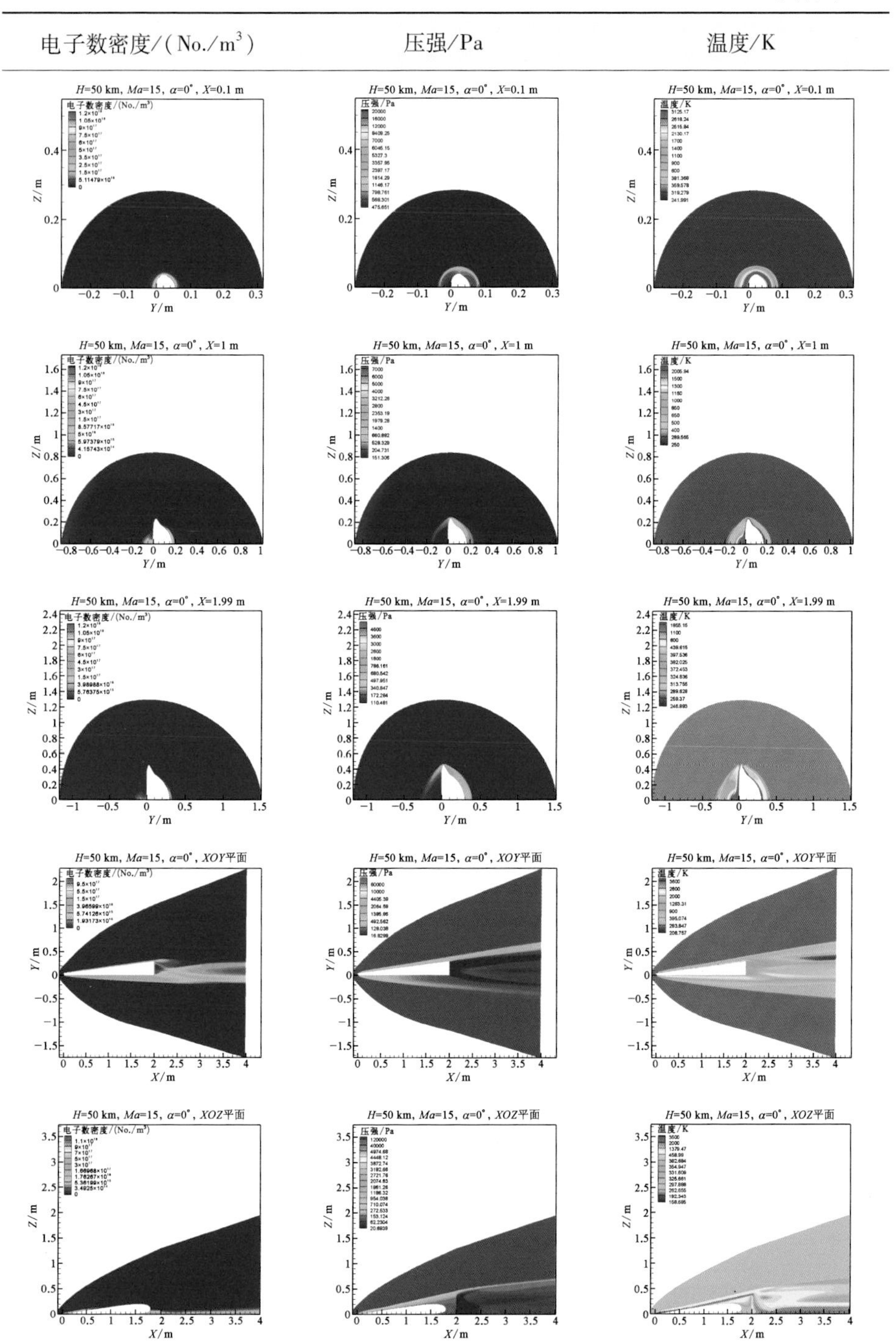
电子数密度/(No./m³)
压强/Pa
温度/K
H=50 km, Ma=15, α=0°, X=0.1 m
H=50 km, Ma=15, α=0°, X=1 m
H=50 km, Ma=15, α=0°, X=1.99 m
H=50 km, Ma=15, α=0°, XOY平面
H=50 km, Ma=15, α=0°, XOZ平面
Y/m
Z/m
X/m
电子数密度/(No./m³)
压强/Pa
温度/K

（续表）

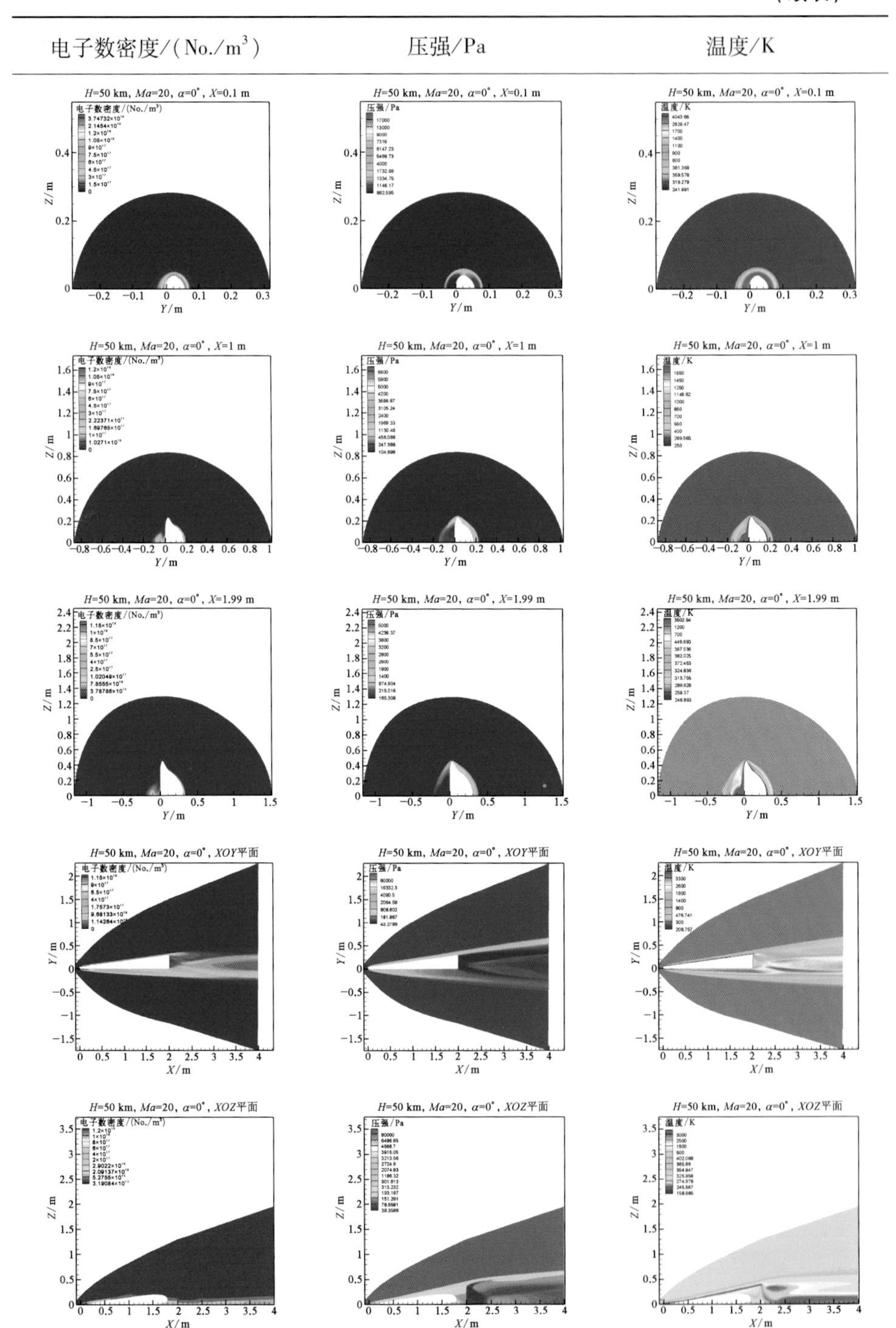
电子数密度/(No./m³)
压强/Pa
温度/K
H=50 km, Ma=20, α=0°, X=0.1 m
H=50 km, Ma=20, α=0°, X=1 m
H=50 km, Ma=20, α=0°, X=1.99 m
H=50 km, Ma=20, α=0°, XOY平面
H=50 km, Ma=20, α=0°, XOZ平面
Y/m
Z/m
X/m

（续表）

电子数密度/(No./m^3)	压强/Pa	温度/K

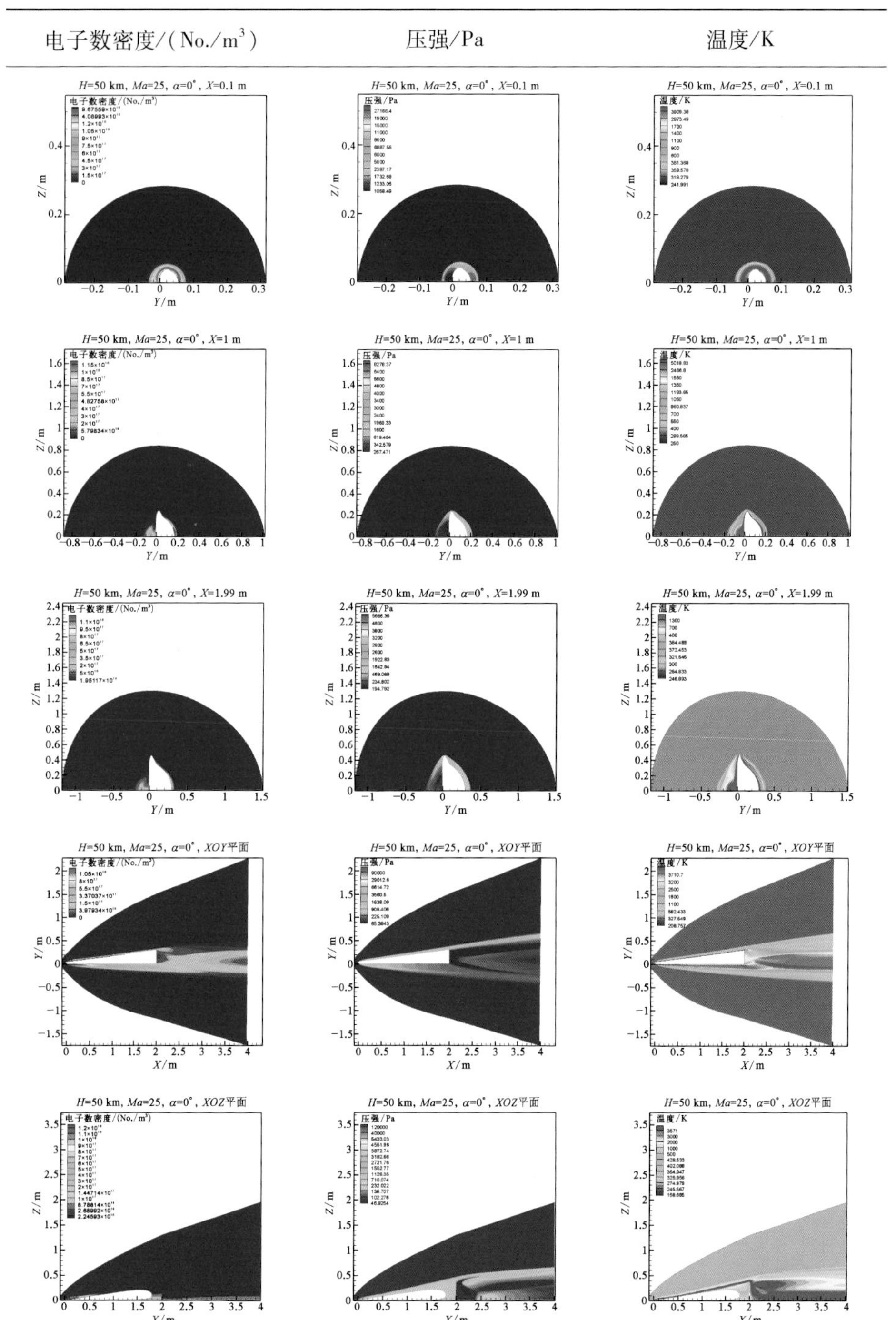

（续表）

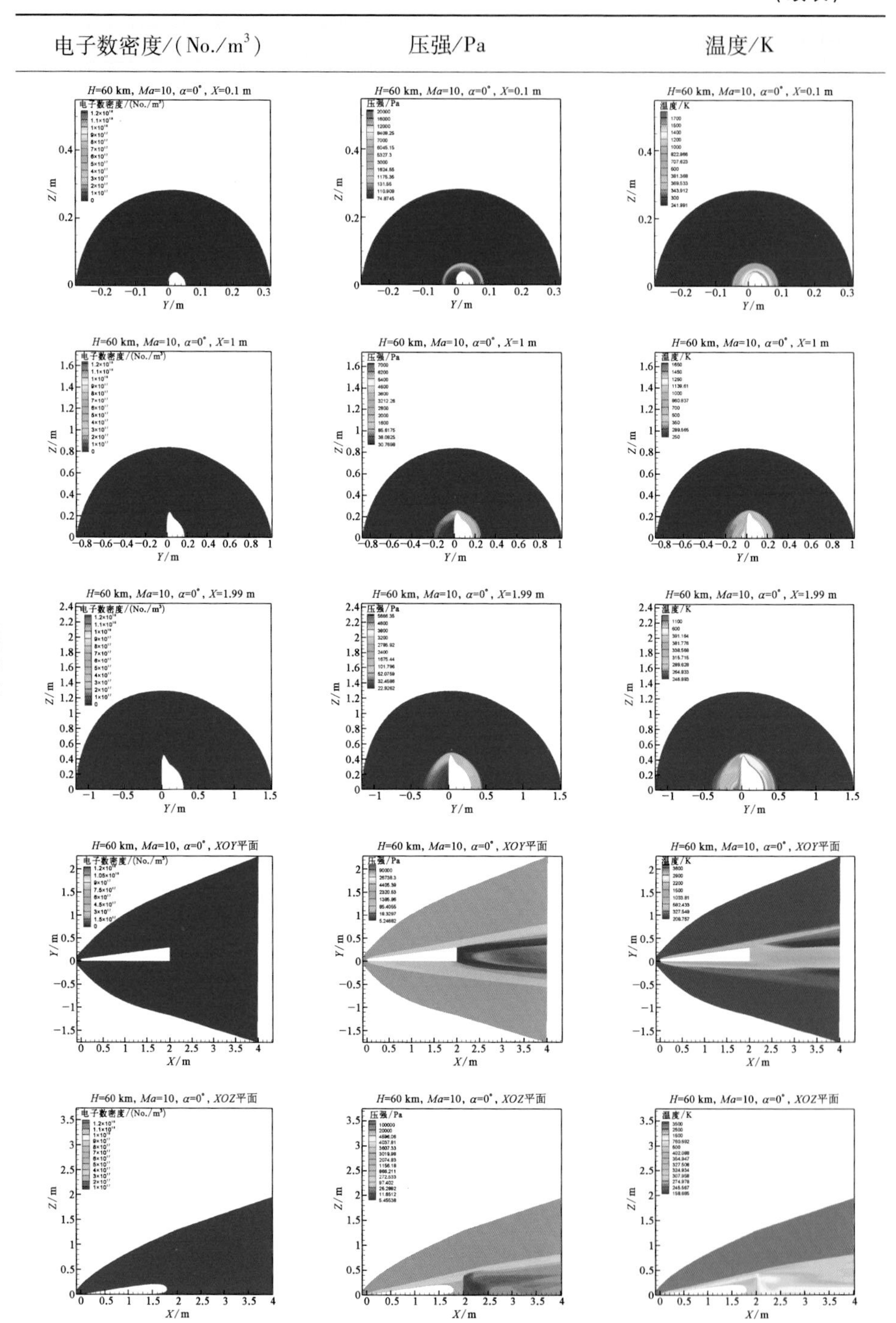

电子数密度/(No./m^3)
压强/Pa
温度/K
H=60 km, Ma=10, α=0°, X=0.1 m
H=60 km, Ma=10, α=0°, X=1 m
H=60 km, Ma=10, α=0°, X=1.99 m
H=60 km, Ma=10, α=0°, XOY平面
H=60 km, Ma=10, α=0°, XOZ平面
电子数密度/(No./m^3)
压强/Pa
温度/K
Y/m
Z/m
X/m

（续表）

电子数密度/(No./m^3)	压强/Pa	温度/K

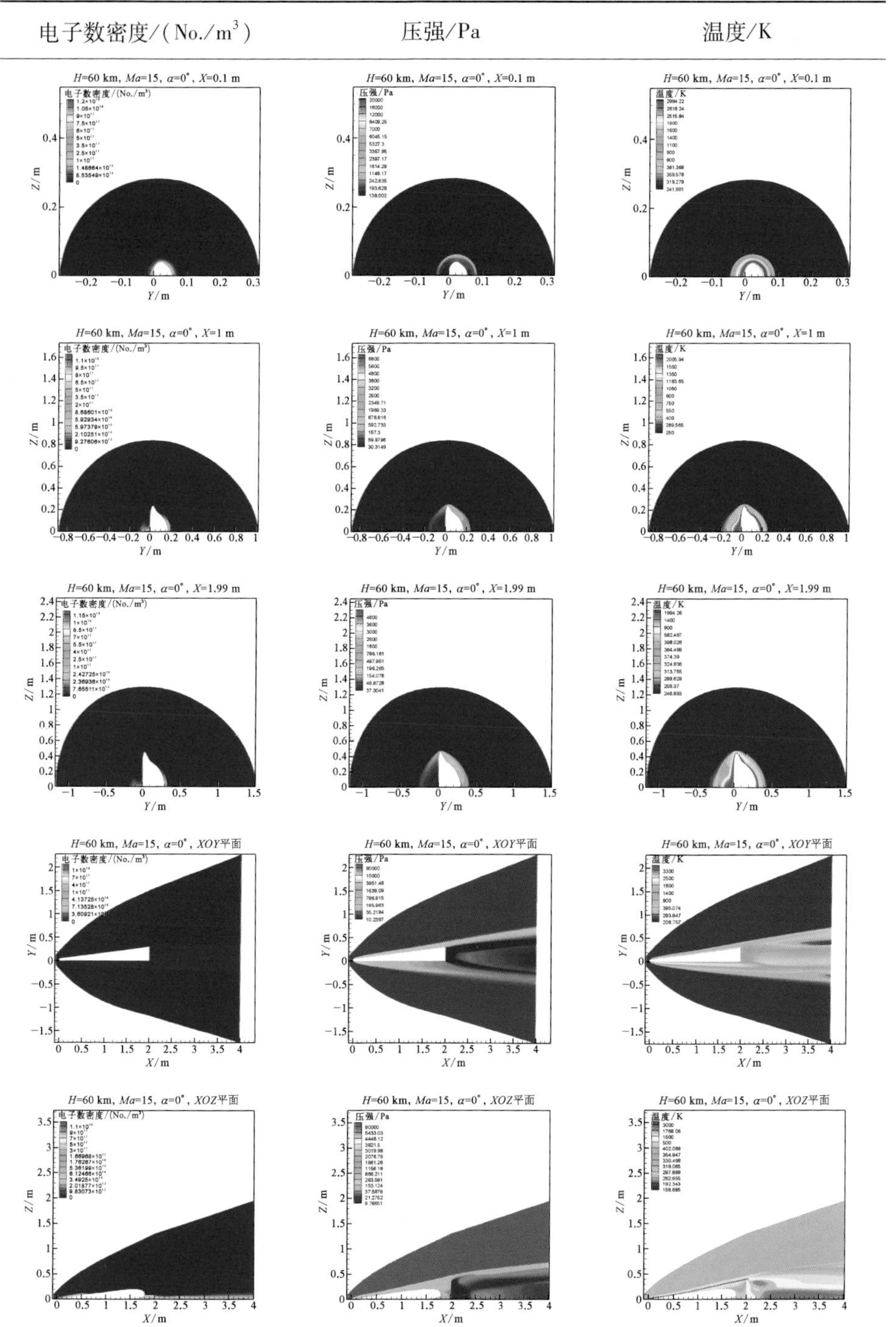

（续表）

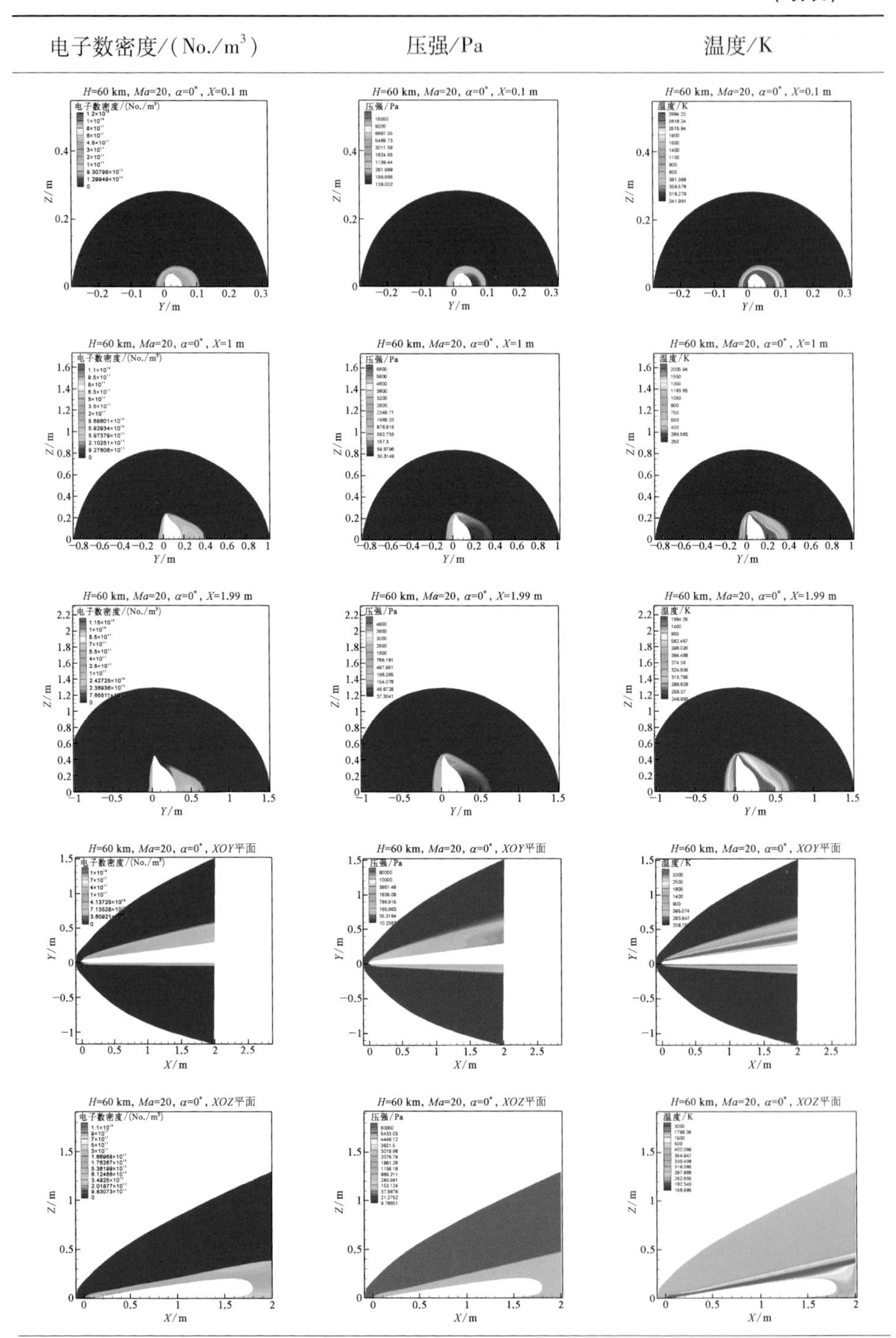

电子数密度/(No./m³)
压强/Pa
温度/K
H=60 km, Ma=20, α=0°, X=0.1 m
H=60 km, Ma=20, α=0°, X=0.1 m
H=60 km, Ma=20, α=0°, X=0.1 m
H=60 km, Ma=20, α=0°, X=1 m
H=60 km, Ma=20, α=0°, X=1 m
H=60 km, Ma=20, α=0°, X=1 m
H=60 km, Ma=20, α=0°, X=1.99 m
H=60 km, Ma=20, α=0°, X=1.99 m
H=60 km, Ma=20, α=0°, X=1.99 m
H=60 km, Ma=20, α=0°, XOY平面
H=60 km, Ma=20, α=0°, XOY平面
H=60 km, Ma=20, α=0°, XOY平面
H=60 km, Ma=20, α=0°, XOZ平面
H=60 km, Ma=20, α=0°, XOZ平面
H=60 km, Ma=20, α=0°, XOZ平面
Y/m
Z/m
X/m

（续表）

电子数密度/(No./m^3)	压强/Pa	温度/K

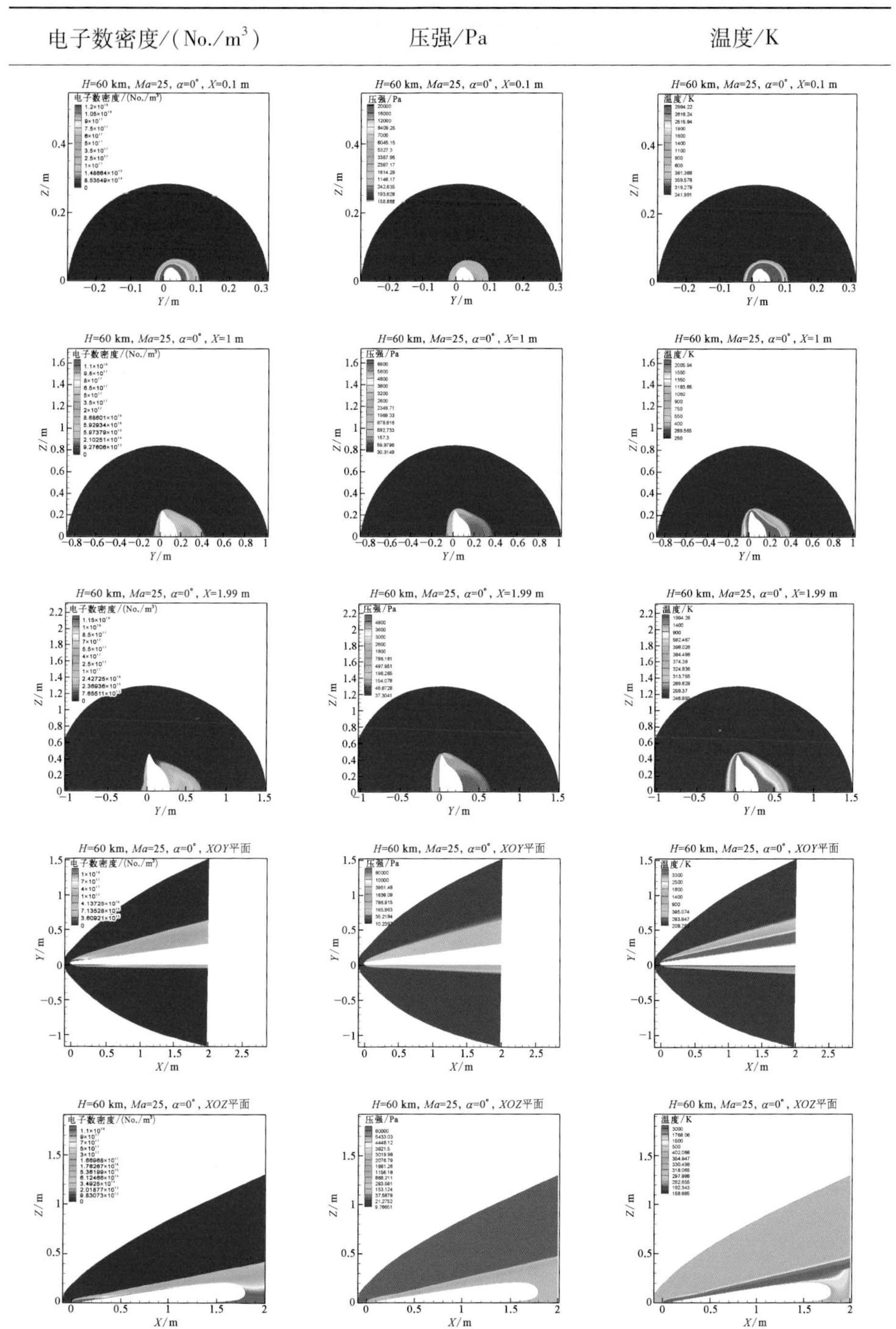

（续表）

电子数密度/(No./m^3)	压强/Pa	温度/K

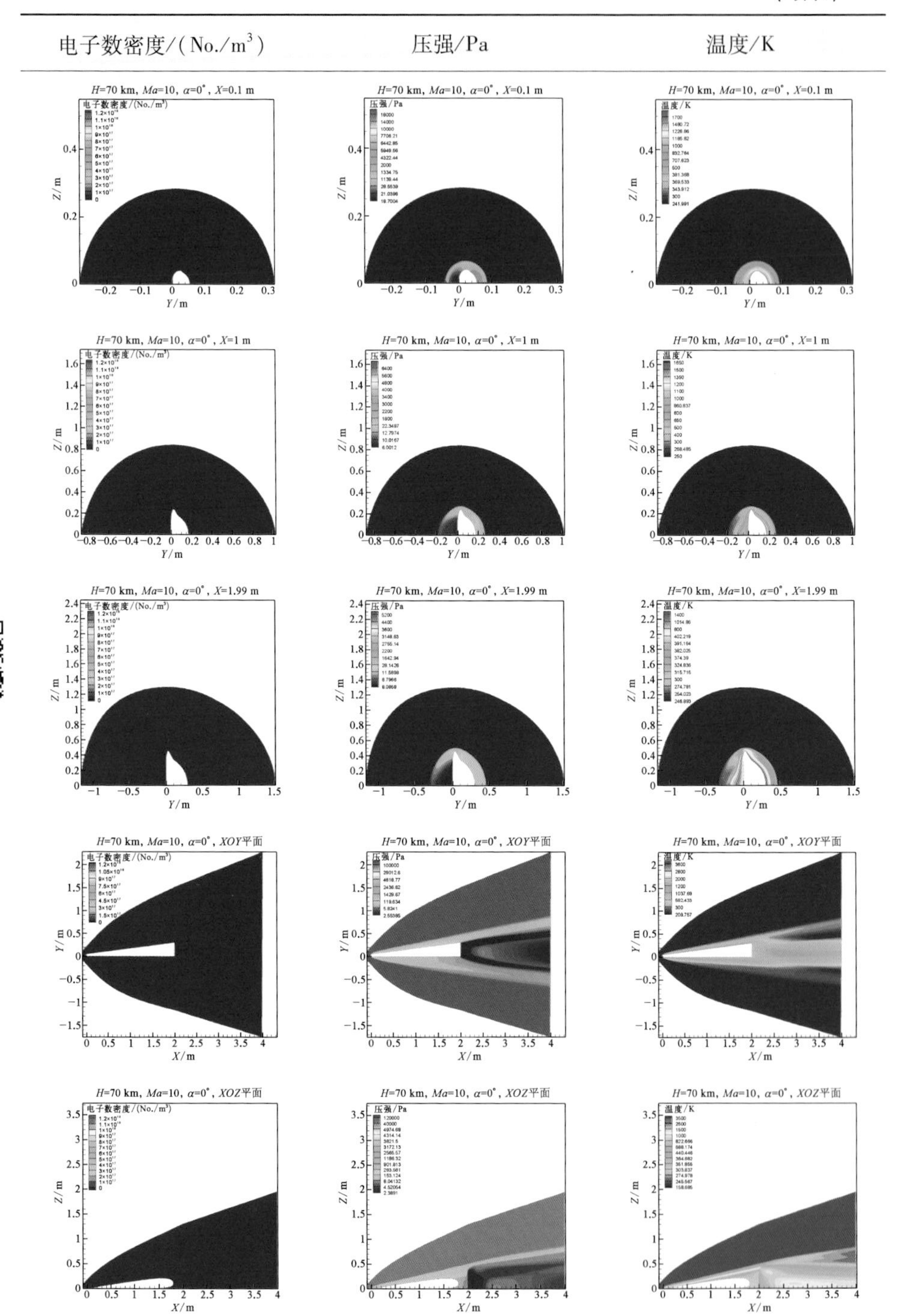

（续表）

电子数密度/（No./m^3）	压强/Pa	温度/K

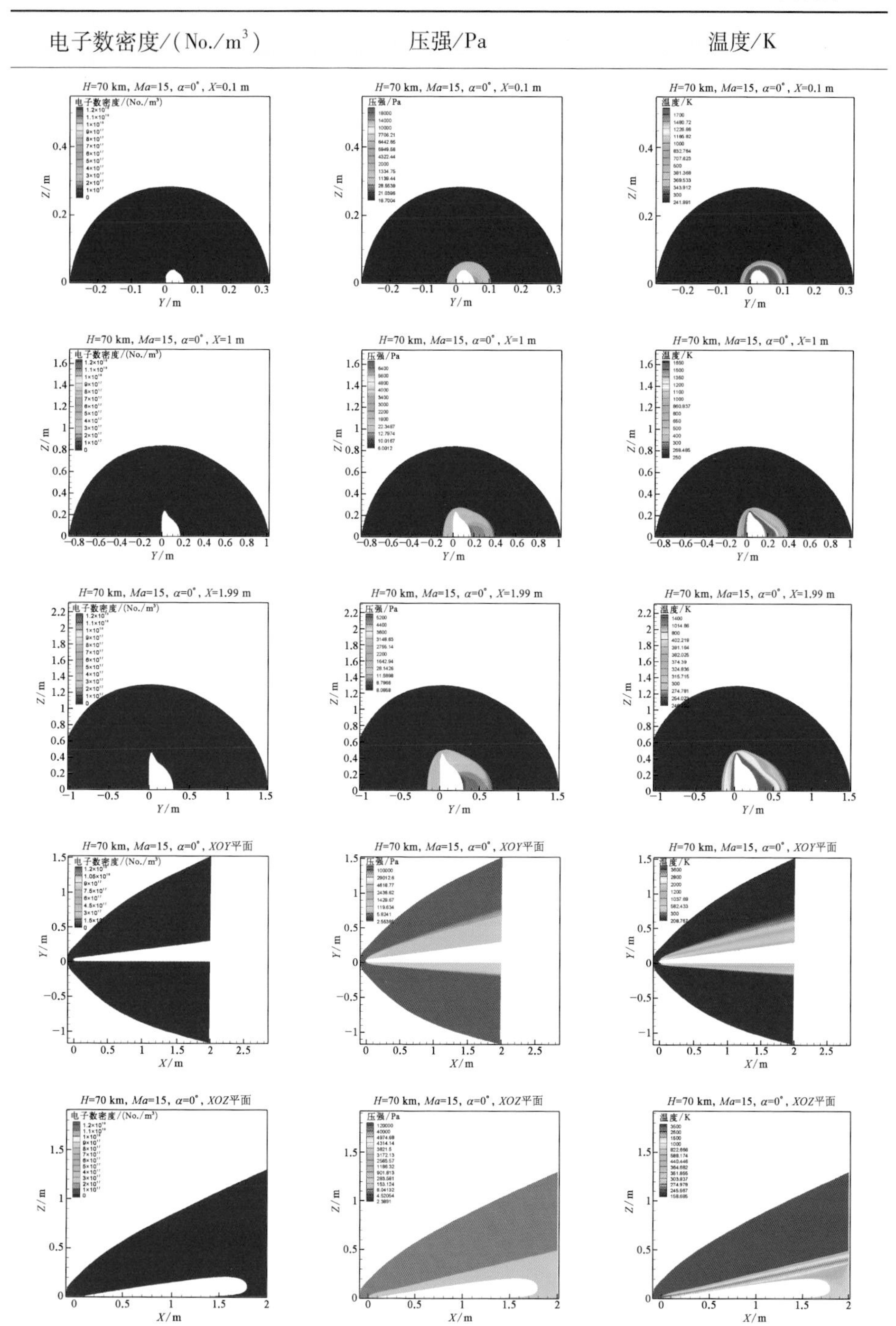

（续表）

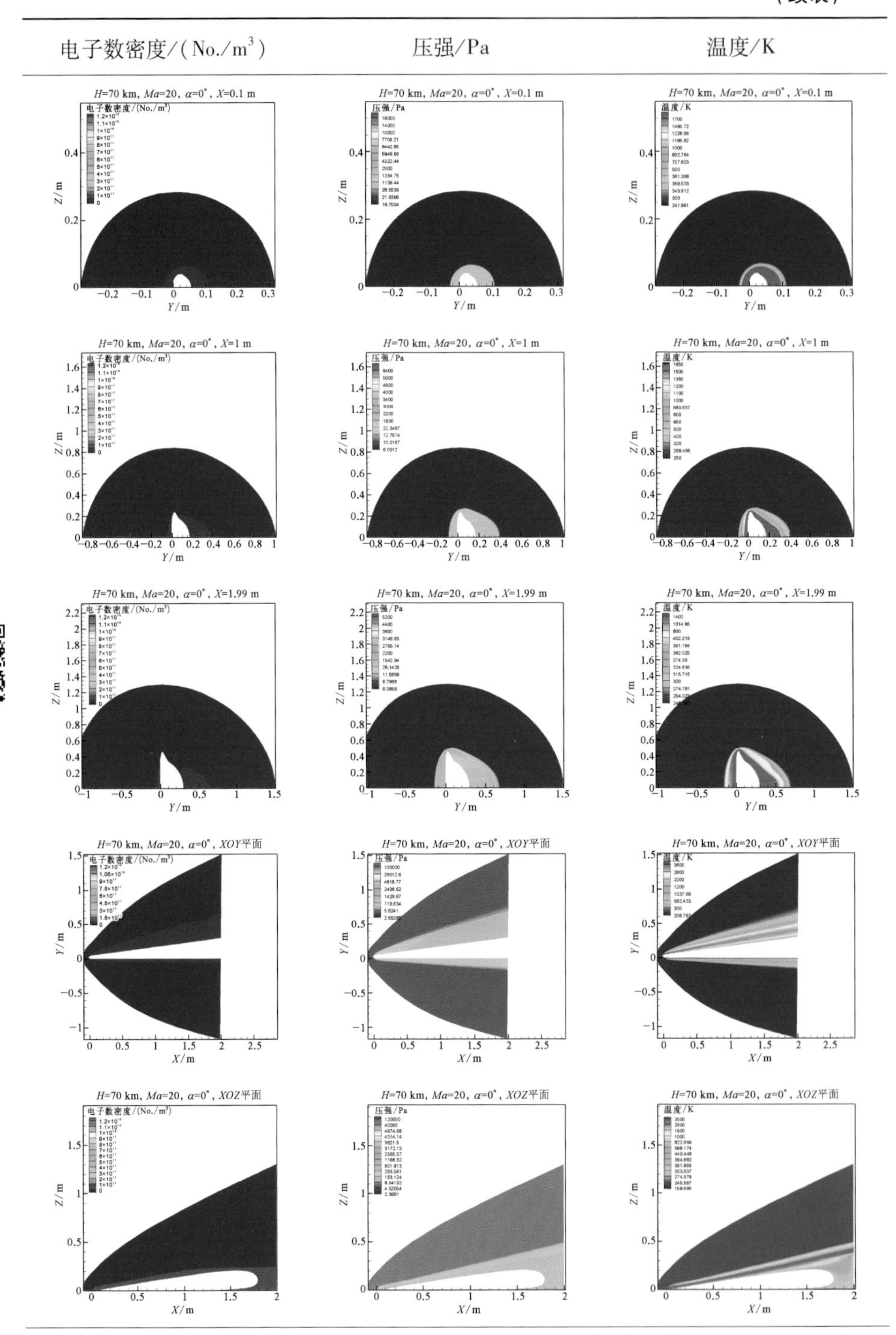

电子数密度/(No./m³)
压强/Pa
温度/K
H=70 km, Ma=20, α=0°, X=0.1 m
H=70 km, Ma=20, α=0°, X=1 m
H=70 km, Ma=20, α=0°, X=1.99 m
H=70 km, Ma=20, α=0°, XOY平面
H=70 km, Ma=20, α=0°, XOZ平面
Z/m
Y/m
X/m

(续表)

电子数密度/(No./m^3)	压强/Pa	温度/K

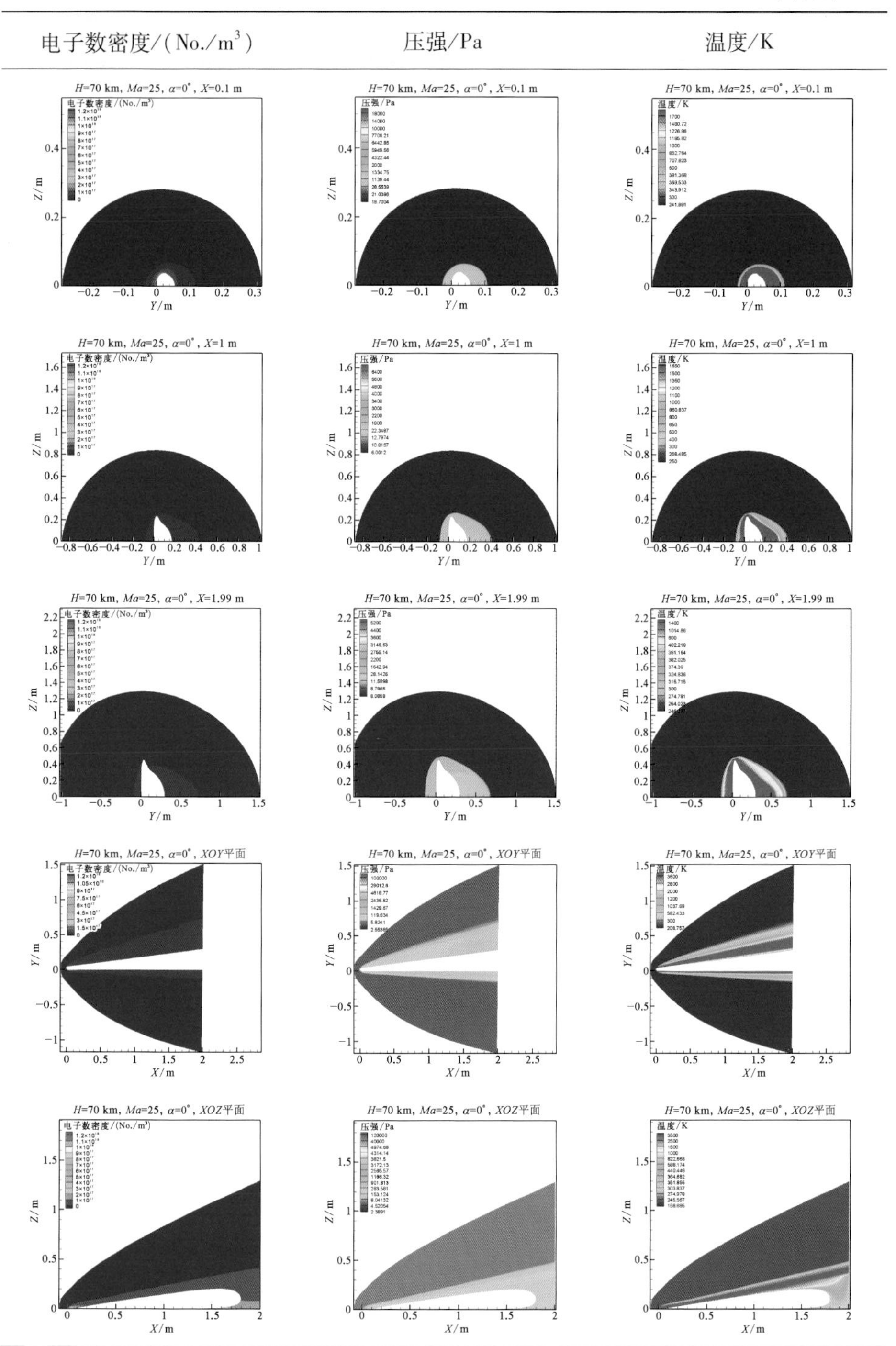

（续表）

电子数密度/(No./m^3)	压强/Pa	温度/K

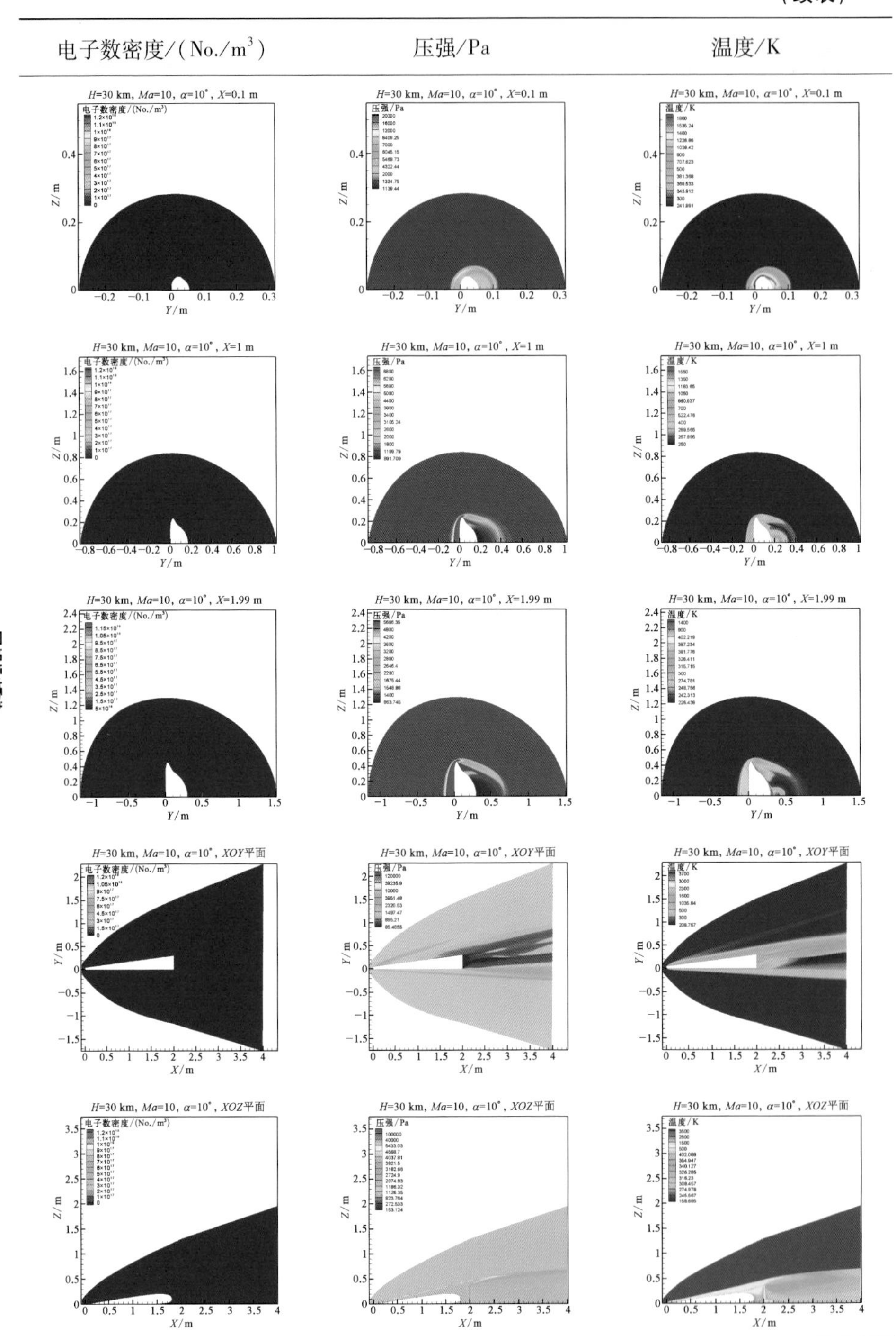

（续表）

电子数密度/(No./m^3)	压强/Pa	温度/K

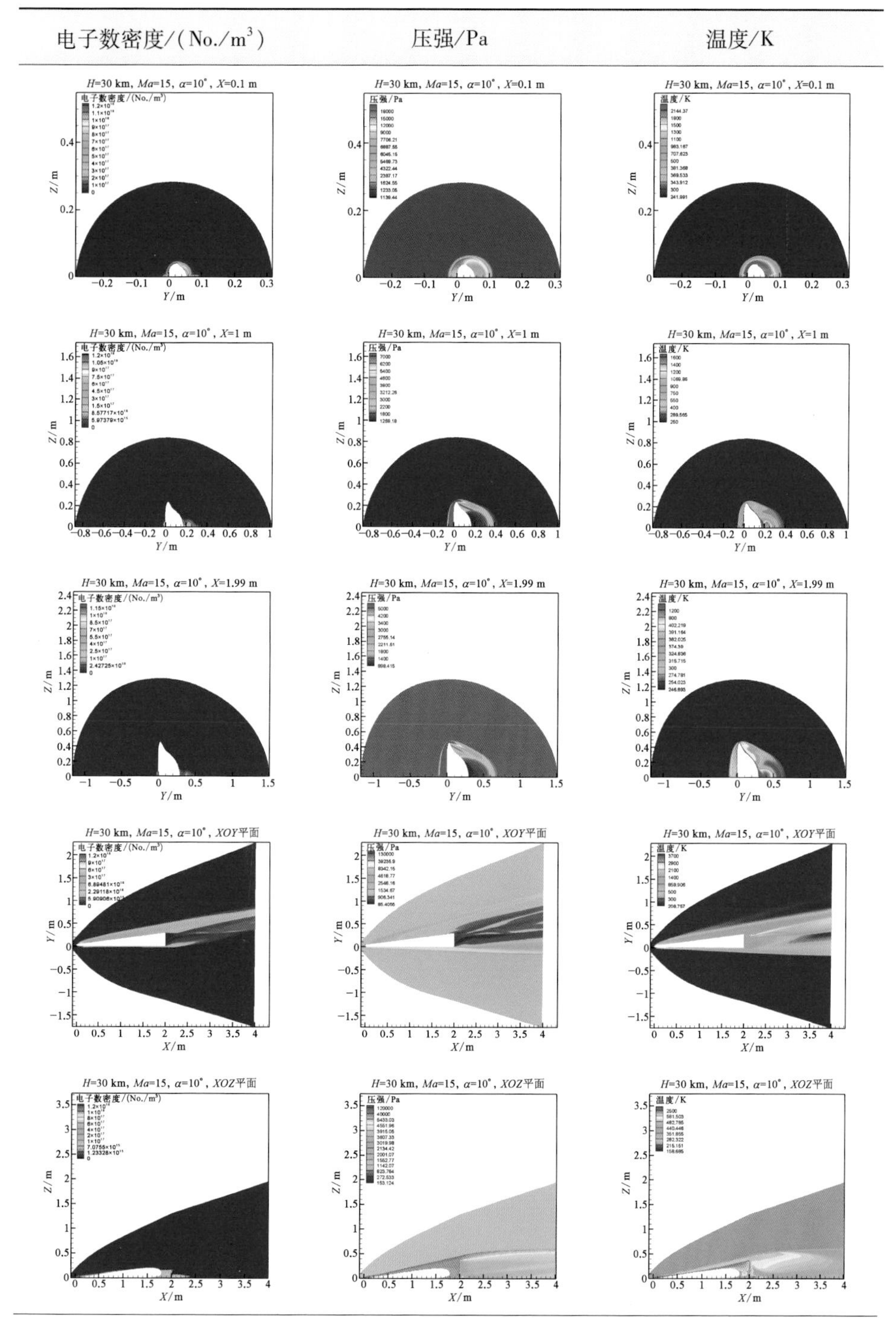

（续表）

电子数密度/(No./m^3)	压强/Pa	温度/K

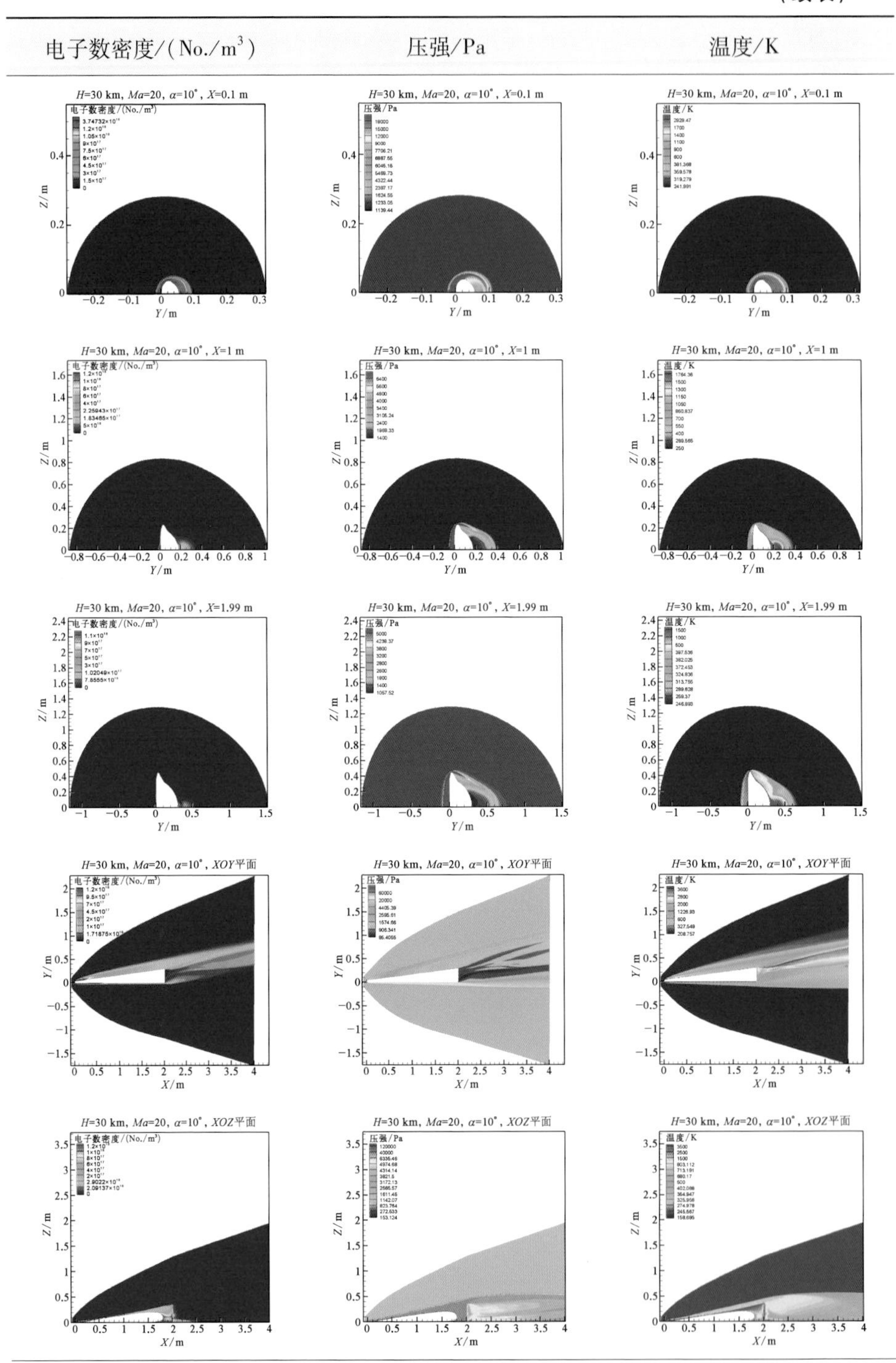

（续表）

电子数密度/(No./m^3)	压强/Pa	温度/K

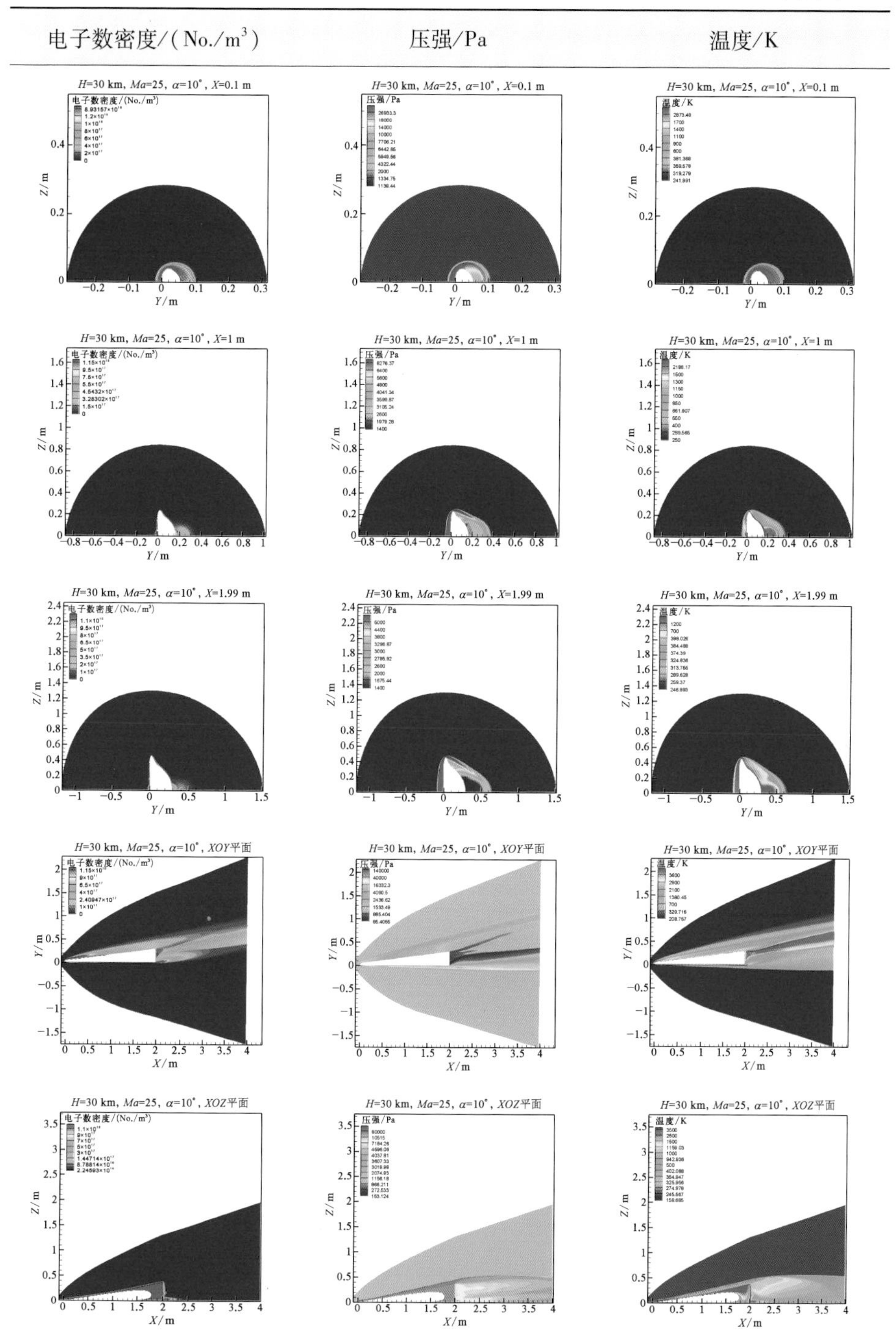

（续表）

电子数密度/(No./m³)	压强/Pa	温度/K

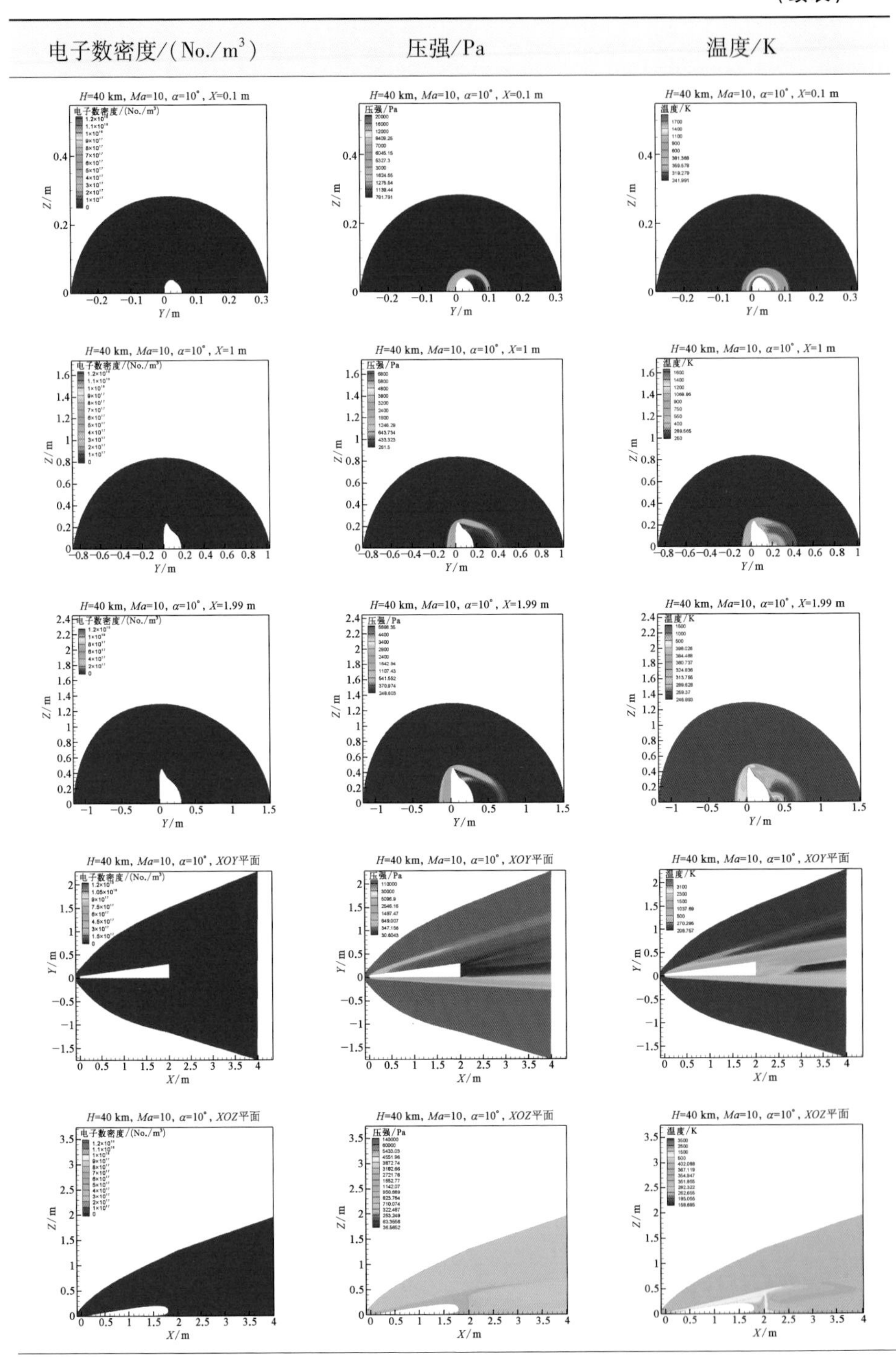

（续表）

电子数密度/(No./m^3)	压强/Pa	温度/K

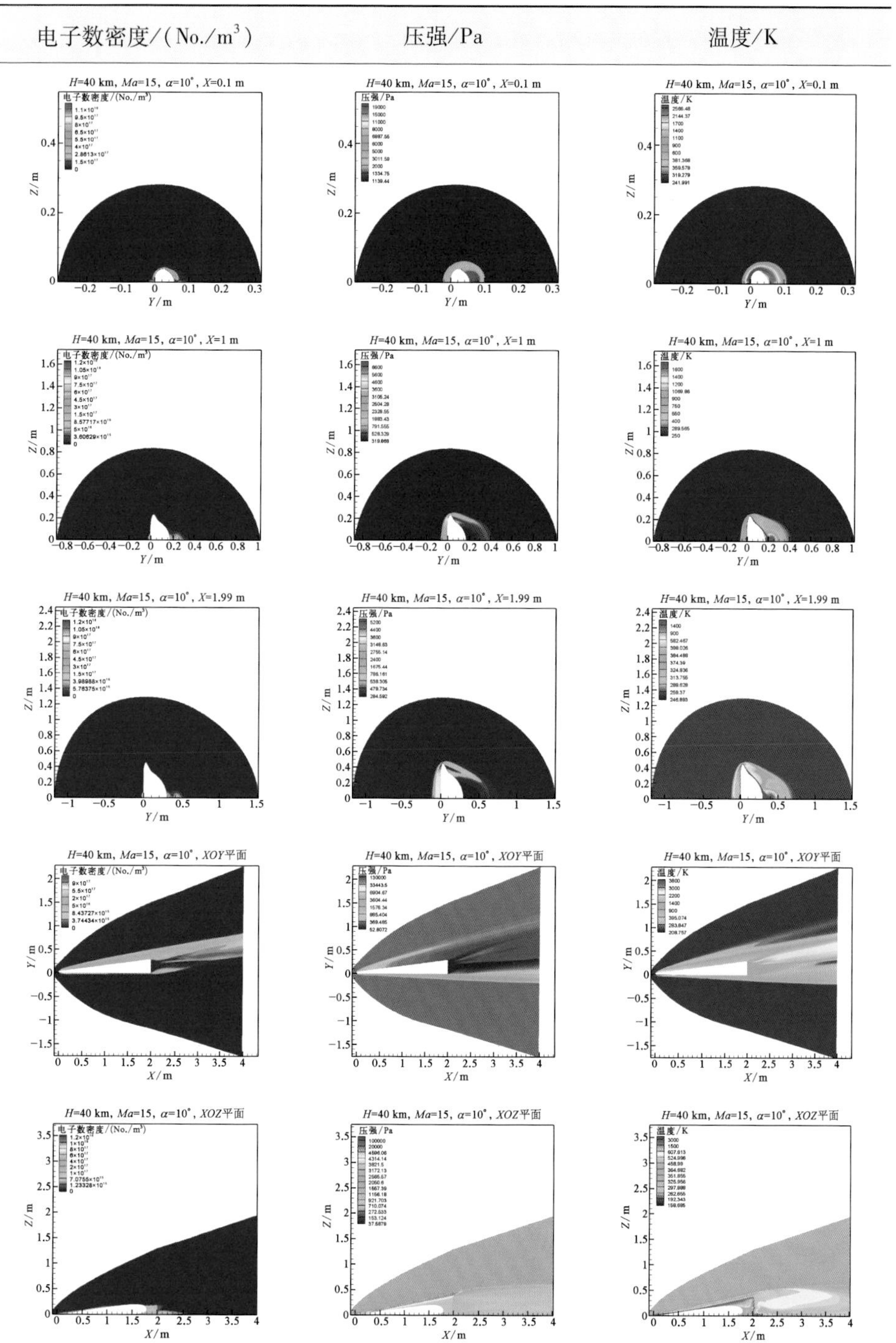

（续表）

电子数密度/(No./m^3)	压强/Pa	温度/K

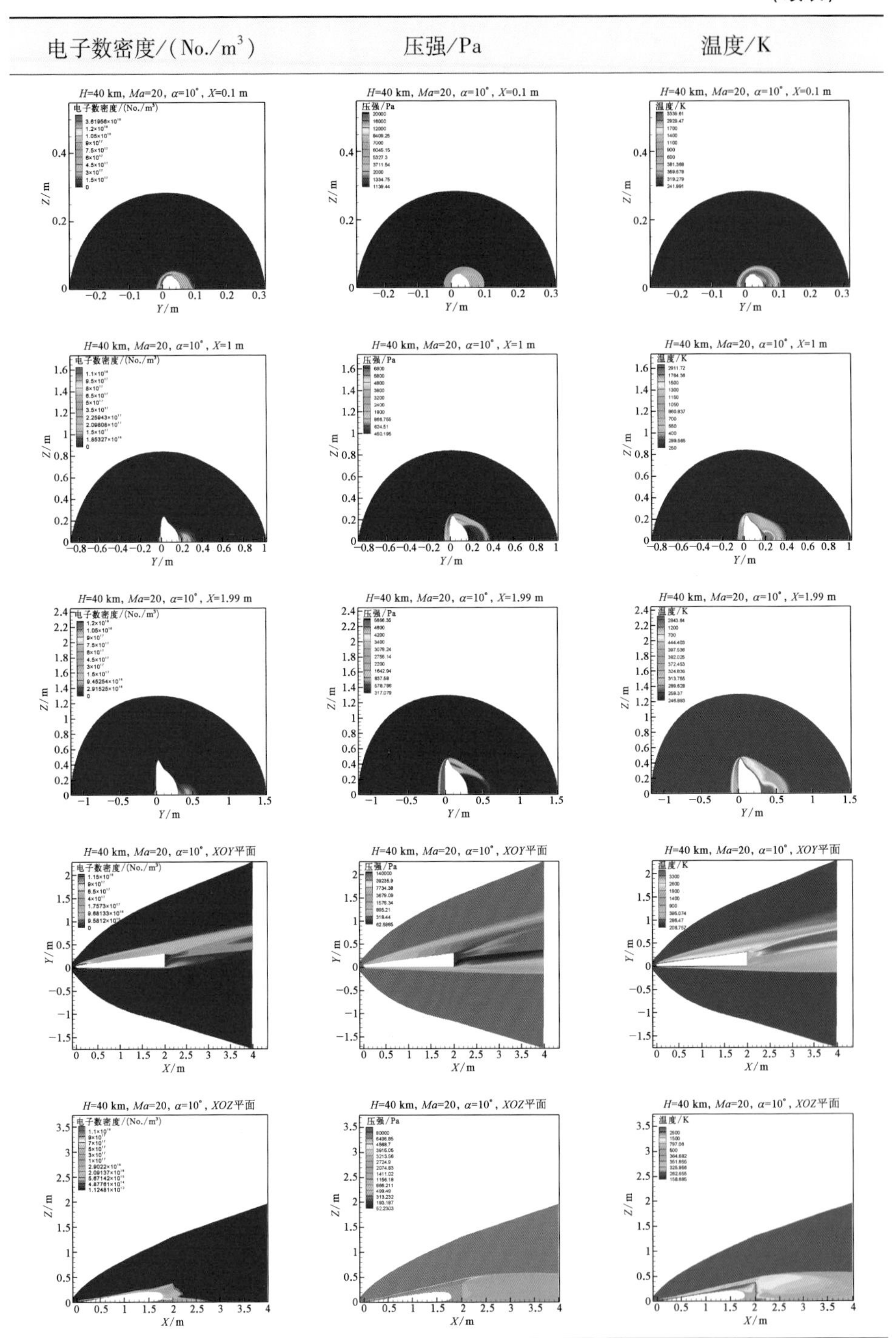

（续表）

电子数密度/(No./m^3)	压强/Pa	温度/K

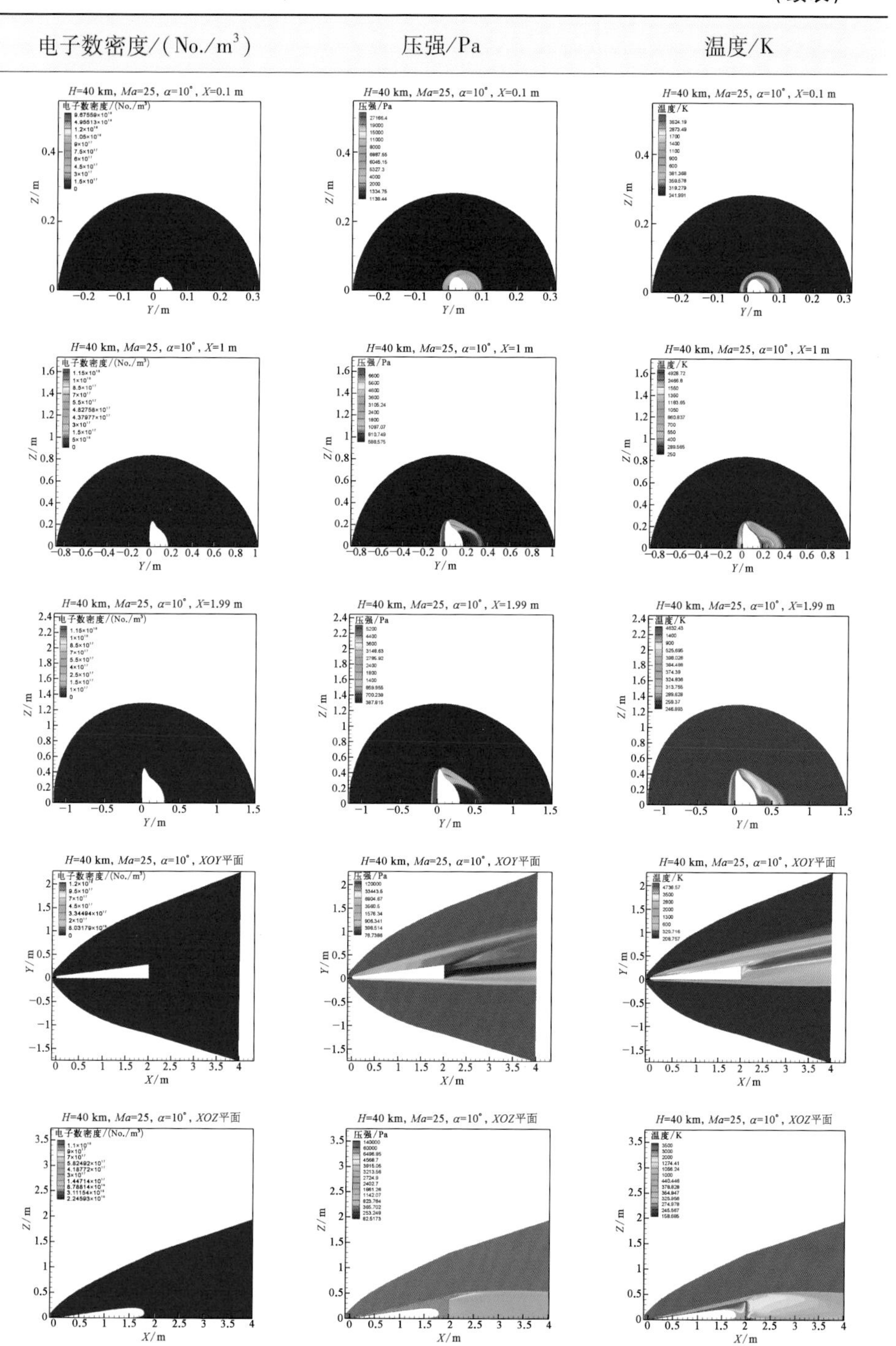

（续表）

电子数密度/(No./m³)	压强/Pa	温度/K

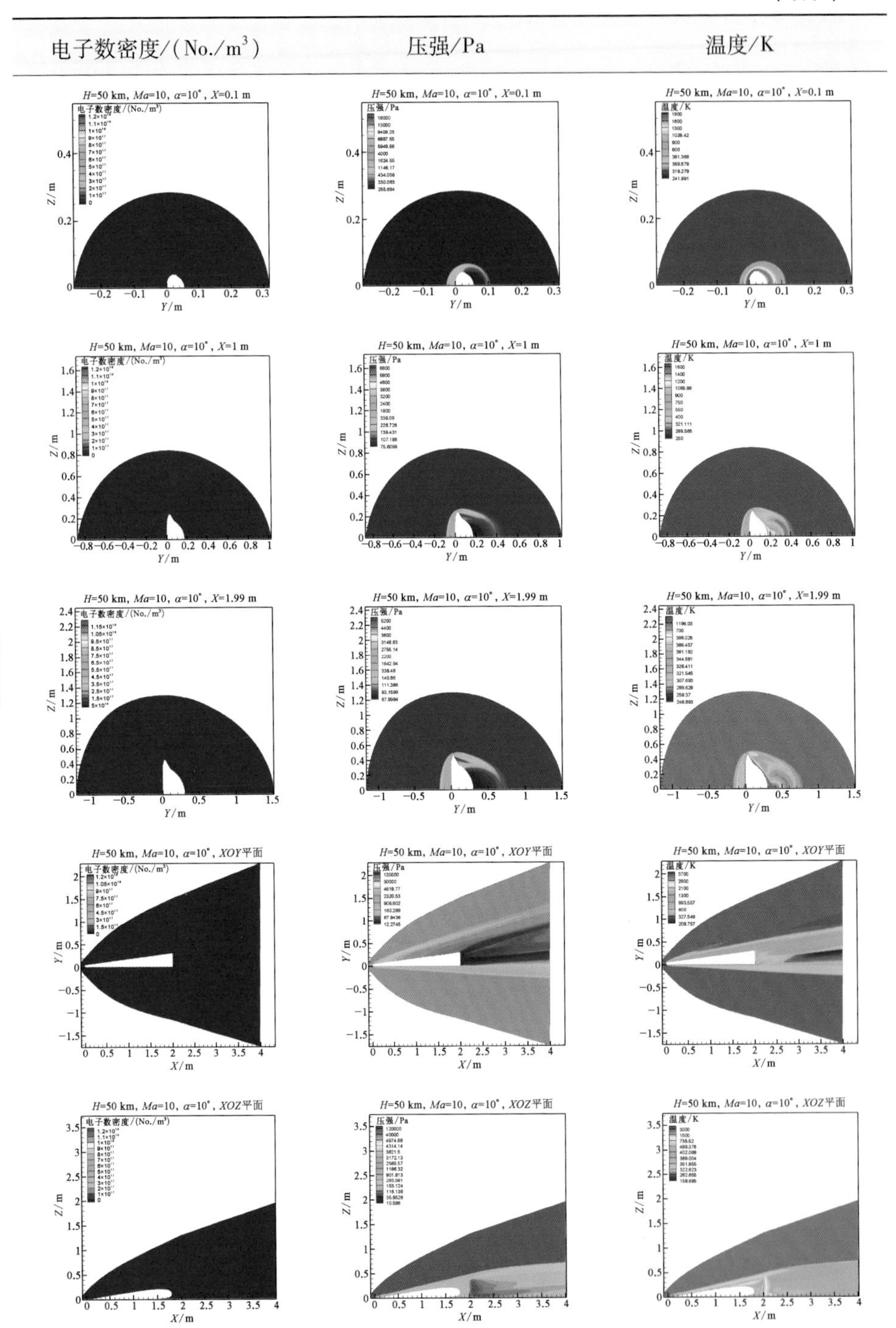

（续表）

电子数密度/(No./m^3)	压强/Pa	温度/K

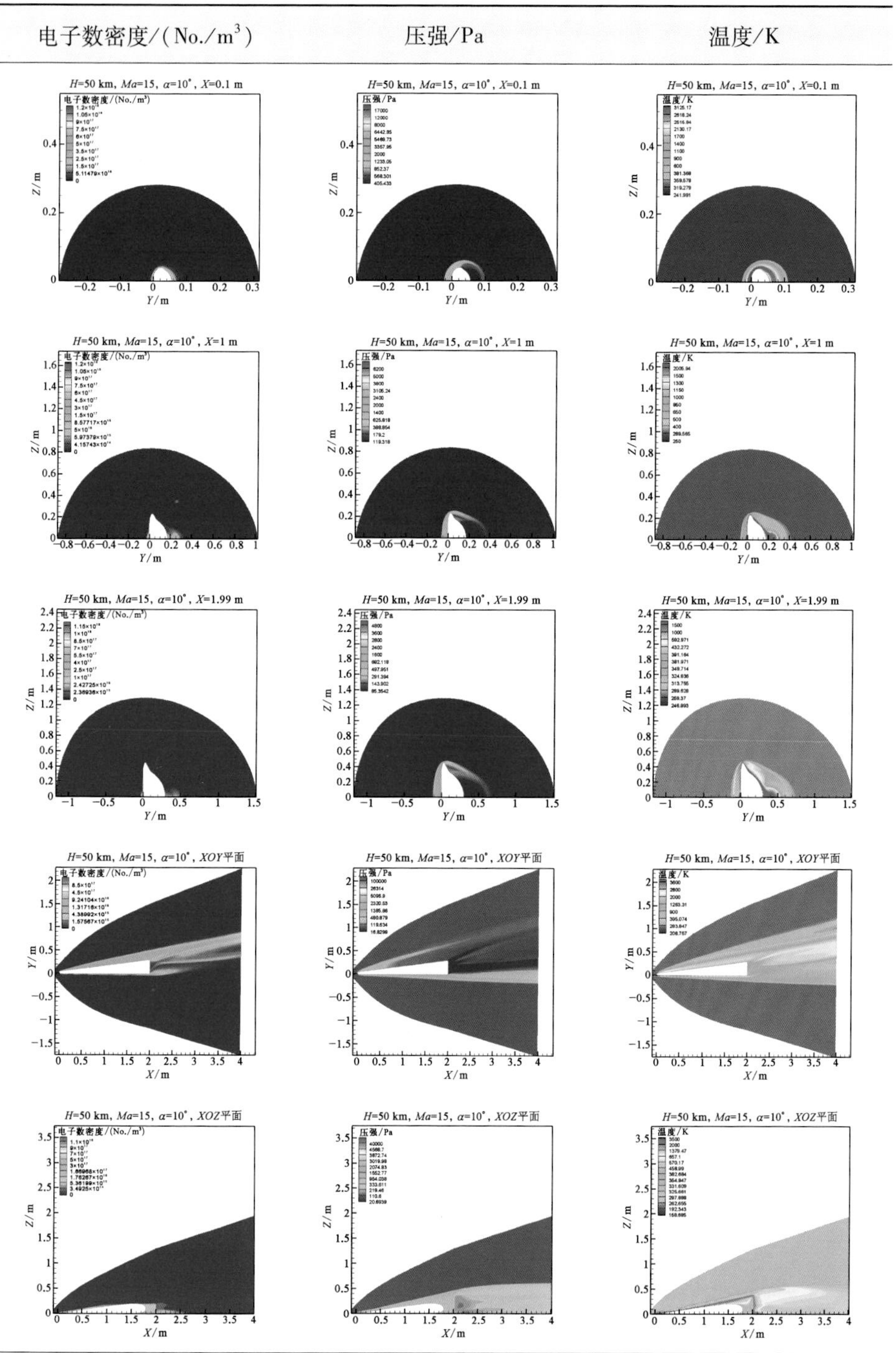

（续表）

电子数密度/(No./m^3)	压强/Pa	温度/K

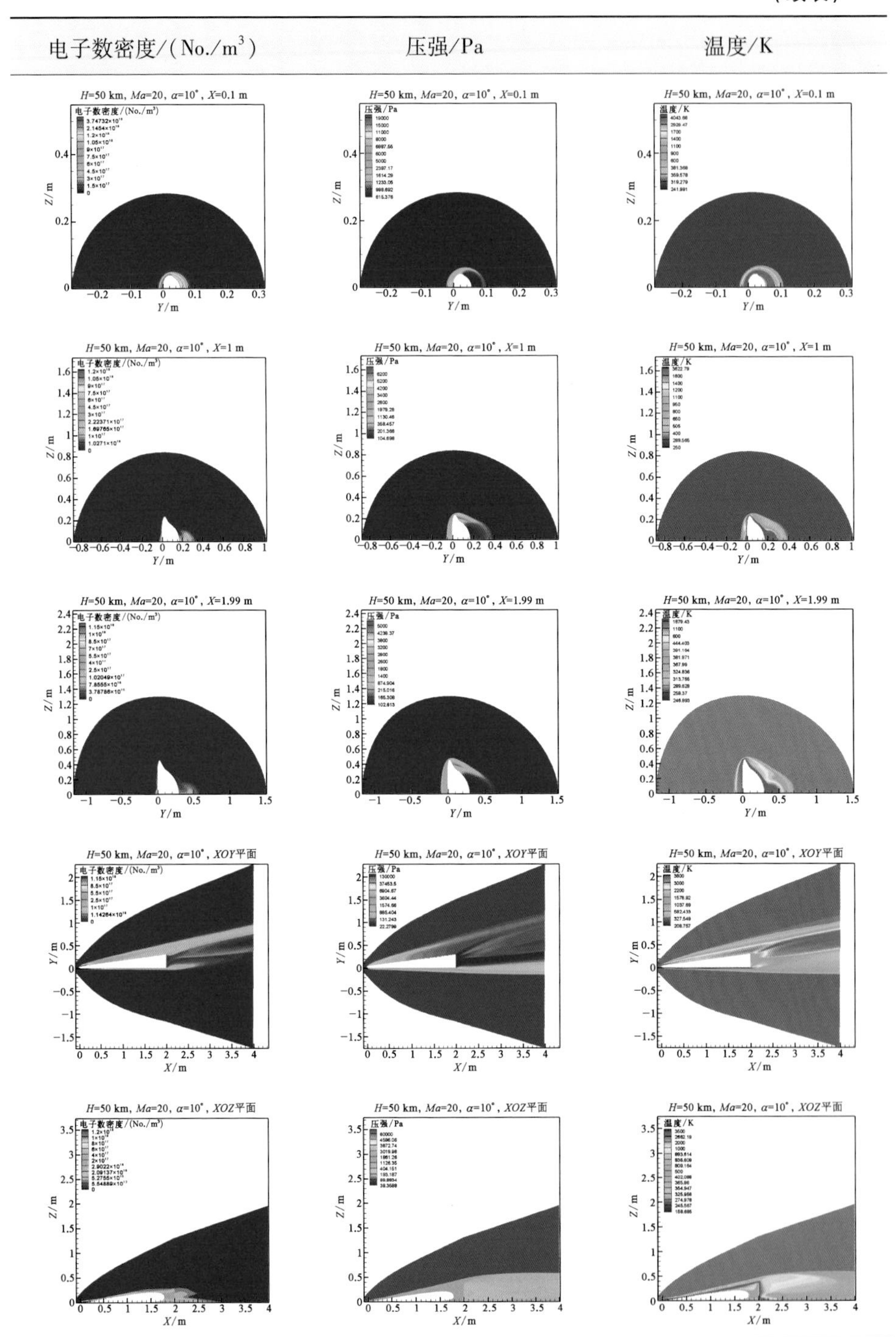

（续表）

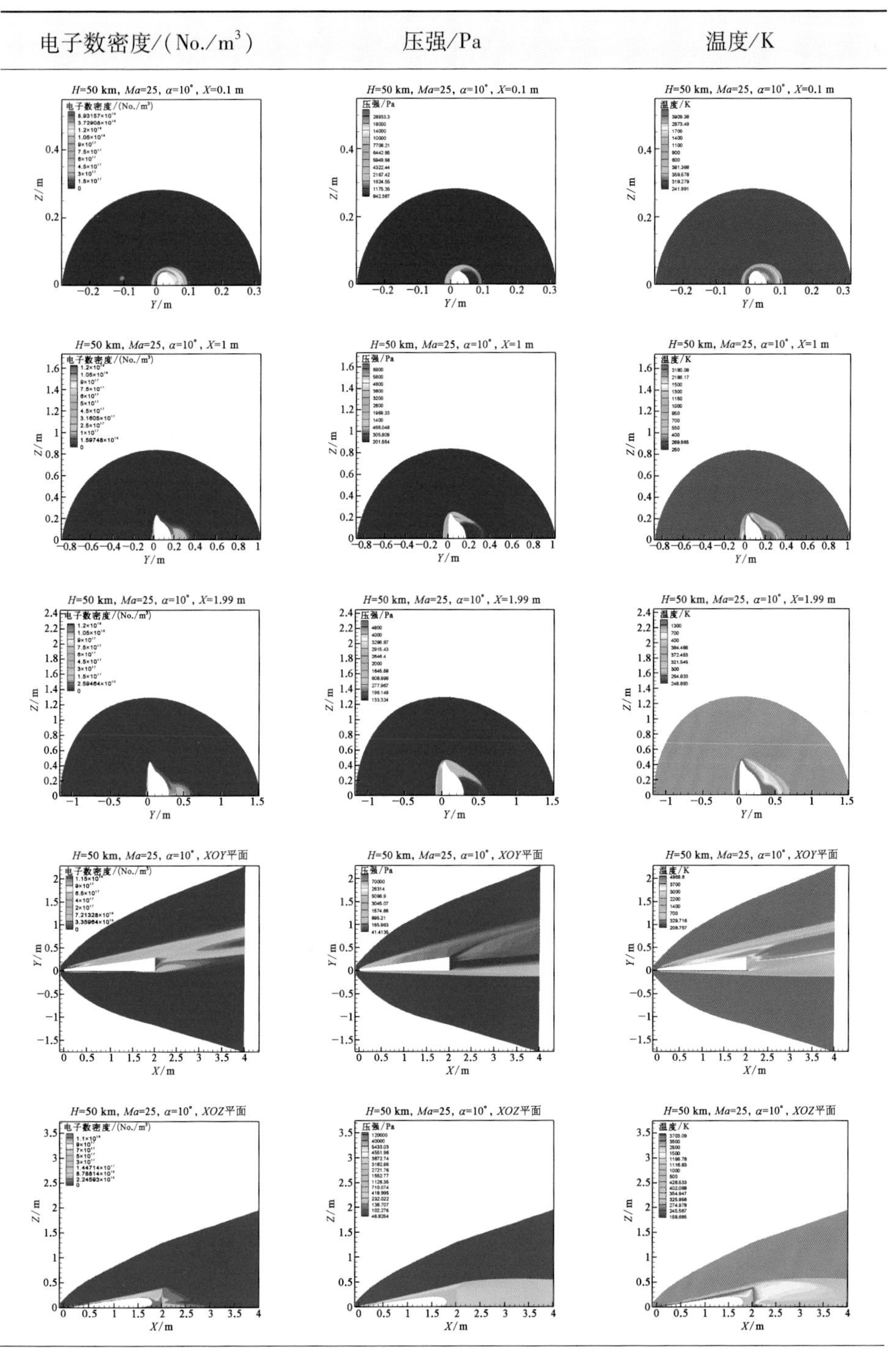

电子数密度/(No./m³)
压强/Pa
温度/K
H=50 km, Ma=25, α=10°, X=0.1 m
H=50 km, Ma=25, α=10°, X=1 m
H=50 km, Ma=25, α=10°, X=1.99 m
H=50 km, Ma=25, α=10°, XOY平面
H=50 km, Ma=25, α=10°, XOZ平面
Y/m
Z/m
X/m

（续表）

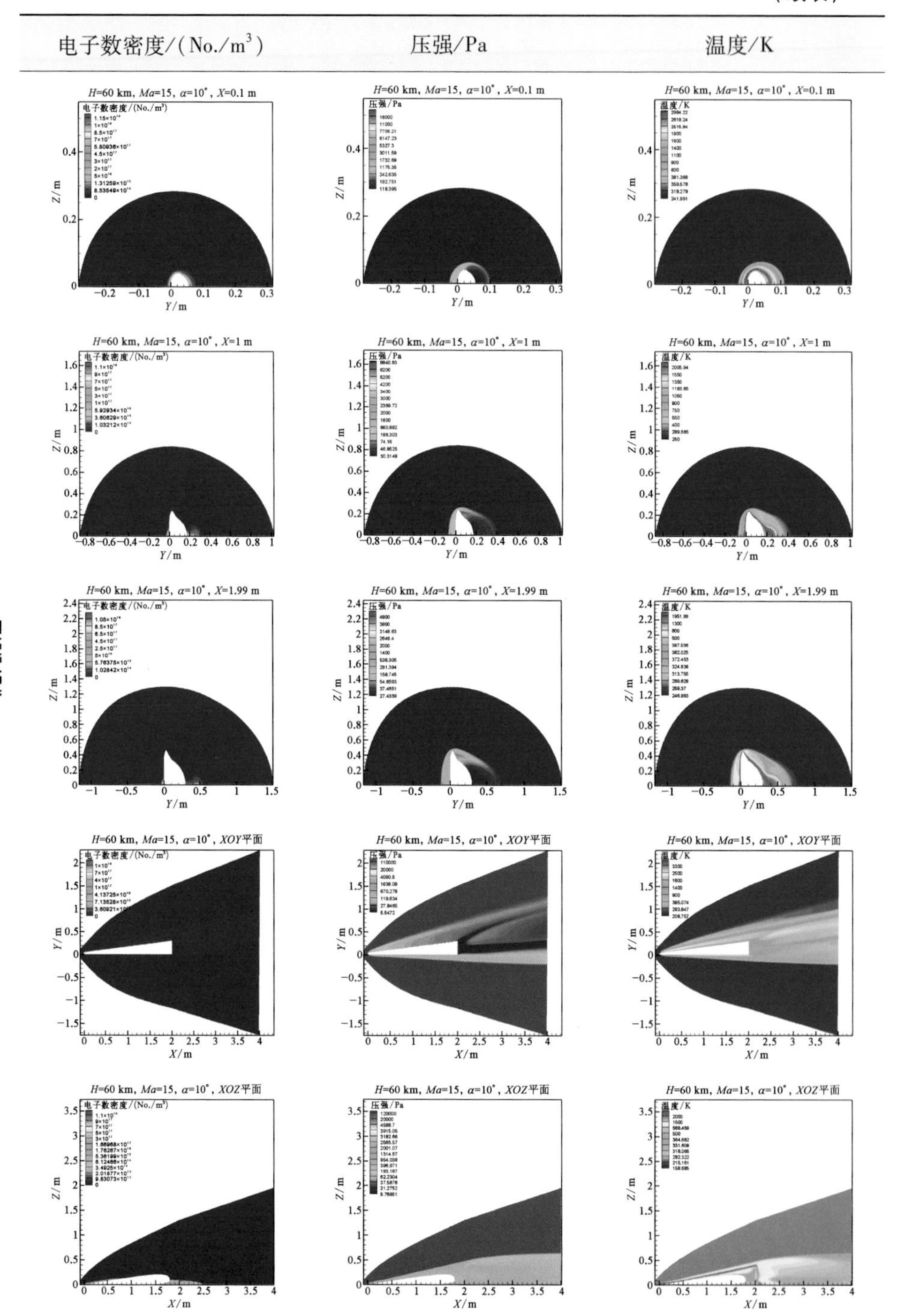

电子数密度/(No./m^3)
压强/Pa
温度/K
H=60 km, Ma=15, α=10°, X=0.1 m
H=60 km, Ma=15, α=10°, X=1 m
H=60 km, Ma=15, α=10°, X=1.99 m
H=60 km, Ma=15, α=10°, XOY平面
H=60 km, Ma=15, α=10°, XOZ平面
电子数密度/(No./m^3)
压强/Pa
温度/K
Y/m
Z/m
X/m

（续表）

电子数密度/(No./m^3)	压强/Pa	温度/K

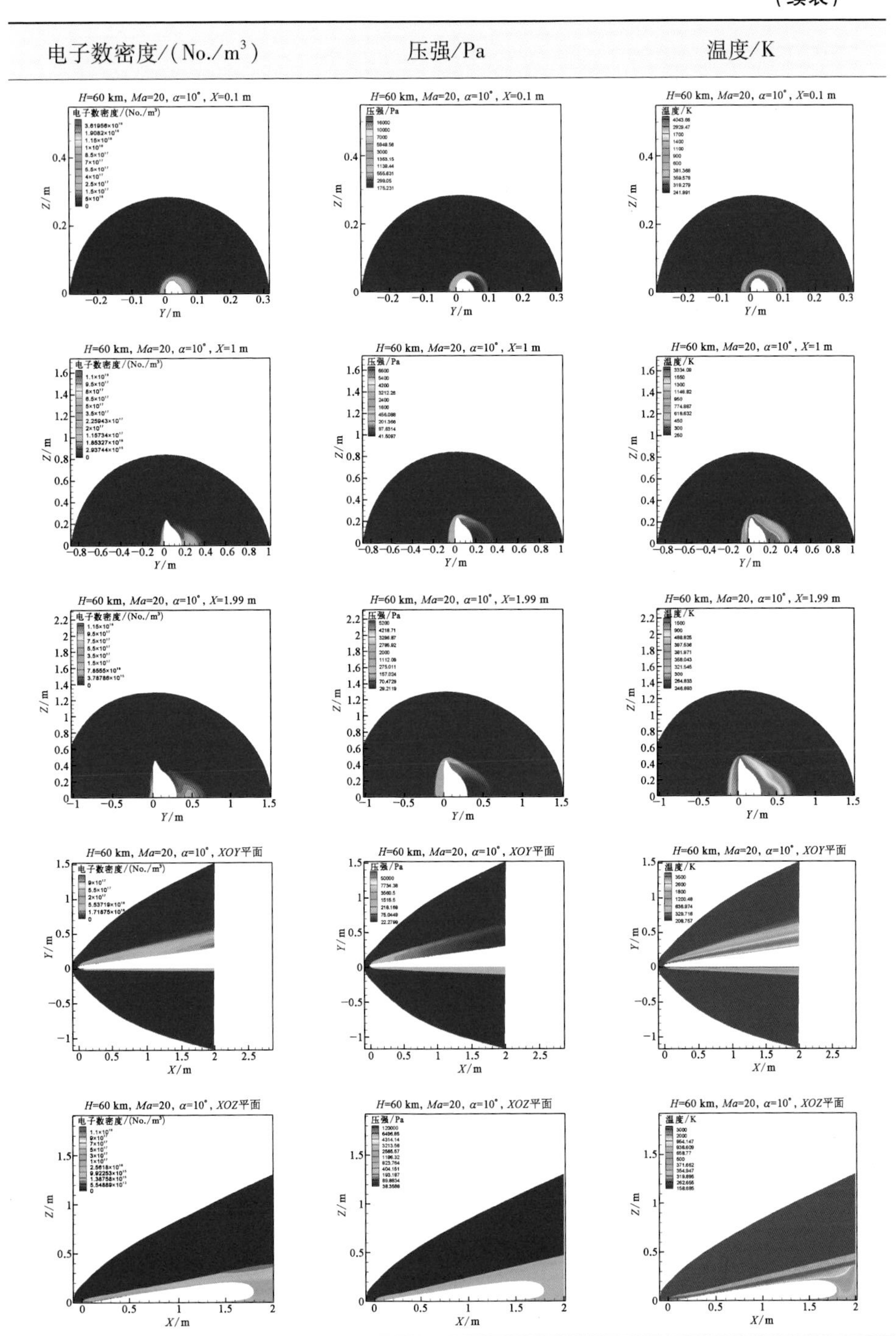

（续表）

电子数密度/(No./m³)	压强/Pa	温度/K

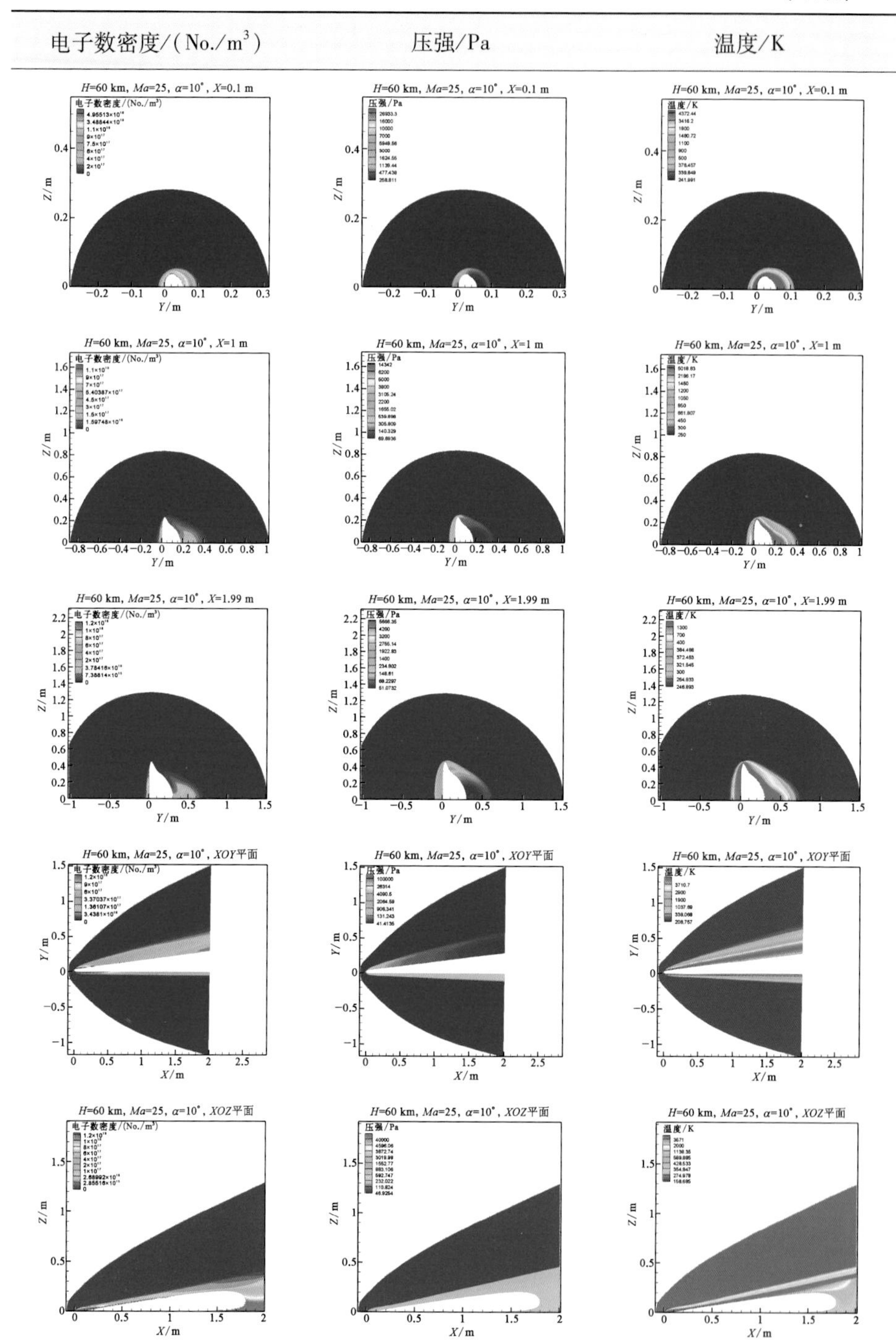

（续表）

电子数密度/(No./m³)	压强/Pa	温度/K

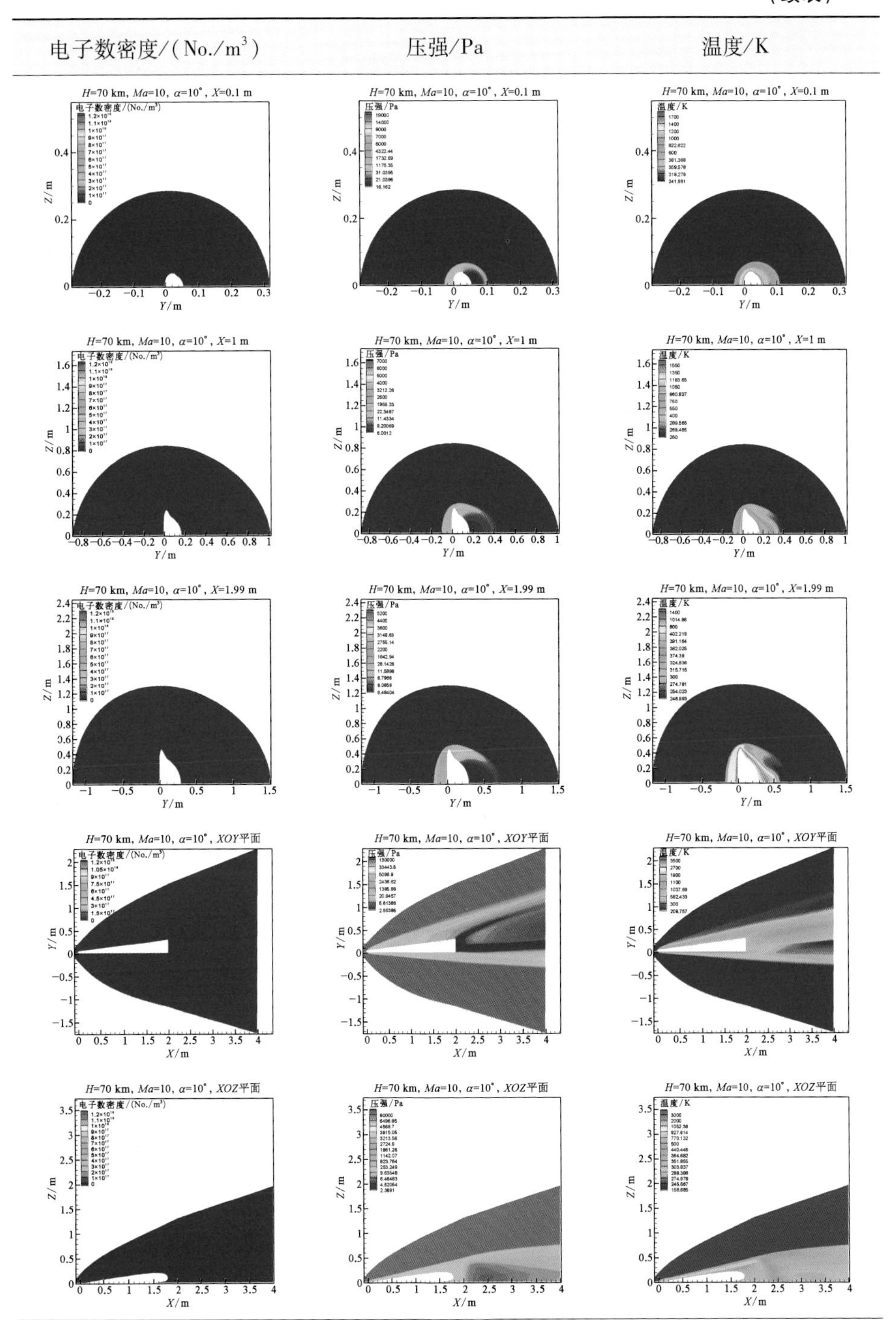

（续表）

电子数密度/(No./m^3)	压强/Pa	温度/K

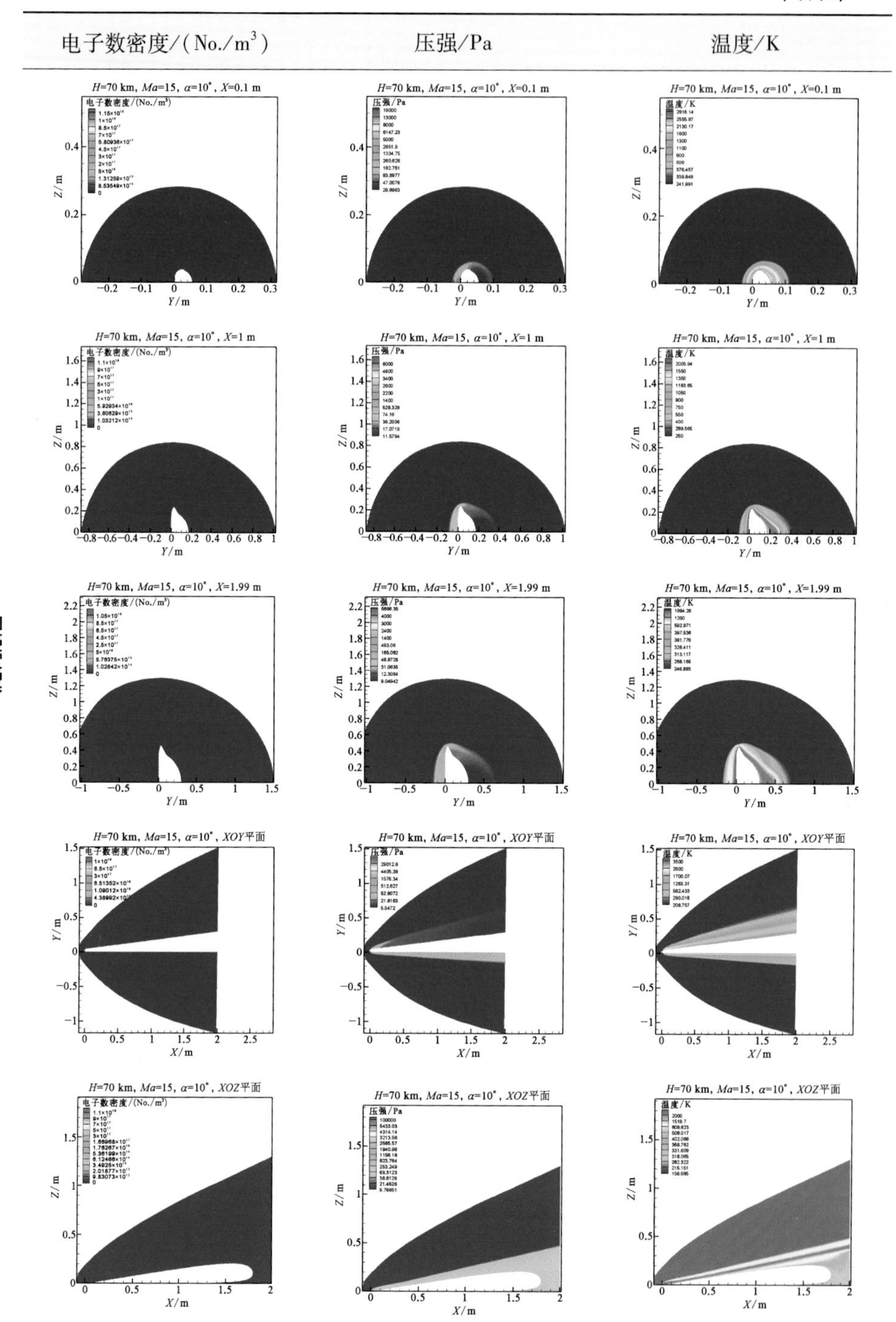

（续表）

电子数密度/(No./m^3)	压强/Pa	温度/K

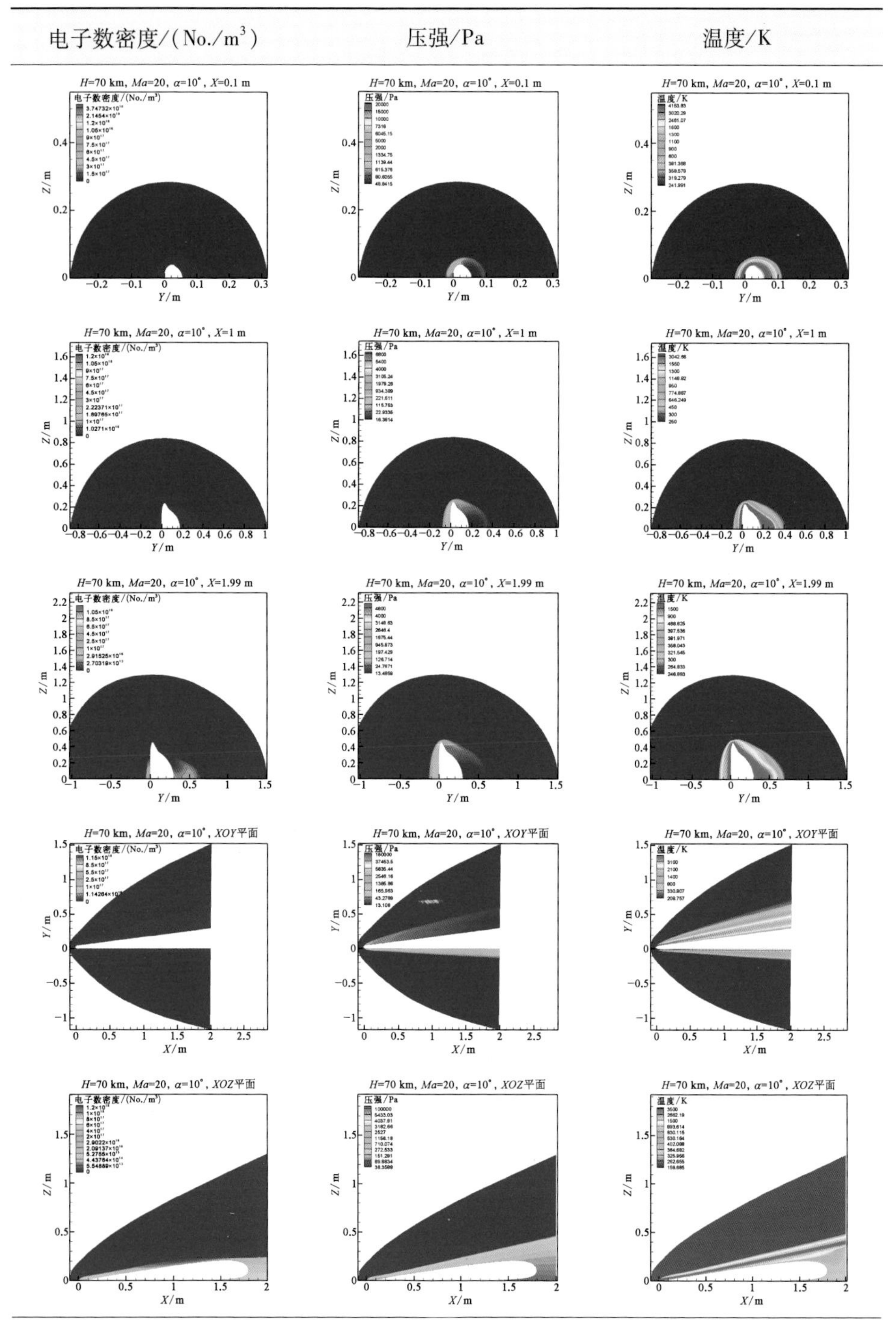

（续表）

电子数密度/(No./m^3)	压强/Pa	温度/K

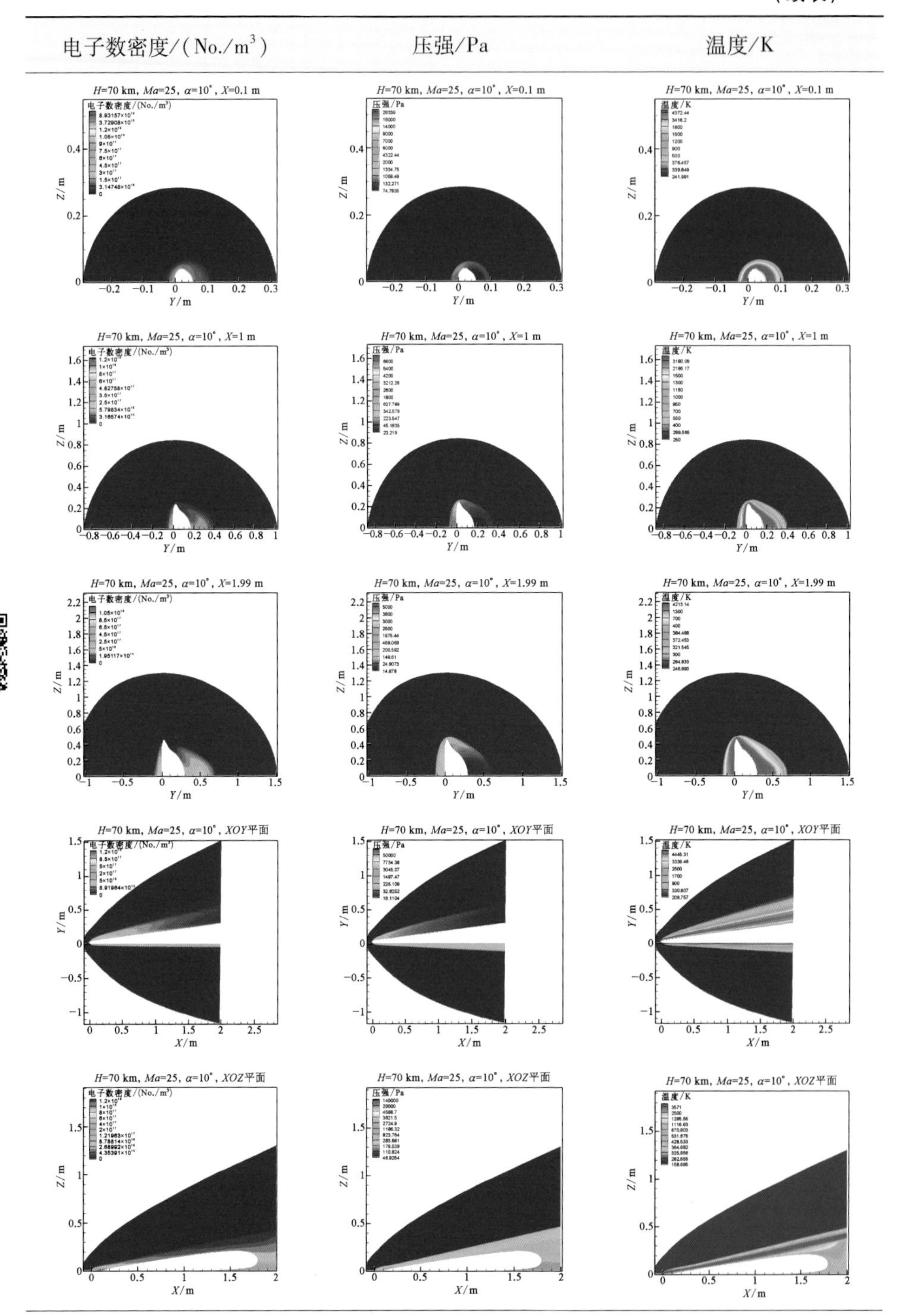

（续表）

电子数密度/(No./m^3)	压强/Pa	温度/K

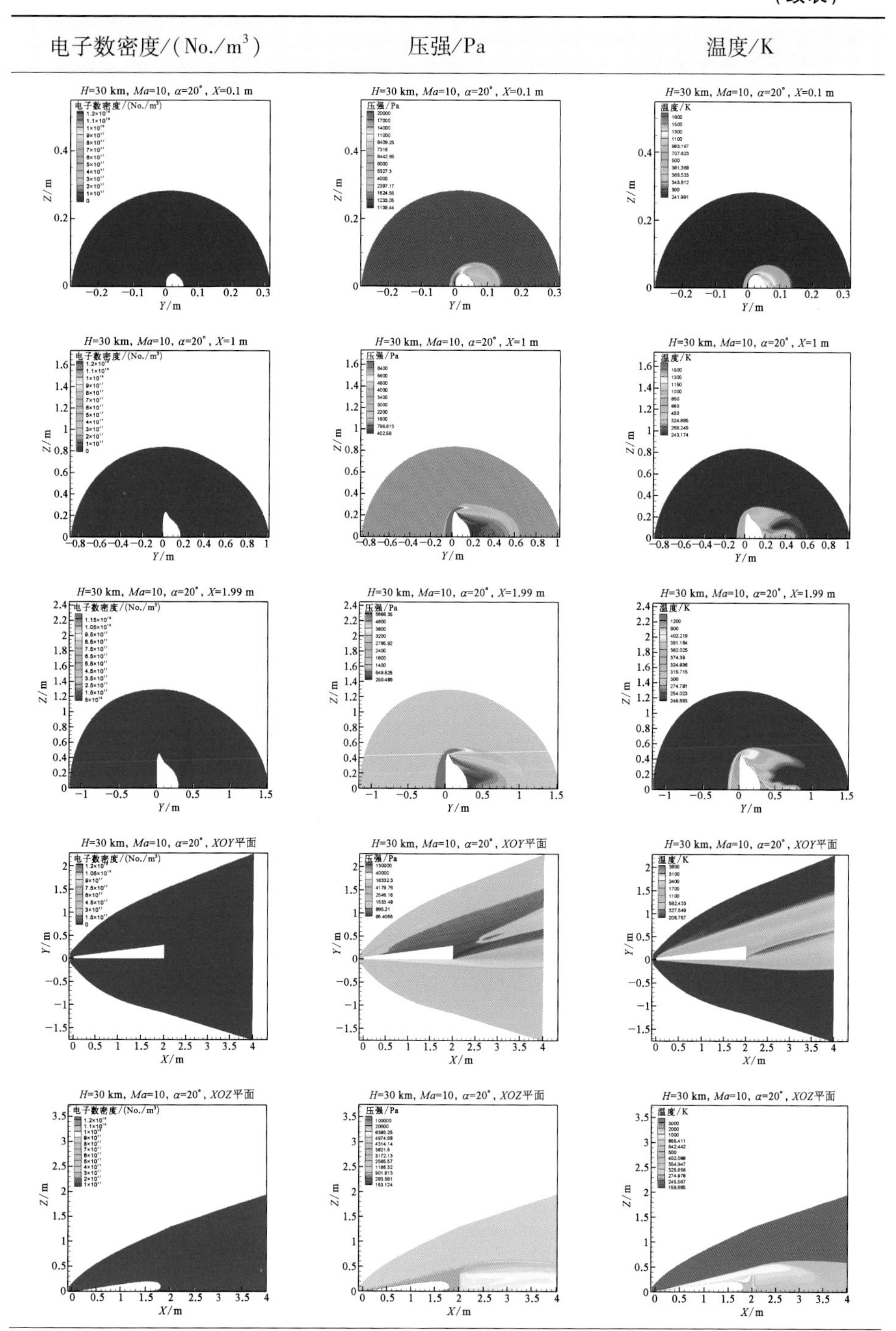

（续表）

电子数密度/(No./m^3)	压强/Pa	温度/K
H=30 km, Ma=15, α=20°, X=0.1 m 电子数密度/(No./m^3) 1.2×10^{18} 1.1×10^{18} 1×10^{18} 9×10^{17} 8×10^{17} 7×10^{17} 6×10^{17} 5×10^{17} 4×10^{17} 3×10^{17} 2×10^{17} 1×10^{17} 0 Z/m: 0, 0.2, 0.4 Y/m: −0.2, −0.1, 0, 0.1, 0.2, 0.3	H=30 km, Ma=15, α=20°, X=0.1 m 压强/Pa 18000 14000 10000 7706.21 6442.86 5949.56 4322.44 2000 1334.75 1139.44 Z/m: 0, 0.2, 0.4 Y/m: −0.2, −0.1, 0, 0.1, 0.2, 0.3	H=30 km, Ma=15, α=20°, X=0.1 m 温度/K 2144.37 1700 1400 1100 900 600 391.369 359.578 319.279 241.991 Z/m: 0, 0.2, 0.4 Y/m: −0.2, −0.1, 0, 0.1, 0.2, 0.3
H=30 km, Ma=15, α=20°, X=1 m 电子数密度/(No./m^3) 1.1×10^{18} 9.5×10^{17} 8×10^{17} 6.5×10^{17} 5×10^{17} 3.5×10^{17} 2×10^{17} 8.68601×10^{16} 5×10^{16} 9.33308×10^{15} 0 Z/m: 0, 0.2, 0.4, 0.6, 0.8, 1, 1.2, 1.4, 1.6 Y/m: −0.8, −0.6, −0.4, −0.2, 0, 0.2, 0.4, 0.6, 0.8, 1	H=30 km, Ma=15, α=20°, X=1 m 压强/Pa 7000 6200 5400 4600 3800 3212.26 3000 2200 1600 895.256 547.575 Z/m: 0, 0.2, 0.4, 0.6, 0.8, 1, 1.2, 1.4, 1.6 Y/m: −0.8, −0.6, −0.4, −0.2, 0, 0.2, 0.4, 0.6, 0.8, 1	H=30 km, Ma=15, α=20°, X=1 m 温度/K 1600 1400 1200 1069.86 900 750 550 400 289.565 260 Z/m: 0, 0.2, 0.4, 0.6, 0.8, 1, 1.2, 1.4, 1.6 Y/m: −0.8, −0.6, −0.4, −0.2, 0, 0.2, 0.4, 0.6, 0.8, 1
H=30 km, Ma=15, α=20°, X=1.99 m 电子数密度/(No./m^3) 1.2×10^{18} 1.05×10^{18} 9×10^{17} 7.5×10^{17} 6×10^{17} 4.5×10^{17} 3×10^{17} 1.5×10^{17} 3.98988×10^{16} 0 Z/m: 0, 0.2, 0.4, 0.6, 0.8, 1, 1.2, 1.4, 1.6, 1.8, 2, 2.2, 2.4 Y/m: −1, −0.5, 0, 0.5, 1, 1.5	H=30 km, Ma=15, α=20°, X=1.99 m 压强/Pa 4800 4000 3296.87 2800 2600 1800 1400 630.613 303.335 Z/m: 0, 0.2, 0.4, 0.6, 0.8, 1, 1.2, 1.4, 1.6, 1.8, 2, 2.2, 2.4 Y/m: −1, −0.5, 0, 0.5, 1, 1.5	H=30 km, Ma=15, α=20°, X=1.99 m 温度/K 1200 800 402.219 391.164 382.025 374.39 324.836 315.715 300 274.781 254.023 246.893 Z/m: 0, 0.2, 0.4, 0.6, 0.8, 1, 1.2, 1.4, 1.6, 1.8, 2, 2.2, 2.4 Y/m: −1, −0.5, 0, 0.5, 1, 1.5
H=30 km, Ma=15, α=20°, XOY平面 电子数密度/(No./m^3) 1.2×10^{18} 9×10^{17} 6×10^{17} 3×10^{17} 6.69461×10^{16} 2.66789×10^{16} 6.34135×10^{15} 0 Y/m: −1.5, −1, −0.5, 0, 0.5, 1, 1.5, 2 X/m: 0, 0.5, 1, 1.5, 2, 2.5, 3, 3.5, 4	H=30 km, Ma=15, α=20°, XOY平面 压强/Pa 140000 40000 10000 5096.9 2595.61 1534.67 885.404 95.4066 Y/m: −1.5, −1, −0.5, 0, 0.5, 1, 1.5, 2 X/m: 0, 0.5, 1, 1.5, 2, 2.5, 3, 3.5, 4	H=30 km, Ma=15, α=20°, XOY平面 温度/K 3400 2700 2000 1300 900 400 276.94 208.757 Y/m: −1.5, −1, −0.5, 0, 0.5, 1, 1.5, 2 X/m: 0, 0.5, 1, 1.5, 2, 2.5, 3, 3.5, 4
H=30 km, Ma=15, α=20°, XOZ平面 电子数密度/(No./m^3) 1.1×10^{18} 9×10^{17} 7×10^{17} 5×10^{17} 3×10^{17} 1.66968×10^{17} 7.0755×10^{16} 1.23328×10^{16} 0 Z/m: 0, 0.5, 1, 1.5, 2, 2.5, 3, 3.5 X/m: 0, 0.5, 1, 1.5, 2, 2.5, 3, 3.5, 4	H=30 km, Ma=15, α=20°, XOZ平面 压强/Pa 80000 20000 14189.3 6496.95 4568.7 4037.81 3607.33 3019.98 2134.42 2001.07 1552.77 1142.07 823.764 272.533 153.124 Z/m: 0, 0.5, 1, 1.5, 2, 2.5, 3, 3.5 X/m: 0, 0.5, 1, 1.5, 2, 2.5, 3, 3.5, 4	H=30 km, Ma=15, α=20°, XOZ平面 温度/K 2000 1192.73 1000 440.446 351.956 282.322 215.161 158.695 Z/m: 0, 0.5, 1, 1.5, 2, 2.5, 3, 3.5 X/m: 0, 0.5, 1, 1.5, 2, 2.5, 3, 3.5, 4

（续表）

电子数密度/(No./m^3)	压强/Pa	温度/K

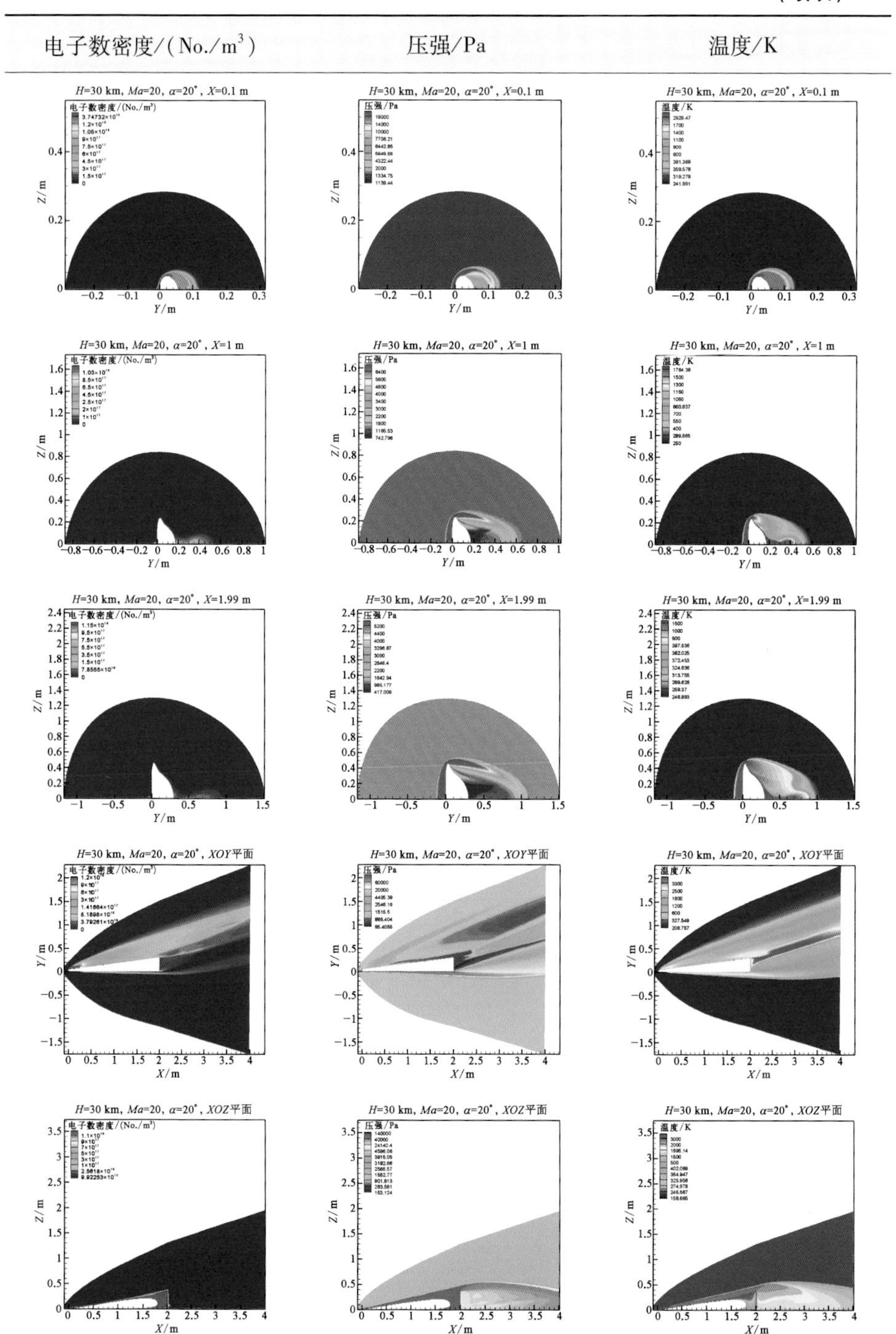

（续表）

电子数密度/(No./m^3)	压强/Pa	温度/K

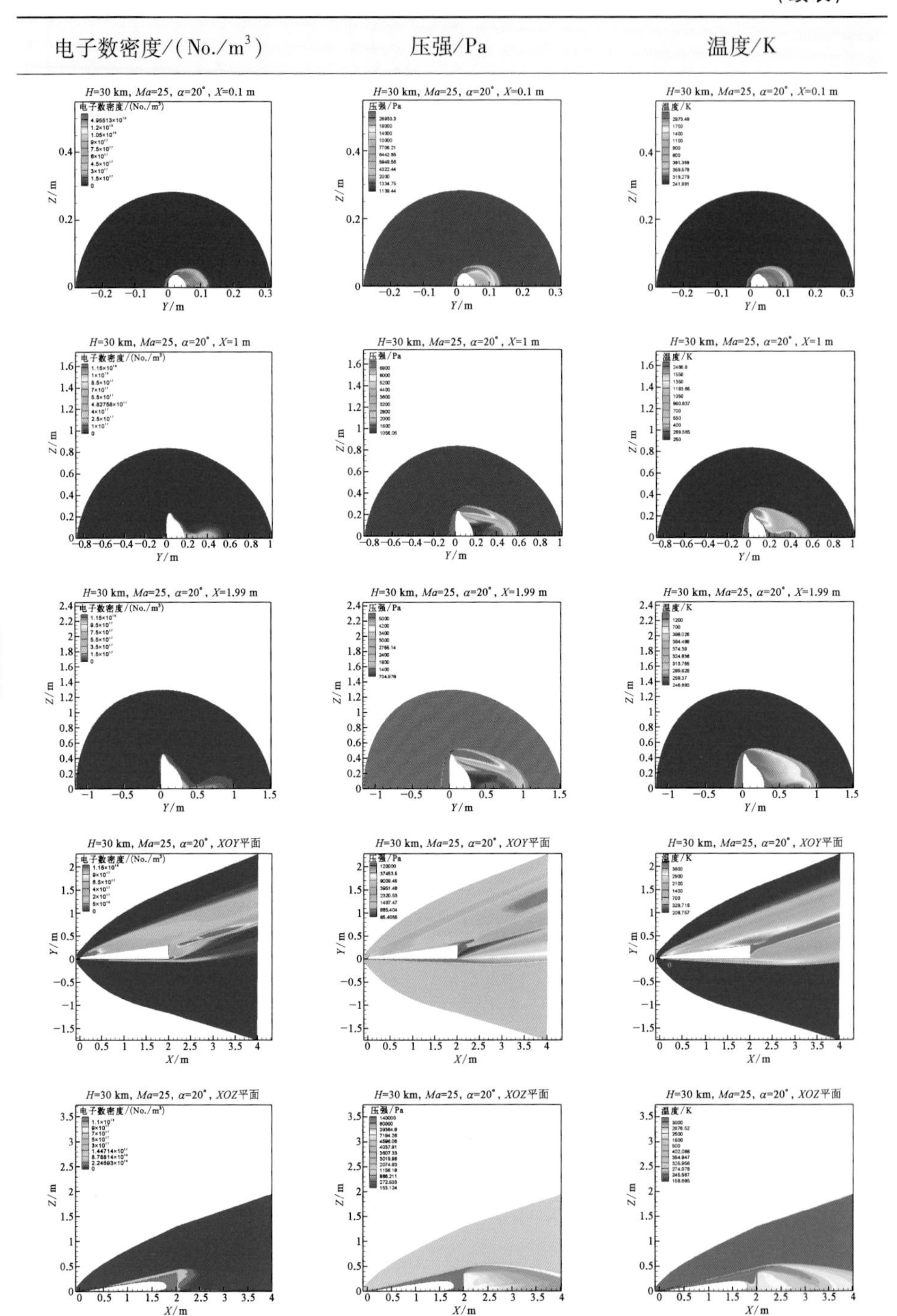

(续表)

电子数密度/(No./m^3)	压强/Pa	温度/K

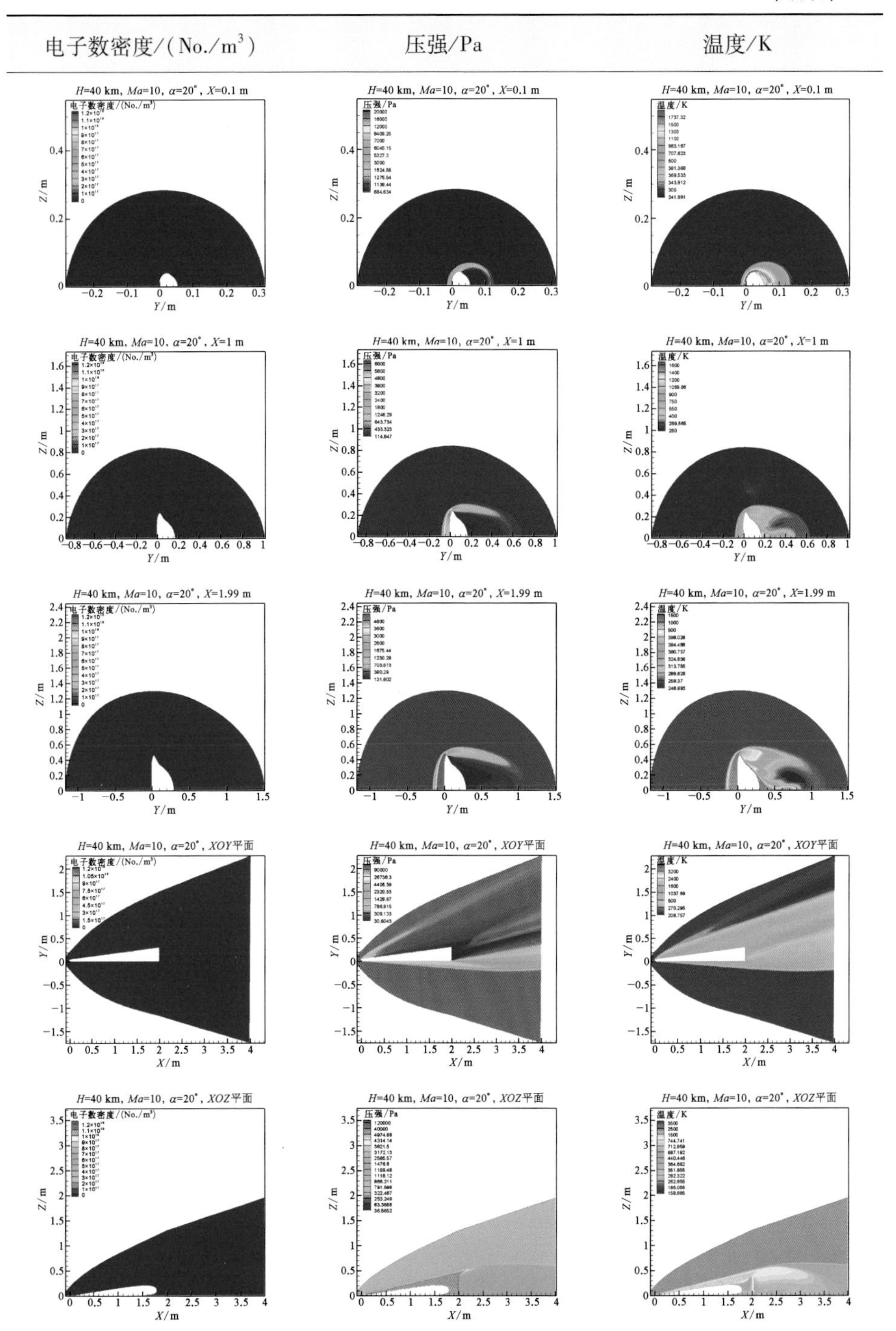

（续表）

电子数密度/(No./m^3)	压强/Pa	温度/K

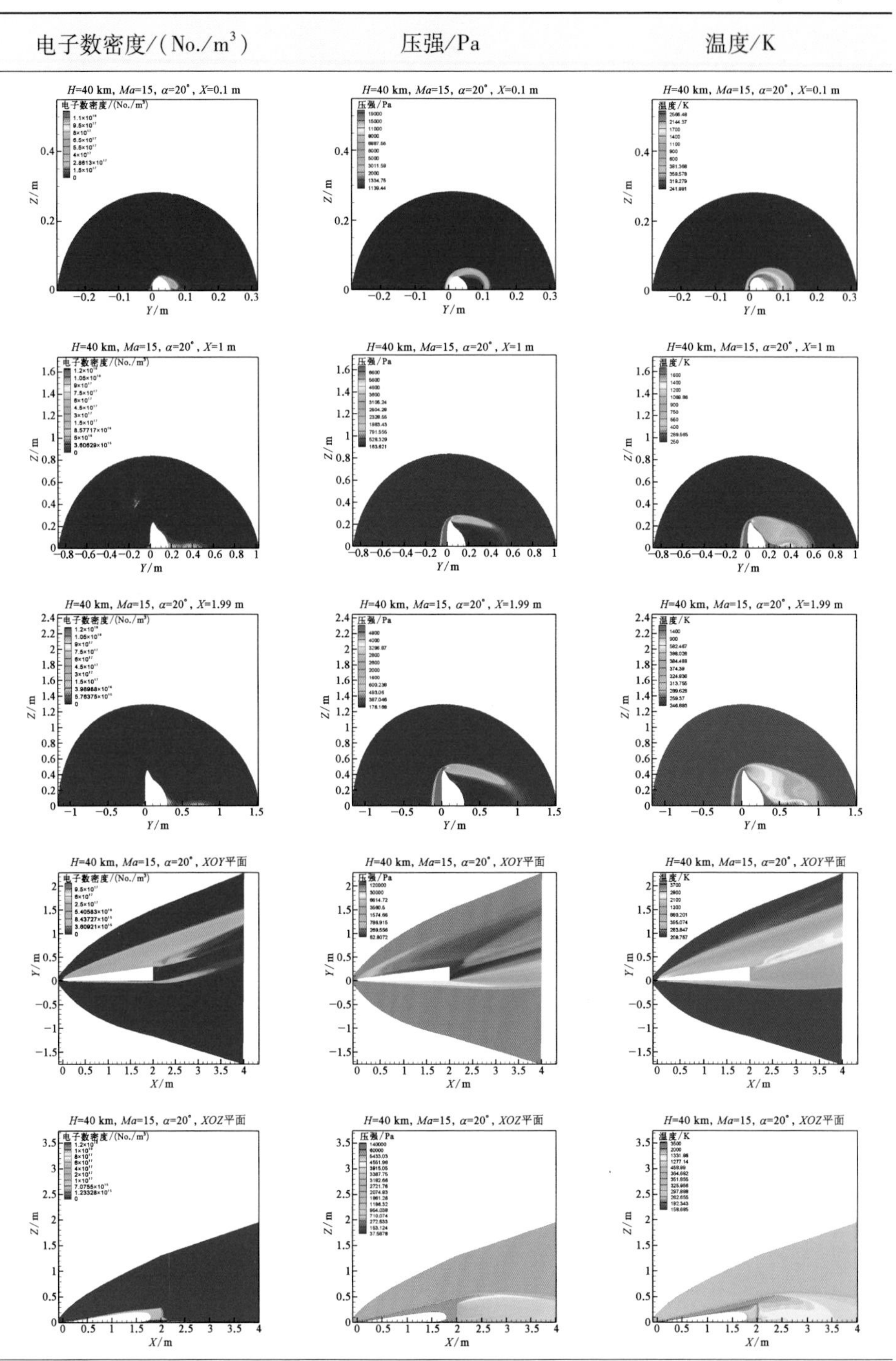

（续表）

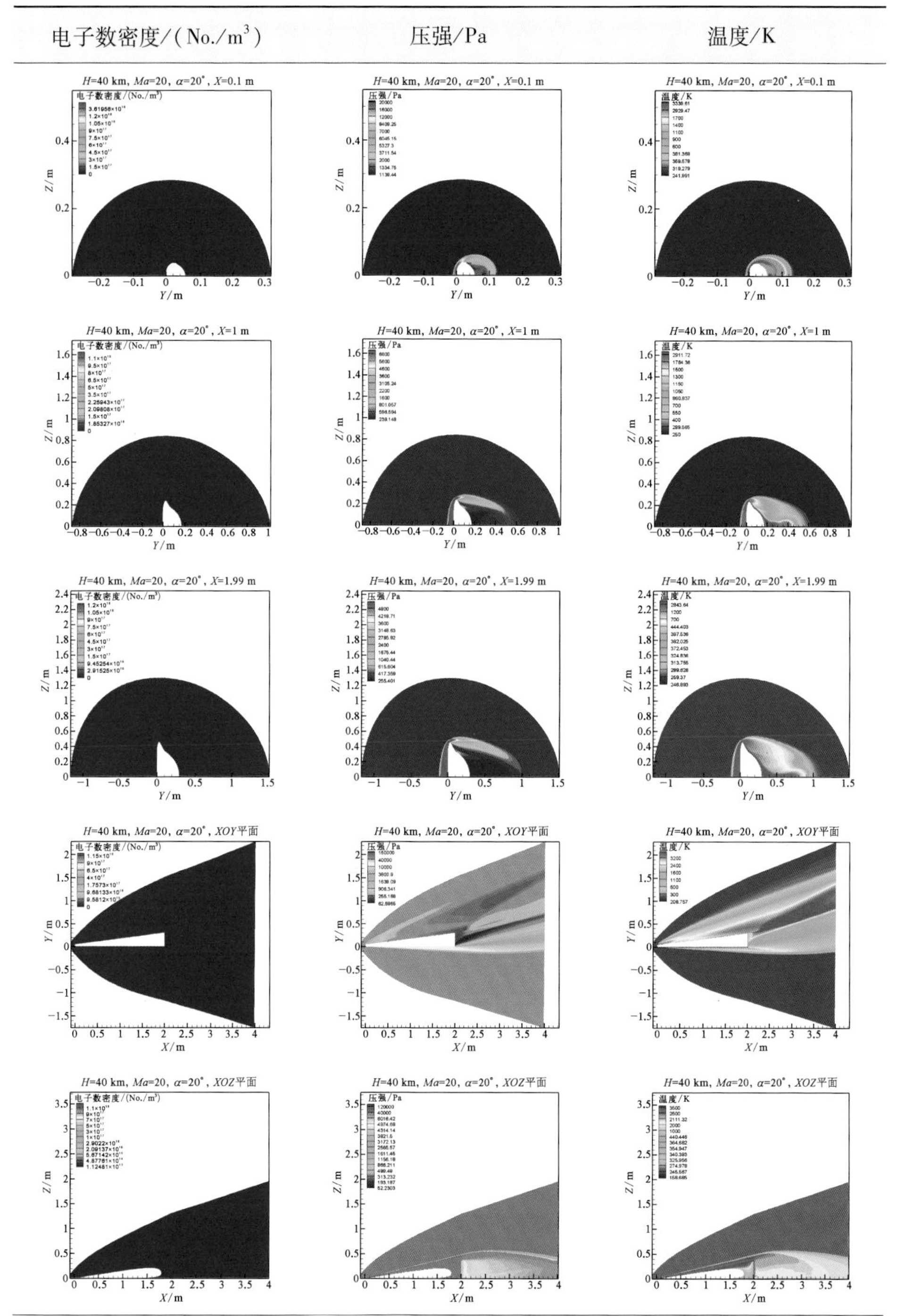
电子数密度/(No./m³)
压强/Pa
温度/K
H=40 km, Ma=20, α=20°, X=0.1 m
H=40 km, Ma=20, α=20°, X=1 m
H=40 km, Ma=20, α=20°, X=1.99 m
H=40 km, Ma=20, α=20°, XOY平面
H=40 km, Ma=20, α=20°, XOZ平面
电子数密度/(No./m³)
压强/Pa
温度/K
Y/m
Z/m
X/m

（续表）

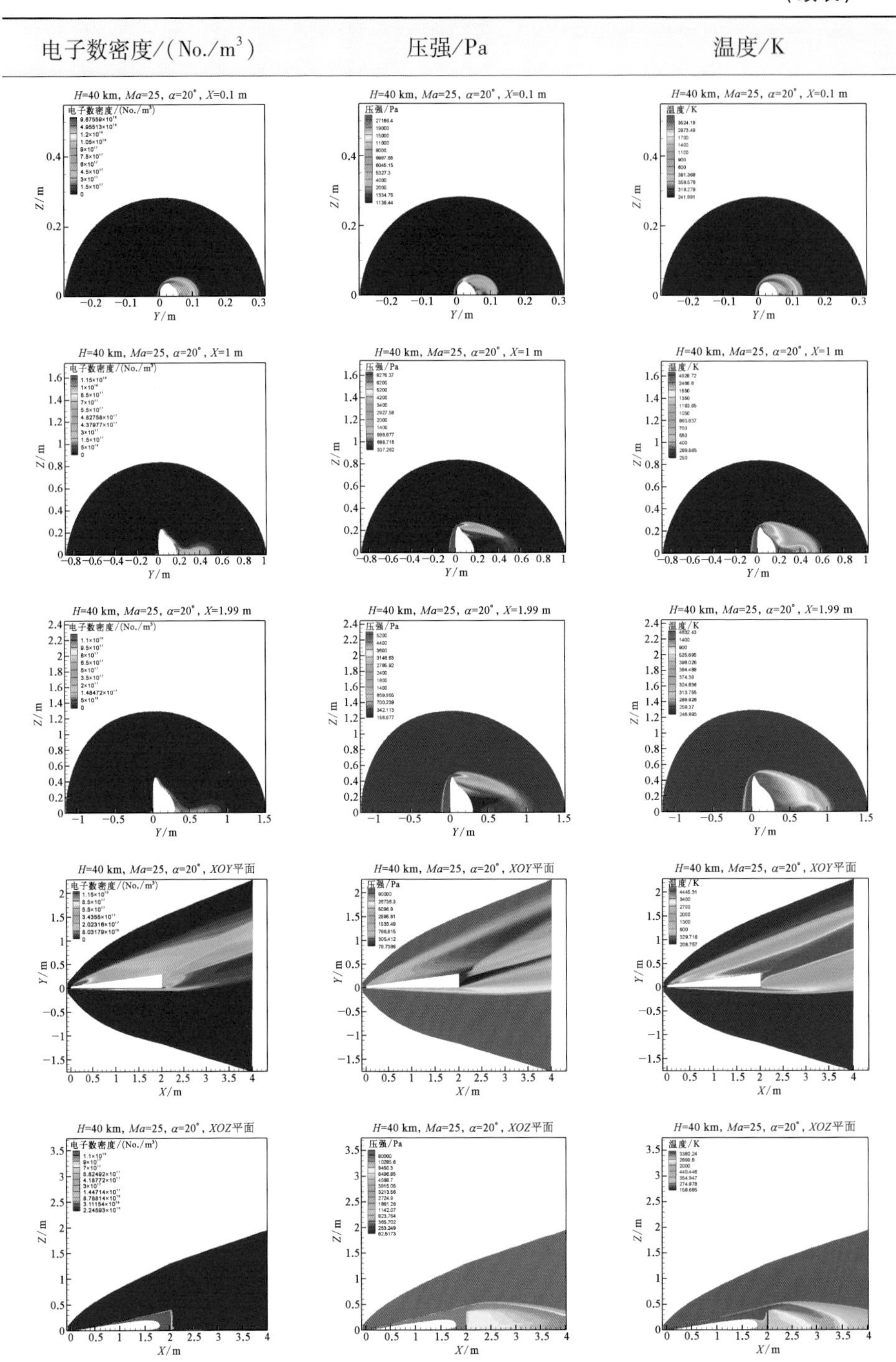

电子数密度/(No./m³)
压强/Pa
温度/K
H=40 km, Ma=25, α=20°, X=0.1 m
H=40 km, Ma=25, α=20°, X=1 m
H=40 km, Ma=25, α=20°, X=1.99 m
H=40 km, Ma=25, α=20°, XOY平面
H=40 km, Ma=25, α=20°, XOZ平面
Y/m
Z/m
X/m

（续表）

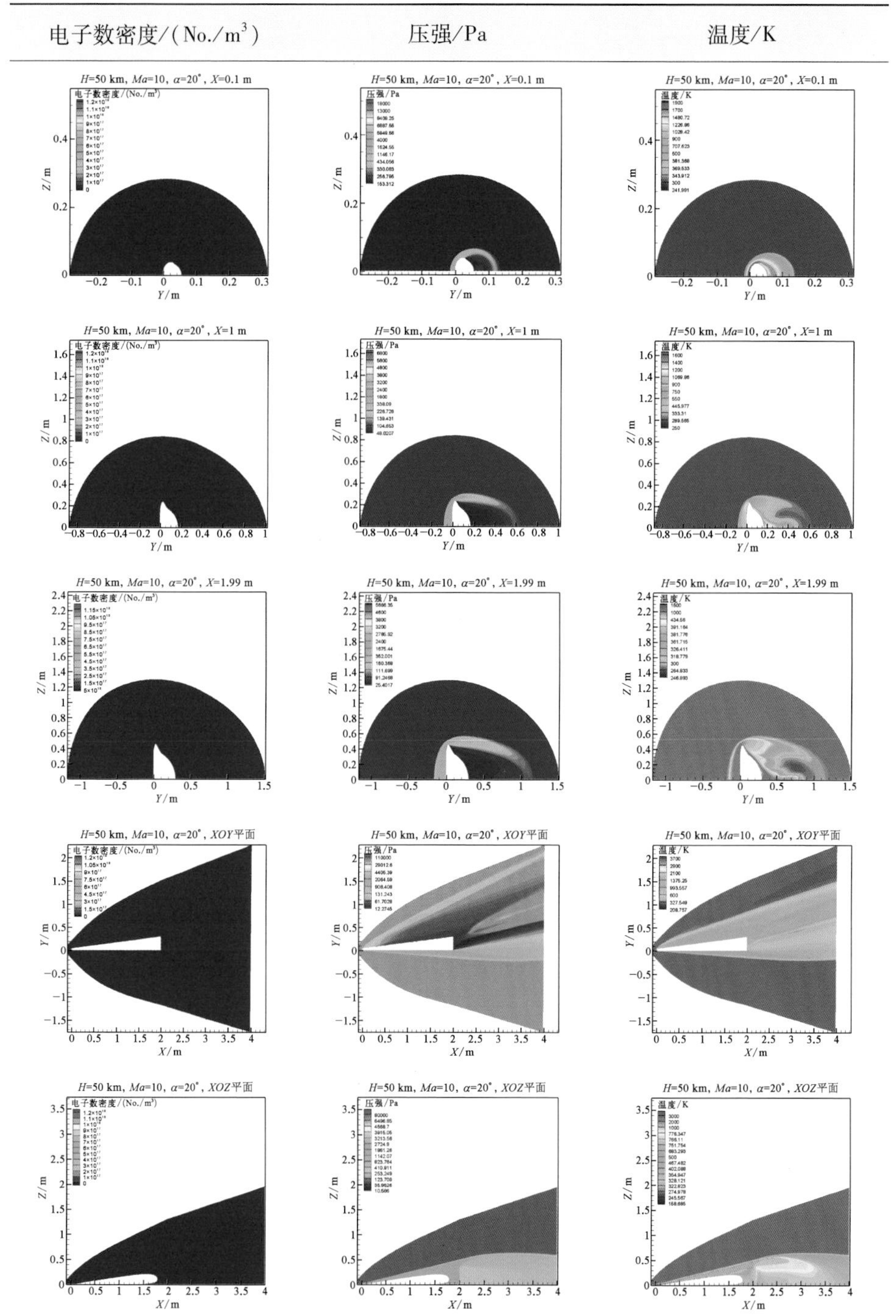
电子数密度/(No./m³)
压强/Pa
温度/K
H=50 km, Ma=10, α=20°, X=0.1 m
H=50 km, Ma=10, α=20°, X=1 m
H=50 km, Ma=10, α=20°, X=1.99 m
H=50 km, Ma=10, α=20°, XOY平面
H=50 km, Ma=10, α=20°, XOZ平面
Y/m
Z/m
X/m

（续表）

电子数密度/(No./m³)	压强/Pa	温度/K
H=50 km, Ma=15, α=20°, X=0.1 m	H=50 km, Ma=15, α=20°, X=0.1 m	H=50 km, Ma=15, α=20°, X=0.1 m
H=50 km, Ma=15, α=20°, X=1 m	H=50 km, Ma=15, α=20°, X=1 m	H=50 km, Ma=15, α=20°, X=1 m
H=50 km, Ma=15, α=20°, X=1.99 m	H=50 km, Ma=15, α=20°, X=1.99 m	H=50 km, Ma=15, α=20°, X=1.99 m
H=50 km, Ma=15, α=20°, XOY平面	H=50 km, Ma=15, α=20°, XOY平面	H=50 km, Ma=15, α=20°, XOY平面
H=50 km, Ma=15, α=20°, XOZ平面	H=50 km, Ma=15, α=20°, XOZ平面	H=50 km, Ma=15, α=20°, XOZ平面

（续表）

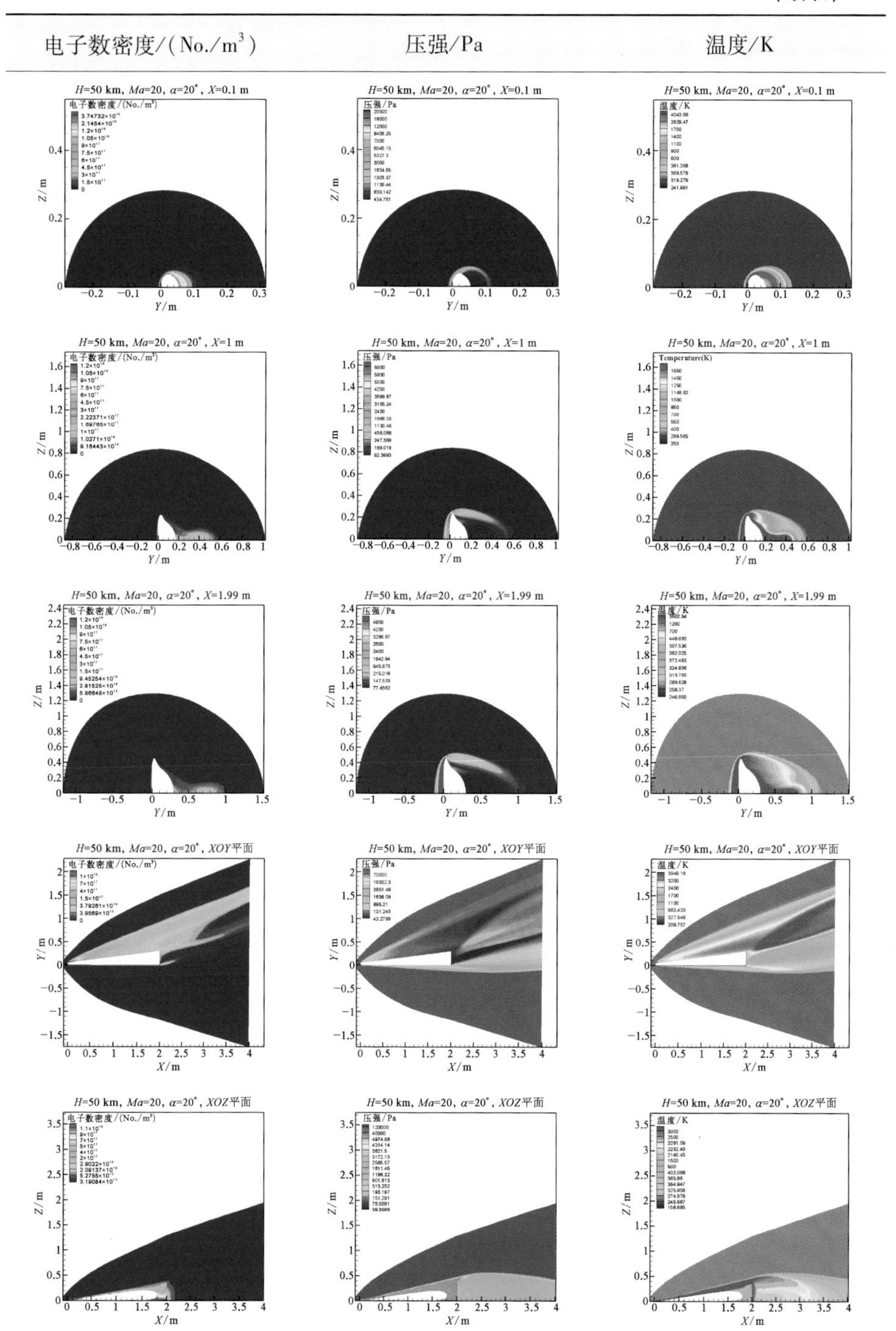
电子数密度/(No./m³)
压强/Pa
温度/K
H=50 km, Ma=20, α=20°, X=0.1 m
H=50 km, Ma=20, α=20°, X=1 m
H=50 km, Ma=20, α=20°, X=1.99 m
H=50 km, Ma=20, α=20°, XOY平面
H=50 km, Ma=20, α=20°, XOZ平面
电子数密度/(No./m³)
压强/Pa
温度/K
Temperature(K)
Y/m
Z/m
X/m

（续表）

电子数密度/(No./m^3)	压强/Pa	温度/K
H=50 km, Ma=25, α=20°, X=0.1 m	H=50 km, Ma=25, α=20°, X=0.1 m	H=50 km, Ma=25, α=20°, X=0.1 m
H=50 km, Ma=25, α=20°, X=1 m	H=50 km, Ma=25, α=20°, X=1 m	H=50 km, Ma=25, α=20°, X=1 m
H=50 km, Ma=25, α=20°, X=1.99 m	H=50 km, Ma=25, α=20°, X=1.99 m	H=50 km, Ma=25, α=20°, X=1.99 m
H=50 km, Ma=25, α=20°, XOY平面	H=50 km, Ma=25, α=20°, XOY平面	H=50 km, Ma=25, α=20°, XOY平面
H=50 km, Ma=25, α=20°, XOZ平面	H=50 km, Ma=25, α=20°, XOZ平面	H=50 km, Ma=25, α=20°, XOZ平面

2.3.3　高超声速返回舱等离子体流场数值模拟

本小节以三维 Apollo 返回舱模型为研究对象,对高超声速等离子体鞘套在复杂非定常流动现象下的动态特性进行研究,其计算来流条件如下所示:

$$H = 50\ \text{km},\quad U_\infty = 4\,947\ \text{m/s}$$
$$P_\infty = 79.78\ \text{Pa},\quad T_w = 280\ \text{K}$$
$$T_\infty = 270.65\ \text{K},\quad Re_\infty = 6.26 \times 10^5$$
$$Kn_\infty = 4.1 \times 10^{-4}$$

根据来流克努森数判断,流动处于连续流区,在物面处采用无滑移、无催化边界条件,计算模型如图 2.8 所示。

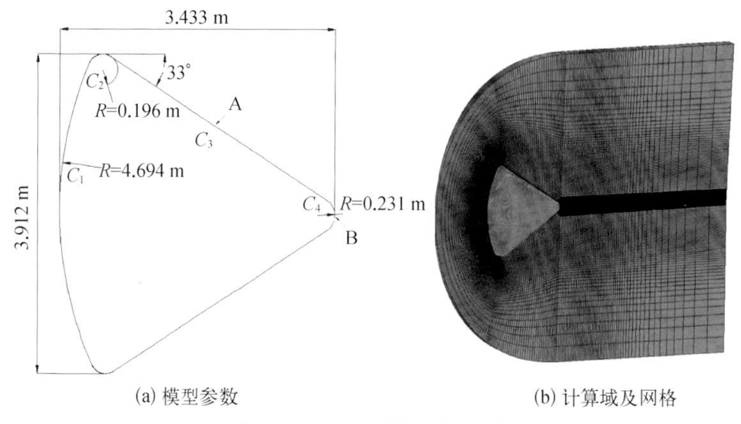

(a) 模型参数　　(b) 计算域及网格

图 2.8　Apollo 返回舱示意图

在飞行器背风面尾流区，流动为完全湍流，因此采用 DES 模型，同时保证距离物面第一层网格的法向长度满足网格雷诺数小于 10 及 $y^+ < 1$ 的判断准则，最终生成的计算网格包含 2.5×10^7 个网格点。采用双时间步长法模拟等离子体动态性，选取数值模拟时间步长为 10^{-5}s,内迭代 20 步。针对 Apollo 返回舱计算了不同时刻(t=0.000 1~0.000 4 s)的高超声速等离子体绕流流场，给出了不同截面(XOY 平面和 XOZ 平面)、不同位置(X=0.1 m, 1.7 m)处的压强 P、温度 T 和电子数密度 N_e 随时间的分布云图,如下表所示。

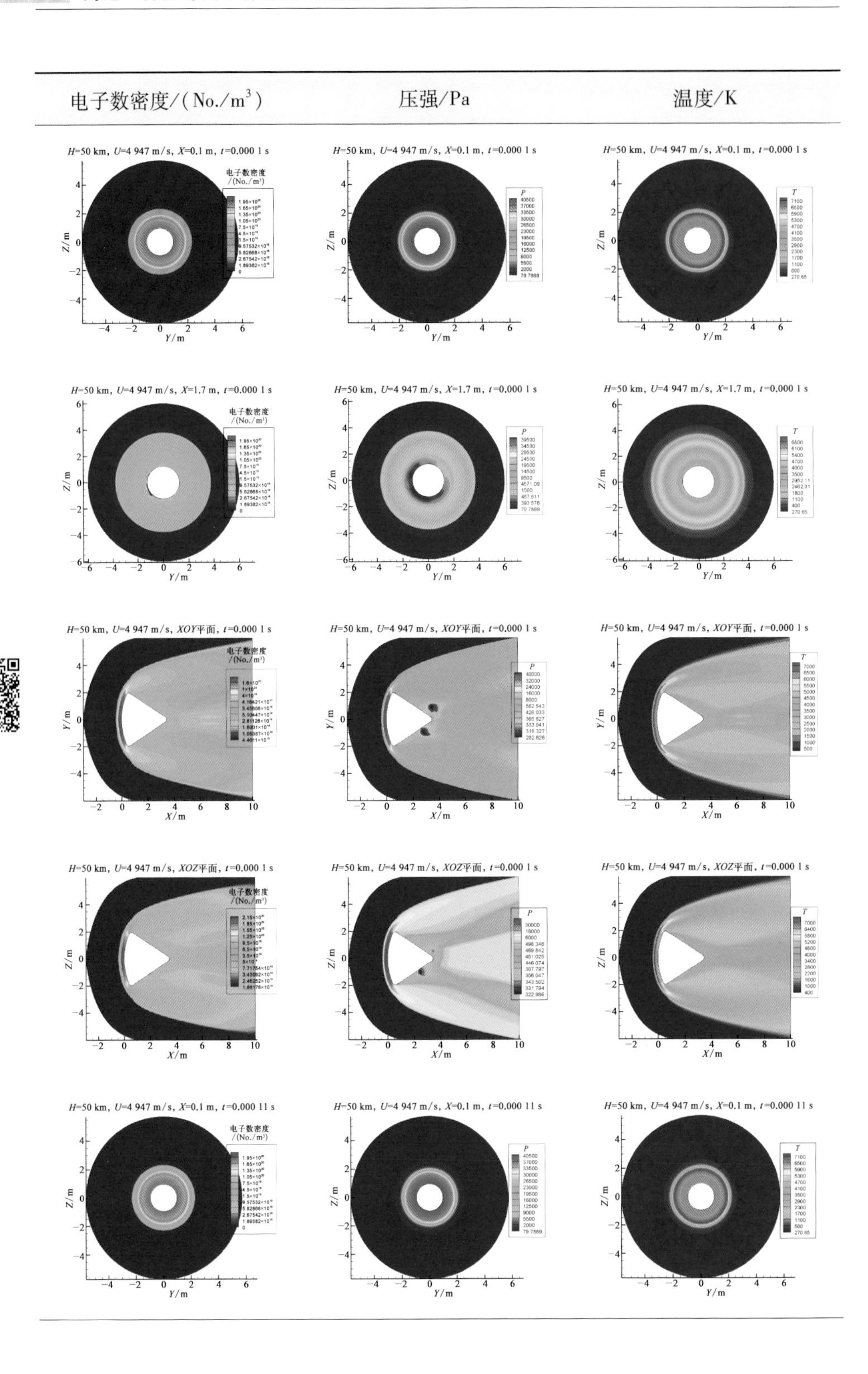

电子数密度/(No./m³)
压强/Pa
温度/K
H=50 km, U=4 947 m/s, X=0.1 m, t=0.000 1 s
H=50 km, U=4 947 m/s, X=0.1 m, t=0.000 1 s
H=50 km, U=4 947 m/s, X=0.1 m, t=0.000 1 s
H=50 km, U=4 947 m/s, X=1.7 m, t=0.000 1 s
H=50 km, U=4 947 m/s, X=1.7 m, t=0.000 1 s
H=50 km, U=4 947 m/s, X=1.7 m, t=0.000 1 s
H=50 km, U=4 947 m/s, XOY平面, t=0.000 1 s
H=50 km, U=4 947 m/s, XOY平面, t=0.000 1 s
H=50 km, U=4 947 m/s, XOY平面, t=0.000 1 s
H=50 km, U=4 947 m/s, XOZ平面, t=0.000 1 s
H=50 km, U=4 947 m/s, XOZ平面, t=0.000 1 s
H=50 km, U=4 947 m/s, XOZ平面, t=0.000 1 s
H=50 km, U=4 947 m/s, X=0.1 m, t=0.000 11 s
H=50 km, U=4 947 m/s, X=0.1 m, t=0.000 11 s
H=50 km, U=4 947 m/s, X=0.1 m, t=0.000 11 s
电子数密度 /(No./m³)
P
T
Y/m
Z/m
X/m

（续表）

电子数密度/(No./m^3)	压强/Pa	温度/K

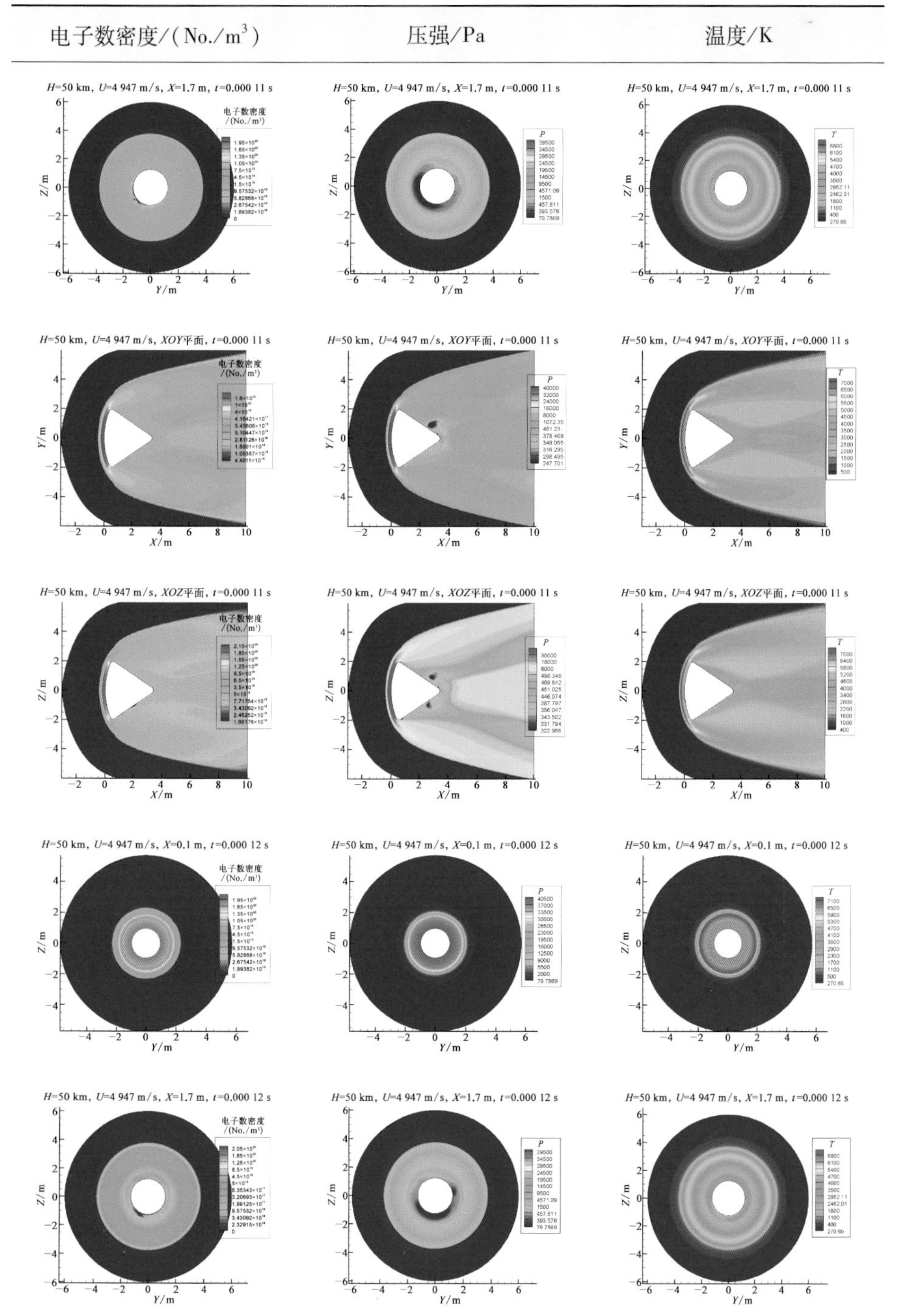

（续表）

电子数密度/(No./m³)	压强/Pa	温度/K

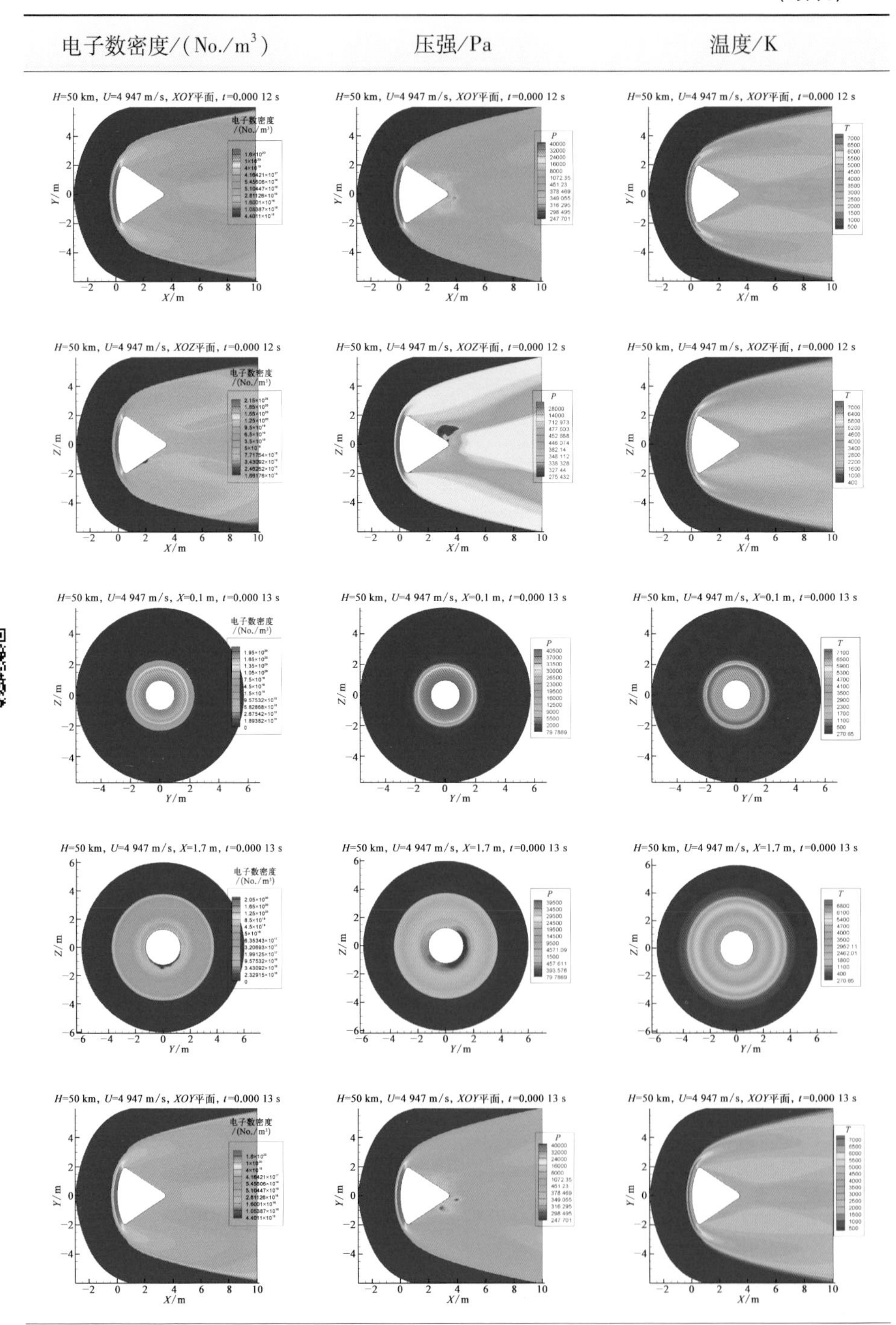

（续表）

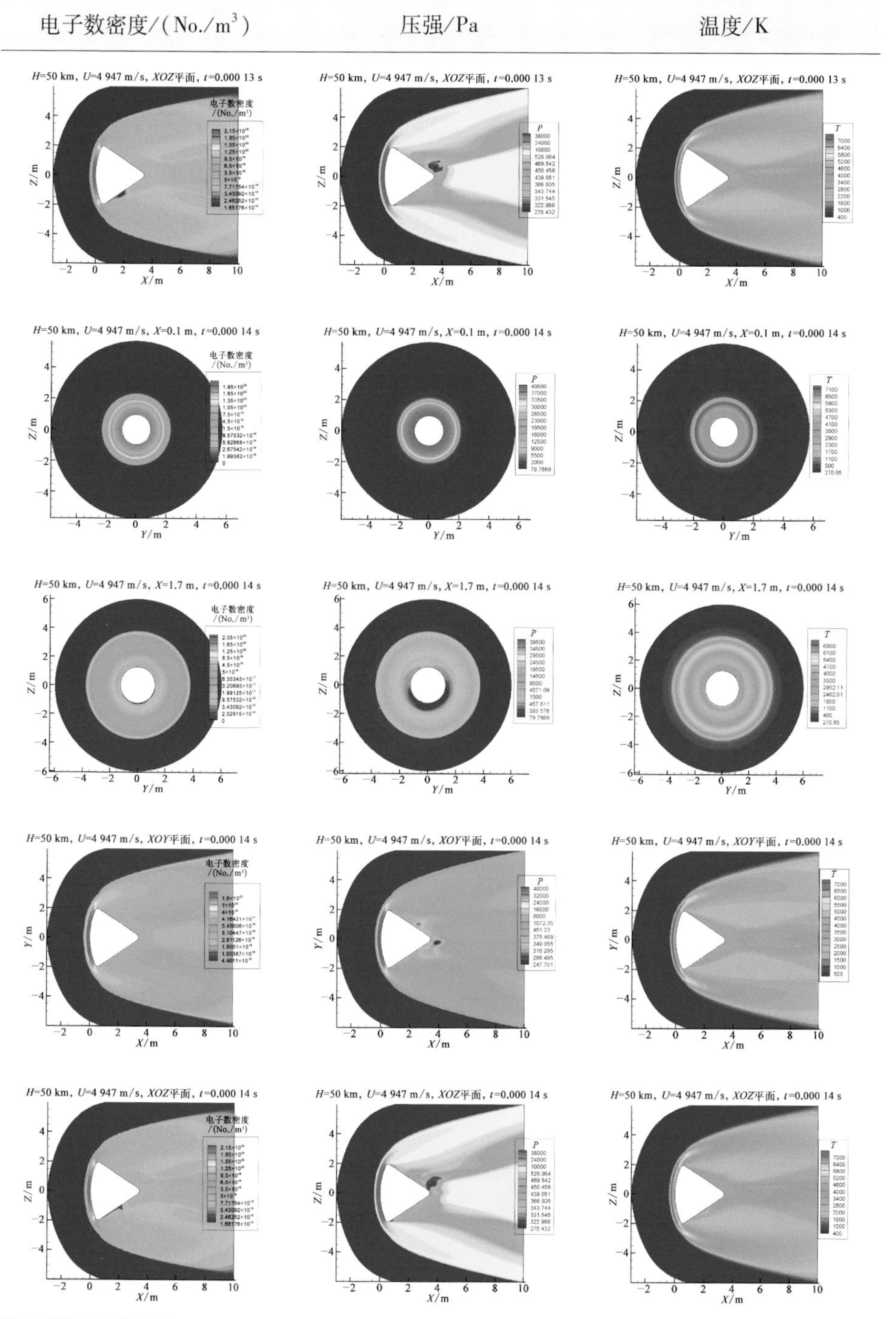
电子数密度/(No./m³)
压强/Pa
温度/K
H=50 km, U=4 947 m/s, XOZ平面, t=0.000 13 s
H=50 km, U=4 947 m/s, XOZ平面, t=0.000 13 s
H=50 km, U=4 947 m/s, XOZ平面, t=0.000 13 s
H=50 km, U=4 947 m/s, X=0.1 m, t=0.000 14 s
H=50 km, U=4 947 m/s, X=0.1 m, t=0.000 14 s
H=50 km, U=4 947 m/s, X=0.1 m, t=0.000 14 s
H=50 km, U=4 947 m/s, X=1.7 m, t=0.000 14 s
H=50 km, U=4 947 m/s, X=1.7 m, t=0.000 14 s
H=50 km, U=4 947 m/s, X=1.7 m, t=0.000 14 s
H=50 km, U=4 947 m/s, XOY平面, t=0.000 14 s
H=50 km, U=4 947 m/s, XOY平面, t=0.000 14 s
H=50 km, U=4 947 m/s, XOY平面, t=0.000 14 s
H=50 km, U=4 947 m/s, XOZ平面, t=0.000 14 s
H=50 km, U=4 947 m/s, XOZ平面, t=0.000 14 s
H=50 km, U=4 947 m/s, XOZ平面, t=0.000 14 s
电子数密度 /(No./m³)
P
T
X/m
Y/m
Z/m

（续表）

电子数密度/(No./m³)	压强/Pa	温度/K

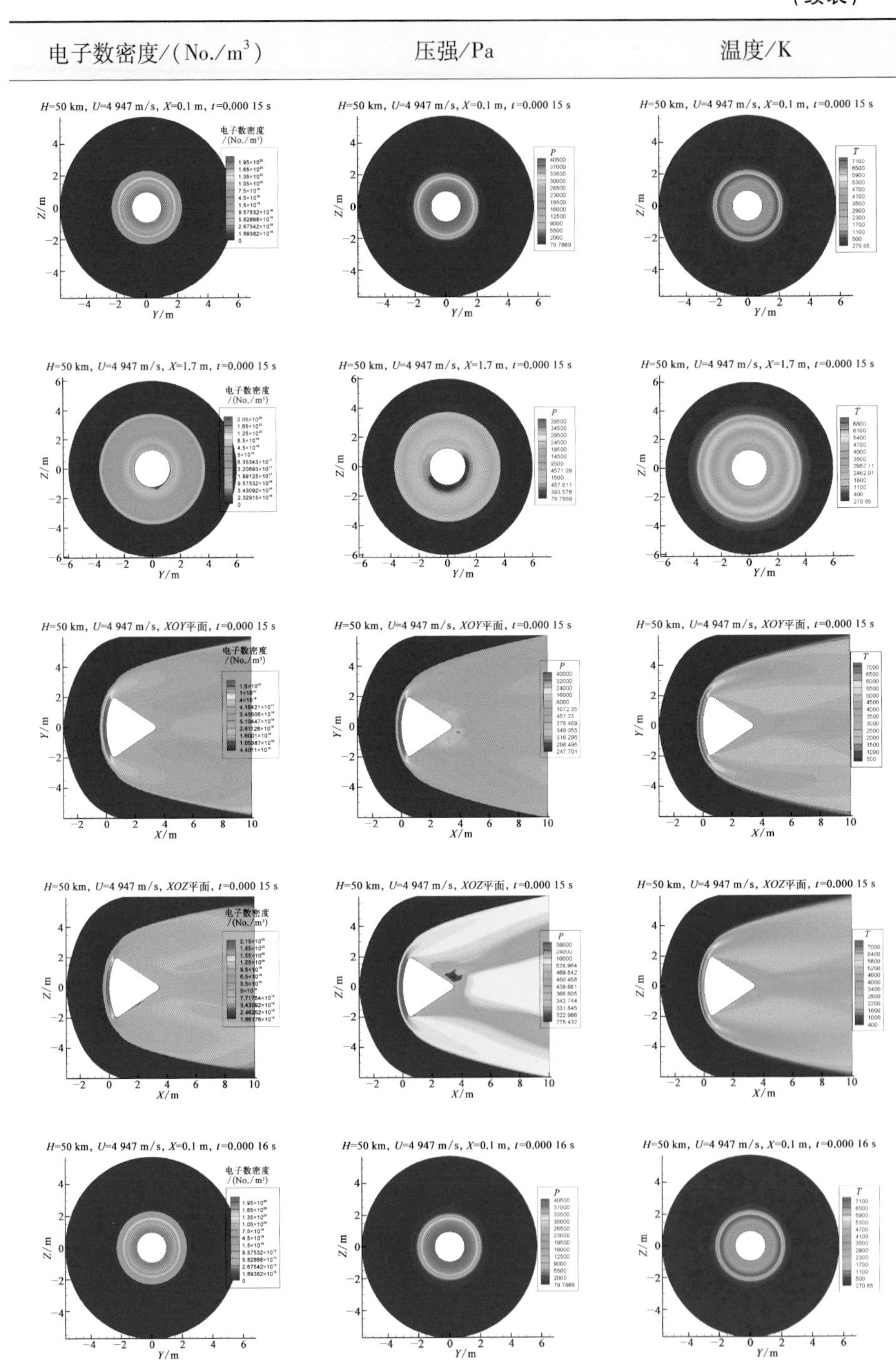

（续表）

电子数密度/(No./m^3)	压强/Pa	温度/K

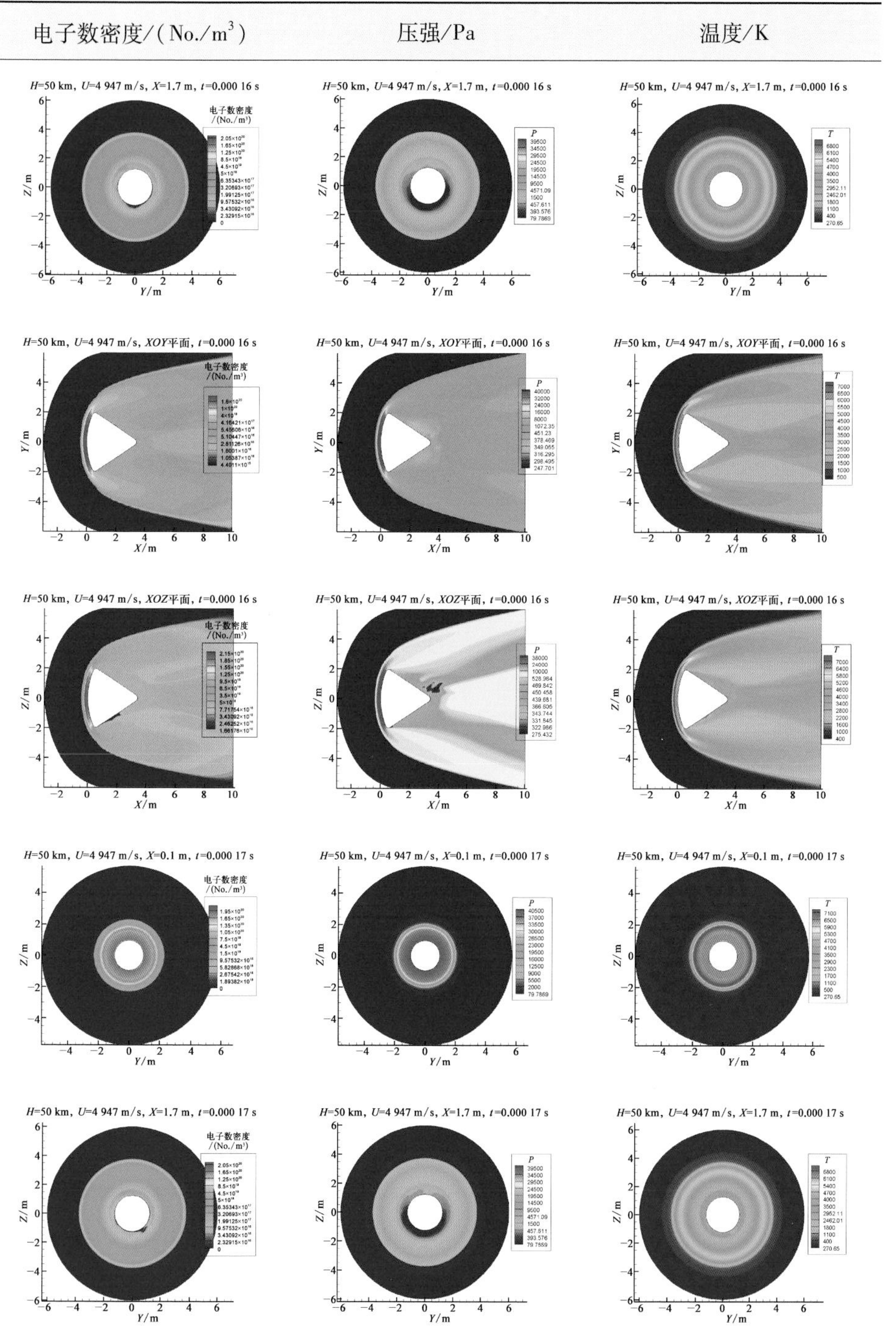

（续表）

电子数密度/(No./m^3)	压强/Pa	温度/K

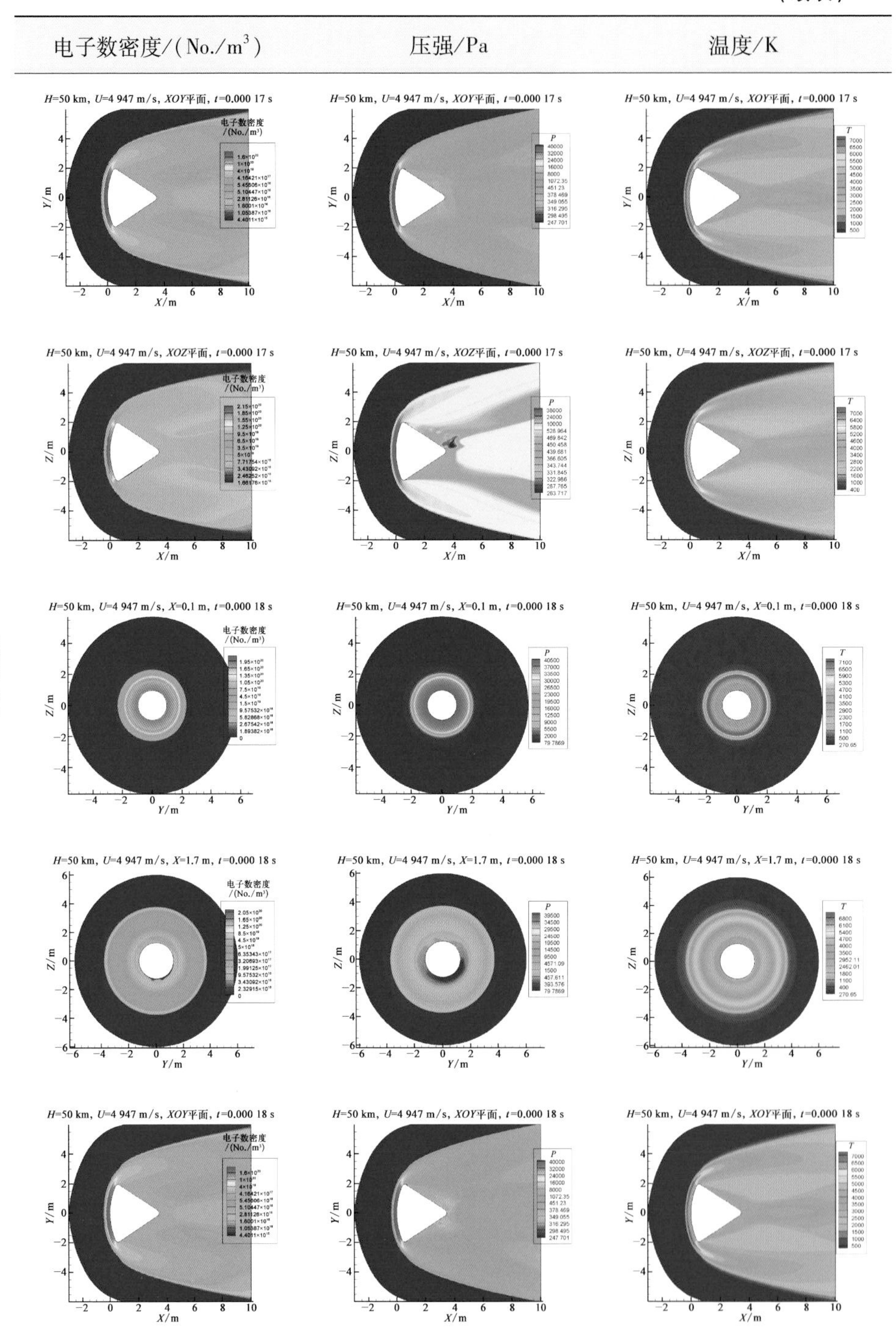

（续表）

电子数密度/(No./m^3)	压强/Pa	温度/K

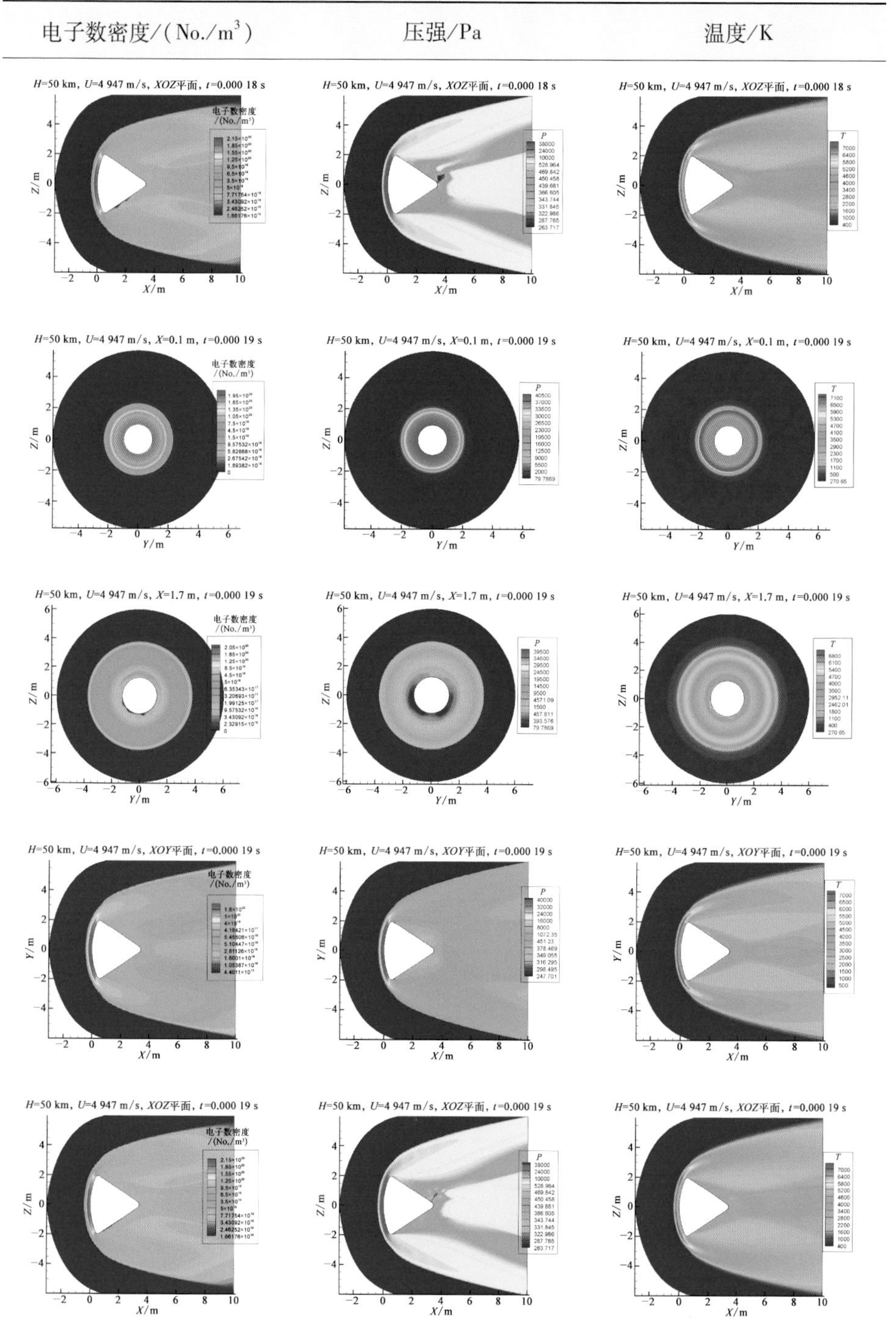

（续表）

电子数密度/(No./m^3)	压强/Pa	温度/K

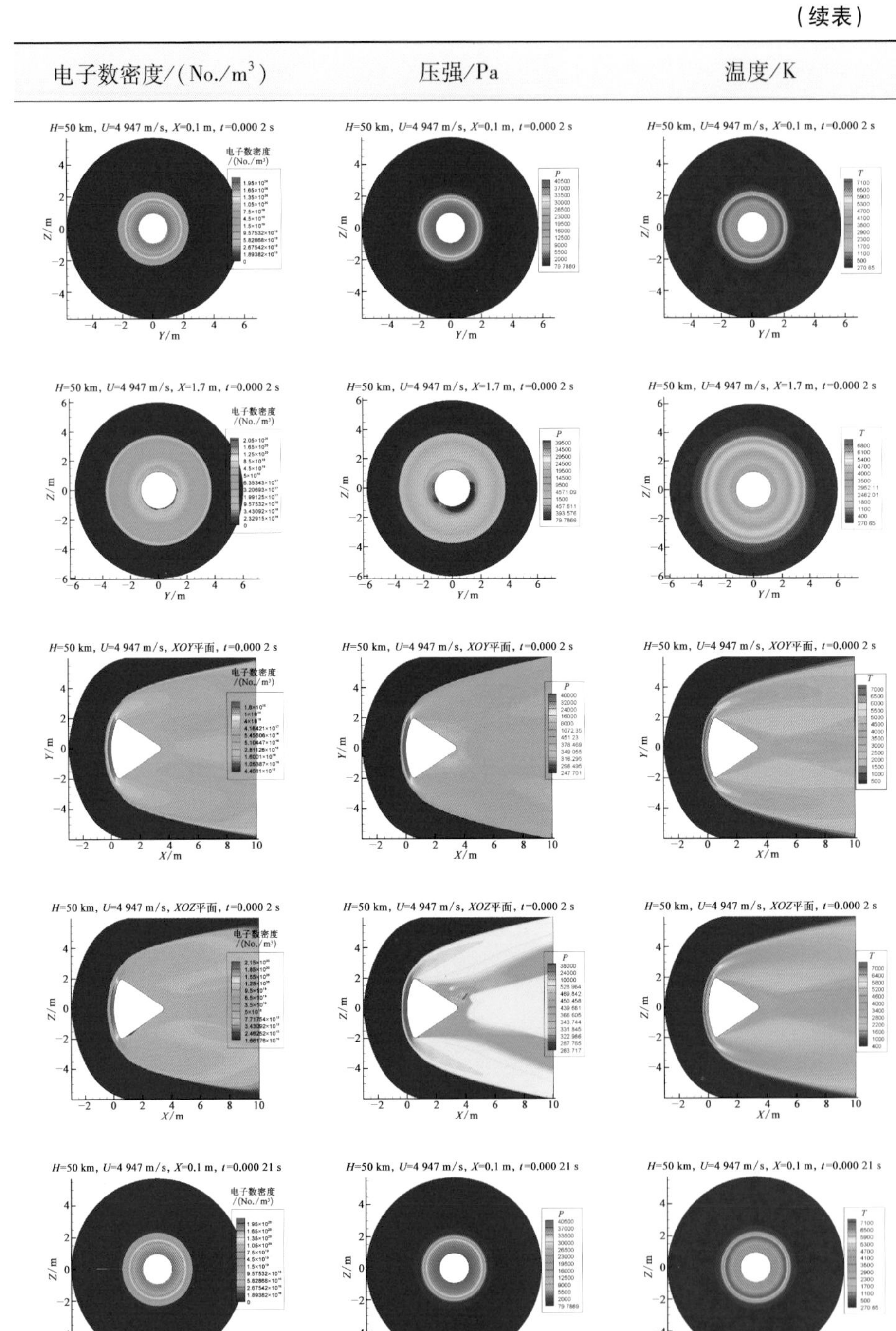

（续表）

电子数密度/(No./m^3)	压强/Pa	温度/K

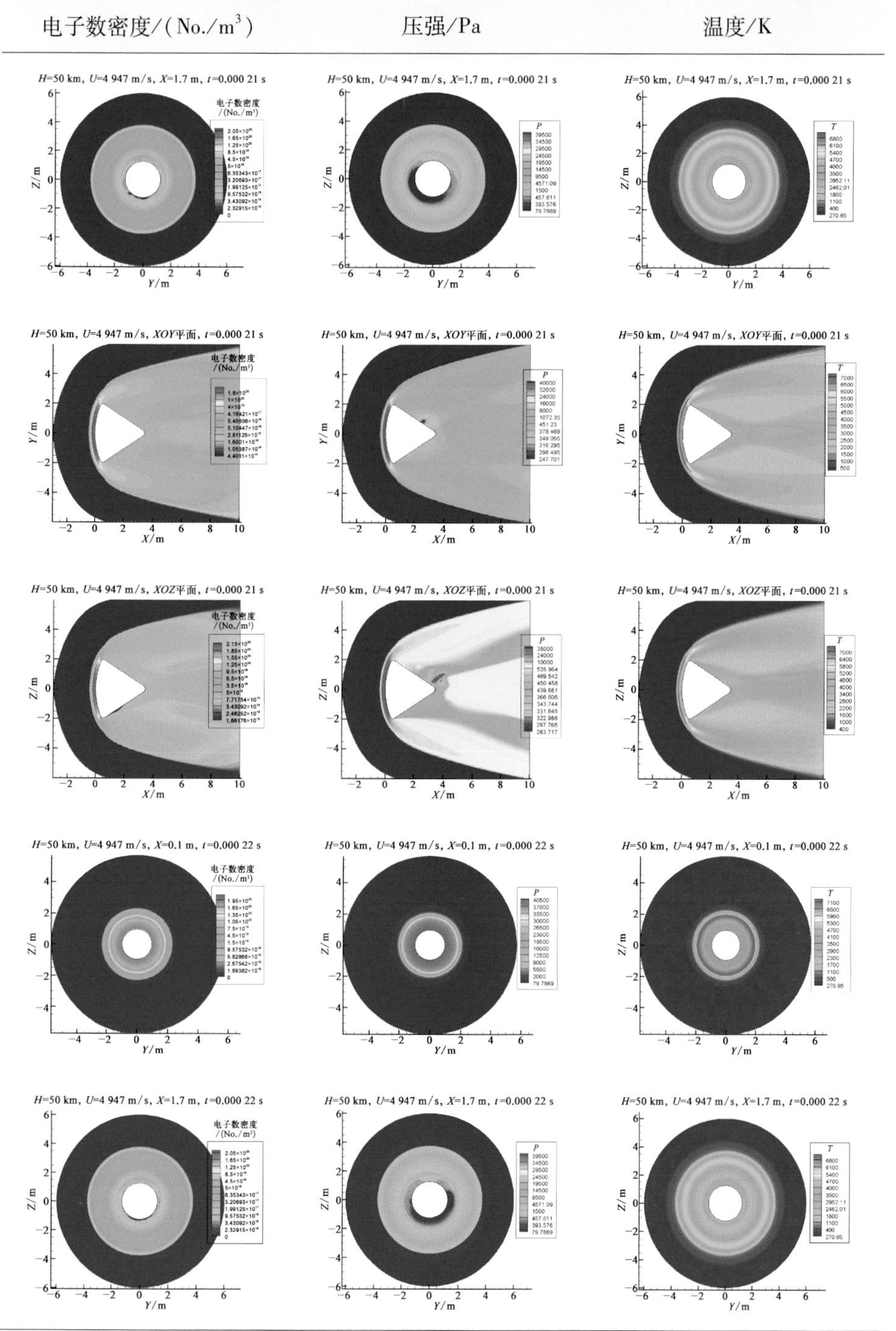

（续表）

电子数密度/(No./m^3)	压强/Pa	温度/K

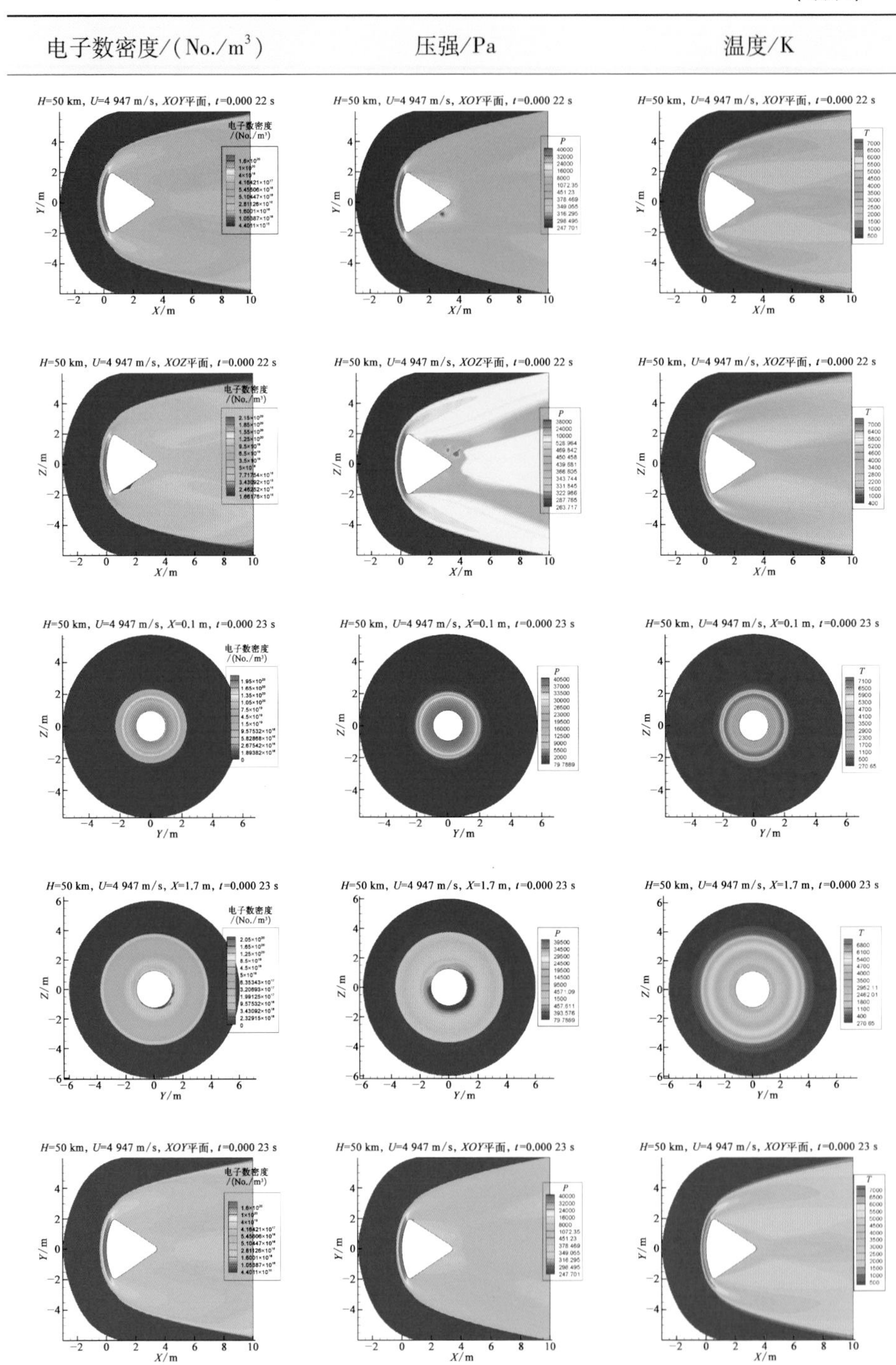

（续表）

电子数密度/(No./m³)	压强/Pa	温度/K

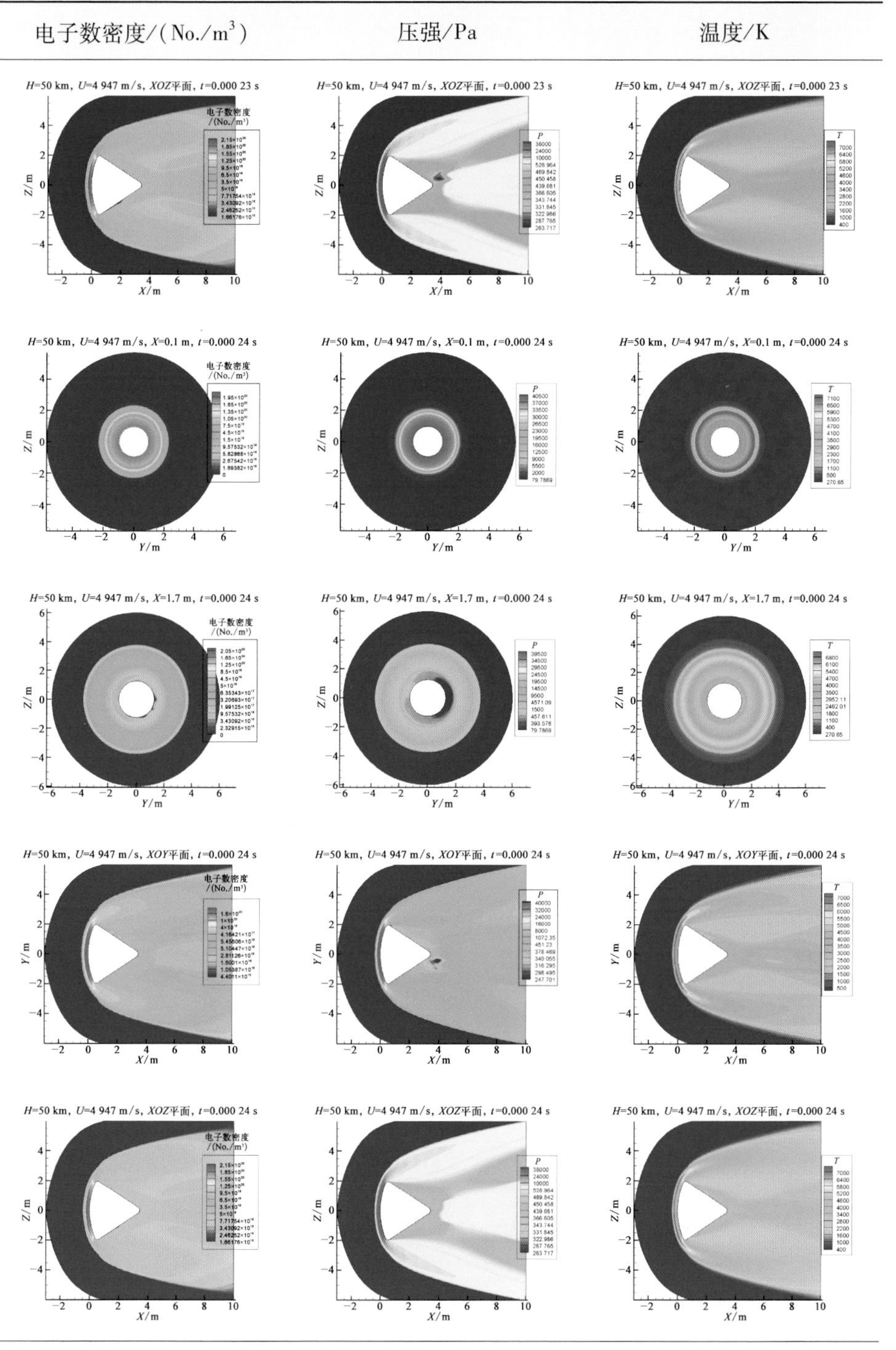

（续表）

电子数密度/(No./m^3)	压强/Pa	温度/K

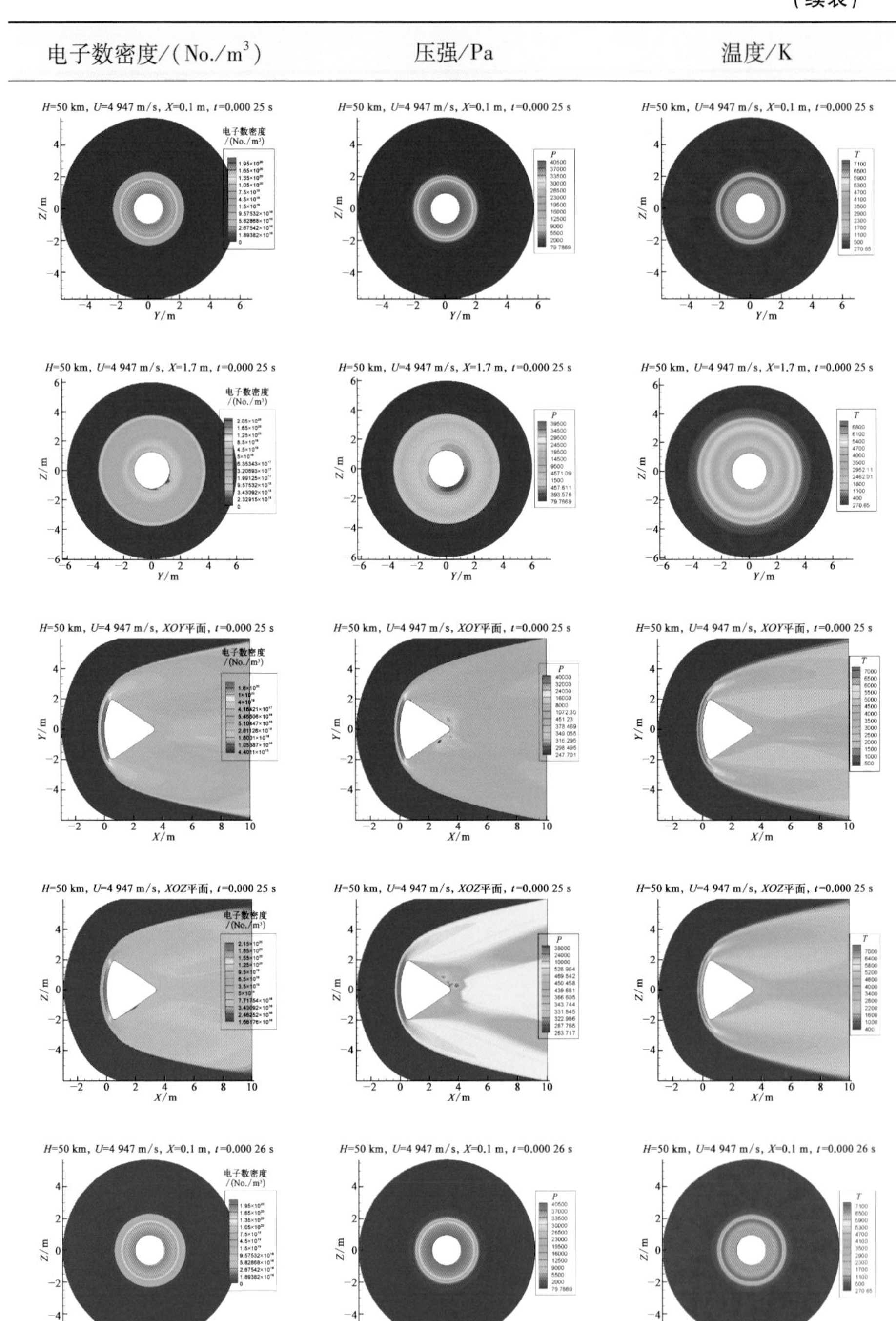

（续表）

电子数密度/($No./m^3$)	压强/Pa	温度/K

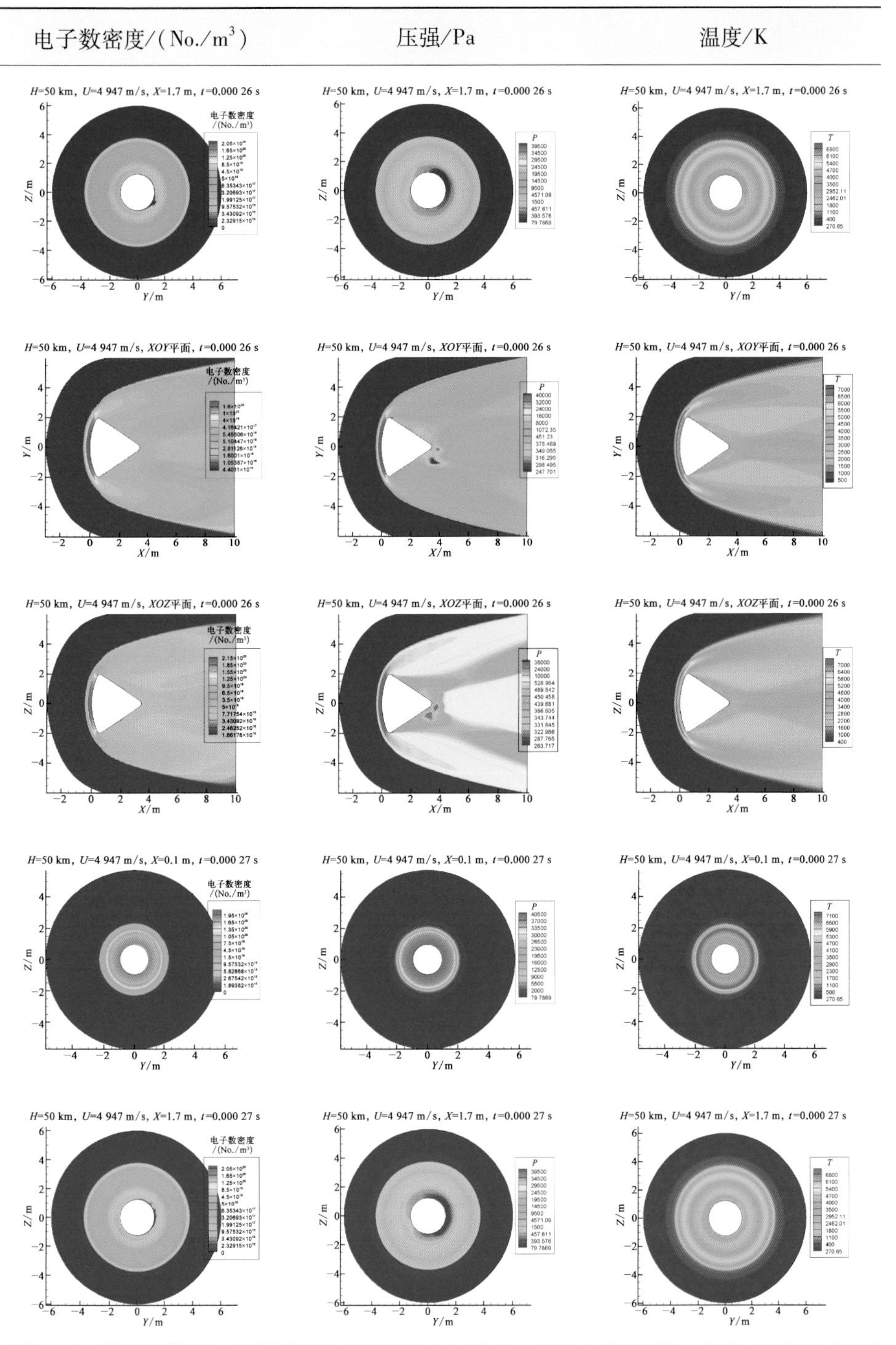

（续表）

电子数密度/(No./m^3)	压强/Pa	温度/K

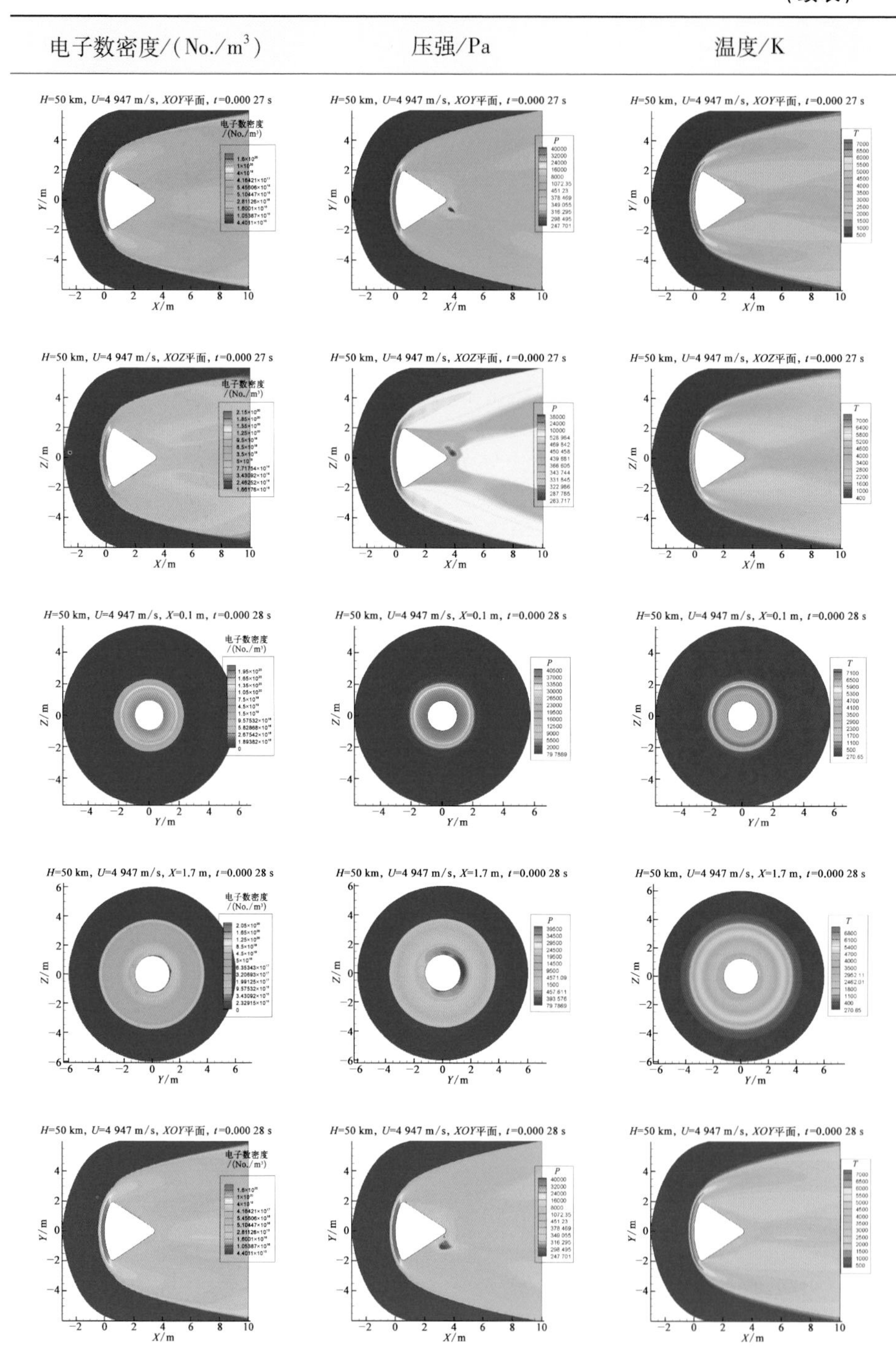

（续表）

电子数密度/(No./m^3)	压强/Pa	温度/K

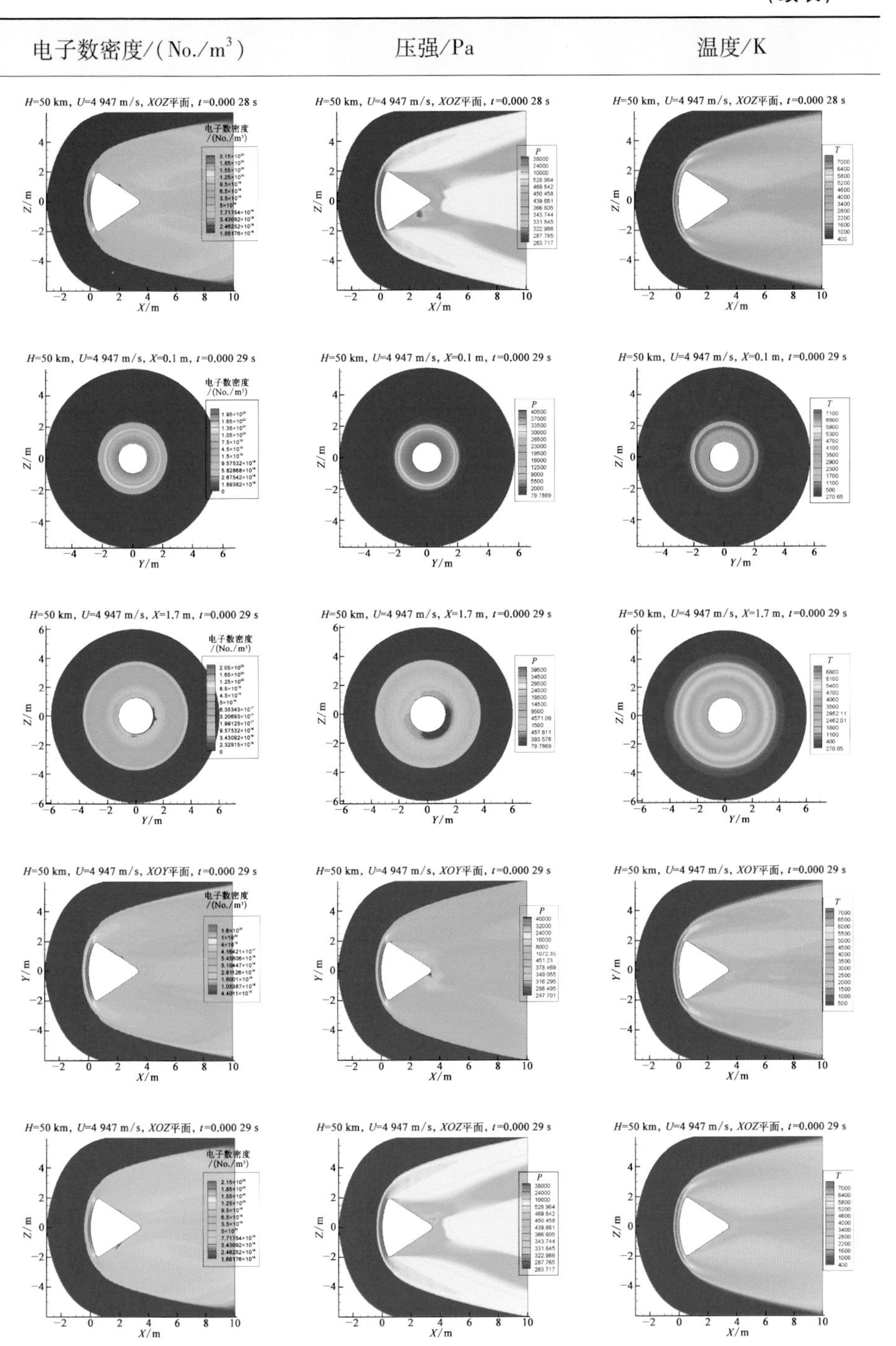

（续表）

电子数密度/(No./m^3)	压强/Pa	温度/K

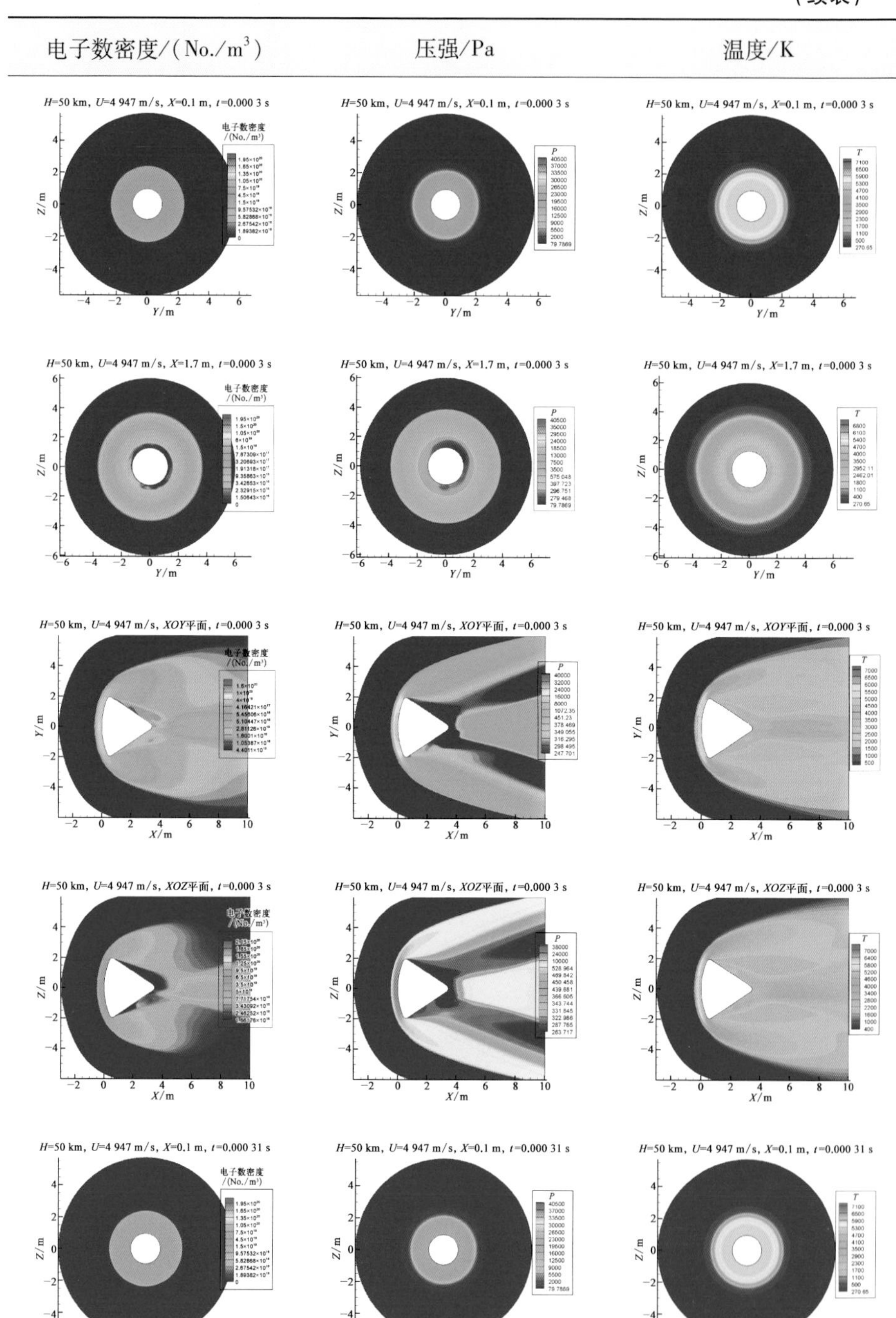

（续表）

电子数密度/(No./m³)	压强/Pa	温度/K

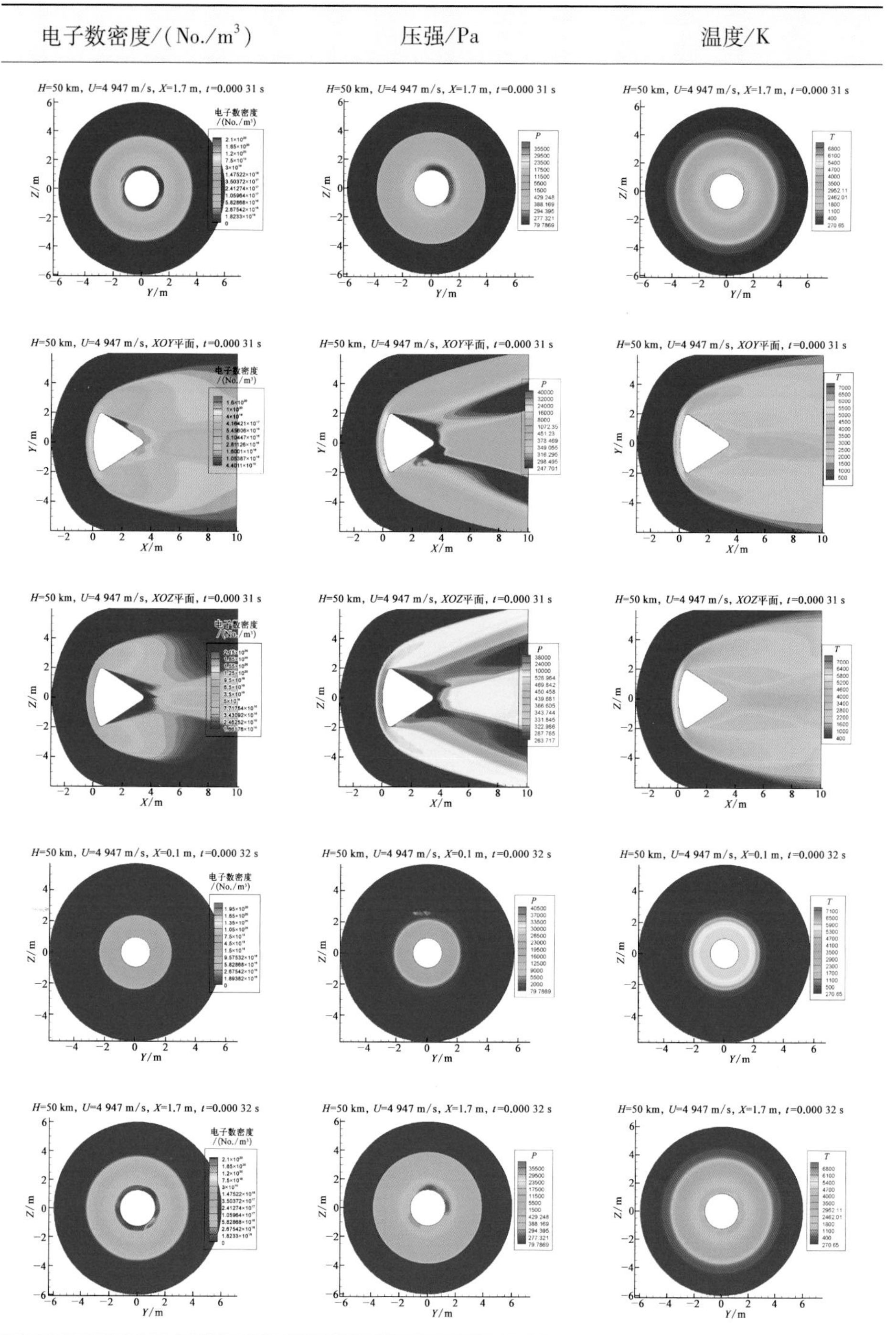

(续表)

电子数密度/(No./m^3)	压强/Pa	温度/K

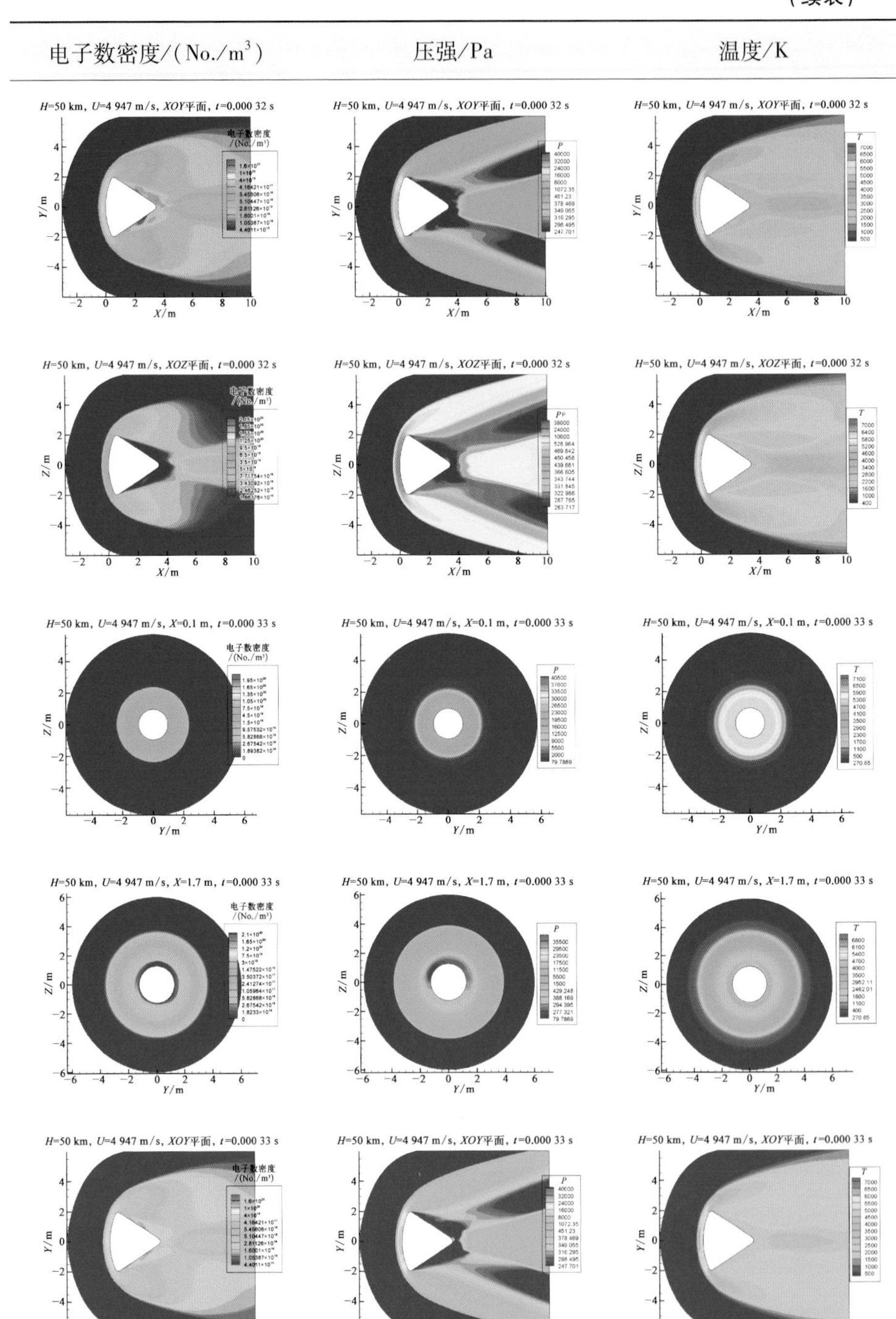

（续表）

电子数密度/(No./m³)	压强/Pa	温度/K

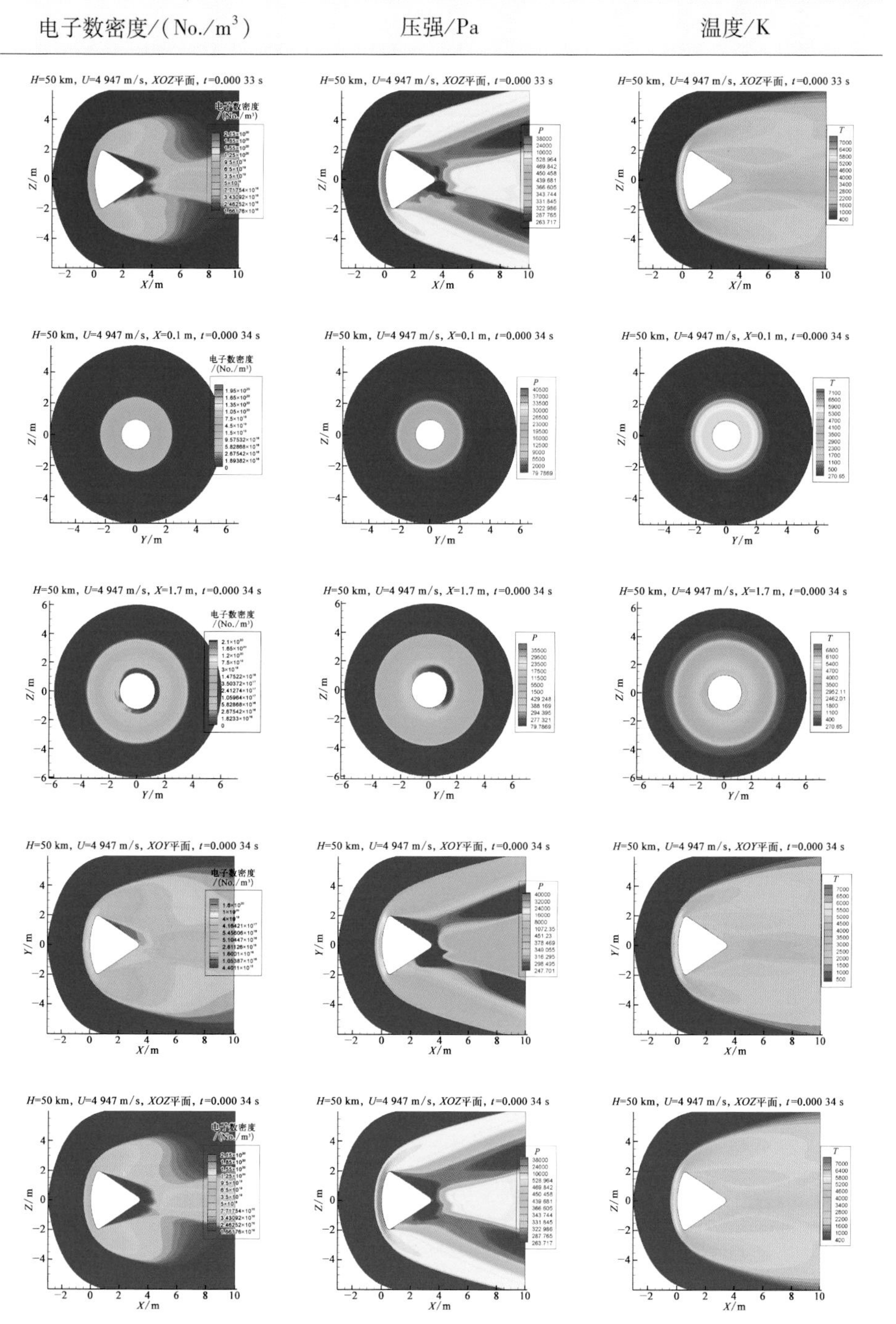

（续表）

电子数密度/(No./m³)	压强/Pa	温度/K

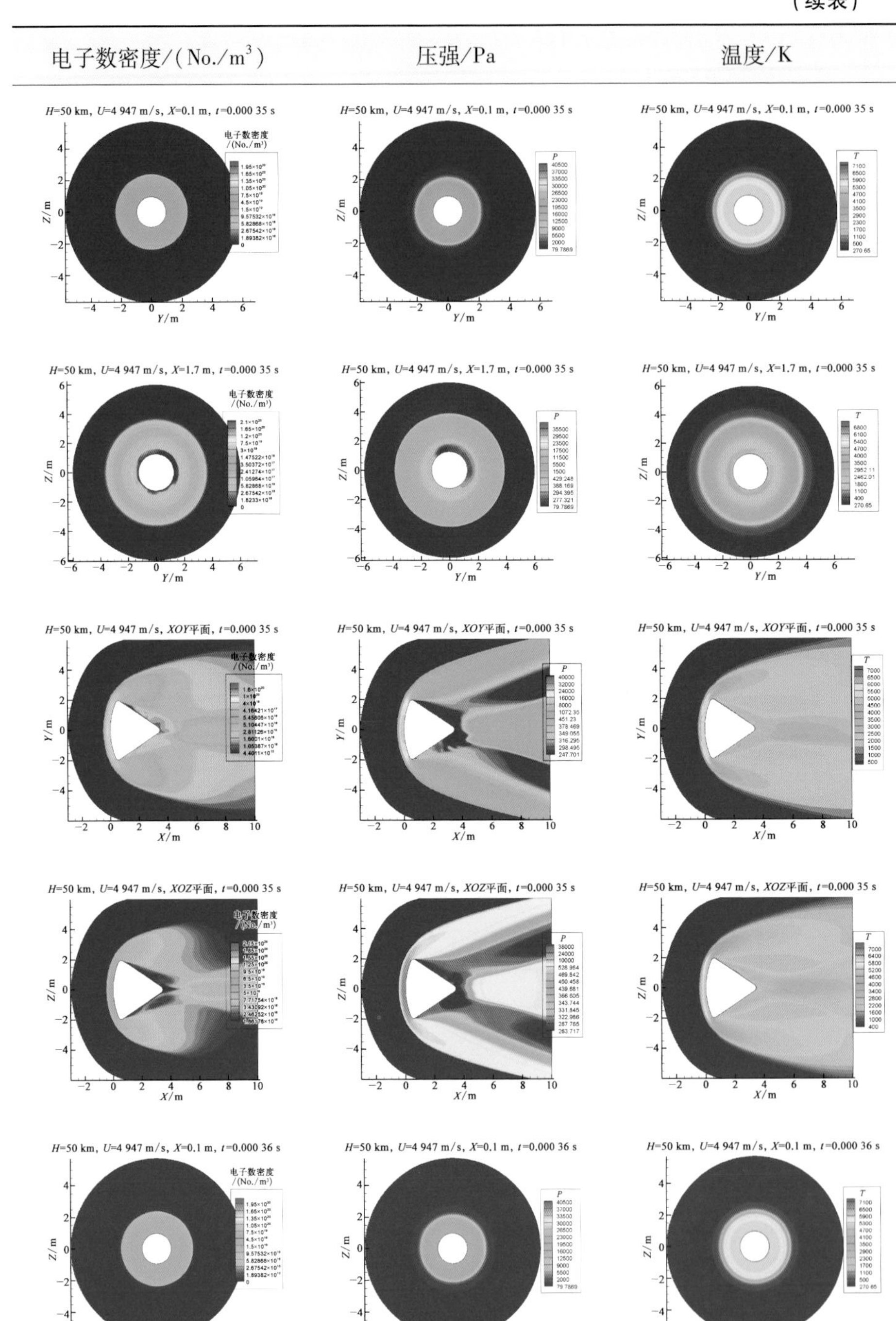

（续表）

电子数密度/(No./m^3)	压强/Pa	温度/K

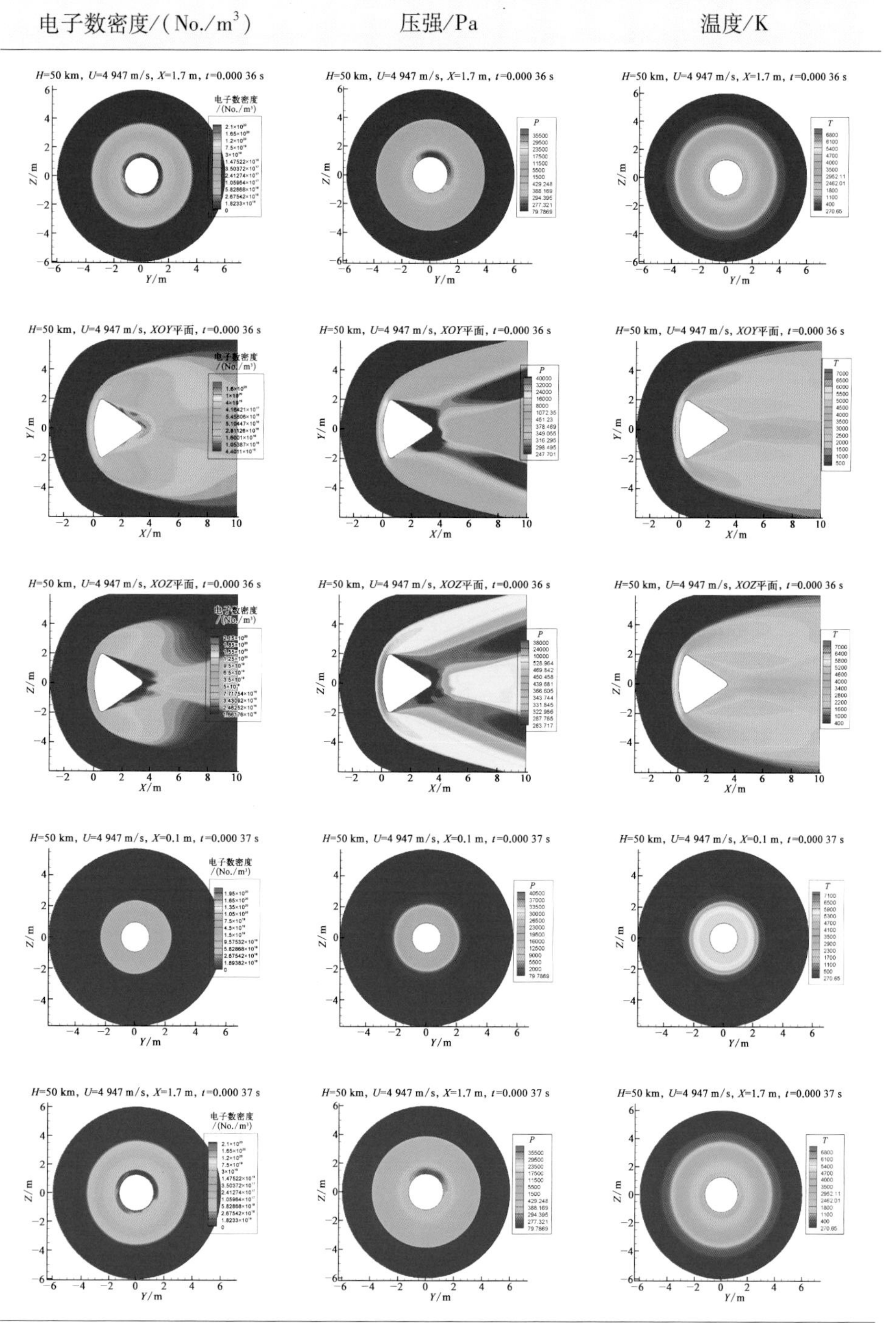

（续表）

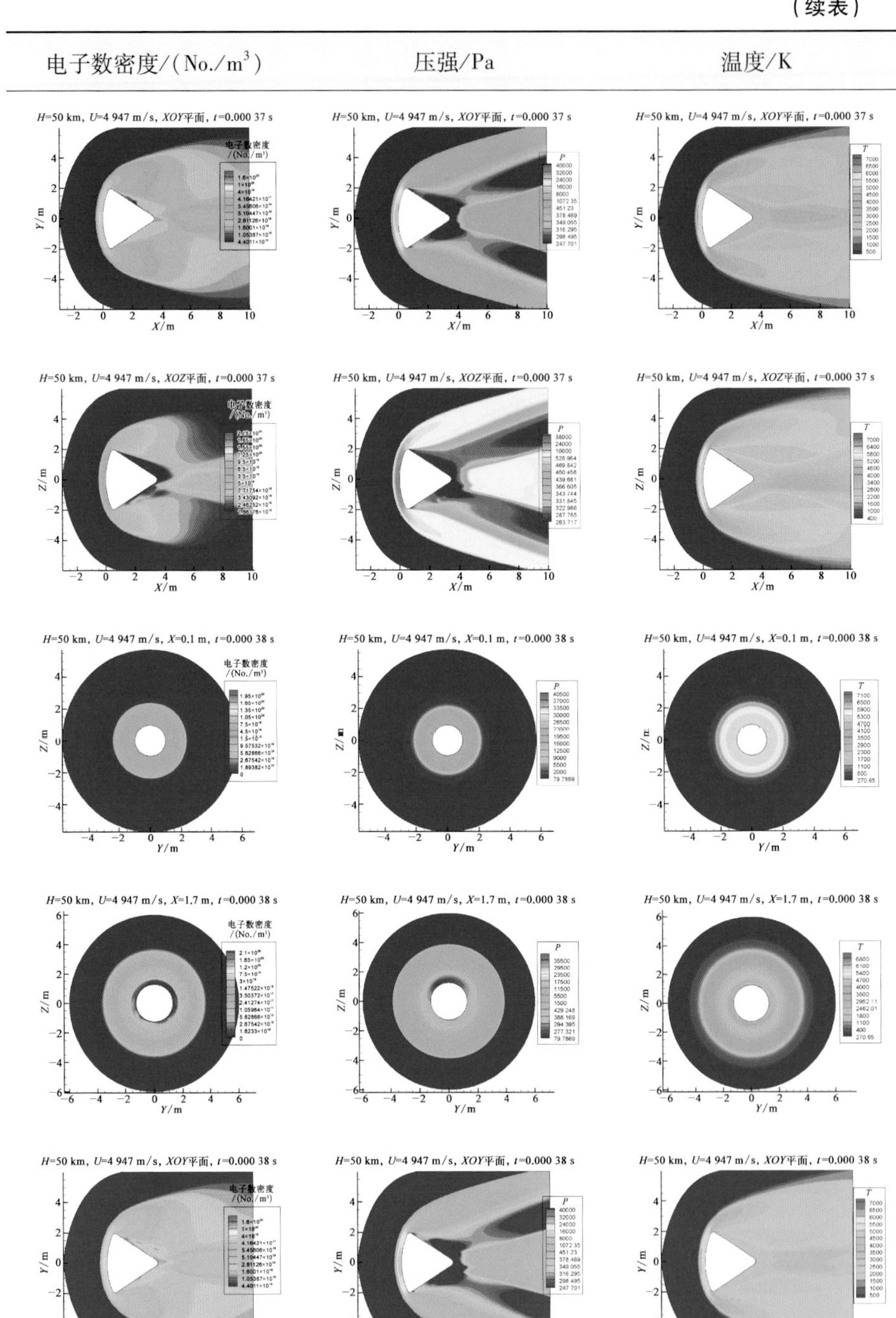
电子数密度/(No./m³)
压强/Pa
温度/K
H=50 km, U=4 947 m/s, XOY平面, t=0.000 37 s
H=50 km, U=4 947 m/s, XOY平面, t=0.000 37 s
H=50 km, U=4 947 m/s, XOY平面, t=0.000 37 s
H=50 km, U=4 947 m/s, XOZ平面, t=0.000 37 s
H=50 km, U=4 947 m/s, XOZ平面, t=0.000 37 s
H=50 km, U=4 947 m/s, XOZ平面, t=0.000 37 s
H=50 km, U=4 947 m/s, X=0.1 m, t=0.000 38 s
H=50 km, U=4 947 m/s, X=0.1 m, t=0.000 38 s
H=50 km, U=4 947 m/s, X=0.1 m, t=0.000 38 s
H=50 km, U=4 947 m/s, X=1.7 m, t=0.000 38 s
H=50 km, U=4 947 m/s, X=1.7 m, t=0.000 38 s
H=50 km, U=4 947 m/s, X=1.7 m, t=0.000 38 s
H=50 km, U=4 947 m/s, XOY平面, t=0.000 38 s
H=50 km, U=4 947 m/s, XOY平面, t=0.000 38 s
H=50 km, U=4 947 m/s, XOY平面, t=0.000 38 s
X/m
Y/m
Z/m
电子数密度
/(No./m³)
P
T

（续表）

电子数密度/(No./m^3)	压强/Pa	温度/K

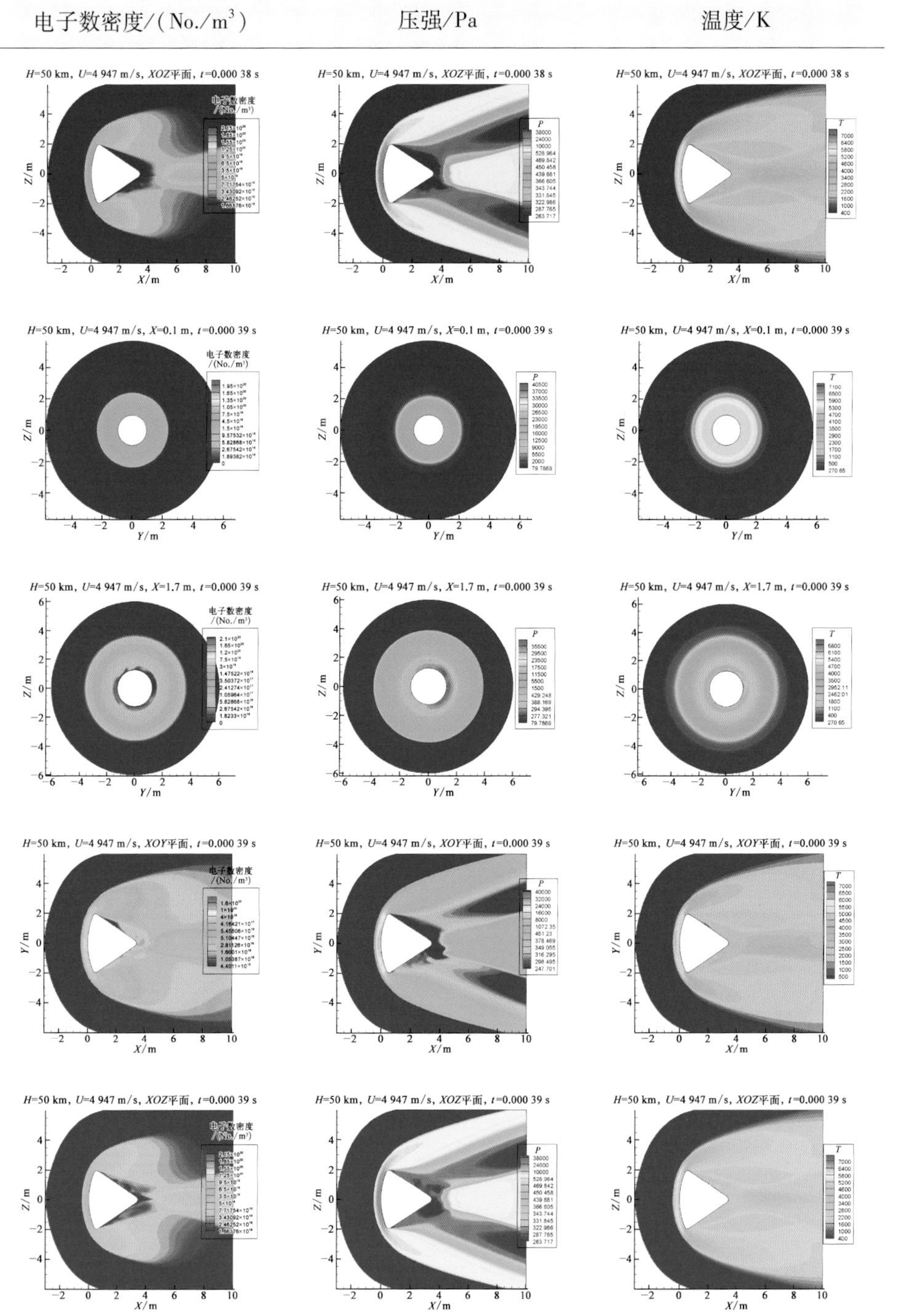

（续表）

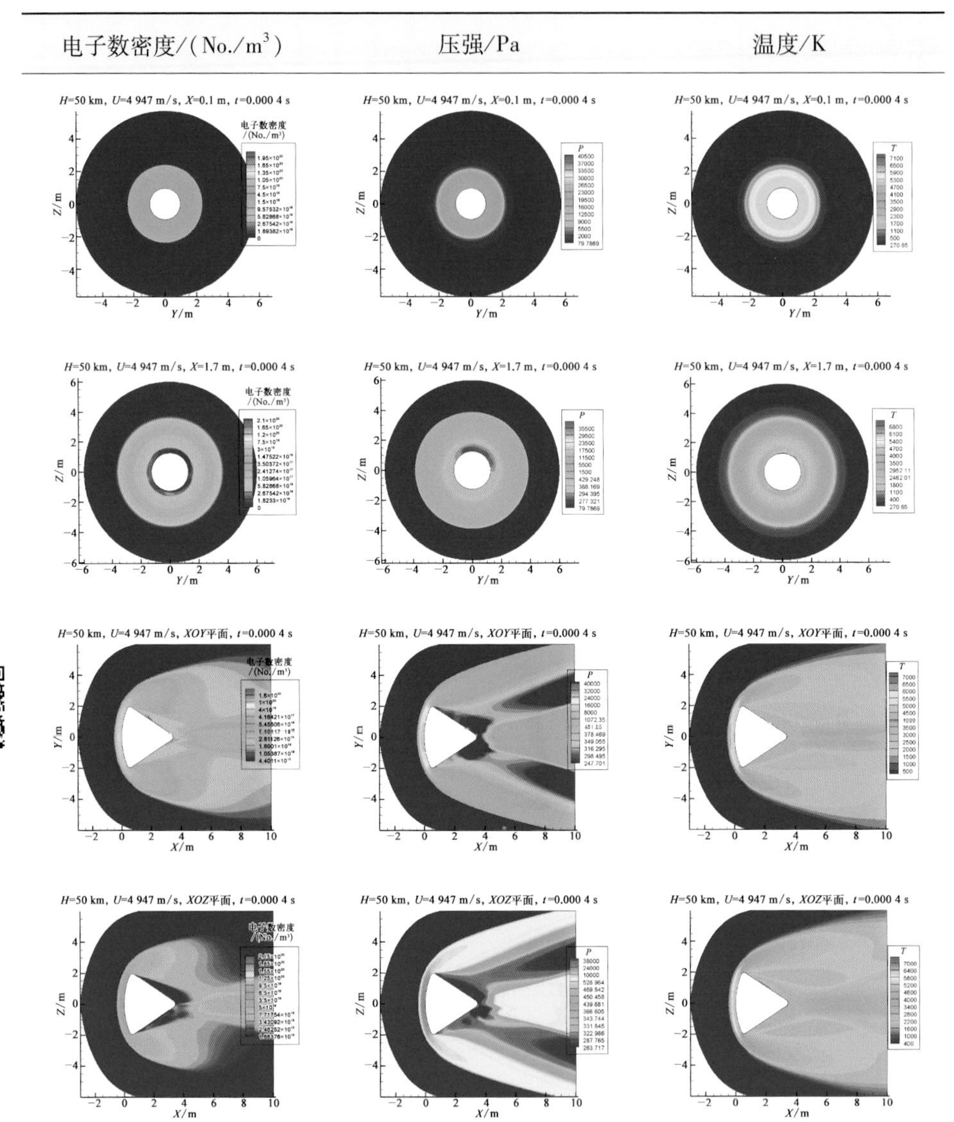
电子数密度/(No./m³)
压强/Pa
温度/K
H=50 km, U=4 947 m/s, X=0.1 m, t=0.000 4 s
H=50 km, U=4 947 m/s, X=1.7 m, t=0.000 4 s
H=50 km, U=4 947 m/s, XOY平面, t=0.000 4 s
H=50 km, U=4 947 m/s, XOZ平面, t=0.000 4 s
Y/m
Z/m
X/m
电子数密度 /(No./m³)
P
T

第3章

高超声速飞行器等离子体鞘套的电波传播特性分析

当高超声速飞行器在大气层中飞行时,高温使得飞行器周围的空气发生了电离,从而产生了包覆飞行器的等离子体层,即等离子体鞘套。在实际中,等离子体鞘套并非均匀的,因此本书将根据第1章的模型数据,采用分层等离子体结构对电磁波在等离子体鞘套中的传播进行理论推导,并对典型外形高超声速飞行器在等离子体鞘套中的电磁波传播特性进行数据概括与分析,为解决临近空间高超声速飞行器出现的"黑障"问题提供了理论依据。

3.1 时域有限差分法基本原理

时域有限差分法是求解麦克斯韦微分方程的直接时域方法,经过多年的发展已经成为一种成熟的数值方法,在电磁散射、电磁兼容、微波电路、非线性器件、天线设计、遥感、光学技术等领域都得到了迅速发展和广泛应用。本章主要采用FDTD法对电磁波传播特性进行研究。

3.1.1 直角坐标系中FDTD法

各向同性线性介质中麦克斯韦旋度方程为

$$\nabla\times \boldsymbol{E} = -\mu\frac{\partial \boldsymbol{H}}{\partial t} - \sigma_m\boldsymbol{H} \tag{3.1}$$

$$\nabla\times \boldsymbol{H} = \varepsilon\frac{\partial \boldsymbol{E}}{\partial t} + \sigma\boldsymbol{E} \tag{3.2}$$

其中，ε 表示介电系数，μ 表示磁导系数，σ 表示电导率，σ_m 表示磁导率。

在直角坐标系中，式(3.1)、式(3.2)可分别写为

$$\begin{cases}\dfrac{\partial E_z}{\partial y}-\dfrac{\partial E_y}{\partial z}=-\mu\dfrac{\partial H_x}{\partial t}-\sigma_m H_x\\[2ex]\dfrac{\partial E_x}{\partial z}-\dfrac{\partial E_z}{\partial x}=-\mu\dfrac{\partial H_y}{\partial t}-\sigma_m H_y\\[2ex]\dfrac{\partial E_y}{\partial x}-\dfrac{\partial E_x}{\partial y}=-\mu\dfrac{\partial H_z}{\partial t}-\sigma_m H_z\end{cases}\tag{3.3}$$

$$\begin{cases}\dfrac{\partial H_z}{\partial y}-\dfrac{\partial H_y}{\partial z}=\varepsilon\dfrac{\partial E_x}{\partial t}+\sigma E_x\\[2ex]\dfrac{\partial H_x}{\partial z}-\dfrac{\partial H_z}{\partial x}=\varepsilon\dfrac{\partial E_y}{\partial t}+\sigma E_y\\[2ex]\dfrac{\partial H_y}{\partial x}-\dfrac{\partial H_x}{\partial y}=\varepsilon\dfrac{\partial E_z}{\partial t}+\sigma E_z\end{cases}\tag{3.4}$$

FDTD 法主要是利用一阶中心差分近似和平均值近似对式(3.3)、式(3.4)进行差分离散，其基本离散单元为 Yee 元胞，如图 3.1 所示。Yee 元胞直观地描述了FDTD 法离散中电场和磁场各节点的空间排布，从图 3.1 中可以看出：每个磁场分量由四个电场分量环绕，每个电场分量也由四个磁场分量环绕。电场分量与磁场分量在空间任何方向上始终相差半个网格步长，彼此在时间取样上同样间隔半个时间步长。这种电磁场分量的取样方式不仅符合法拉第电磁感应定律和安培环路定理的自然结构，而且使麦克斯韦方程离散以后构成显示差分格式，从而可以在时间上迭代求解，避免了矩阵求逆运算，方便了编程计算。

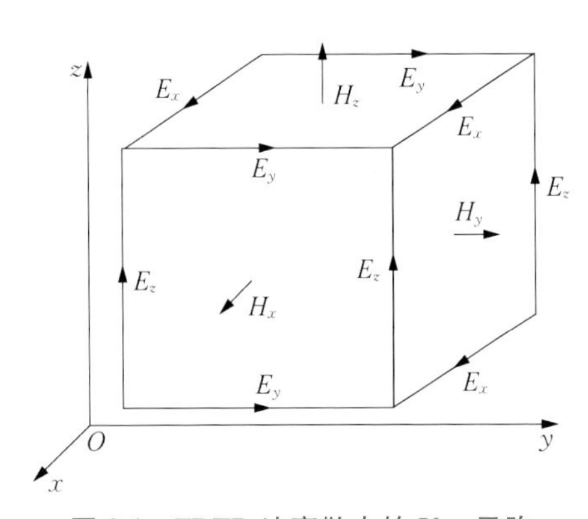

图 3.1　FDTD 法离散中的 Yee 元胞

令 $f(x, y, z, t)$ 代表 $\boldsymbol{E}$ 或 $\boldsymbol{H}$ 在直角坐标系中某一分量，而且在时间域和空间域中的离散表示为

$$f(x, y, z, t)=f(i\Delta x, j\Delta y, k\Delta z, n\Delta t)=f^n(i, j, k)$$

其中，Δx、Δy、Δz 分别为 x、y、z 方向上的空间步长，本书一般令 $\Delta x=\Delta y=\Delta z=$

δ；Δt 为时间间隔。

若将式(3.3)、式(3.4)进行差分离散,则可得各电磁场分量的 FDTD 法差分迭代公式如下[54]：

$$E_x^{n+1}\left(i+\frac{1}{2},j,k\right)=\mathrm{CA}(m)E_x^n\left(i+\frac{1}{2},j,k\right)+\mathrm{CB}(m)\left[\frac{H_z^{n+\frac{1}{2}}\left(i+\frac{1}{2},j+\frac{1}{2},k\right)-H_z^{n+\frac{1}{2}}\left(i+\frac{1}{2},j-\frac{1}{2},k\right)}{\Delta y}-\frac{H_y^{n+\frac{1}{2}}\left(i+\frac{1}{2},j,k+\frac{1}{2}\right)-H_y^{n+\frac{1}{2}}\left(i+\frac{1}{2},j,k-\frac{1}{2}\right)}{\Delta z}\right] \tag{3.5}$$

$$E_y^{n+1}\left(i,j+\frac{1}{2},k\right)=\mathrm{CA}(m)E_y^n\left(i,j+\frac{1}{2},k\right)+\mathrm{CB}(m)\left[\frac{H_x^{n+\frac{1}{2}}\left(i,j+\frac{1}{2},k+\frac{1}{2}\right)-H_x^{n+\frac{1}{2}}\left(i,j+\frac{1}{2},k-\frac{1}{2}\right)}{\Delta z}-\frac{H_z^{n+\frac{1}{2}}\left(i+\frac{1}{2},j+\frac{1}{2},k\right)-H_z^{n+\frac{1}{2}}\left(i-\frac{1}{2},j+\frac{1}{2},k\right)}{\Delta x}\right] \tag{3.6}$$

$$E_z^{n+1}\left(i,j,k+\frac{1}{2}\right)=\mathrm{CA}(m)E_z^n\left(i,j,k+\frac{1}{2}\right)+\mathrm{CB}(m)\left[\frac{H_y^{n+\frac{1}{2}}\left(i+\frac{1}{2},j,k+\frac{1}{2}\right)-H_y^{n+\frac{1}{2}}\left(i-\frac{1}{2},j,k+\frac{1}{2}\right)}{\Delta x}-\frac{H_x^{n+\frac{1}{2}}\left(i,j+\frac{1}{2},k+\frac{1}{2}\right)-H_x^{n+\frac{1}{2}}\left(i,j-\frac{1}{2},k+\frac{1}{2}\right)}{\Delta y}\right] \tag{3.7}$$

$$H_x^{n+\frac{1}{2}}\left(i,j+\frac{1}{2},k+\frac{1}{2}\right)=\mathrm{CP}(m)H_x^{n-\frac{1}{2}}\left(i,j+\frac{1}{2},k+\frac{1}{2}\right)-\mathrm{CQ}(m)\left[\frac{E_z^n\left(i,j+1,k+\frac{1}{2}\right)-E_z^n\left(i,j,k+\frac{1}{2}\right)}{\Delta y}-\frac{E_y^n\left(i,j+\frac{1}{2},k+1\right)-E_y^n\left(i,j+\frac{1}{2},k\right)}{\Delta z}\right] \tag{3.8}$$

$$H_y^{n+\frac{1}{2}}\left(i+\frac{1}{2},j,k+\frac{1}{2}\right)=\mathrm{CP}(m)H_y^{n-\frac{1}{2}}\left(i+\frac{1}{2},j,k+\frac{1}{2}\right)-\mathrm{CQ}(m)\left[\frac{E_x^n\left(i+\frac{1}{2},j,k+1\right)-E_x^n\left(i+\frac{1}{2},j,k\right)}{\Delta z}-\frac{E_z^n\left(i+1,j,k+\frac{1}{2}\right)-E_z^n\left(i,j,k+\frac{1}{2}\right)}{\Delta x}\right] \tag{3.9}$$

$$H_z^{n+\frac{1}{2}}\left(i+\frac{1}{2},j+\frac{1}{2},k\right)=\mathrm{CP}(m)H_z^{n-\frac{1}{2}}\left(i+\frac{1}{2},j+\frac{1}{2},k\right)-\mathrm{CQ}(m)\left[\frac{E_y^n\left(i+1,j+\frac{1}{2},k\right)-E_y^n\left(i,j+\frac{1}{2},k\right)}{\Delta x}-\frac{E_x^n\left(i+\frac{1}{2},j+1,k\right)-E_x^n\left(i+\frac{1}{2},j,k\right)}{\Delta y}\right] \tag{3.10}$$

其中,迭代系数 CA(m)、CB(m)、CP(m)、CQ(m) 的标号 m 与等式左边各场分量坐标相同,且

$$\mathrm{CA}(m)=\frac{\dfrac{\varepsilon(m)}{\Delta t}-\dfrac{\sigma(m)}{2}}{\dfrac{\varepsilon(m)}{\Delta t}+\dfrac{\sigma(m)}{2}} \tag{3.11}$$

$$\mathrm{CB}(m)=\frac{1}{\dfrac{\varepsilon(m)}{\Delta t}+\dfrac{\sigma(m)}{2}} \tag{3.12}$$

$$\mathrm{CP}(m)=\frac{\dfrac{\mu(m)}{\Delta t}-\dfrac{\sigma_m(m)}{2}}{\dfrac{\mu(m)}{\Delta t}+\dfrac{\sigma_m(m)}{2}} \tag{3.13}$$

$$\mathrm{CQ}(m)=\frac{1}{\dfrac{\mu(m)}{\Delta t}+\dfrac{\sigma_m(m)}{2}} \tag{3.14}$$

以上均为三维电磁场分量的 FDTD 法迭代公式,参照式(3.5)~式(3.10)很容易得到一维和二维电磁场分量的 FDTD 法迭代公式。对于二维问题,令若

$\partial/\partial z = 0$，则二维电磁场的直角分量可划分为独立的两组，即 TM_z 波（H_x，H_y，E_z）和 TE_z 波（E_x，E_y，H_z），相应的 Yee 元胞如图 3.2 所示。

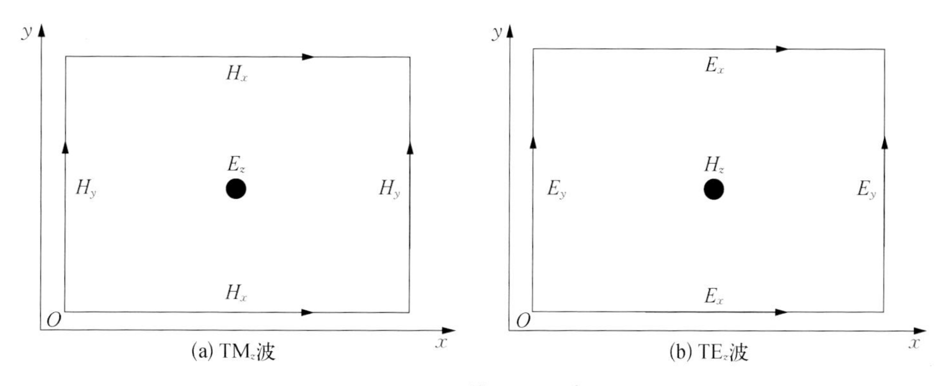

图 3.2　二维 Yee 元胞

由图 3.2(a) 可以看出，TM_z 波时 E_z 分量位于 Yee 元胞中心，H_x，H_y 分量分别位于 Yee 元胞的水平棱边中心和垂直棱边中心，各分量 FDTD 法迭代公式分别为

$$H_x^{n+\frac{1}{2}}\left(i+\frac{1}{2},j\right)=\mathrm{CP}(m)H_x^{n-\frac{1}{2}}\left(i+\frac{1}{2},j\right)-\mathrm{CQ}(m)\frac{E_z^n\left(i+\frac{1}{2},j+\frac{1}{2}\right)-E_z^n\left(i+\frac{1}{2},j-\frac{1}{2}\right)}{\Delta y} \tag{3.15}$$

$$H_y^{n+\frac{1}{2}}\left(i,j+\frac{1}{2}\right)=\mathrm{CP}(m)H_y^{n-\frac{1}{2}}\left(i,j+\frac{1}{2}\right)+\mathrm{CQ}(m)\frac{E_z^n\left(i+\frac{1}{2},j+\frac{1}{2}\right)-E_z^n\left(i-\frac{1}{2},j+\frac{1}{2}\right)}{\Delta x} \tag{3.16}$$

$$E_z^{n+1}\left(i+\frac{1}{2},j+\frac{1}{2}\right)=\mathrm{CA}(m)E_z^n\left(i+\frac{1}{2},j+\frac{1}{2}\right)+\mathrm{CB}(m)\left[\frac{H_y^{n+\frac{1}{2}}\left(i+1,j+\frac{1}{2}\right)-H_y^{n+\frac{1}{2}}\left(i,j+\frac{1}{2}\right)}{\Delta x}-\frac{H_x^{n+\frac{1}{2}}\left(i+\frac{1}{2},j+1\right)-H_x^{n+\frac{1}{2}}\left(i+\frac{1}{2},j\right)}{\Delta y}\right] \tag{3.17}$$

而由图 3.2(b)可以看出，TE_z 波时 H_z 分量位于 Yee 元胞中心，E_x，E_y 分量分别位于 Yee 元胞的水平棱边中心和垂直棱边中心，各分量 FDTD 法迭代公式分别为

$$E_x^{n+1}\left(i+\frac{1}{2},j\right)=\mathrm{CA}(m)E_x^n\left(i+\frac{1}{2},j\right)+\mathrm{CB}(m)\frac{H_z^{n+\frac{1}{2}}\left(i+\frac{1}{2},j+\frac{1}{2}\right)-H_z^{n+\frac{1}{2}}\left(i+\frac{1}{2},j-\frac{1}{2}\right)}{\Delta y} \tag{3.18}$$

$$E_y^{n+1}\left(i,j+\frac{1}{2}\right)=\mathrm{CA}(m)E_y^n\left(i,j+\frac{1}{2}\right)-\mathrm{CB}(m)\frac{H_z^{n+\frac{1}{2}}\left(i+\frac{1}{2},j+\frac{1}{2}\right)-H_z^{n+\frac{1}{2}}\left(i-\frac{1}{2},j+\frac{1}{2}\right)}{\Delta x} \tag{3.19}$$

$$H_z^{n+\frac{1}{2}}\left(i+\frac{1}{2},j+\frac{1}{2}\right)=\mathrm{CP}(m)H_z^{n-\frac{1}{2}}\left(i+\frac{1}{2},j+\frac{1}{2}\right)-\mathrm{CQ}(m)\left[\frac{E_y^n\left(i+1,j+\frac{1}{2}\right)-E_y^n\left(i,j+\frac{1}{2}\right)}{\Delta x}-\frac{E_x^n\left(i+\frac{1}{2},j+1\right)-E_x^n\left(i+\frac{1}{2},j\right)}{\Delta y}\right] \tag{3.20}$$

比较式(3.15)~式(3.17)和式(3.18)~式(3.20)容易看出，TM_z 波和 TE_z 波具有明显的对偶关系，这为编写二维 FDTD 法的程序带来了很大的方便。上述自由空间三维、二维 FDTD 法迭代公式的详细推导过程可以参阅文献[54]。

3.1.2 吸收边界条件

目前，应用最为广泛的吸收边界条件包括：Mur、Berenger 完全匹配层(perfectly matched layer, PML)、各向异性完全匹配层(uniaxial perfectly matched layer, UPML)和卷积形式完全匹配层(convolutional perfectly matched layer,

CPML)等吸收边界条件。本书主要使用的是 Mur 吸收边界条件[54]。

根据单行波解,截断边界 $x=0$ 处(FDTD 区在 $x\geqslant 0$ 一侧)的一阶近似吸收边界条件为

$$\left(\frac{\partial}{\partial x}-\frac{1}{\boldsymbol{v}}\frac{\partial}{\partial t}\right)f\bigg|_{x=0}=0 \tag{3.21}$$

其中,$\boldsymbol{v}$ 为截断边界处介质中波的相速。

$\left(\frac{\partial}{\partial x}-\frac{1}{\boldsymbol{v}}\frac{\partial}{\partial t}\right)$ 称为微分边界算子。等离子体介质中波的相速是频率的函数,因此只适用于某一频率。在用 FDTD 法处理脉冲波散射或传播问题时,电磁脉冲在频域具有一定的带宽。为了使吸收边界在相应带宽内有较好的吸收特性,可以将式(3.21)改写为级联形式,即

$$\left(\frac{\partial}{\partial x}-\frac{1}{\boldsymbol{v}_1}\frac{\partial}{\partial t}\right)\left(\frac{\partial}{\partial x}-\frac{1}{\boldsymbol{v}_2}\frac{\partial}{\partial t}\right)f\bigg|_{x=0}=0 \tag{3.22}$$

其中,$\boldsymbol{v}_1$ 和 $\boldsymbol{v}_2$ 分别为所关心频带中两个不同频率下的相速。

在 FDTD 法中将式(3.22)离散后,重写为

$$f^{n+1}(i_0)=f^n(i_0+1)+\frac{\boldsymbol{v}\Delta t-\delta}{\boldsymbol{v}\Delta t+\delta}[f^{n+1}(i_0+1)-f^n(i_0)] \tag{3.23}$$

其中,i_0 表示截断边界处节点,如图 3.3 所示。式(3.23)又可写为

$$f^{n+1}(i_0)-f^n(i_0+1)-g[f^{n+1}(i_0+1)-f^n(i_0)]=0 \tag{3.24}$$

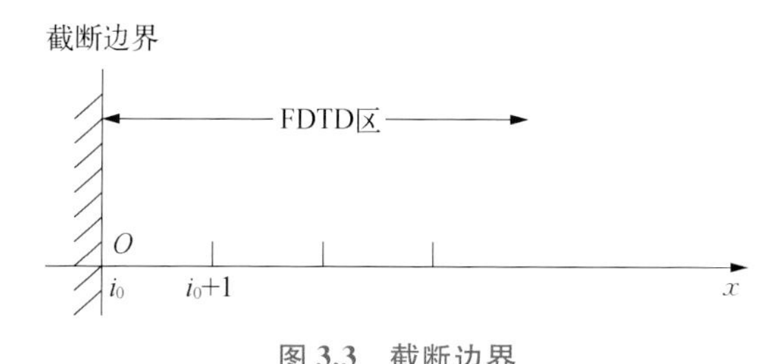

图 3.3　截断边界

其中,

$$g=\frac{\boldsymbol{v}\Delta t-\delta}{\boldsymbol{v}\Delta t+\delta} \tag{3.25}$$

引进差分算子

$$
\begin{aligned}
If^{n}(i) &= f^{n}(i) \\
Tf^{n}(i) &= f^{n-1}(i) \\
Sf^{n}(i) &= f^{n}(i+1)
\end{aligned} \tag{3.26}
$$

其中,I 称为单位算子;T 称为差分时间步移算子;S 称为差分空间步移算子。因此,式(3.24)可以写成以下算子形式:

$$
[I - TS - g(S - T)]f^{n+1}(i_0) = 0 \tag{3.27}
$$

利用差分算子,式(3.22)相应的算子形式为

$$
[I - TS - g_1(S - T)][I - TS - g_2(S - T)]f^{n+1}(i_0) = 0 \tag{3.28}
$$

其中,

$$
\begin{aligned}
g_1 &= \frac{v_1\Delta t - \delta}{v_1\Delta t + \delta} \\
g_2 &= \frac{v_2\Delta t - \delta}{v_2\Delta t + \delta}
\end{aligned} \tag{3.29}
$$

由式(3.28)有

$$
\begin{aligned}
&[I - 2TS - (g_1 + g_2)(S - T) + (g_1 + g_2)(TS^2 - T^2S) \\
&+ g_1g_2(S^2 - 2TS + T^2) + T^2S^2]f^{n+1}(i_0) = 0
\end{aligned} \tag{3.30}
$$

根据差分算子定义式(3.26),式(3.30)中

$$
\begin{aligned}
Tf^{n+1}(i_0) &= f^{n}(i_0 + 1) \\
T^2Sf^{n+1}(i_0) &= f^{n-1}(i_0 + 1) \\
TS^2f^{n+1}(i_0) &= f^{n}(i_0 + 2)
\end{aligned} \tag{3.31}
$$

因此,由式(3.30)可得

$$
\begin{aligned}
f^{n+1}(i_0) = {} & 2f^{n}(i_0 + 1) \\
& + (g_1 + g_2)[f^{n+1}(i_0 + 1) - f^{n}(i_0) - f^{n}(i_0 + 2) + f^{n-1}(i_0 + 1)] \\
& - g_1g_2[f^{n+1}(i_0 + 2) - 2f^{n}(i_0 + 1) + f^{n-1}(i_0)] - f^{n-1}(i_0 + 2)
\end{aligned} \tag{3.32}
$$

式(3.32)为色散介质中二阶吸收边界的差分形式。

3.1.3　激励源

当用 FDTD 法处理电磁场问题时，激励源有很多类型，从时间分布来看有时谐源和脉冲源；从空间分布来看有面源、线源、点源等。

（1）时谐场源：

$$E_i(t)=\begin{cases}\sin(\omega t), & t \geqslant 0 \\ 0, & t < 0\end{cases} \tag{3.33}$$

（2）高斯脉冲：

$$E_i(t)=\exp\left[-\frac{4\pi(t-t_0)^2}{\tau^2}\right] \tag{3.34}$$

其中，τ 为常数，决定高斯脉冲的宽度；t_0 是出现最大值的时间。选择适当的 τ 和 t_0，使脉冲在起始时刻近似为零，脉冲峰值出现在 $t = t_0$ 时刻，如图 3.4 所示。

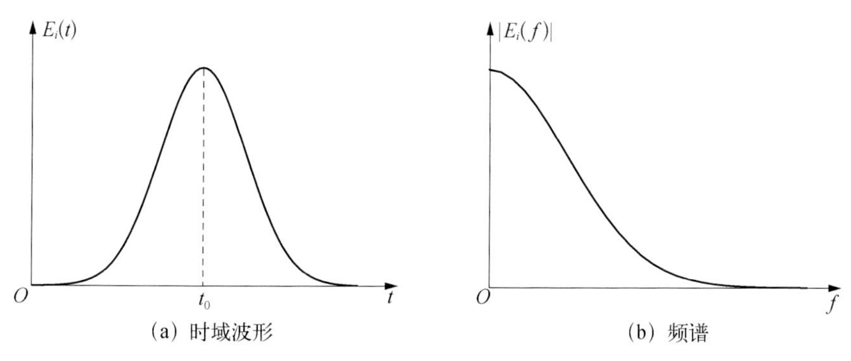

(a) 时域波形　　(b) 频谱

图 3.4　高斯脉冲波形及其频谱

（3）升余弦脉冲：

$$E_i(t)=\begin{cases}\dfrac{1}{2}\left[1-\cos\left(\dfrac{2\pi t}{\tau}\right)\right], & 0 \leqslant t \leqslant \tau \\ 0, & \text{其他}\end{cases} \tag{3.35}$$

其中，τ 为脉冲底座宽度。升余弦脉冲波形及其频谱如图 3.5 所示。

（4）微分高斯脉冲：

$$E_i(t)=\frac{t-t_0}{\tau}\exp\left[-\frac{4\pi(t-t_0)^2}{\tau^2}\right] \tag{3.36}$$

其波形及其频谱如图 3.6 所示。

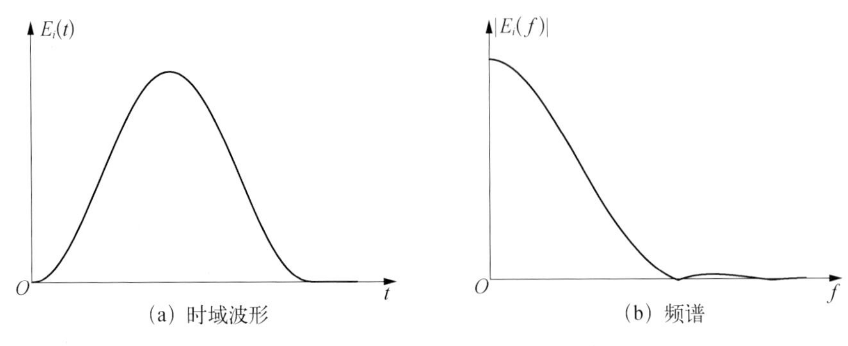

图 3.5 升余弦脉冲波形及其频谱

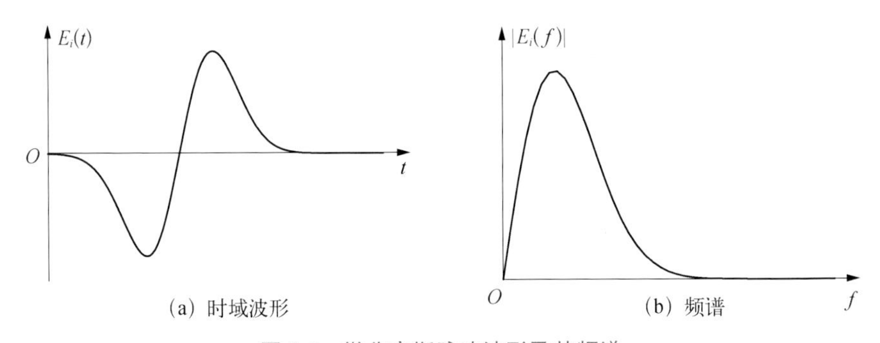

图 3.6 微分高斯脉冲波形及其频谱

（5）调制高斯脉冲：

$$E_i(t)=-\cos(\omega t)\exp\left[-\frac{4\pi(t-t_0)^2}{\tau^2}\right] \tag{3.37}$$

其波形及其频谱如图 3.7 所示。

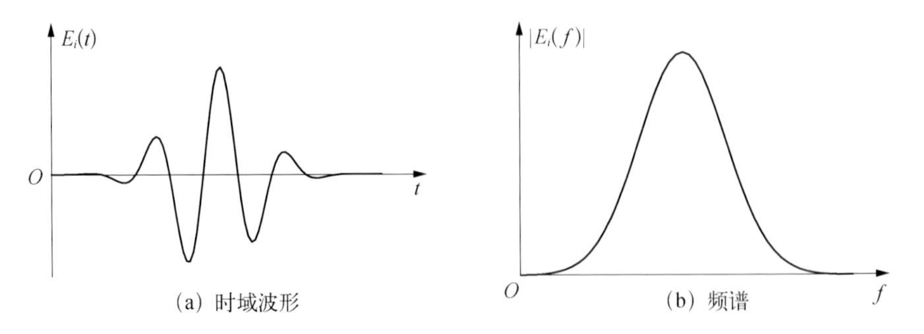

图 3.7 调制高斯脉冲波形及其频谱

3.1.4　ADE-FDTD 法

等离子体中介电参数表达式为

$$\varepsilon = \varepsilon_0 - \varepsilon_0 \frac{\omega_p^2}{\omega(\omega - j\nu_c)} \tag{3.38}$$

其中，ε_0 是真空介电系数，$\varepsilon_0 = 8.85 \times 10^{-12}$ F/m；ω_p 为等离子体频率；ν_c 为碰撞频率。ω_p 和 ν_c 分别可以写为

$$\omega_p = \sqrt{\frac{n_e(i) \times e^2}{m_e \times \varepsilon_0}} \tag{3.39}$$

$$\nu_c = 5.2 \times 10^{13} \cdot n_e(i) \cdot \kappa \cdot T \tag{3.40}$$

其中，$n_e(i)$ 表示每一层的电子数密度；e 是电子电荷量；m_e 表示电子质量；κ 为玻尔兹曼常量，$\kappa = 1.38 \times 10^{-23}$ J/K；T 是等离子体鞘套的温度。

在各向同性色散介质等离子体中，麦克斯韦旋度方程和相关的本构方程为

$$\nabla \times \boldsymbol{E} = -\mu_0 \frac{\partial \boldsymbol{H}}{\partial t} \tag{3.41}$$

$$\nabla \times \boldsymbol{H} = \frac{\partial \boldsymbol{D}}{\partial t} + \sigma \boldsymbol{E} \tag{3.42}$$

$$\boldsymbol{D}(\omega) = \varepsilon(\omega)\boldsymbol{E}(\omega) \tag{3.43}$$

对上述式子进行 FDTD 离散得

$$[\nabla \times \boldsymbol{E}]^n = -\mu_0 \frac{\boldsymbol{H}^{n+\frac{1}{2}} - \boldsymbol{H}^{n-\frac{1}{2}}}{\Delta t} \tag{3.44}$$

$$[\nabla \times \boldsymbol{H}]^{n+\frac{1}{2}} = \frac{\boldsymbol{D}^{n+1} - \boldsymbol{D}^n}{\Delta t} + \sigma \frac{\boldsymbol{E}^{n+1} + \boldsymbol{E}^n}{2} \tag{3.45}$$

根据本构关系式，有

$$\begin{aligned} \boldsymbol{D}(\omega) &= \varepsilon(\omega)\boldsymbol{E}(\omega) \\ &= \varepsilon_0[\varepsilon_\infty + \chi(\omega)]\boldsymbol{E}(\omega) \\ &= \varepsilon_0\boldsymbol{E}(\omega) + \varepsilon_0\chi(\omega)\boldsymbol{E}(\omega) \end{aligned} \tag{3.46}$$

将麦克斯韦旋度方程改写为

$$\nabla\times \boldsymbol{H} = \frac{\partial \boldsymbol{D}}{\partial t} + \sigma \boldsymbol{E} = \varepsilon_0 \frac{\partial \boldsymbol{E}}{\partial t} + \sigma \boldsymbol{E} + \boldsymbol{J}_{\mathrm{p}} \tag{3.47}$$

其中，$\chi(\omega)$ 为极化率函数；σ 为电导率；$\boldsymbol{J}_{\mathrm{p}}$ 为极化电流。

按照 FDTD 法将式(3.37)离散得

$$[\nabla\times \boldsymbol{H}]^{n+\frac{1}{2}} = \varepsilon_0 \frac{\boldsymbol{E}^{n+1} - \boldsymbol{E}^{n}}{\Delta t} + \sigma \frac{\boldsymbol{E}^{n+1} + \boldsymbol{E}^{n}}{2} + \frac{\boldsymbol{J}_{\mathrm{p}}^{n+1} + \boldsymbol{J}_{\mathrm{p}}^{n}}{2} \tag{3.48}$$

极化电流 $\boldsymbol{J}_{\mathrm{p}}$ 的频域形式为

$$\boldsymbol{J}_{\mathrm{p}}(\omega) = \mathrm{j}\omega\varepsilon_0\chi(\omega)\boldsymbol{E}(\omega) = \mathrm{j}\omega\varepsilon_0 \frac{\omega_{\mathrm{p}}^2}{\omega(\omega - \mathrm{j}\nu_{\mathrm{c}})}\boldsymbol{E}(\omega) \tag{3.49}$$

即

$$\omega^2 \boldsymbol{J}_{\mathrm{p}} - \mathrm{j}\omega\nu_{\mathrm{c}}\boldsymbol{J}_{\mathrm{p}} = \mathrm{j}\omega\varepsilon_0\omega_{\mathrm{p}}^2 \boldsymbol{E} \tag{3.50}$$

依据关系式 $\mathrm{j}\omega \to \partial/\partial t$，式(3.50)变为

$$\frac{\partial^2 \boldsymbol{J}_{\mathrm{p}}}{\partial t^2} + \nu_{\mathrm{c}} \frac{\partial \boldsymbol{J}_{\mathrm{p}}}{\partial t} = - \varepsilon_0\omega_{\mathrm{p}}^2 \frac{\partial E}{\partial t} \tag{3.51}$$

两边分别对时间积分并忽略常数项，得

$$\frac{\partial \boldsymbol{J}_{\mathrm{p}}}{\partial t} + \nu_{\mathrm{c}}\boldsymbol{J}_{\mathrm{p}} = - \varepsilon_0\omega_{\mathrm{p}}^2 \boldsymbol{E} \tag{3.52}$$

将上述微分方程离散可得

$$\frac{\boldsymbol{J}_{\mathrm{p}}^{n+1} - \boldsymbol{J}_{\mathrm{p}}^{n}}{\Delta t} + \nu_{\mathrm{c}} \frac{\boldsymbol{J}_{\mathrm{p}}^{n+1} + \boldsymbol{J}_{\mathrm{p}}^{n}}{2} = - \varepsilon_0\omega_{\mathrm{p}}^2 \frac{\boldsymbol{E}^{n+1} + \boldsymbol{E}^{n}}{2} \tag{3.53}$$

整理可得

$$\boldsymbol{J}_{\mathrm{p}}^{n+1} = k_{\mathrm{p}}\boldsymbol{J}_{\mathrm{p}}^{n} - \beta_{\mathrm{p}}(\boldsymbol{E}^{n+1} + \boldsymbol{E}^{n}) \tag{3.54}$$

其中

$$k_{\mathrm{p}} = \frac{2 - \nu_{\mathrm{c}}\Delta t}{2 + \nu_{\mathrm{c}}\Delta t} \qquad \beta_{\mathrm{p}} = \frac{\varepsilon_0\omega_{\mathrm{p}}^2\Delta t}{2 + \nu_{\mathrm{c}}\Delta t} \tag{3.55}$$

将式(3.54)代入式(3.48)得

$$[\nabla\times \boldsymbol{H}]^{n+\frac{1}{2}}=\varepsilon_0\frac{\boldsymbol{E}^{n+1}-\boldsymbol{E}^n}{\Delta t}+\sigma\frac{\boldsymbol{E}^{n+1}+\boldsymbol{E}^n}{2}+\frac{1+k_{\mathrm{p}}}{2}\boldsymbol{J}_{\mathrm{p}}^n+\frac{\beta_{\mathrm{p}}}{2}(\boldsymbol{E}^{n+1}+\boldsymbol{E}^n)\tag{3.56}$$

由此可得

$$\boldsymbol{E}^{n+1}=\frac{2\varepsilon_0-\sigma\Delta t+\beta_{\mathrm{p}}\Delta t}{2\varepsilon_0+\sigma\Delta t-\beta_{\mathrm{p}}\Delta t}\cdot\boldsymbol{E}^n+\frac{2\Delta t}{2\varepsilon_0+\sigma\Delta t-\beta_{\mathrm{p}}\Delta t}\cdot\left\{[\nabla\times\boldsymbol{H}]^{n+\frac{1}{2}}-\frac{1+k_{\mathrm{p}}}{2}\boldsymbol{J}_{\mathrm{p}}^n\right\}\tag{3.57}$$

因此,透射系数和衰减系数可以表示为

$$T=\left|\frac{\boldsymbol{E}_t}{\boldsymbol{E}_i}\right|\tag{3.58}$$

$$T(\mathrm{d}B)=10\times\lg\left(\left|\frac{\vec{E}_t}{\vec{E}_i}\right|^2\right)\tag{3.59}$$

$$\mathrm{Att}(\mathrm{d}B)=10\times\lg(1-T^2)\tag{3.60}$$

3.2　典型外形高超声速飞行器等离子体鞘套的电波传播计算数据

本节主要针对典型外形高超声速飞行器在等离子体鞘套中的电波传播来展开,依据第2章中给出的高超声速RAM-C钝锥等离子体流场(图3.8)数据及

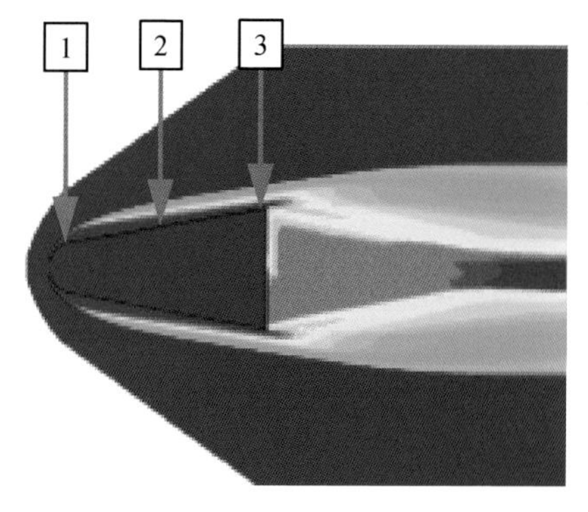

图3.8　RAM-C钝锥模型流场示意图

HTV-2 等离子体流场数据进行电波传播特性的分析概括。

3.2.1 高超声速 RAM-C 钝锥等离子体的电波传播计算数据

本小节针对 RAM-C 钝锥外形计算了不同高度（H = 30 km，35 km，40 km，45 km，50 km，55 km，60 km，65 km，70 km）、不同马赫数（Ma = 15，20，25）及不同位置[0.1 m（位置 1），0.7 m（位置 2），1.29 m（位置 3）]下的电子数密度随等离子体鞘套厚度变化的分布图、透射系数，以及衰减系数随入射波频率的变化关系图，如下所示。

飞行高度：30 km　　飞行速度：15Ma　　攻角：0°

计算条件（位置 1）：激励源为高斯脉冲，空间网格大小 $\delta = 2.5 \times 10^{-5}$ m，时间步长 $\Delta t = \delta/2c = 4.1667 \times 10^{-13}$ s。

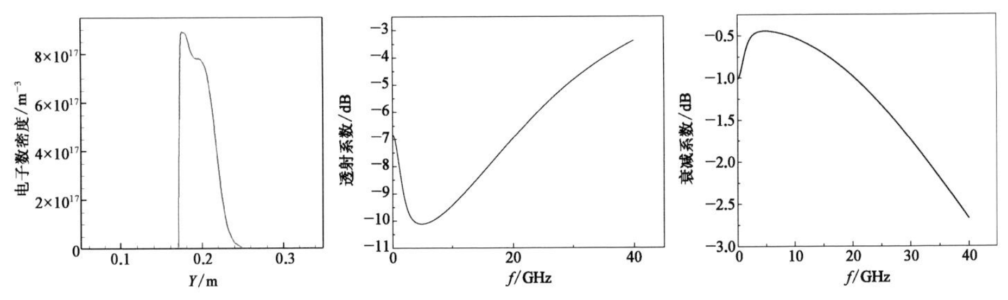

计算条件（位置 2）：激励源为高斯脉冲，空间网格大小 $\delta = 2.5 \times 10^{-4}$ m，时间步长 $\Delta t = \delta/2c = 4.1667 \times 10^{-13}$ s。

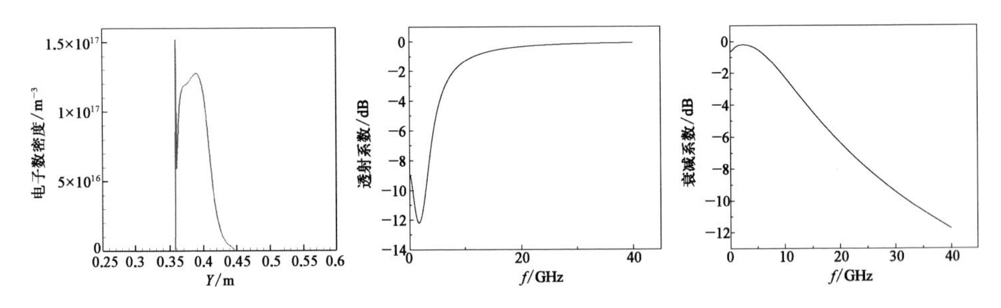

计算条件（位置 3）：激励源为高斯脉冲，空间网格大小 $\delta = 2.5 \times 10^{-4}$ m，时间步长 $\Delta t = \delta/2c = 4.1667 \times 10^{-13}$ s。

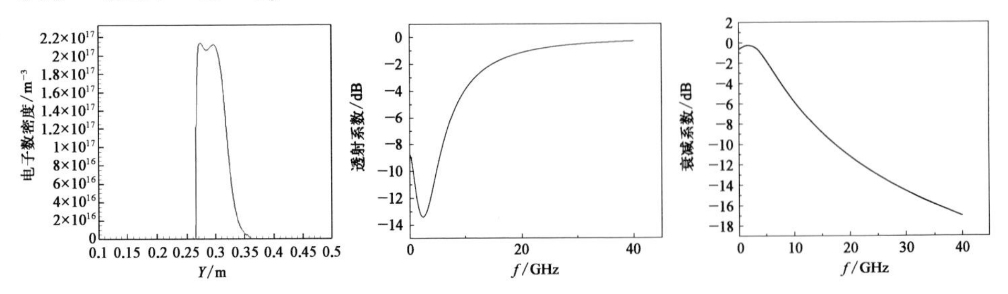

飞行高度：30 km　　飞行速度：$20Ma$　　攻角：0°

计算条件(位置 1)：激励源为高斯脉冲，空间网格大小 $\delta = 2.5 \times 10^{-5}$ m，时间步长 $\Delta t = \delta/2c = 4.1667 \times 10^{-14}$ s。

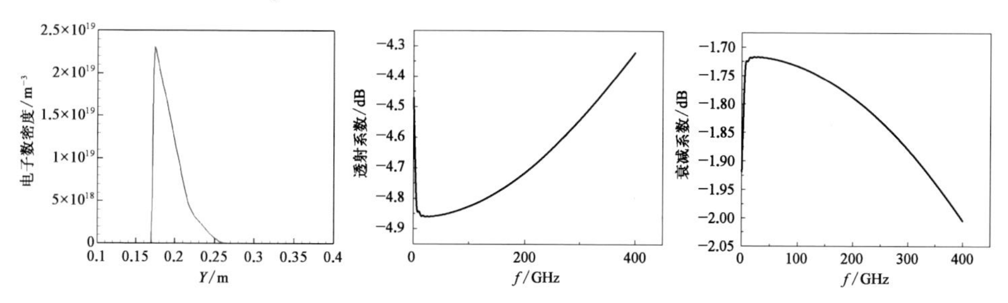

计算条件(位置 2)：激励源为高斯脉冲，空间网格大小 $\delta = 1.25 \times 10^{-4}$ m，时间步长 $\Delta t = \delta/2c = 2.083 \times 10^{-13}$ s。

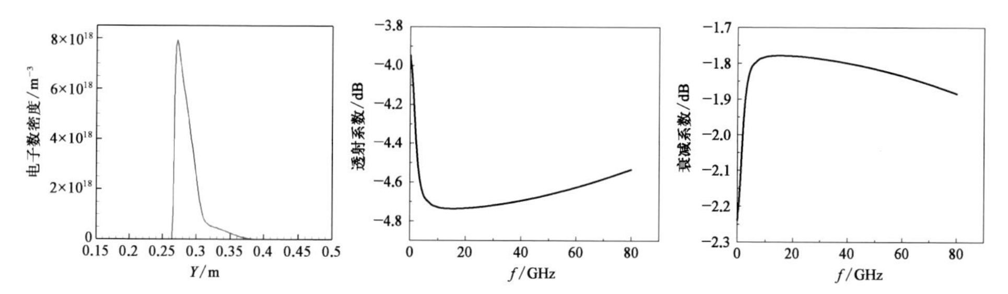

计算条件(位置 3)：激励源为高斯脉冲，空间网格大小 $\delta = 1.25 \times 10^{-4}$ m，时间步长 $\Delta t = \delta/2c = 2.083 \times 10^{-13}$ s。

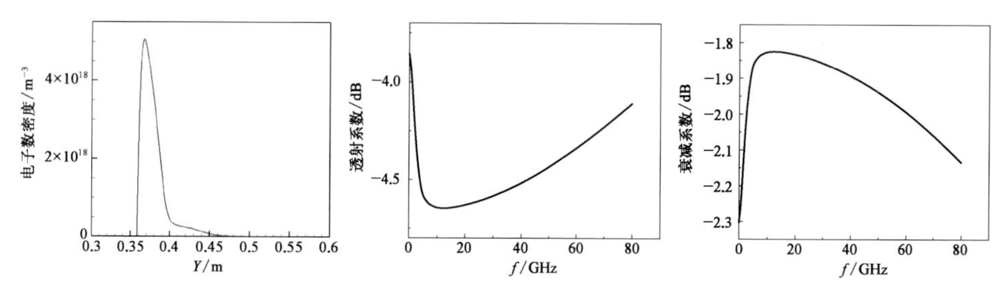

飞行高度：30 km　　飞行速度：$25Ma$　　攻角：0°

计算条件(位置 1)：激励源为高斯脉冲，空间网格大小 $\delta = 1.25 \times 10^{-5}$ m，时间步长 $\Delta t = \delta/2c = 2.083 \times 10^{-14}$ s。

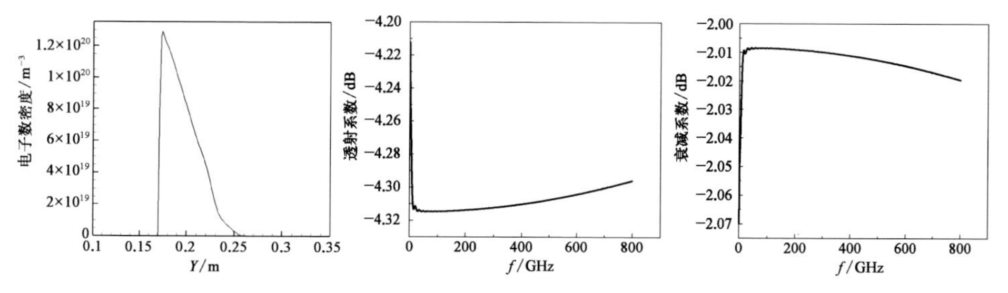

计算条件(位置 2)：激励源为高斯脉冲,空间网格大小 $\delta = 1.25 \times 10^{-5}$ m, 时间步长 $\Delta t = \delta/2c = 2.083 \times 10^{-14}$ s。

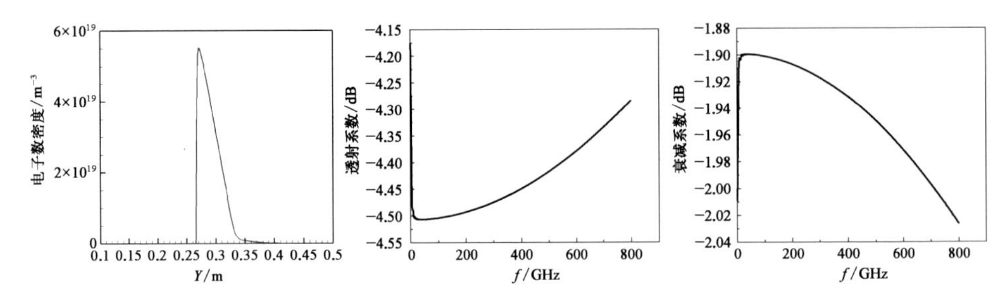

计算条件(位置 3)：激励源为高斯脉冲,空间网格大小 $\delta = 1.25 \times 10^{-5}$ m, 时间步长 $\Delta t = \delta/2c = 2.083 \times 10^{-14}$ s。

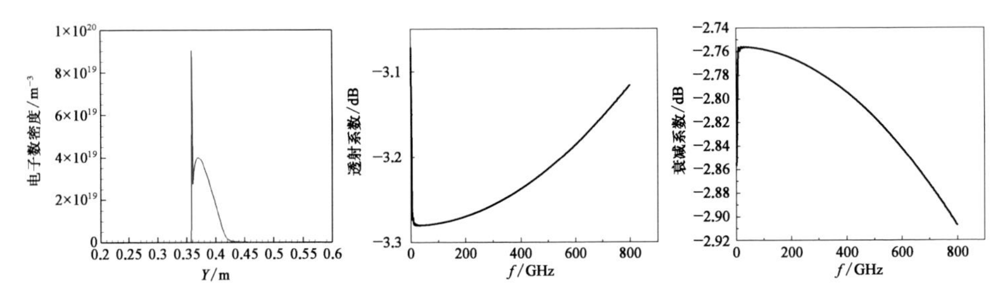

飞行高度：35 km　　飞行速度：15*Ma*　　攻角：0°

计算条件(位置 1)：激励源为高斯脉冲,空间网格大小 $\delta = 2.5 \times 10^{-4}$ m, 时间步长 $\Delta t = \delta/2c = 4.1667 \times 10^{-13}$ s。

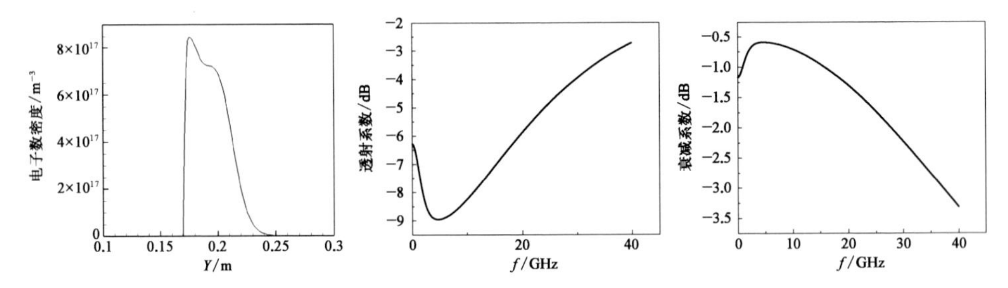

计算条件(位置 2)：激励源为高斯脉冲,空间网格大小 $\delta = 2.5 \times 10^{-4}$ m, 时间步长 $\Delta t = \delta/2c = 4.1667 \times 10^{-13}$ s。

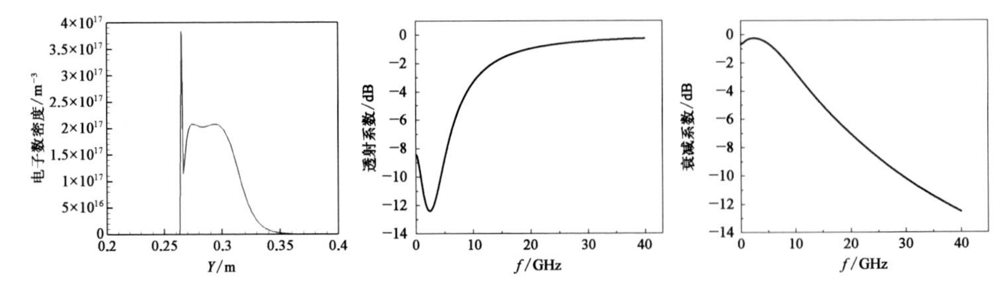

计算条件(位置 3)：激励源为高斯脉冲，空间网格大小 $\delta = 2.5 \times 10^{-4}$ m，时间步长 $\Delta t = \delta/2c = 4.166\,7 \times 10^{-13}$ s。

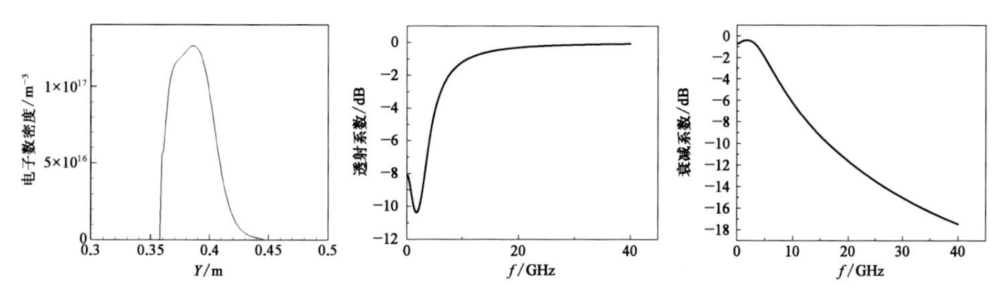

飞行高度：35 km　　飞行速度：20*Ma*　　攻角：0°

计算条件(位置 1)：激励源为高斯脉冲，空间网格大小 $\delta = 7.5 \times 10^{-5}$ m，时间步长 $\Delta t = \delta/2c = 1.25 \times 10^{-13}$ s。

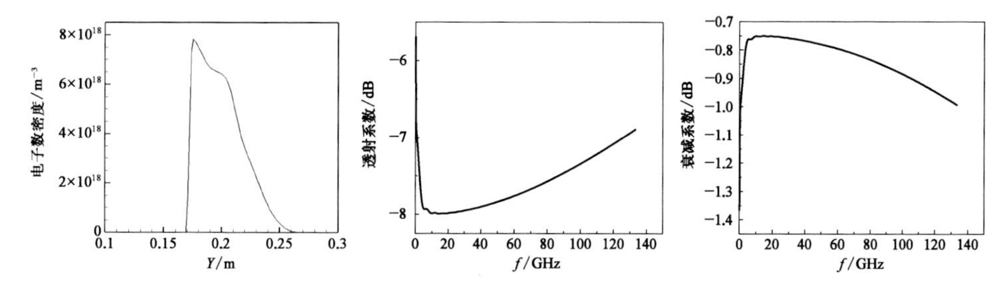

计算条件(位置 2)：激励源为高斯脉冲，空间网格大小 $\delta = 7.5 \times 10^{-5}$ m，时间步长 $\Delta t = \delta/2c = 1.25 \times 10^{-13}$ s。

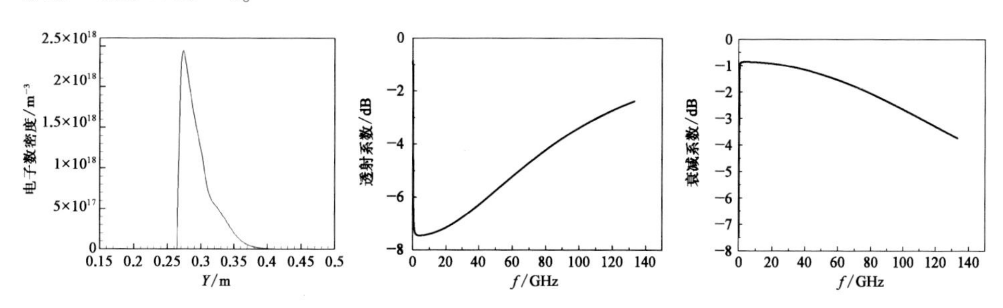

计算条件(位置 3)：激励源为高斯脉冲，空间网格大小 $\delta = 1.25 \times 10^{-4}$ m，时间步长 $\Delta t = \delta/2c = 2.083 \times 10^{-13}$ s。

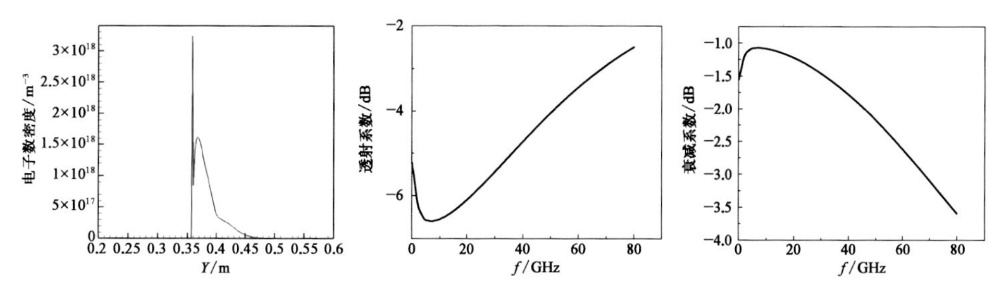

飞行高度：35 km　　飞行速度：25Ma　　攻角：0°

计算条件(位置 1)：激励源为高斯脉冲，空间网格大小 $\delta = 1.25 \times 10^{-5}$ m，时间步长 $\Delta t = \delta/2c = 2.083 \times 10^{-14}$ s。

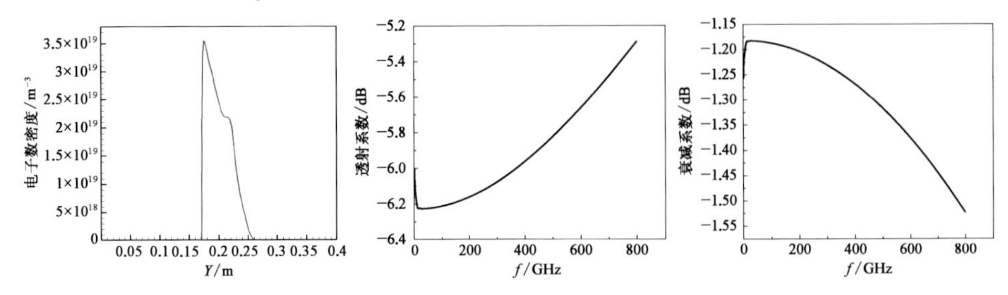

计算条件(位置 2)：激励源为高斯脉冲，空间网格大小 $\delta = 2.5 \times 10^{-5}$ m，时间步长 $\Delta t = \delta/2c = 4.166\,7 \times 10^{-14}$ s。

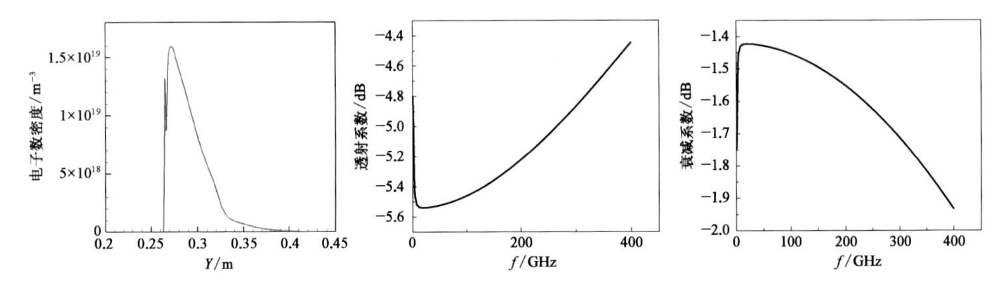

计算条件(位置 3)：激励源为高斯脉冲，空间网格大小 $\delta = 2.5 \times 10^{-5}$ m，时间步长 $\Delta t = \delta/2c = 4.166\,7 \times 10^{-14}$ s。

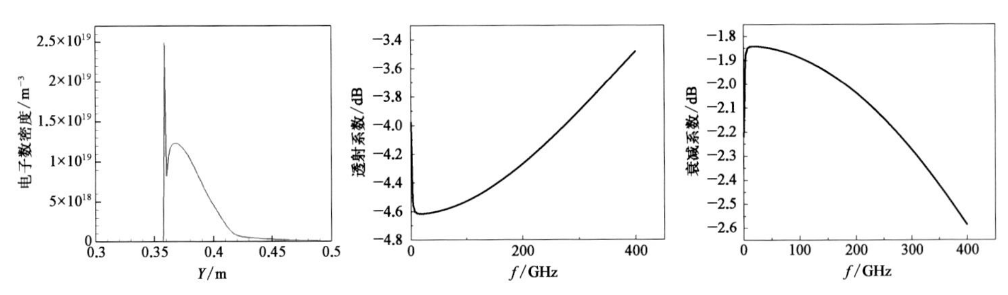

飞行高度：40 km　　飞行速度：15Ma　　攻角：0°

计算条件(位置 1)：激励源为高斯脉冲，空间网格大小 $\delta = 2.5 \times 10^{-4}$ m，时间步长 $\Delta t = \delta/2c = 4.166\,7 \times 10^{-13}$ s。

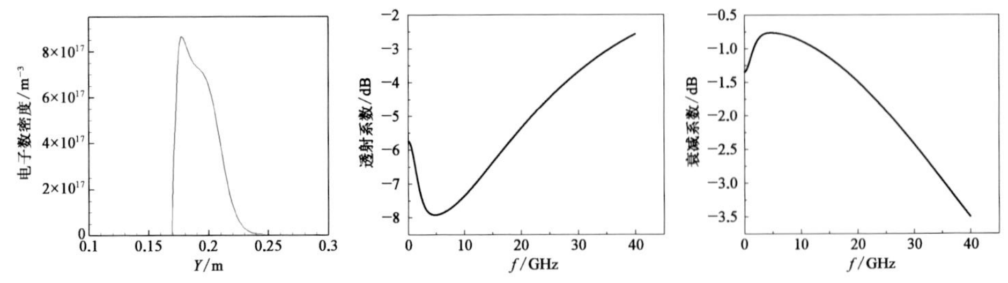

计算条件(位置 2)：激励源为高斯脉冲，空间网格大小 $\delta = 2.5 \times 10^{-4}$ m，时间步长 $\Delta t = \delta/2c = 4.1667 \times 10^{-13}$ s。

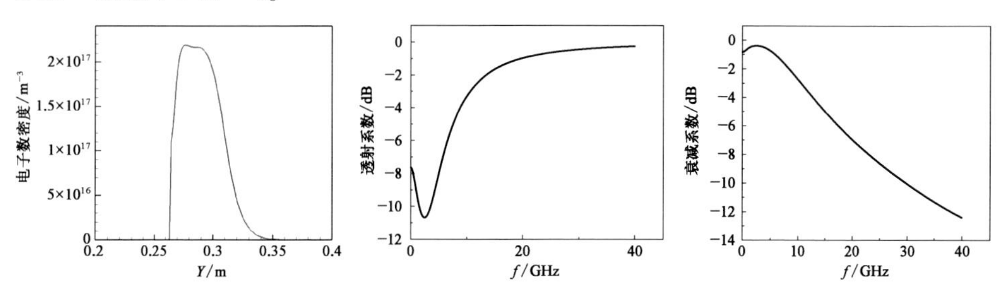

计算条件(位置 3)：激励源为高斯脉冲，空间网格大小 $\delta = 2.5 \times 10^{-4}$ m，时间步长 $\Delta t = \delta/2c = 4.1667 \times 10^{-13}$ s。

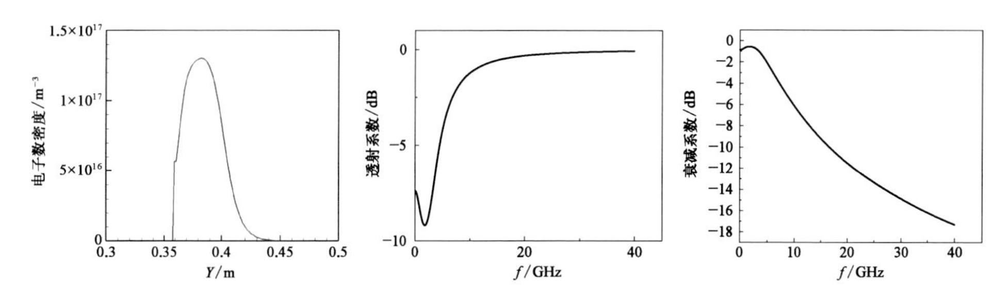

飞行高度：40 km　　飞行速度：20Ma　　攻角：0°

计算条件(位置 1)：激励源为高斯脉冲，空间网格大小 $\delta = 7.5 \times 10^{-5}$ m，时间步长 $\Delta t = \delta/2c = 1.25 \times 10^{-13}$ s。

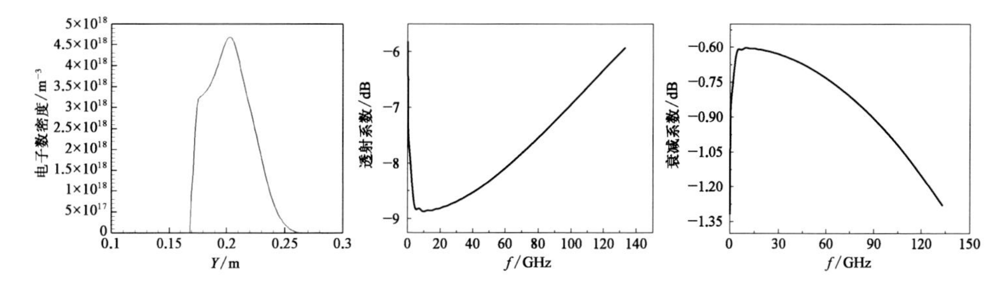

计算条件(位置 2)：激励源为高斯脉冲，空间网格大小 $\delta = 2.5 \times 10^{-4}$ m，时间步长 $\Delta t = \delta/2c = 4.1667 \times 10^{-13}$ s。

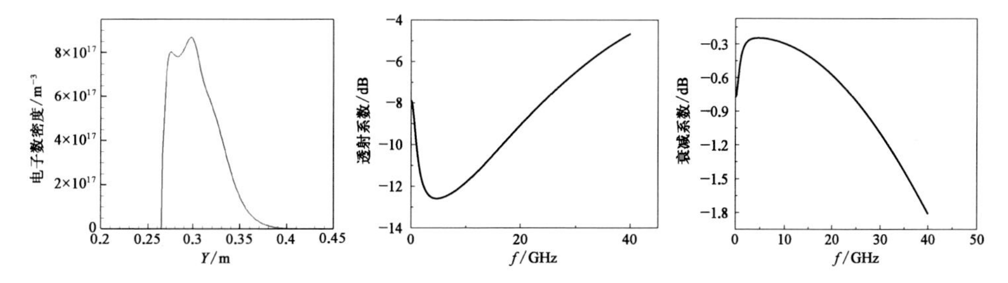

计算条件(位置 3)：激励源为高斯脉冲,空间网格大小 $\delta = 2.5 \times 10^{-4}$ m, 时间步长 $\Delta t = \delta/2c = 4.1667 \times 10^{-13}$ s。

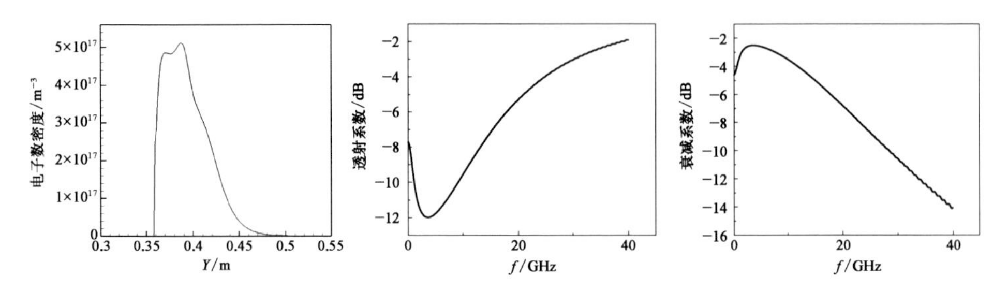

飞行高度：40 km　　飞行速度：25*Ma*　　攻角：0°

计算条件(位置 1)：激励源为高斯脉冲,空间网格大小 $\delta = 2.5 \times 10^{-5}$ m, 时间步长 $\Delta t = \delta/2c = 4.1667 \times 10^{-14}$ s。

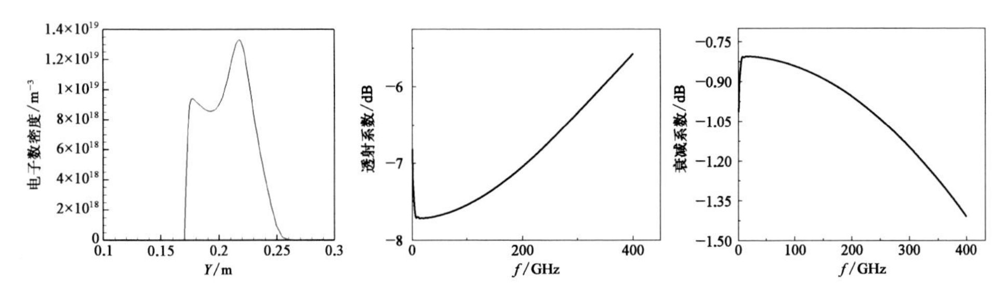

计算条件(位置 2)：激励源为高斯脉冲,空间网格大小 $\delta = 1.25 \times 10^{-4}$ m, 时间步长 $\Delta t = \delta/2c = 2.083 \times 10^{-13}$ s。

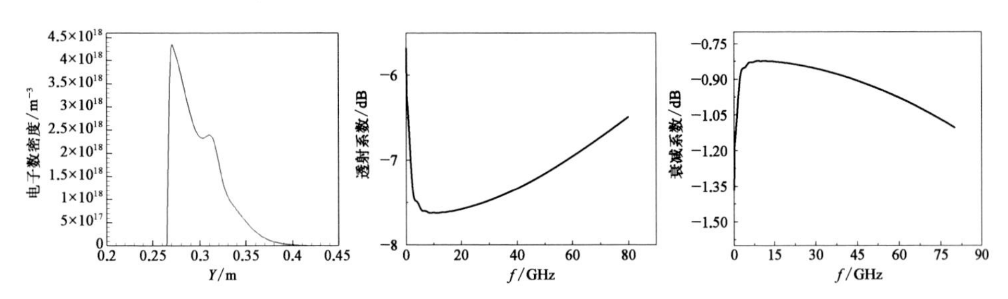

计算条件(位置 3)：激励源为高斯脉冲,空间网格大小 $\delta = 1.25 \times 10^{-4}$ m, 时间步长 $\Delta t = \delta/2c = 2.083 \times 10^{-13}$ s。

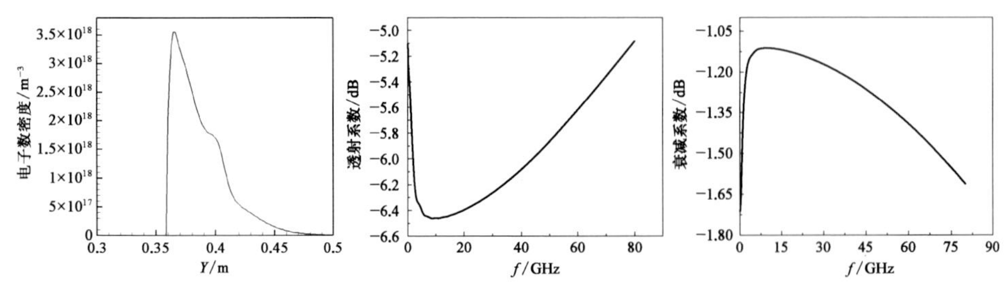

飞行高度：45 km　　飞行速度：15Ma　　攻角：0°

计算条件(位置 1)：激励源为高斯脉冲,空间网格大小 $\delta = 2.5 \times 10^{-4}$ m, 时间步长 $\Delta t = \delta/2c = 4.1667 \times 10^{-13}$ s。

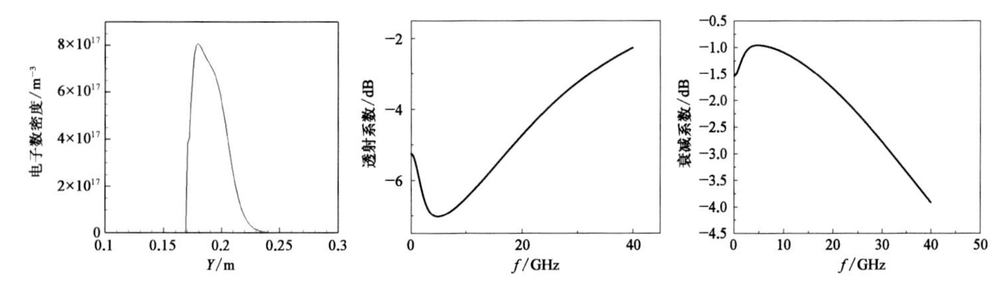

计算条件(位置 2)：激励源为高斯脉冲,空间网格大小 $\delta = 2.5 \times 10^{-4}$ m, 时间步长 $\Delta t = \delta/2c = 4.1667 \times 10^{-13}$ s。

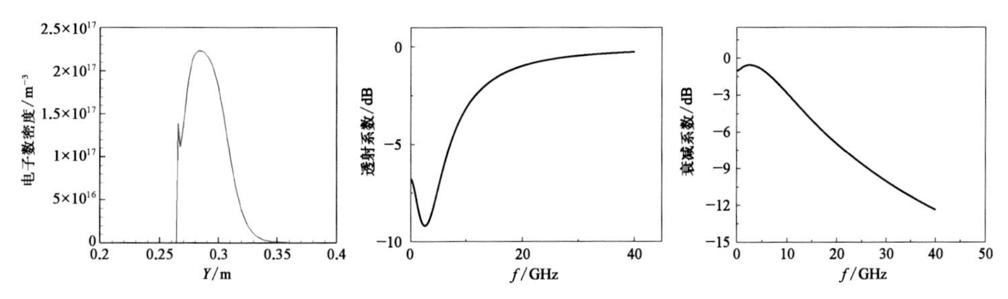

计算条件(位置 3)：激励源为高斯脉冲,空间网格大小 $\delta = 2.5 \times 10^{-4}$ m, 时间步长 $\Delta t = \delta/2c = 4.1667 \times 10^{-13}$ s。

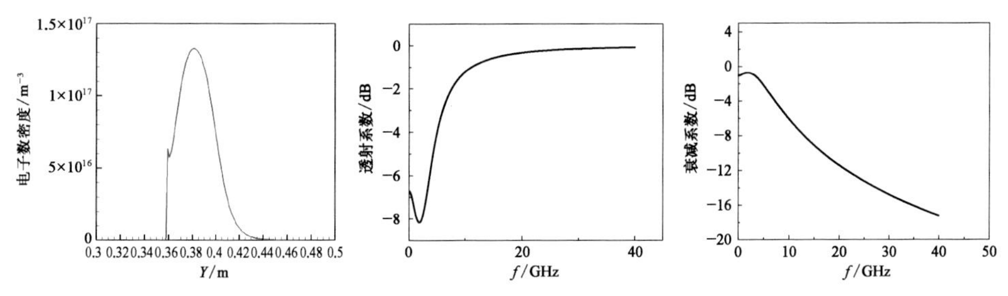

飞行高度：45 km　　飞行速度：20Ma　　攻角：0°

计算条件(位置 1)：激励源为高斯脉冲,空间网格大小 $\delta = 1.25 \times 10^{-4}$ m, 时间步长 $\Delta t = \delta/2c = 2.083 \times 10^{-13}$ s。

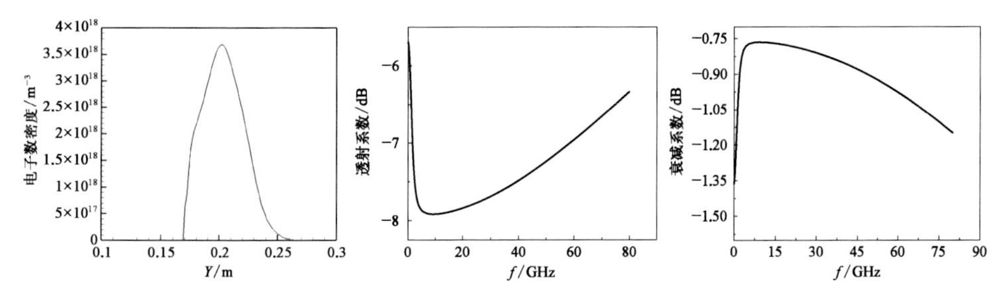

计算条件(位置 2): 激励源为高斯脉冲,空间网格大小 $\delta = 2.5 \times 10^{-4}$ m, 时间步长 $\Delta t = \delta/2c = 4.1667 \times 10^{-13}$ s。

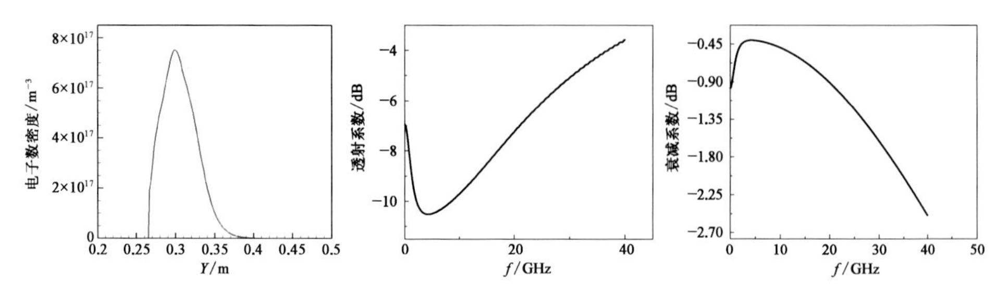

计算条件(位置 3): 激励源为高斯脉冲,空间网格大小 $\delta = 2.5 \times 10^{-4}$ m, 时间步长 $\Delta t = \delta/2c = 4.1667 \times 10^{-13}$ s。

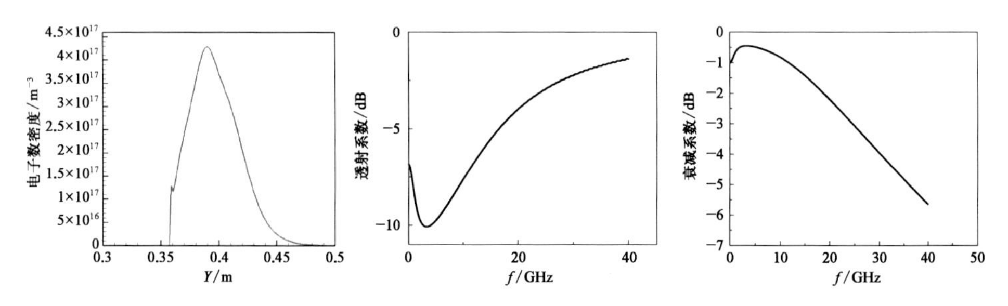

飞行高度: 45 km　　飞行速度: 25Ma　　攻角: 0°

计算条件(位置 1): 激励源为高斯脉冲,空间网格大小 $\delta = 5.0 \times 10^{-5}$ m, 时间步长 $\Delta t = \delta/2c = 8.333 \times 10^{-14}$ s。

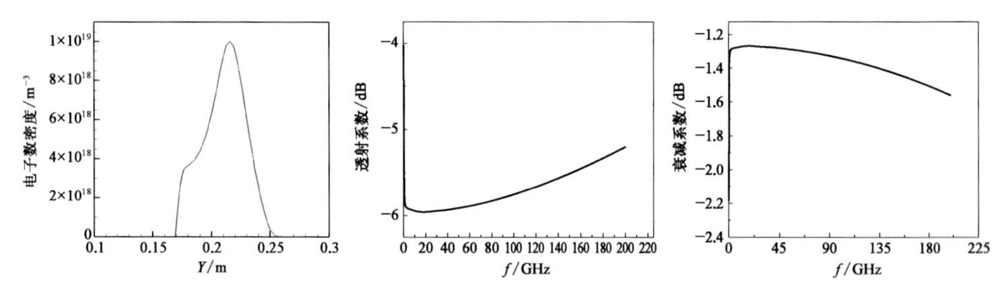

计算条件(位置 2): 激励源为高斯脉冲,空间网格大小 $\delta = 1.25 \times 10^{-4}$ m, 时间步长 $\Delta t = \delta/2c = 2.083 \times 10^{-13}$ s。

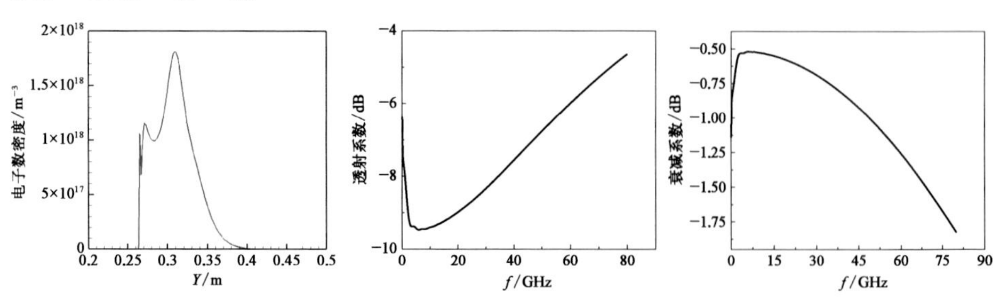

计算条件(位置 3)：激励源为高斯脉冲,空间网格大小 $\delta = 1.25 \times 10^{-4}$ m, 时间步长 $\Delta t = \delta/2c = 2.083 \times 10^{-13}$ s。

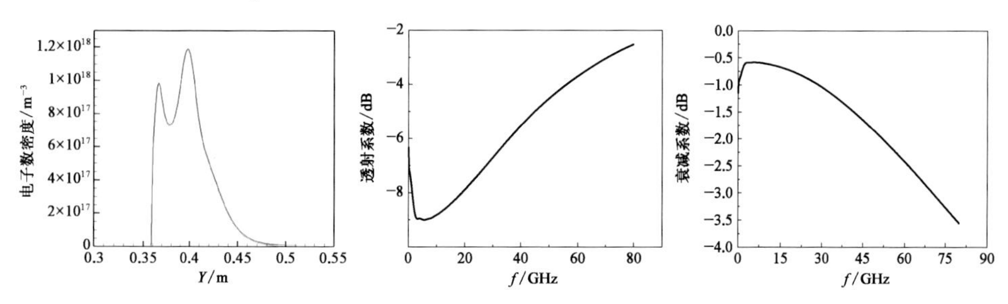

飞行高度：50 km　　飞行速度：15Ma　　攻角：0°

计算条件(位置 1)：激励源为高斯脉冲,空间网格大小 $\delta = 2.5 \times 10^{-4}$ m, 时间步长 $\Delta t = \delta/2c = 4.166\,7 \times 10^{-13}$ s。

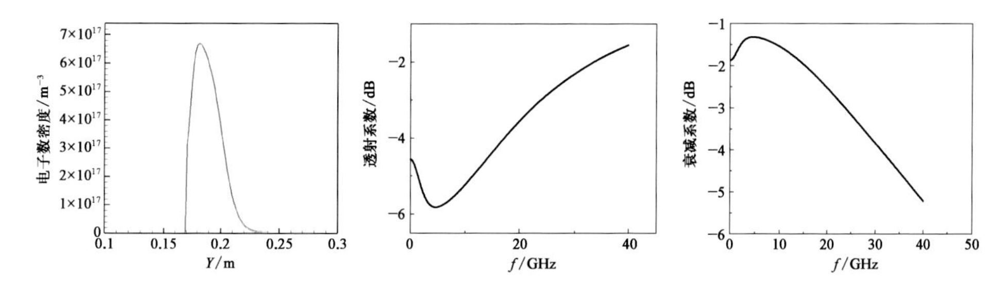

计算条件(位置 2)：激励源为高斯脉冲,空间网格大小 $\delta = 2.5 \times 10^{-4}$ m, 时间步长 $\Delta t = \delta/2c = 4.166\,7 \times 10^{-13}$ s。

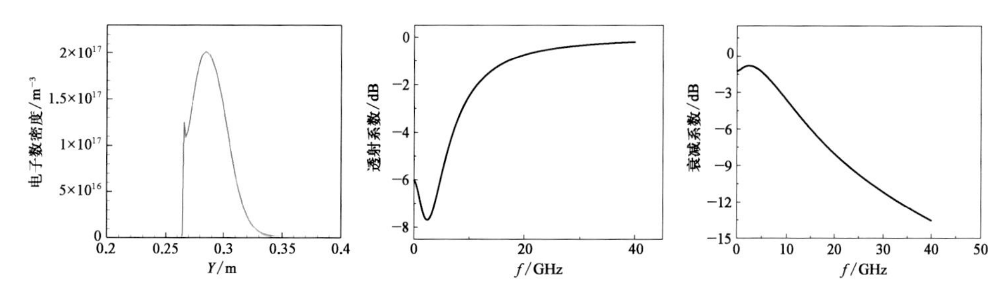

计算条件(位置 3)：激励源为高斯脉冲,空间网格大小 $\delta = 2.5 \times 10^{-4}$ m, 时间步长 $\Delta t = \delta/2c = 4.166\,7 \times 10^{-13}$ s。

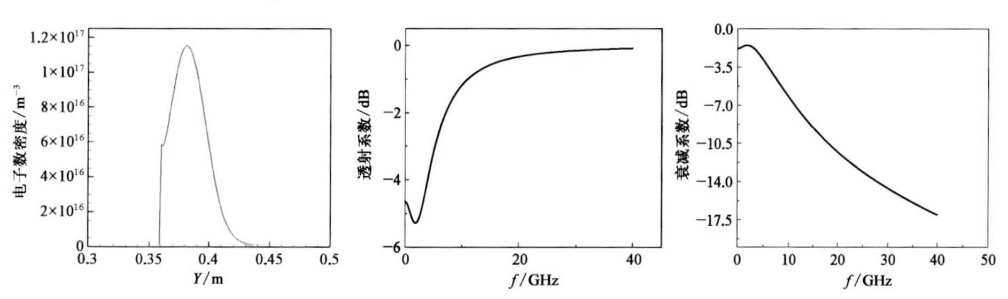

飞行高度: 50 km　　飞行速度: 20Ma　　攻角: 0°

计算条件(位置 1): 激励源为高斯脉冲,空间网格大小 $\delta = 1.25 \times 10^{-4}$ m, 时间步长 $\Delta t = \delta/2c = 2.083 \times 10^{-13}$ s。

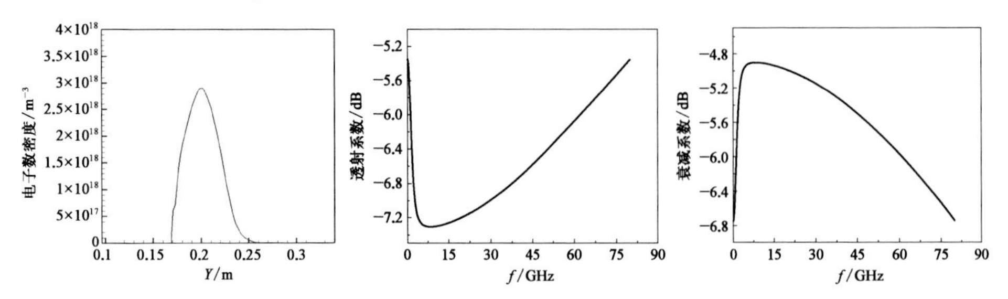

计算条件(位置 2): 激励源为高斯脉冲,空间网格大小 $\delta = 2.5 \times 10^{-4}$ m, 时间步长 $\Delta t = \delta/2c = 4.166\,7 \times 10^{-13}$ s。

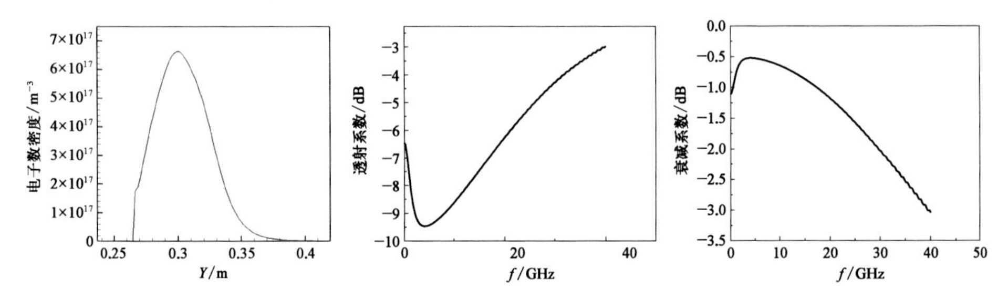

计算条件(位置 3): 激励源为高斯脉冲,空间网格大小 $\delta = 2.5 \times 10^{-4}$ m, 时间步长 $\Delta t = \delta/2c = 4.166\,7 \times 10^{-13}$ s。

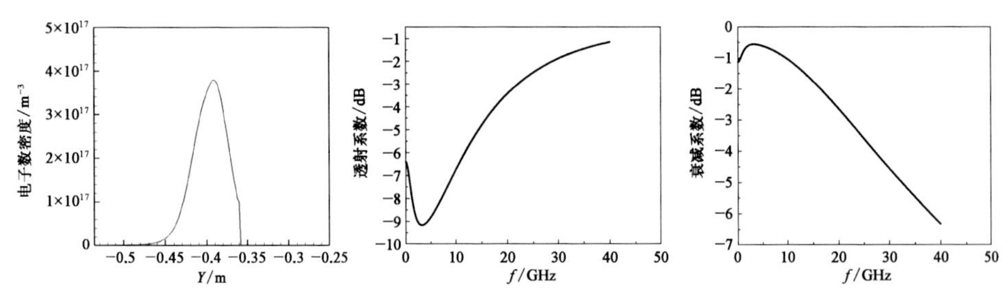

飞行高度: 50 km　　飞行速度: 25Ma　　攻角: 0°

计算条件(位置 1): 激励源为高斯脉冲,空间网格大小 $\delta = 5.0 \times 10^{-5}$ m, 时间步长 $\Delta t = \delta/2c = 8.333 \times 10^{-14}$ s。

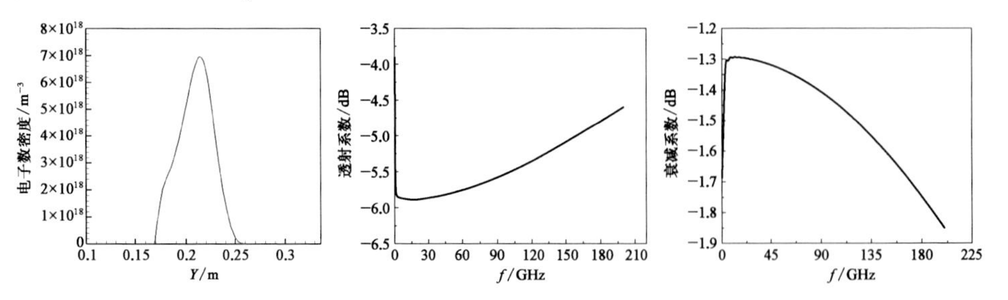

计算条件(位置 2)：激励源为高斯脉冲,空间网格大小 $\delta = 1.25 \times 10^{-4}$ m, 时间步长 $\Delta t = \delta/2c = 2.083 \times 10^{-13}$ s。

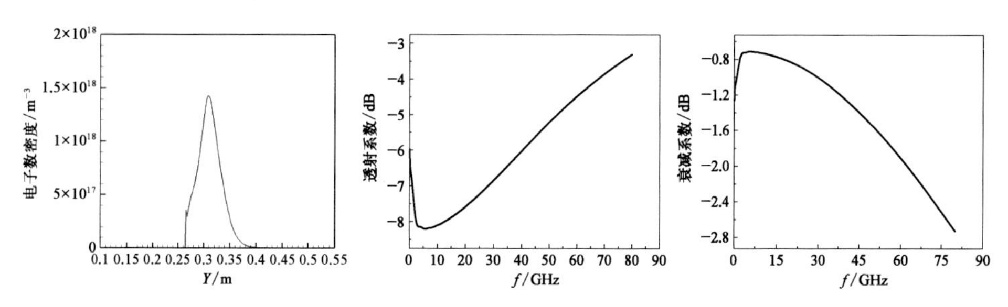

计算条件(位置 3)：激励源为高斯脉冲,空间网格大小 $\delta = 2.5 \times 10^{-4}$ m, 时间步长 $\Delta t = \delta/2c = 4.166\,7 \times 10^{-13}$ s。

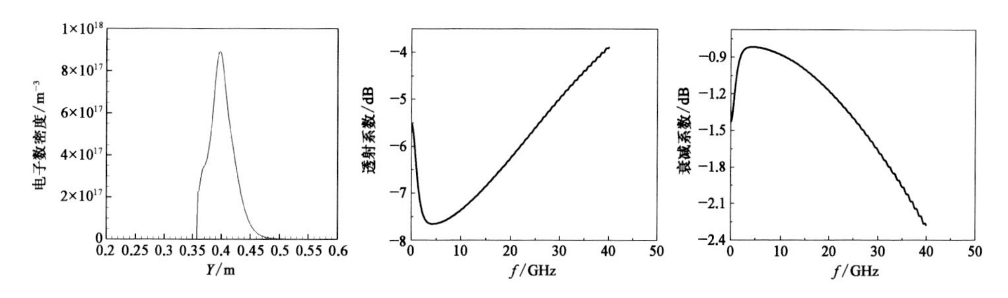

飞行高度：55 km　　飞行速度：15*Ma*　　攻角：0°

计算条件(位置 1)：激励源为高斯脉冲,空间网格大小 $\delta = 2.5 \times 10^{-4}$ m, 时间步长 $\Delta t = \delta/2c = 4.166\,7 \times 10^{-13}$ s。

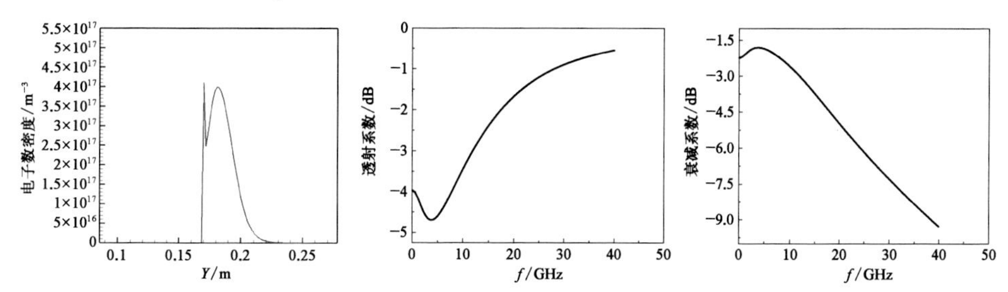

计算条件(位置 2)：激励源为高斯脉冲,空间网格大小 $\delta = 2.5 \times 10^{-4}$ m, 时间步长 $\Delta t = \delta/2c = 4.166\,7 \times 10^{-13}$ s。

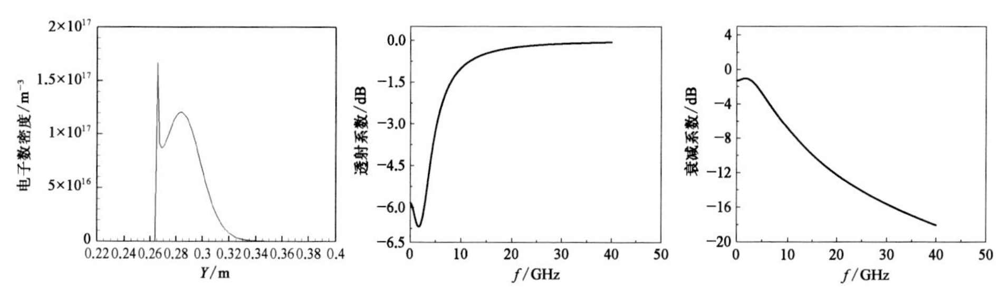

计算条件(位置 3)：激励源为高斯脉冲,空间网格大小 $\delta = 2.5 \times 10^{-4}$ m, 时间步长 $\Delta t = \delta/2c = 4.1667 \times 10^{-13}$ s。

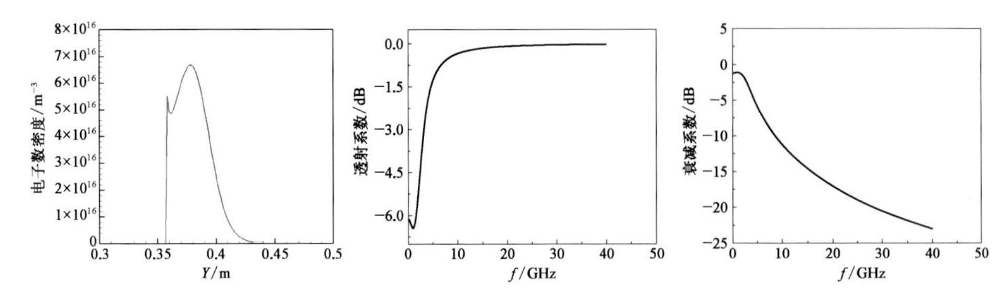

飞行高度：55 km　　飞行速度：20Ma　　攻角：0°

计算条件(位置 1)：激励源为高斯脉冲,空间网格大小 $\delta = 1.25 \times 10^{-4}$ m, 时间步长 $\Delta t = \delta/2c = 2.083 \times 10^{-13}$ s。

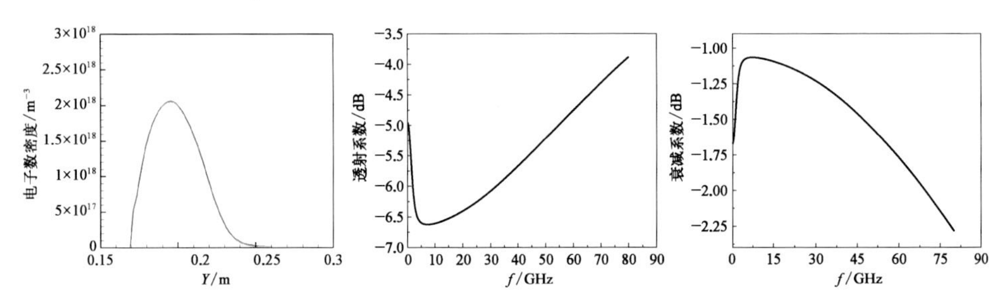

计算条件(位置 2)：激励源为高斯脉冲,空间网格大小 $\delta = 2.5 \times 10^{-4}$ m, 时间步长 $\Delta t = \delta/2c = 4.1667 \times 10^{-13}$ s。

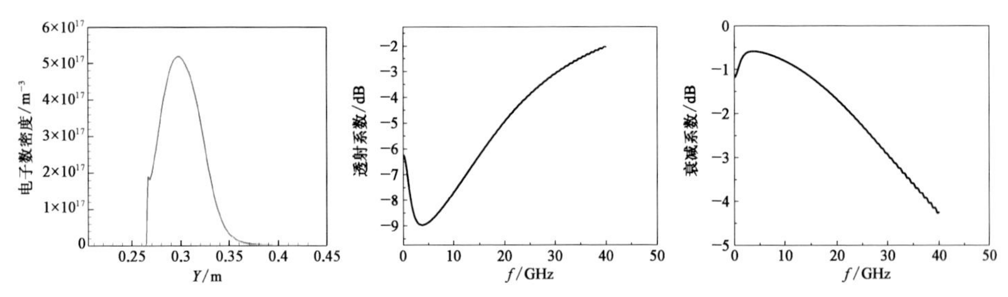

计算条件(位置 3)：激励源为高斯脉冲,空间网格大小 $\delta = 2.5 \times 10^{-4}$ m, 时间步长 $\Delta t = \delta/2c = 4.1667 \times 10^{-13}$ s。

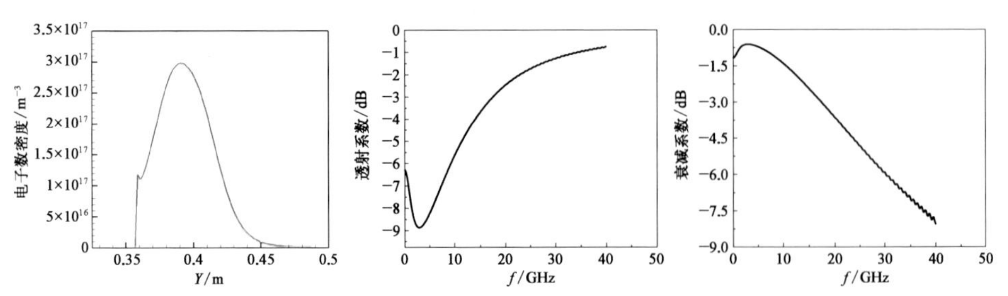

飞行高度: 55 km 飞行速度: 25Ma 攻角: 0°

计算条件(位置 1): 激励源为高斯脉冲,空间网格大小 $\delta = 1.25 \times 10^{-4}$ m, 时间步长 $\Delta t = \delta/2c = 2.083 \times 10^{-13}$ s。

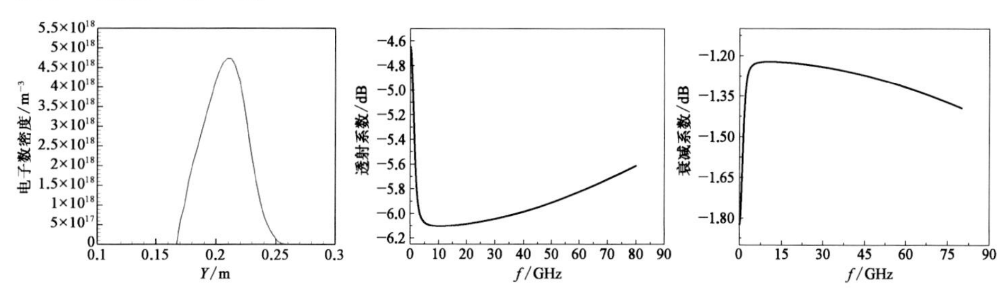

计算条件(位置 2): 激励源为高斯脉冲,空间网格大小 $\delta = 1.25 \times 10^{-4}$ m, 时间步长 $\Delta t = \delta/2c = 2.083 \times 10^{-13}$ s。

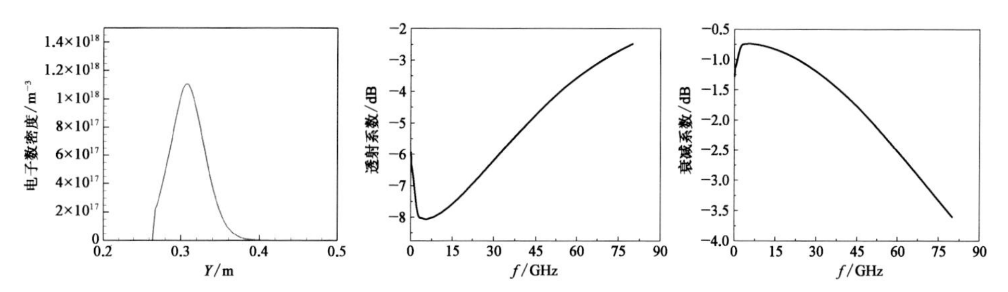

计算条件(位置 3): 激励源为高斯脉冲,空间网格大小 $\delta = 2.5 \times 10^{-4}$ m, 时间步长 $\Delta t = \delta/2c = 4.1667 \times 10^{-13}$ s。

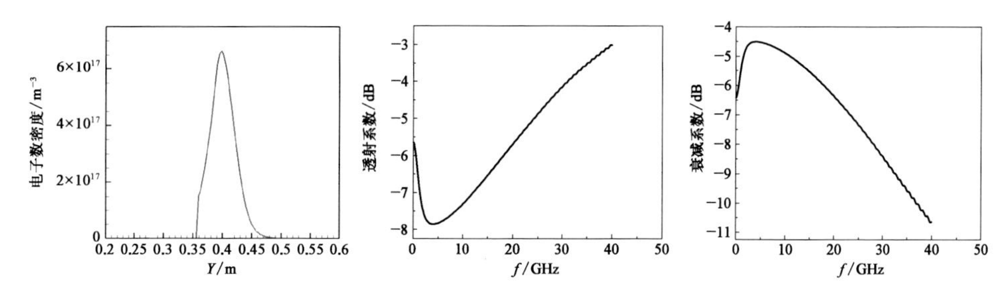

飞行高度: 60 km 飞行速度: 15Ma 攻角: 0°

计算条件(位置 1): 激励源为高斯脉冲,空间网格大小 $\delta = 2.5 \times 10^{-4}$ m, 时间步长 $\Delta t = \delta/2c = 4.1667 \times 10^{-13}$ s。

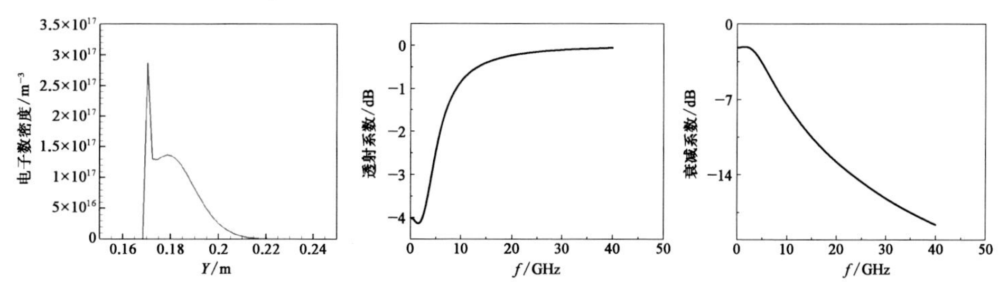

计算条件(位置 2)：激励源为高斯脉冲,空间网格大小 $\delta = 2.5 \times 10^{-4}$ m, 时间步长 $\Delta t = \delta/2c = 4.1667 \times 10^{-13}$ s。

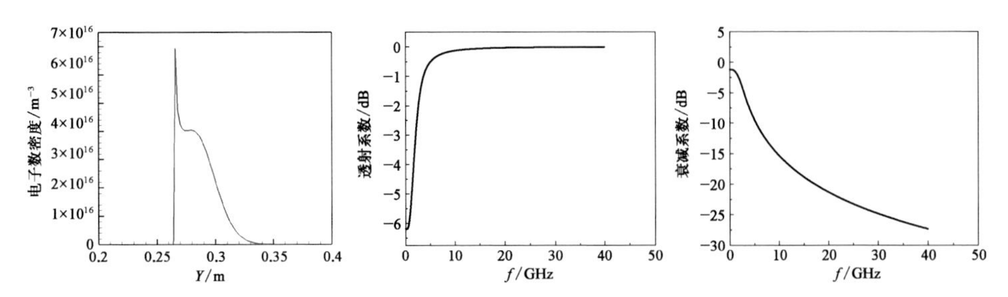

计算条件(位置 3)：激励源为高斯脉冲,空间网格大小 $\delta = 2.5 \times 10^{-4}$ m, 时间步长 $\Delta t = \delta/2c = 4.1667 \times 10^{-13}$ s。

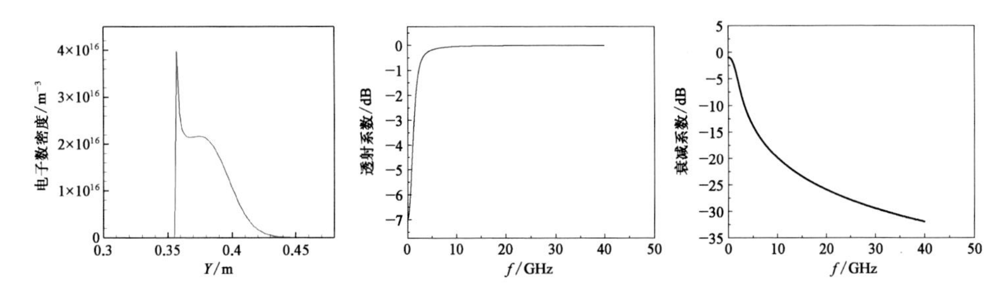

飞行高度：60 km　　飞行速度：20*Ma*　　攻角：0°

计算条件(位置 1)：激励源为高斯脉冲,空间网格大小 $\delta = 1.25 \times 10^{-4}$ m, 时间步长 $\Delta t = \delta/2c = 2.083 \times 10^{-13}$ s。

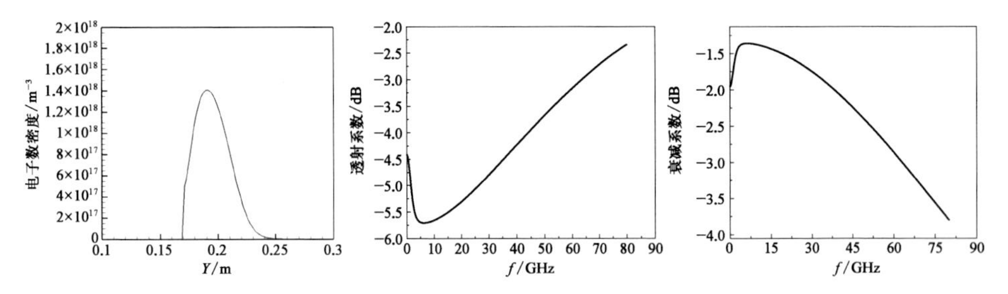

计算条件(位置 2)：激励源为高斯脉冲,空间网格大小 $\delta = 2.5 \times 10^{-4}$ m, 时间步长 $\Delta t = \delta/2c = 4.1667 \times 10^{-13}$ s。

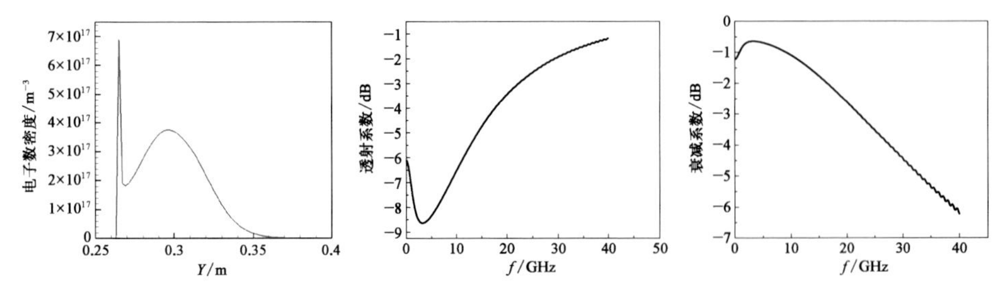

计算条件(位置 3)：激励源为高斯脉冲,空间网格大小 $\delta = 2.5 \times 10^{-4}$ m，时间步长 $\Delta t = \delta/2c = 4.1667 \times 10^{-13}$ s。

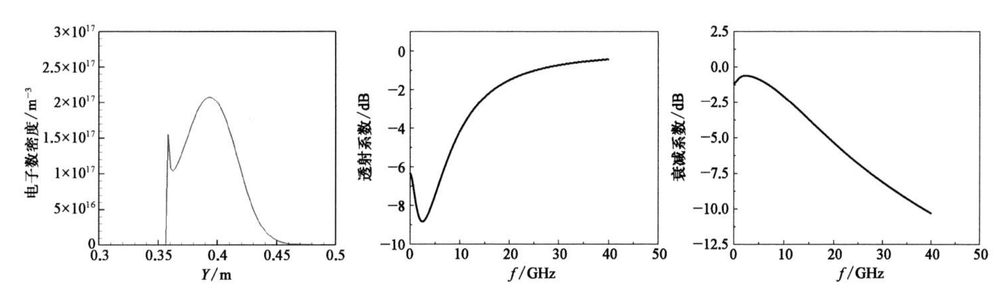

飞行高度：60 km　　飞行速度：25*Ma*　　攻角：0°

计算条件(位置 1)：激励源为高斯脉冲,空间网格大小 $\delta = 1.25 \times 10^{-4}$ m，时间步长 $\Delta t = \delta/2c = 2.083 \times 10^{-13}$ s。

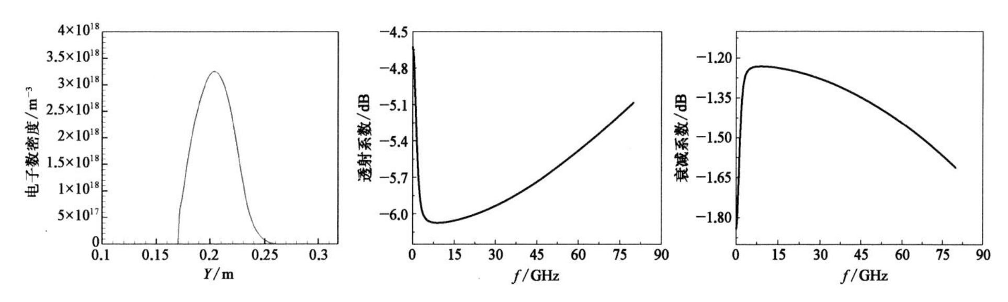

计算条件(位置 2)：激励源为高斯脉冲,空间网格大小 $\delta = 2.5 \times 10^{-4}$ m，时间步长 $\Delta t = \delta/2c = 4.1667 \times 10^{-13}$ s。

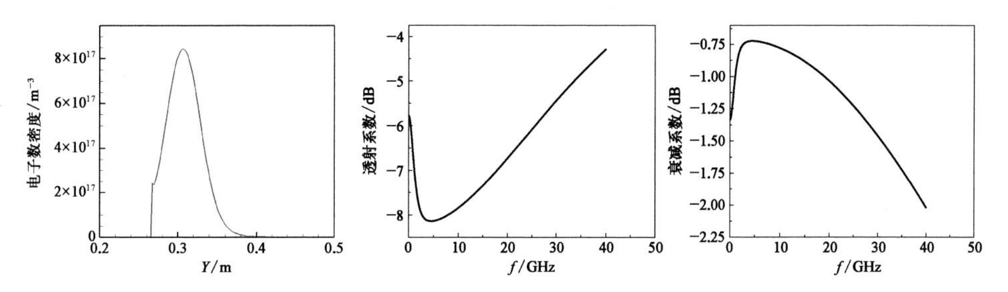

计算条件(位置 3)：激励源为高斯脉冲,空间网格大小 $\delta = 2.5 \times 10^{-4}$ m，时间步长 $\Delta t = \delta/2c = 4.1667 \times 10^{-13}$ s。

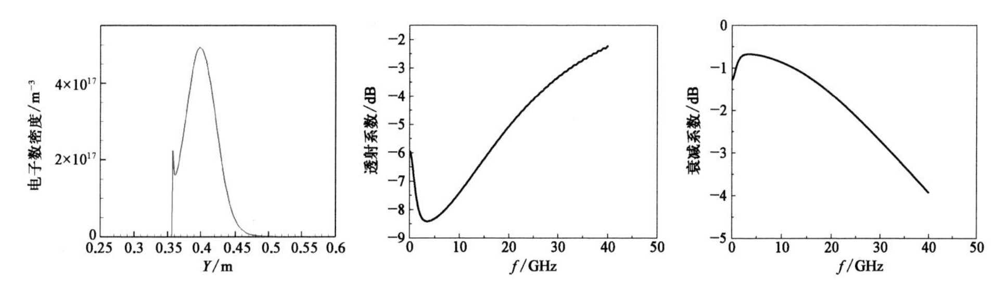

飞行高度：65 km　　飞行速度：15*Ma*　　攻角：0°

计算条件（位置 1）：激励源为高斯脉冲，空间网格大小 $\delta = 2.5 \times 10^{-4}$ m，时间步长 $\Delta t = \delta/2c = 4.1667 \times 10^{-13}$ s。

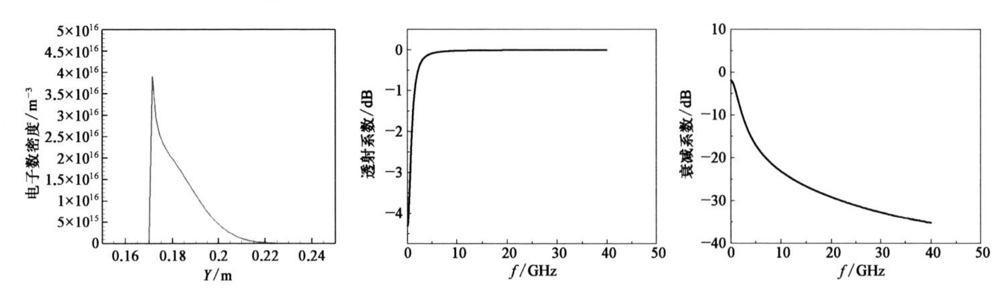

计算条件（位置 2）：激励源为高斯脉冲，空间网格大小 $\delta = 2.5 \times 10^{-4}$ m，时间步长 $\Delta t = \delta/2c = 4.1667 \times 10^{-13}$ s。

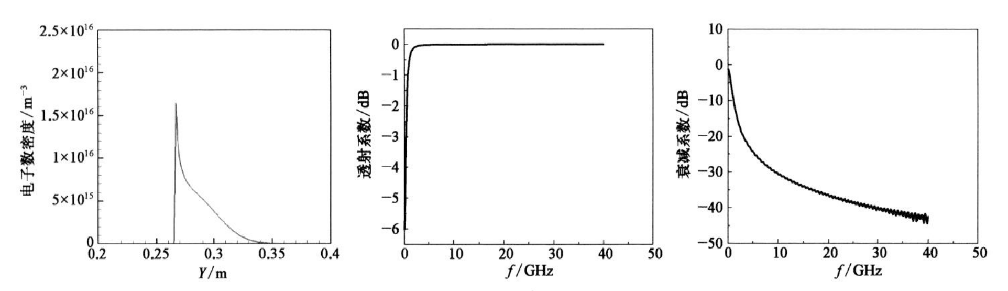

计算条件（位置 3）：激励源为高斯脉冲，空间网格大小 $\delta = 5.0 \times 10^{-4}$ m，时间步长 $\Delta t = \delta/2c = 8.333 \times 10^{-13}$ s。

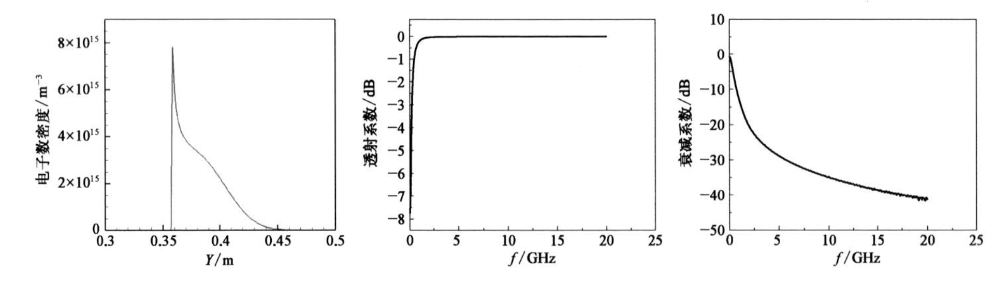

飞行高度：65 km　　飞行速度：20*Ma*　　攻角：0°

计算条件（位置 1）：激励源为高斯脉冲，空间网格大小 $\delta = 2.5 \times 10^{-4}$ m，时间步长 $\Delta t = \delta/2c = 4.1667 \times 10^{-13}$ s。

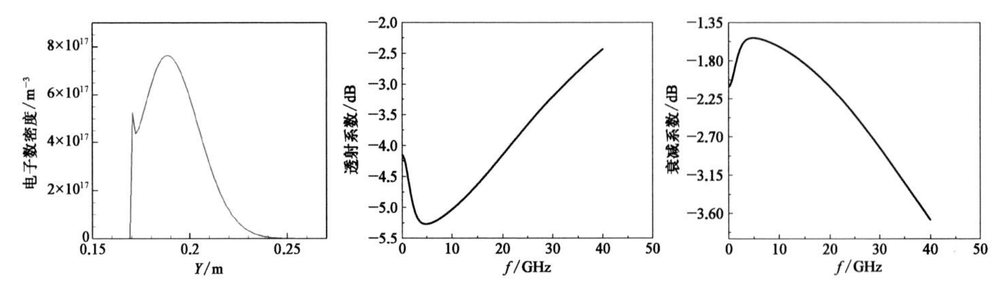

计算条件(位置 2)：激励源为高斯脉冲,空间网格大小 $\delta = 2.5 \times 10^{-4}$ m, 时间步长 $\Delta t = \delta/2c = 4.1667 \times 10^{-13}$ s。

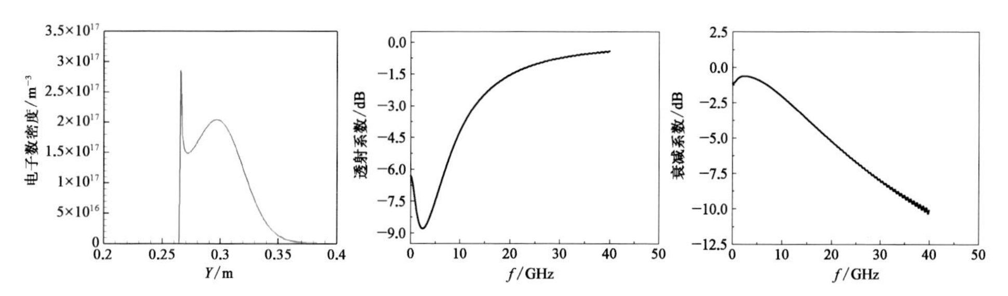

计算条件(位置 3)：激励源为高斯脉冲,空间网格大小 $\delta = 2.5 \times 10^{-4}$ m, 时间步长 $\Delta t = \delta/2c = 4.1667 \times 10^{-13}$ s。

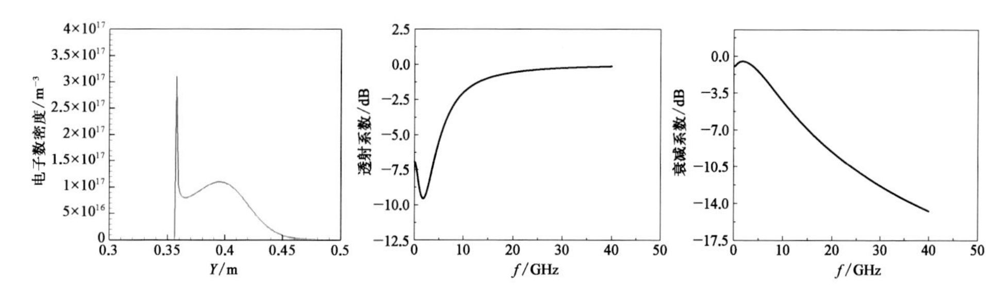

飞行高度：65 km　　飞行速度：25Ma　　攻角：0°

计算条件(位置 1)：激励源为高斯脉冲,空间网格大小 $\delta = 1.25 \times 10^{-4}$ m, 时间步长 $\Delta t = \delta/2c = 2.083 \times 10^{-13}$ s。

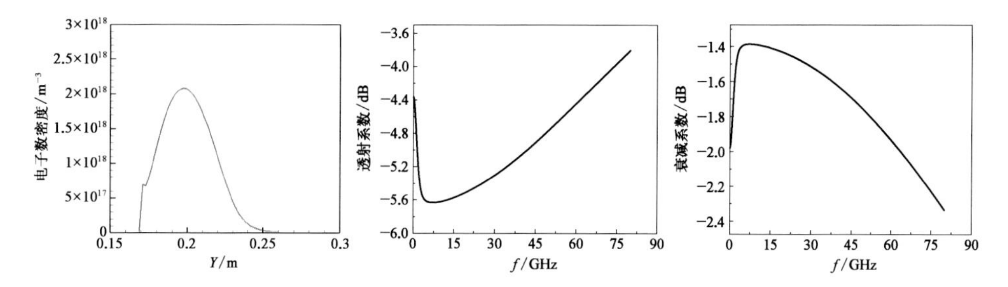

计算条件(位置 2)：激励源为高斯脉冲,空间网格大小 $\delta = 2.5 \times 10^{-4}$ m, 时间步长 $\Delta t = \delta/2c = 4.1667 \times 10^{-13}$ s。

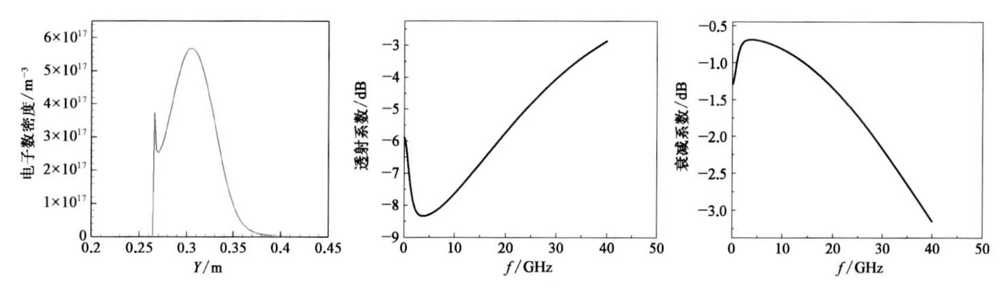

计算条件(位置 3)：激励源为高斯脉冲,空间网格大小 $\delta = 2.5 \times 10^{-4}$ m, 时间步长 $\Delta t = \delta/2c = 4.1667 \times 10^{-13}$ s。

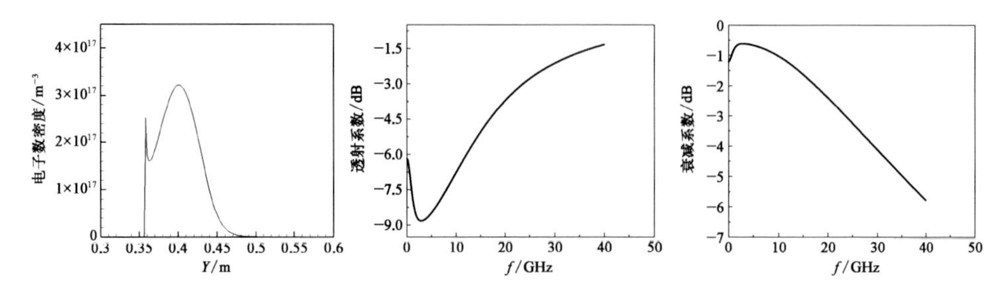

飞行高度：70 km　　飞行速度：15*Ma*　　攻角：0°

计算条件(位置 1)：激励源为高斯脉冲,空间网格大小 $\delta = 2.0 \times 10^{-3}$ m, 时间步长 $\Delta t = \delta/2c = 3.333 \times 10^{-12}$ s。

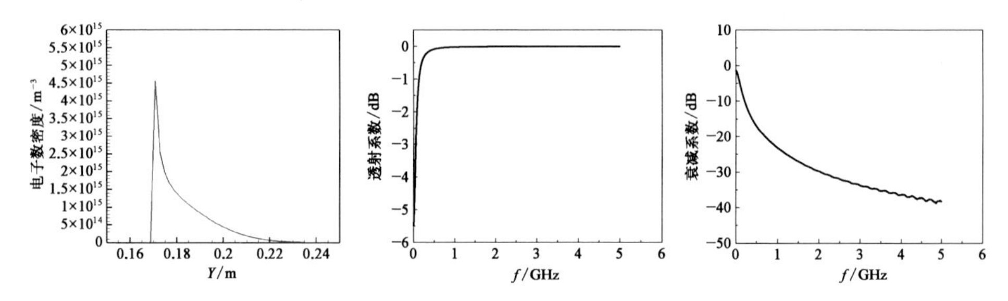

计算条件(位置 2)：激励源为高斯脉冲,空间网格大小 $\delta = 4.0 \times 10^{-3}$ m, 时间步长 $\Delta t = \delta/2c = 6.667 \times 10^{-12}$ s。

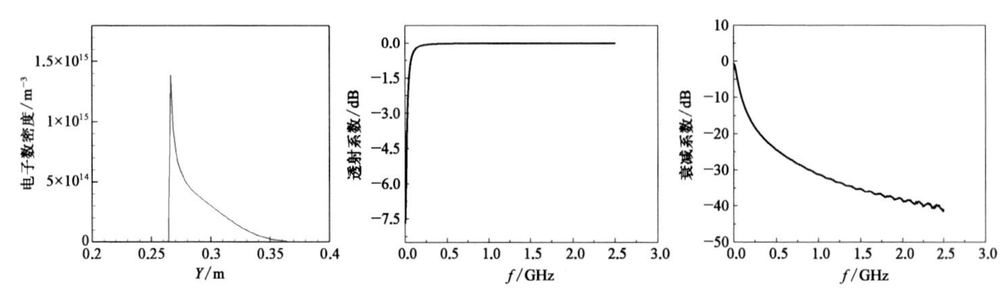

计算条件(位置 3)：激励源为高斯脉冲,空间网格大小 $\delta = 4.0 \times 10^{-3}$ m, 时间步长 $\Delta t = \delta/2c = 6.667 \times 10^{-12}$ s。

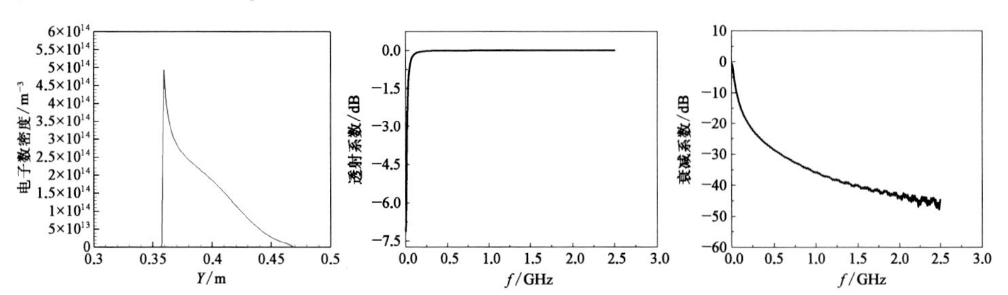

飞行高度：70 km　　飞行速度：20Ma　　攻角：0°

计算条件(位置1)：激励源为高斯脉冲，空间网格大小 $\delta = 2.5 \times 10^{-4}$ m，时间步长 $\Delta t = \delta/2c = 4.1667 \times 10^{-13}$ s。

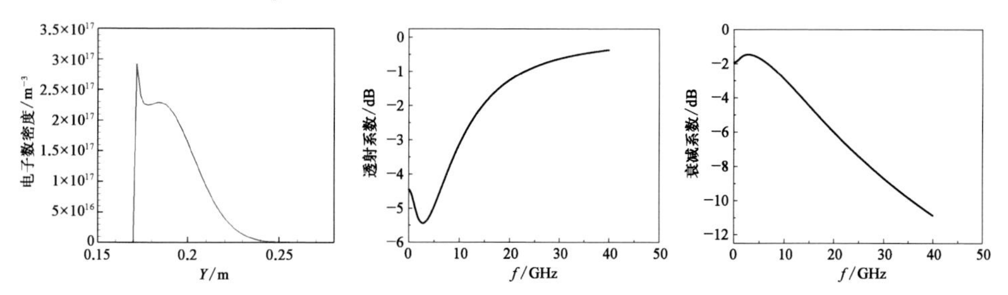

计算条件(位置2)：激励源为高斯脉冲，空间网格大小 $\delta = 2.5 \times 10^{-4}$ m，时间步长 $\Delta t = \delta/2c = 4.1667 \times 10^{-13}$ s。

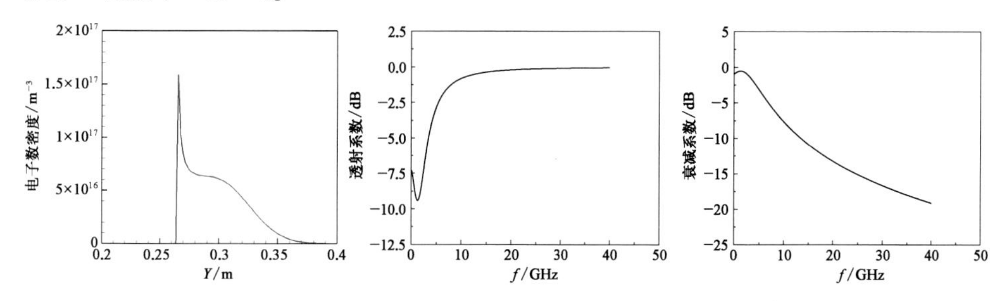

计算条件(位置3)：激励源为高斯脉冲，空间网格大小 $\delta = 5.0 \times 10^{-4}$ m，时间步长 $\Delta t = \delta/2c = 8.333 \times 10^{-13}$ s。

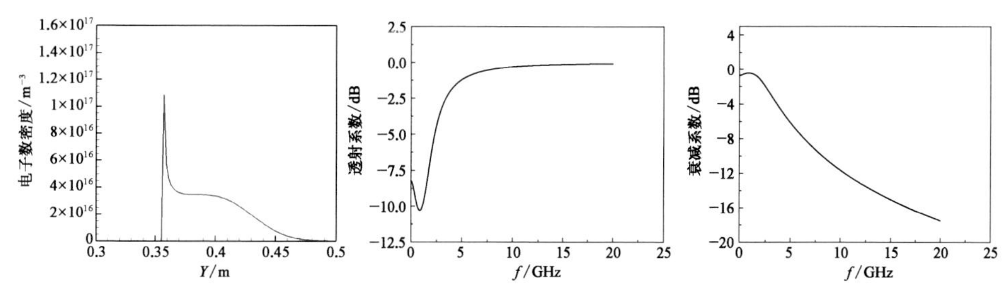

飞行高度：70 km　　飞行速度：25Ma　　攻角：0°

计算条件(位置1)：激励源为高斯脉冲，空间网格大小 $\delta = 1.25 \times 10^{-4}$ m，时间步长 $\Delta t = \delta/2c = 2.083 \times 10^{-13}$ s。

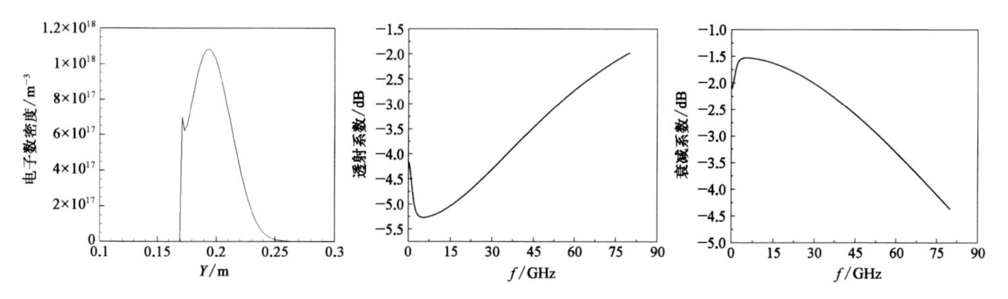

计算条件(位置 2):激励源为高斯脉冲,空间网格大小 $\delta = 2.5 \times 10^{-4}$ m,时间步长 $\Delta t = \delta/2c = 4.1667 \times 10^{-13}$ s。

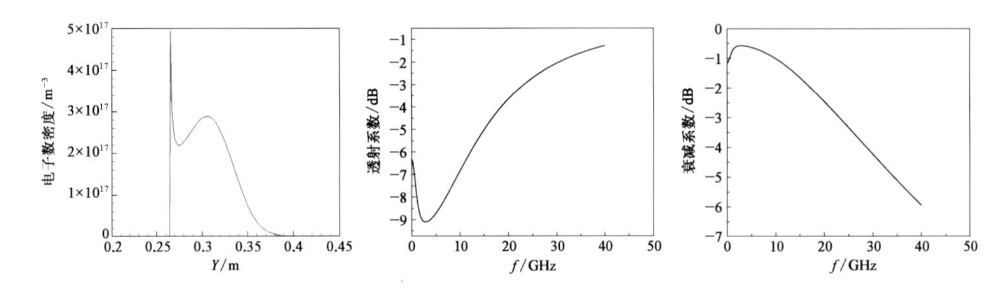

计算条件(位置 3):激励源为高斯脉冲,空间网格大小 $\delta = 2.5 \times 10^{-4}$ m,时间步长 $\Delta t = \delta/2c = 4.1667 \times 10^{-13}$ s。

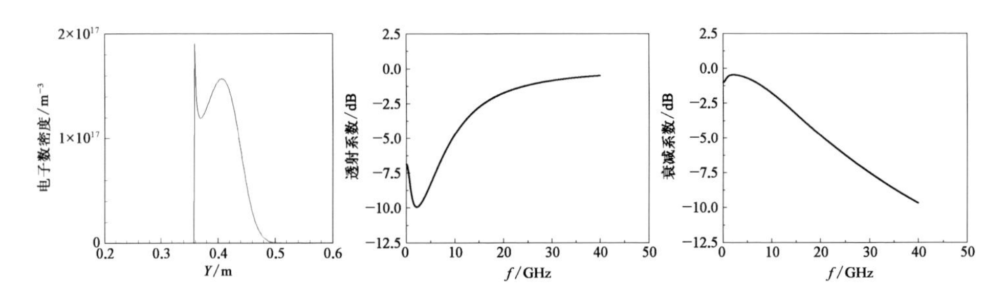

结合以上 RAM-C 钝锥等离子体鞘套中的传播特性结果图,分析可知:

(1) 当位于不同高度(速度均为 15Ma,攻角均为 0°)时,随着高度的增加,电子数密度逐渐减小,此时,透射逐渐增加,衰减不断减小。这是由于高度越高,空气越稀薄,被电离的空气变少,造成电子数密度逐渐减小,此时,电磁波穿过等离子体的能力增强,衰减不断降低。

(2) 当以不同速度(高度均为 50 km,攻角均为 0°)飞行时,随着速度的增大,电子数密度逐渐增大,此时,透射逐渐减小,衰减不断增大。这是由于速度越大,与大气的摩擦越剧烈,大量的空气发生电离,造成电子数密度增加,电磁波通过等离子体时透射能力减弱,衰减不断增大。

(3) 对比同一高度、同一速度下的传播结果图可知:高超声速飞行器上不同位置(位置 1、位置 2、位置 3)的电磁波透射与衰减变化关系为 $T_1 < T_2 < T_3$, $\mathrm{Att}_1 > \mathrm{Att}_2 > \mathrm{Att}_3$。这是由于同一条件下,电子数密度整体呈现逐渐减小的趋势,此时,造成了电磁波在等离子体鞘套中呈现透射增大、衰减下降的趋势。因此,天线设置在高超声速飞行器的尾部(位置 3),可以实现较好的通信质量。

3.2.2　高超声速类 HTV-2 等离子体的电波传播计算数据

本小节针对类 HTV-2 外形(图 3.2)计算了不同高度(H = 30 km, 40 km, 50 km, 60 km)、不同马赫数(Ma = 15,20,25)、不同攻角(Φ = 0°, 10°, 20°)及不同位置(0.1 m(位置 1、2),1.0 m(位置 3、4),1.99 m(位置 5、6))下的电子数密度随等离子体鞘套厚度变化的分布图、透射系数,以及衰减系数随入射波频率的变化关系图,如下图所示。

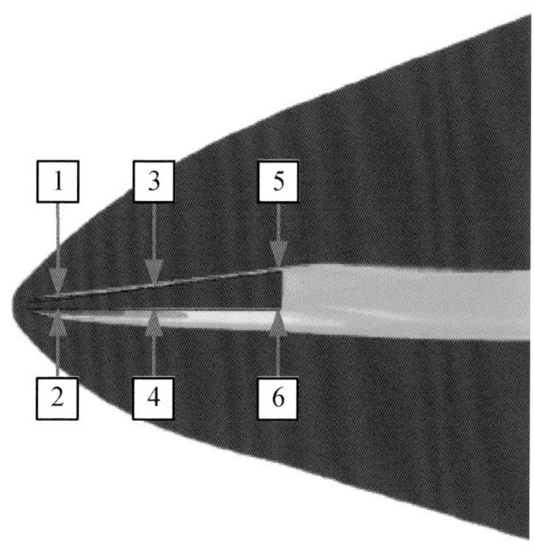

图 3.2　类 HTV-2 模型流场示意图

飞行高度: 30 km　　飞行速度: 15Ma　　攻角: 0°

计算条件(位置 1): 激励源为高斯脉冲,空间网格大小 $\delta = 7.5 \times 10^{-4}$ m, 时间步长 $\Delta t = \delta/2c = 1.25 \times 10^{-12}$ s。

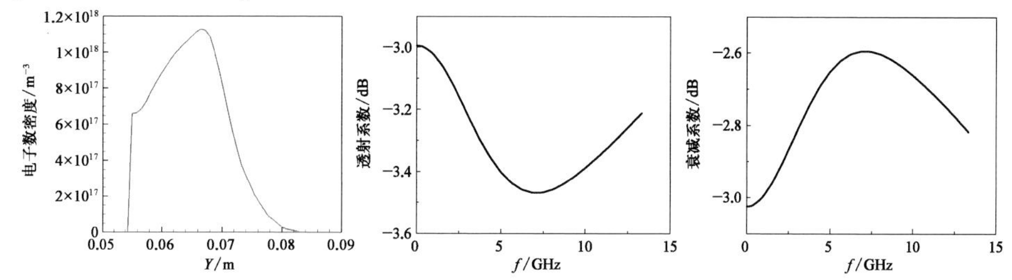

计算条件(位置 2): 激励源为高斯脉冲,空间网格大小 $\delta = 7.5 \times 10^{-4}$ m, 时间步长 $\Delta t = \delta/2c = 1.25 \times 10^{-12}$ s。

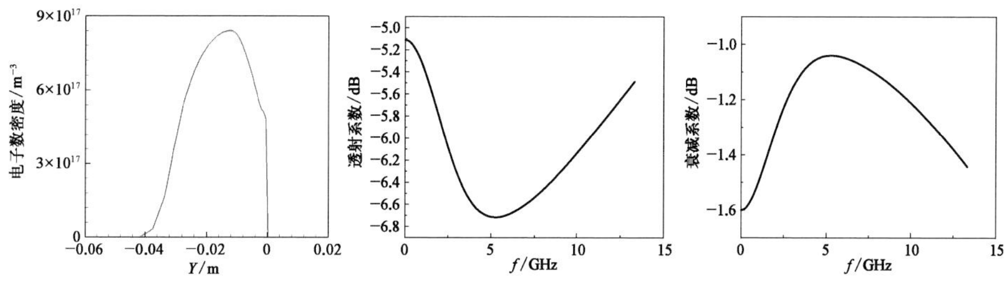

计算条件(位置 3): 激励源为高斯脉冲,空间网格大小 $\delta = 7.5 \times 10^{-4}$ m, 时间步长 $\Delta t = \delta/2c = 1.25 \times 10^{-12}$ s。

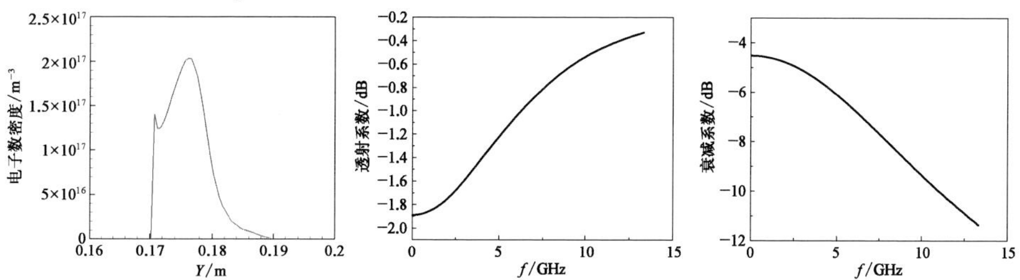

计算条件(位置 4)：激励源为高斯脉冲,空间网格大小 $\delta = 1.0 \times 10^{-3}$ m, 时间步长 $\Delta t = \delta/2c = 1.667 \times 10^{-12}$ s。

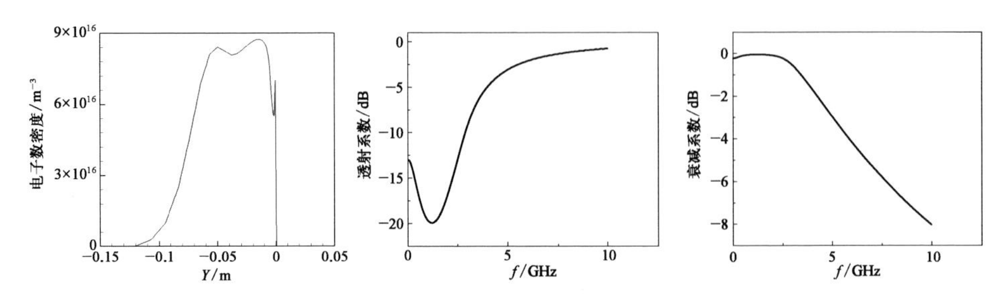

计算条件(位置 5)：激励源为高斯脉冲,空间网格大小 $\delta = 7.5 \times 10^{-4}$ m, 时间步长 $\Delta t = \delta/2c = 1.25 \times 10^{-12}$ s。

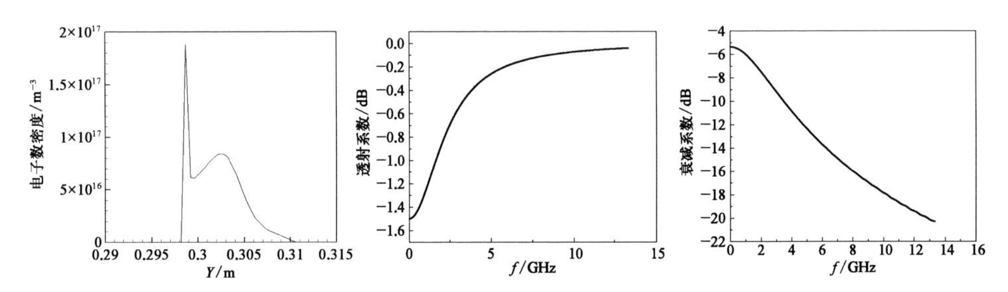

计算条件(位置 6)：激励源为高斯脉冲,空间网格大小 $\delta = 7.5 \times 10^{-4}$ m, 时间步长 $\Delta t = \delta/2c = 1.25 \times 10^{-12}$ s。

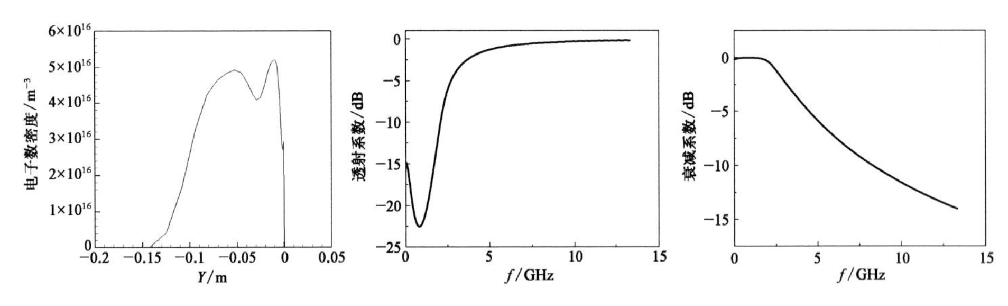

飞行高度：30 km　　飞行速度：20*Ma*　　攻角：0°

计算条件(位置 1)：激励源为高斯脉冲,空间网格大小 $\delta = 2.5 \times 10^{-5}$ m, 时间步长 $\Delta t = \delta/2c = 4.1667 \times 10^{-14}$ s。

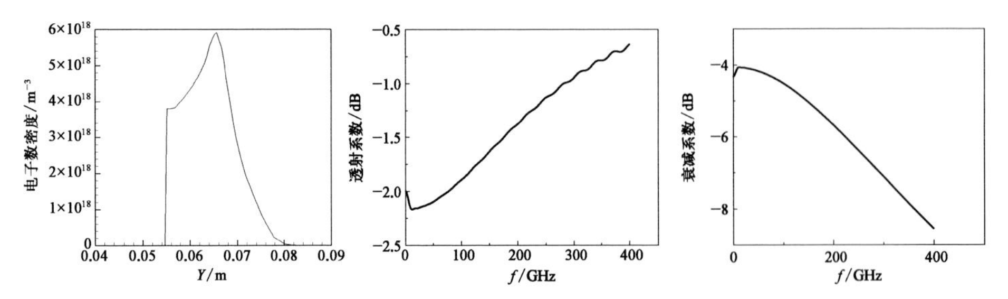

计算条件(位置 2)：激励源为高斯脉冲,空间网格大小 $\delta = 1.25 \times 10^{-4}$ m,时间步长 $\Delta t = \delta/2c = 2.083 \times 10^{-13}$ s。

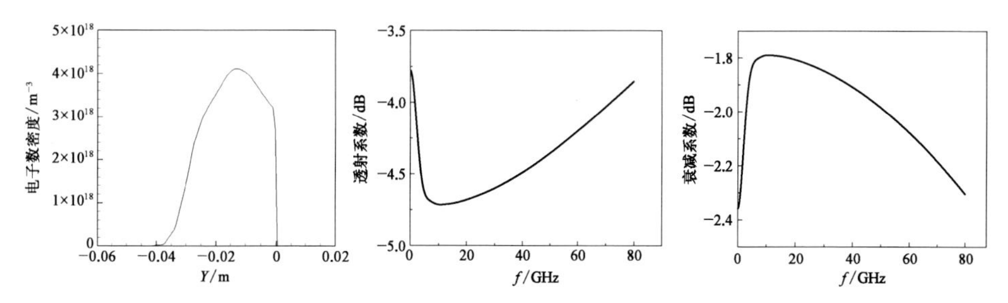

计算条件(位置 3)：激励源为高斯脉冲,空间网格大小 $\delta = 2.5 \times 10^{-4}$ m,时间步长 $\Delta t = \delta/2c = 4.166\,7 \times 10^{-13}$ s。

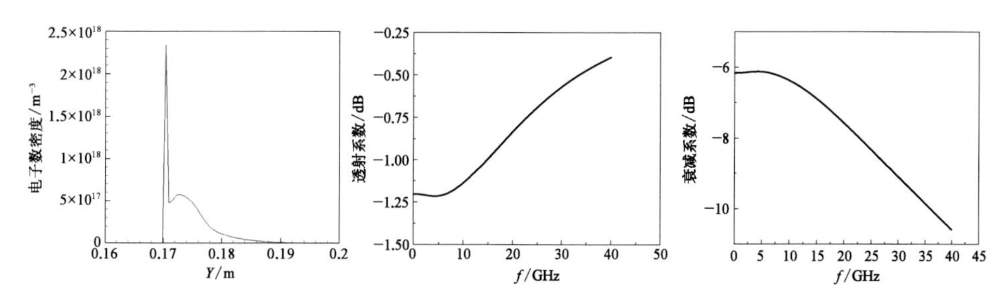

计算条件(位置 4)：激励源为高斯脉冲,空间网格大小 $\delta = 2.5 \times 10^{-4}$ m,时间步长 $\Delta t = \delta/2c = 4.166\,7 \times 10^{-13}$ s。

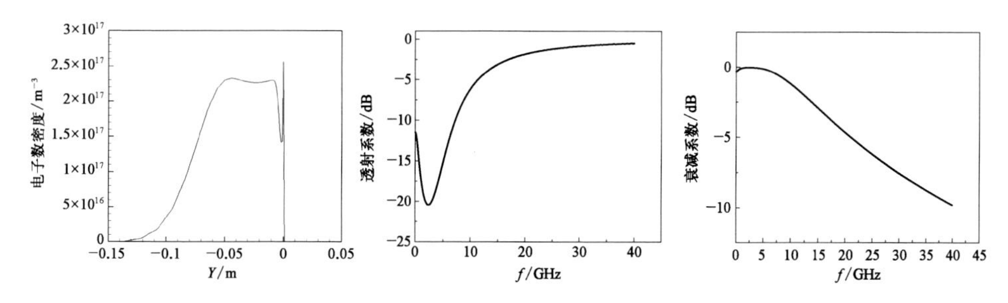

计算条件(位置 5)：激励源为高斯脉冲,空间网格大小 $\delta = 2.5 \times 10^{-4}$ m,时间步长 $\Delta t = \delta/2c = 4.166\,7 \times 10^{-13}$ s。

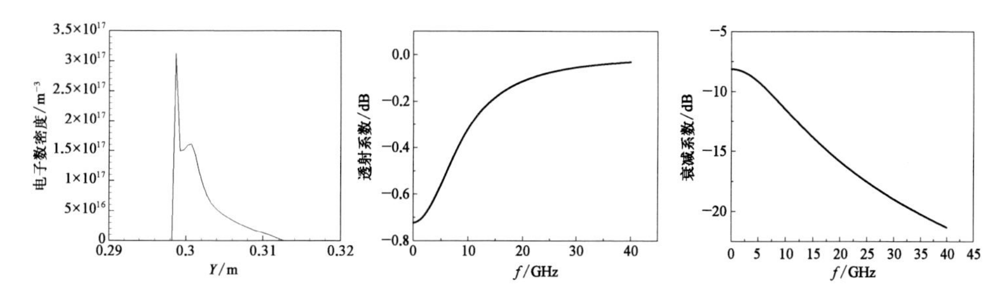

计算条件(位置 6)：激励源为高斯脉冲，空间网格大小 $\delta = 5.0 \times 10^{-4}$ m，时间步长 $\Delta t = \delta/2c = 8.333 \times 10^{-13}$ s。

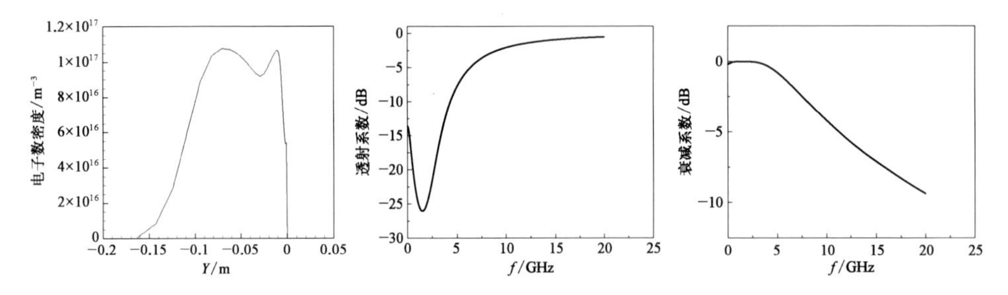

飞行高度：30 km　　飞行速度：25*Ma*　　攻角：0°

计算条件(位置 1)：激励源为高斯脉冲，空间网格大小 $\delta = 2.5 \times 10^{-5}$ m，时间步长 $\Delta t = \delta/2c = 4.166\,7 \times 10^{-14}$ s。

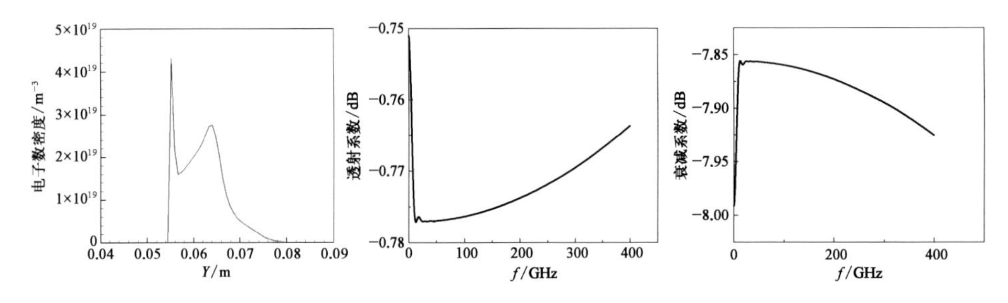

计算条件(位置 2)：激励源为高斯脉冲，空间网格大小 $\delta = 2.5 \times 10^{-5}$ m，时间步长 $\Delta t = \delta/2c = 4.166\,7 \times 10^{-14}$ s。

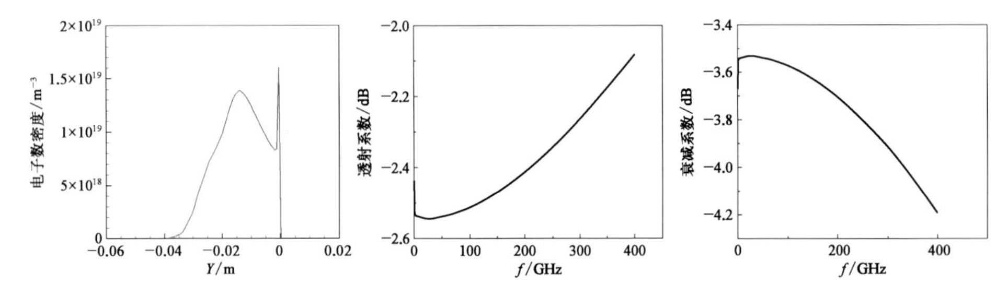

计算条件(位置 3)：激励源为高斯脉冲，空间网格大小 $\delta = 2.5 \times 10^{-5}$ m，时间步长 $\Delta t = \delta/2c = 4.166\,7 \times 10^{-14}$ s。

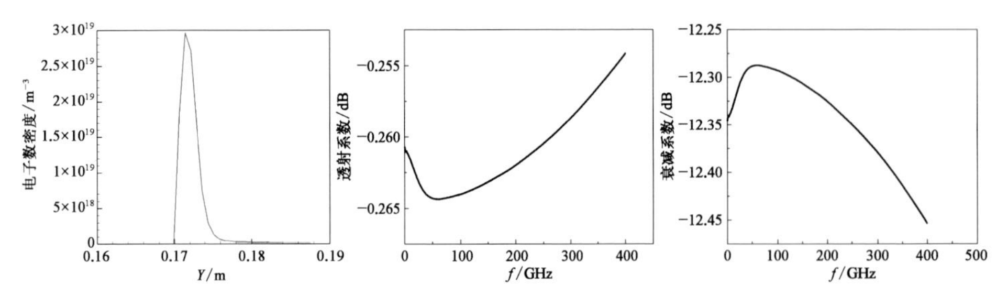

计算条件(位置 4)：激励源为高斯脉冲,空间网格大小 $\delta = 2.5 \times 10^{-4}$ m,时间步长 $\Delta t = \delta/2c = 4.1667 \times 10^{-13}$ s。

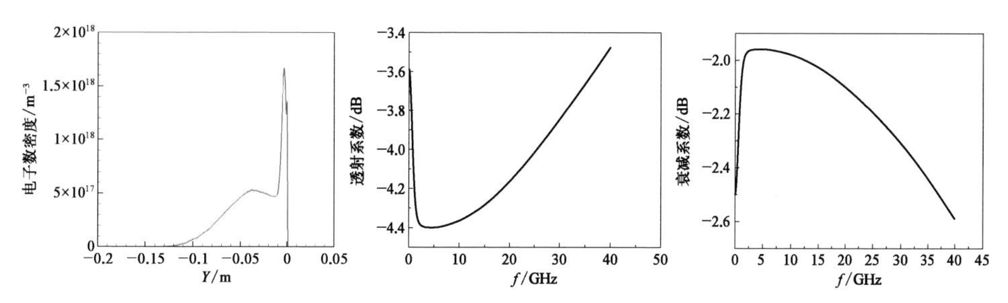

计算条件(位置 5)：激励源为高斯脉冲,空间网格大小 $\delta = 2.5 \times 10^{-4}$ m,时间步长 $\Delta t = \delta/2c = 4.1667 \times 10^{-13}$ s。

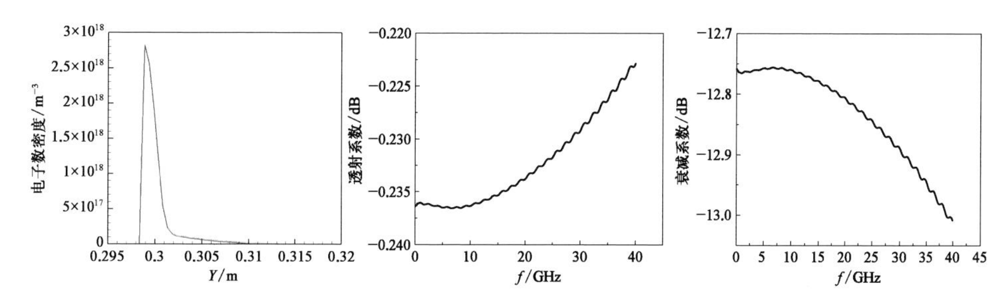

计算条件(位置 6)：激励源为高斯脉冲,空间网格大小 $\delta = 2.5 \times 10^{-4}$ m,时间步长 $\Delta t = \delta/2c = 4.1667 \times 10^{-13}$ s。

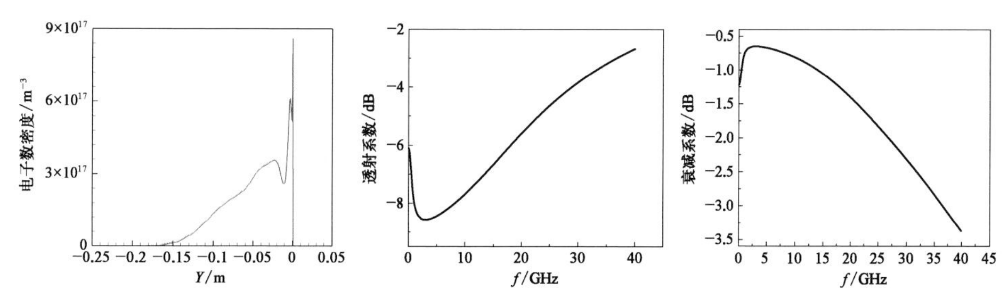

飞行高度：40 km　　飞行速度：15*Ma*　　攻角：0°

计算条件(位置 1)：激励源为高斯脉冲,空间网格大小 $\delta = 2.5 \times 10^{-4}$ m,时间步长 $\Delta t = \delta/2c = 4.1667 \times 10^{-13}$ s。

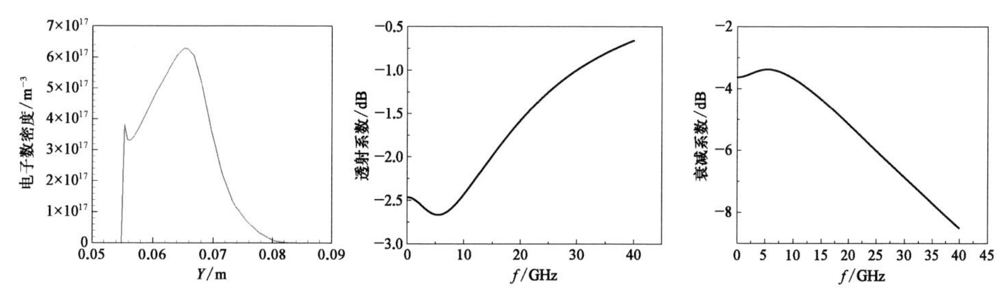

计算条件(位置 2):激励源为高斯脉冲,空间网格大小 $\delta = 2.5 \times 10^{-4}$ m,时间步长 $\Delta t = \delta/2c = 4.166\,7 \times 10^{-13}$ s。

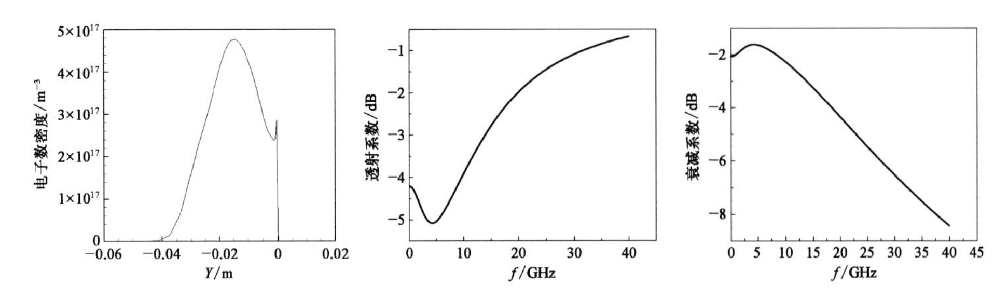

计算条件(位置 3):激励源为高斯脉冲,空间网格大小 $\delta = 2.5 \times 10^{-4}$ m,时间步长 $\Delta t = \delta/2c = 4.166\,7 \times 10^{-13}$ s。

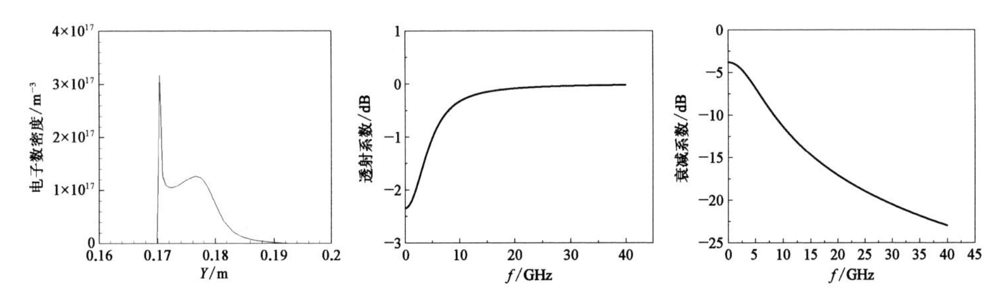

计算条件(位置 4):激励源为高斯脉冲,空间网格大小 $\delta = 2.5 \times 10^{-4}$ m,时间步长 $\Delta t = \delta/2c = 4.166\,7 \times 10^{-13}$ s。

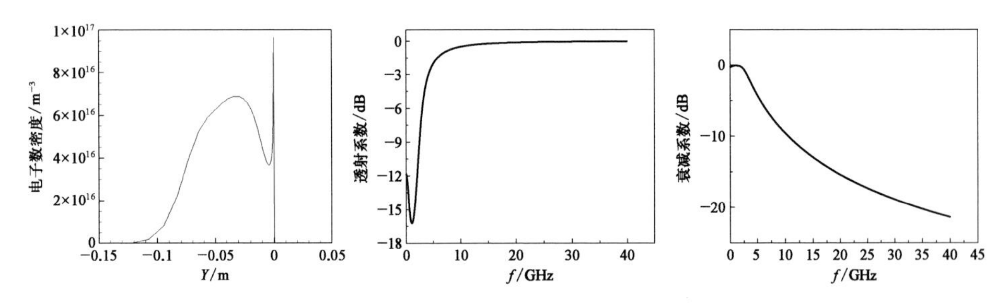

计算条件(位置 5):激励源为高斯脉冲,空间网格大小 $\delta = 2.5 \times 10^{-4}$ m,时间步长 $\Delta t = \delta/2c = 4.166\,7 \times 10^{-13}$ s。

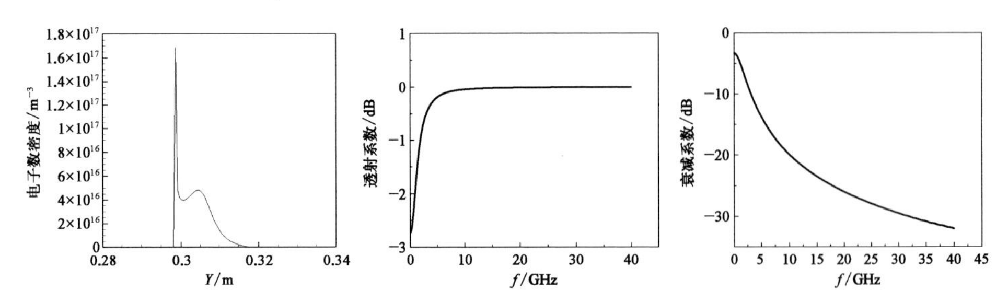

计算条件(位置 6)：激励源为高斯脉冲，空间网格大小 $\delta = 5.0 \times 10^{-4}$ m，时间步长 $\Delta t = \delta/2c = 8.333 \times 10^{-13}$ s。

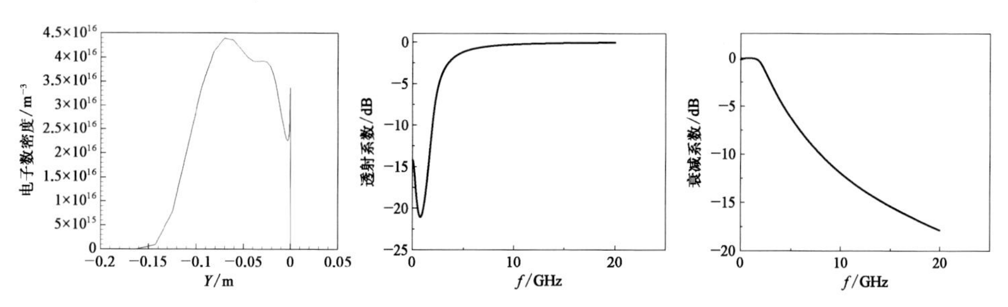

飞行高度：40　　飞行速度：20Ma　　攻角：0°

计算条件(位置 1)：激励源为高斯脉冲，空间网格大小 $\delta = 1.25 \times 10^{-4}$ m，时间步长 $\Delta t = \delta/2c = 2.083 \times 10^{-13}$ s。

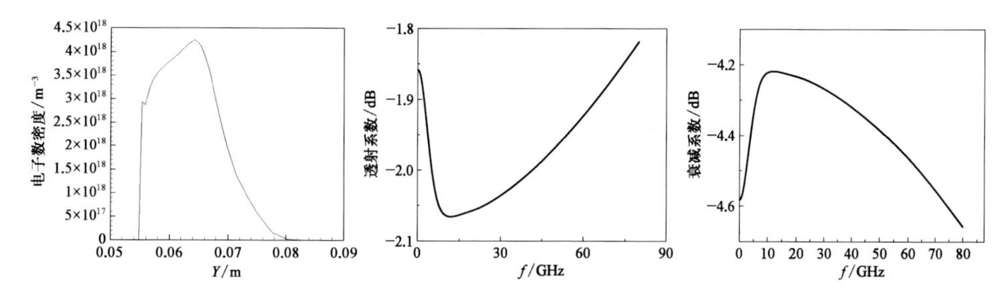

计算条件(位置 2)：激励源为高斯脉冲，空间网格大小 $\delta = 1.25 \times 10^{-4}$ m，时间步长 $\Delta t = \delta/2c = 2.083 \times 10^{-13}$ s。

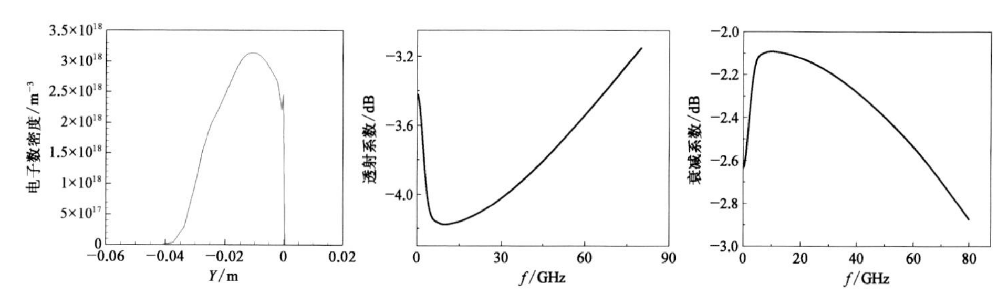

计算条件(位置 3)：激励源为高斯脉冲，空间网格大小 $\delta = 1.25 \times 10^{-4}$ m，时间步长 $\Delta t = \delta/2c = 2.083 \times 10^{-13}$ s。

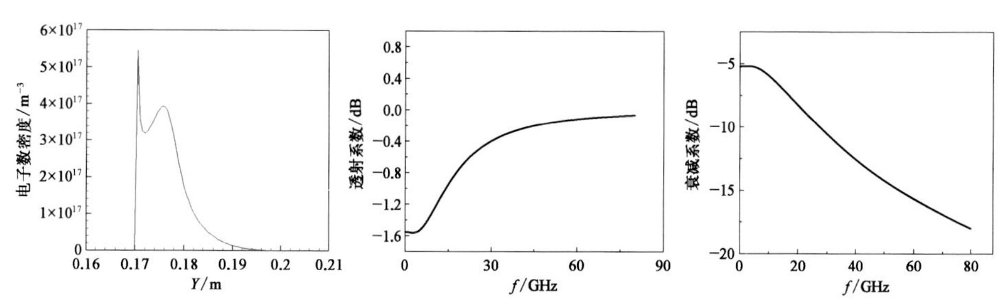

计算条件(位置 4)：激励源为高斯脉冲,空间网格大小 $\delta = 2.5 \times 10^{-4}$ m, 时间步长 $\Delta t = \delta/2c = 4.166\,7 \times 10^{-13}$ s。

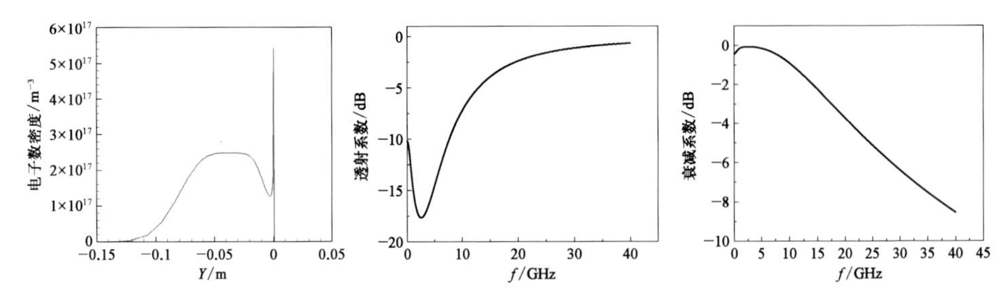

计算条件(位置 5)：激励源为高斯脉冲,空间网格大小 $\delta = 2.5 \times 10^{-4}$ m, 时间步长 $\Delta t = \delta/2c = 4.166\,7 \times 10^{-13}$ s。

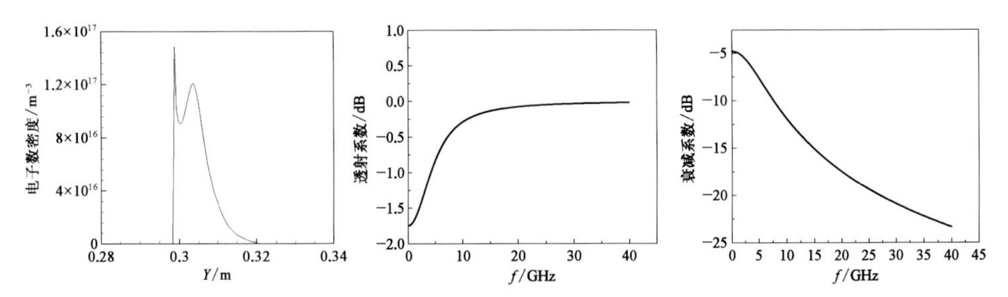

计算条件(位置 6)：激励源为高斯脉冲,空间网格大小 $\delta = 2.5 \times 10^{-4}$ m, 时间步长 $\Delta t = \delta/2c = 4.166\,7 \times 10^{-13}$ s。

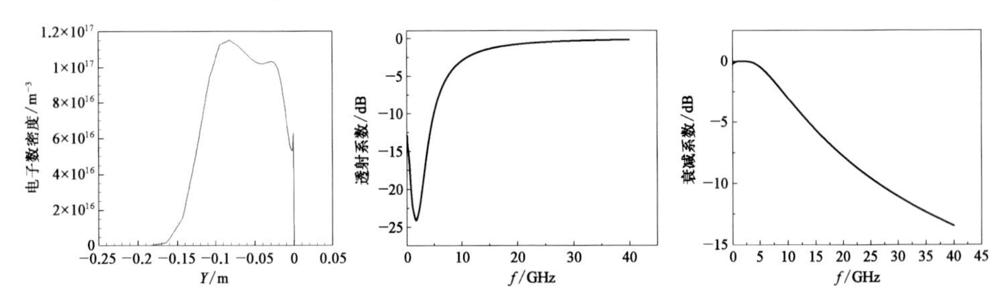

飞行高度：40 km　　飞行速度：25*Ma*　　攻角：0°

计算条件(位置 1)：激励源为高斯脉冲,空间网格大小 $\delta = 2.5 \times 10^{-5}$ m, 时间步长 $\Delta t = \delta/2c = 4.166\,7 \times 10^{-14}$ s。

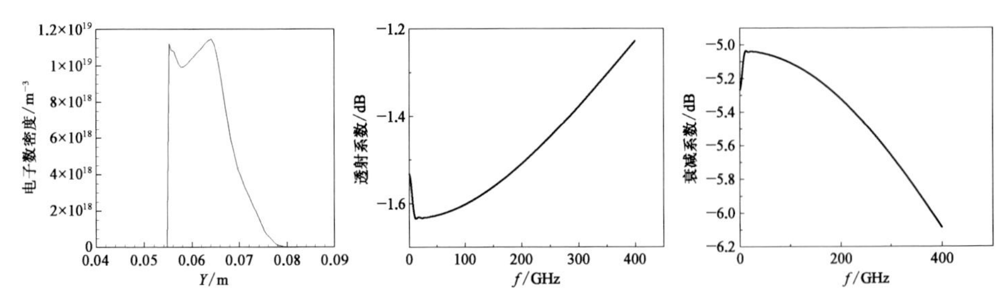

计算条件(位置 2):激励源为高斯脉冲,空间网格大小 $\delta = 2.5 \times 10^{-5}$ m,时间步长 $\Delta t = \delta/2c = 4.1667 \times 10^{-14}$ s。

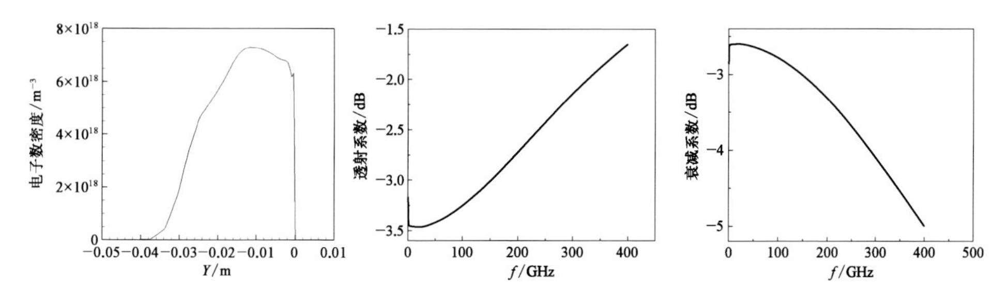

计算条件(位置 3):激励源为高斯脉冲,空间网格大小 $\delta = 1.25 \times 10^{-4}$ m,时间步长 $\Delta t = \delta/2c = 2.083 \times 10^{-13}$ s。

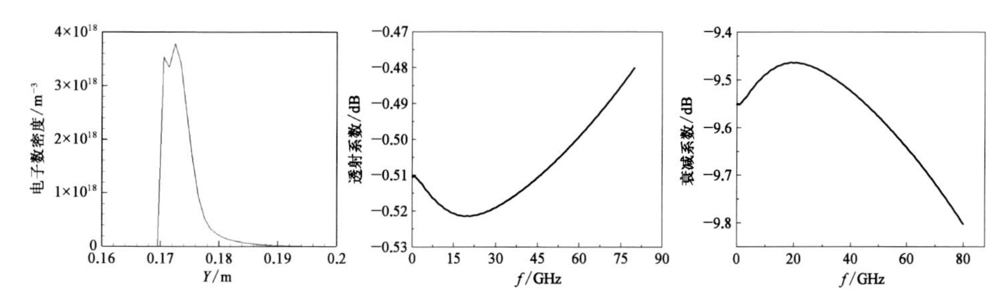

计算条件(位置 4):激励源为高斯脉冲,空间网格大小 $\delta = 2.5 \times 10^{-4}$ m,时间步长 $\Delta t = \delta/2c = 4.1667 \times 10^{-13}$ s。

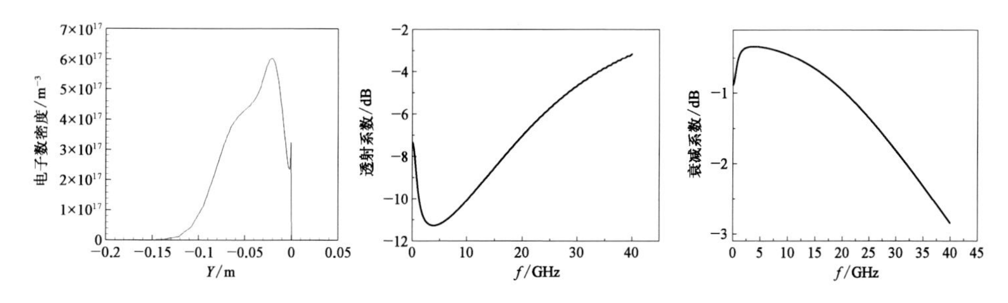

计算条件(位置 5):激励源为高斯脉冲,空间网格大小 $\delta = 1.25 \times 10^{-4}$ m,时间步长 $\Delta t = \delta/2c = 2.083 \times 10^{-13}$ s。

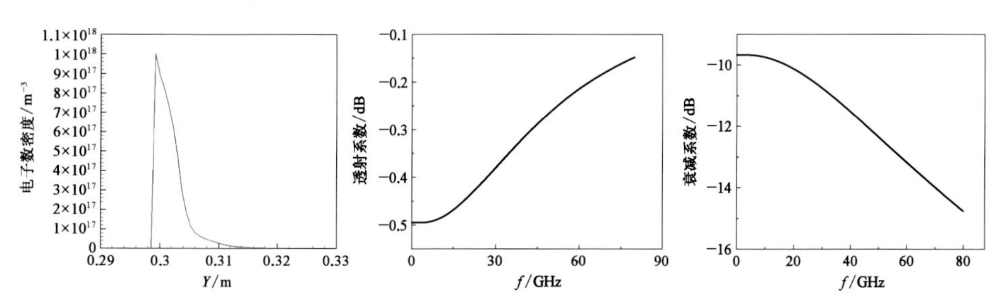

计算条件(位置 6)：激励源为高斯脉冲，空间网格大小 $\delta = 2.5 \times 10^{-4}$ m，时间步长 $\Delta t = \delta/2c = 4.1667 \times 10^{-13}$ s。

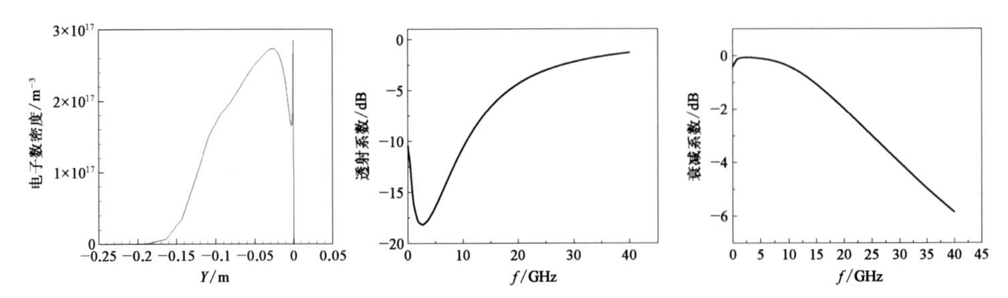

飞行高度：50 km　　飞行速度：15*Ma*　　攻角：0°

计算条件(位置 1)：激励源为高斯脉冲，空间网格大小 $\delta = 2.5 \times 10^{-4}$ m，时间步长 $\Delta t = \delta/2c = 4.1667 \times 10^{-13}$ s。

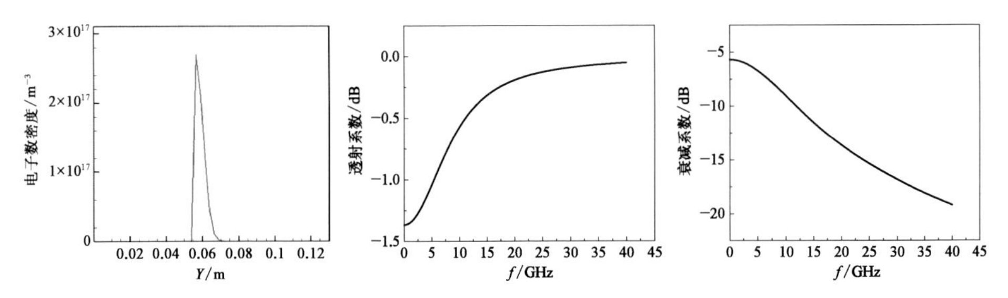

计算条件(位置 2)：激励源为高斯脉冲，空间网格人小 $\delta = 2.5 \times 10^{-4}$ m，时间步长 $\Delta t - \delta/2c = 4.1667 \times 10^{-13}$ s。

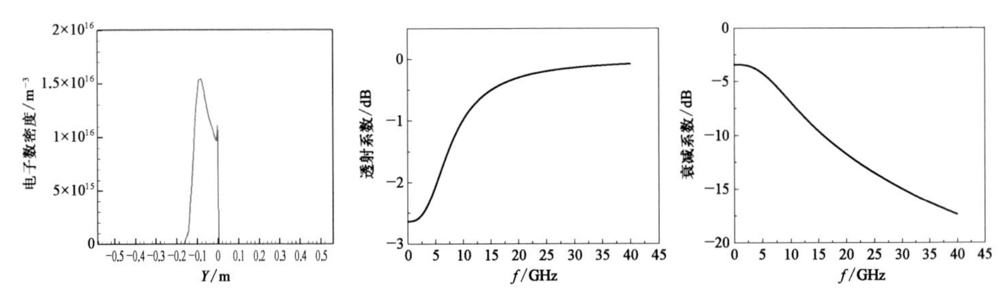

计算条件(位置 3)：激励源为高斯脉冲，空间网格大小 $\delta = 5.0 \times 10^{-4}$ m，时间步长 $\Delta t = \delta/2c = 8.333 \times 10^{-13}$ s。

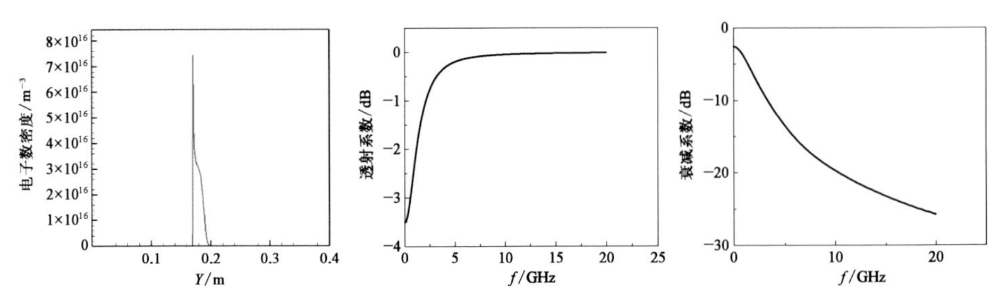

计算条件(位置4)：激励源为高斯脉冲,空间网格大小 $\delta = 5.0 \times 10^{-4}$ m，时间步长 $\Delta t = \delta/2c = 8.333 \times 10^{-13}$ s。

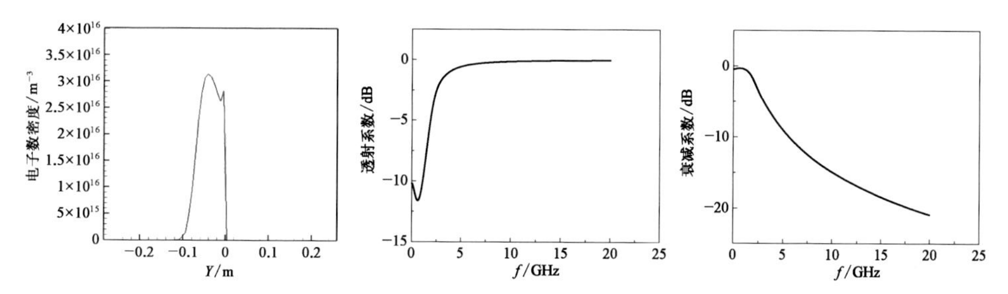

计算条件(位置5)：激励源为高斯脉冲,空间网格大小 $\delta = 5.0 \times 10^{-4}$ m，时间步长 $\Delta t = \delta/2c = 8.333 \times 10^{-13}$ s。

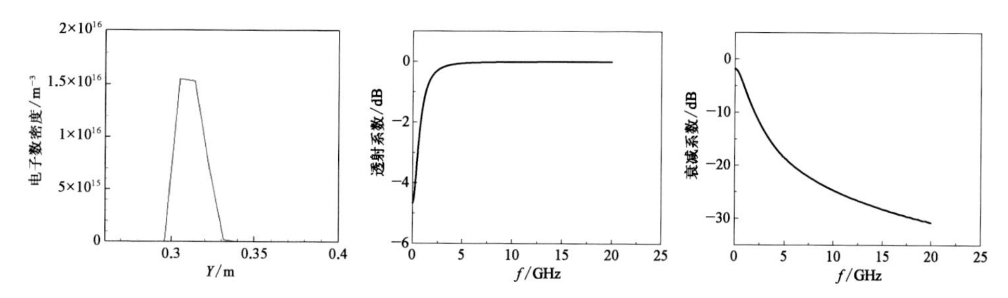

计算条件(位置6)：激励源为高斯脉冲,空间网格大小 $\delta = 5.0 \times 10^{-4}$ m，时间步长 $\Delta t = \delta/2c = 8.333 \times 10^{-13}$ s。

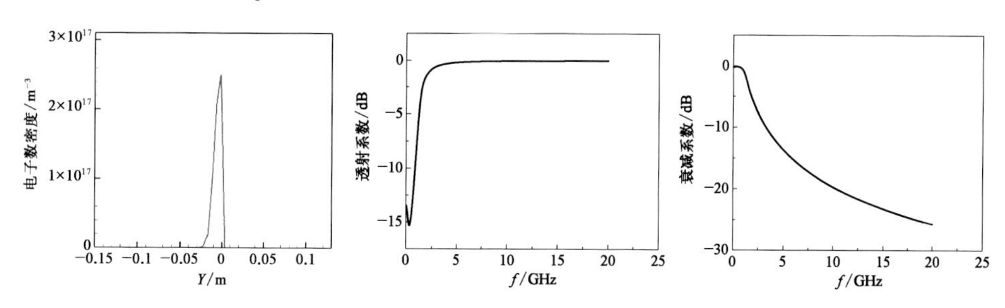

飞行高度：50 km　　飞行速度：20*Ma*　　攻角：0°

计算条件(位置1)：激励源为高斯脉冲,空间网格大小 $\delta = 1.25 \times 10^{-4}$ m，时间步长 $\Delta t = \delta/2c = 2.083 \times 10^{-13}$ s。

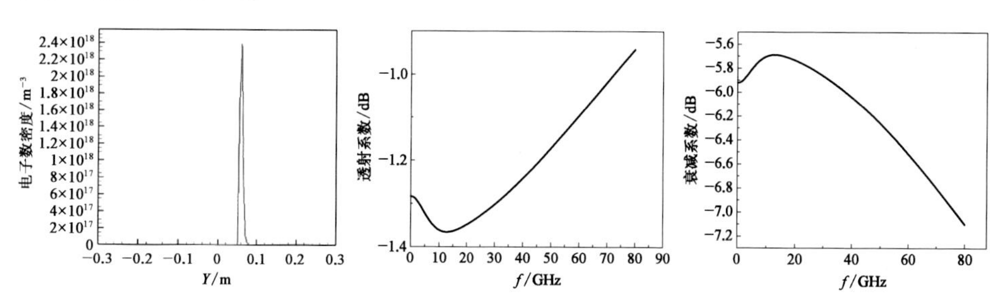

计算条件(位置 2):激励源为高斯脉冲,空间网格大小 $\delta = 1.25 \times 10^{-4}$ m,时间步长 $\Delta t = \delta/2c = 2.083 \times 10^{-13}$ s。

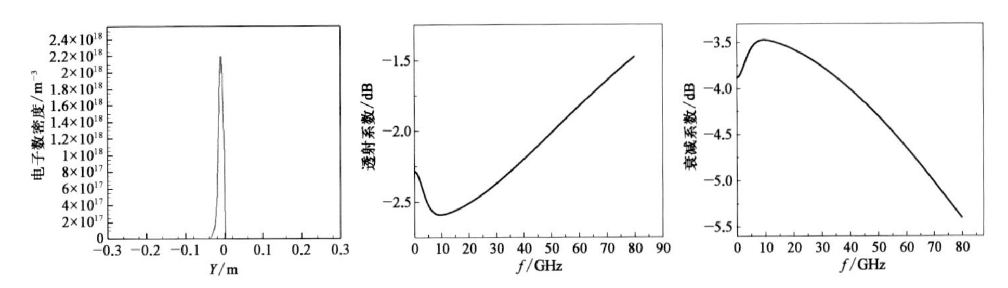

计算条件(位置 3):激励源为高斯脉冲,空间网格大小 $\delta = 2.5 \times 10^{-4}$ m,时间步长 $\Delta t = \delta/2c = 4.1667 \times 10^{-13}$ s。

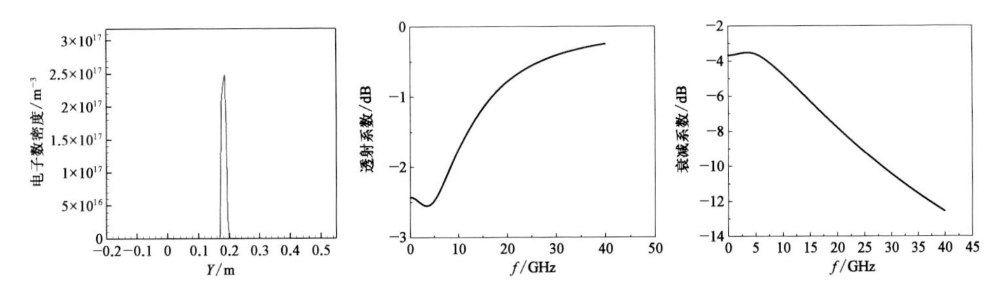

计算条件(位置 4):激励源为高斯脉冲,空间网格大小 $\delta = 2.5 \times 10^{-4}$ m,时间步长 $\Delta t = \delta/2c = 4.1667 \times 10^{-13}$ s。

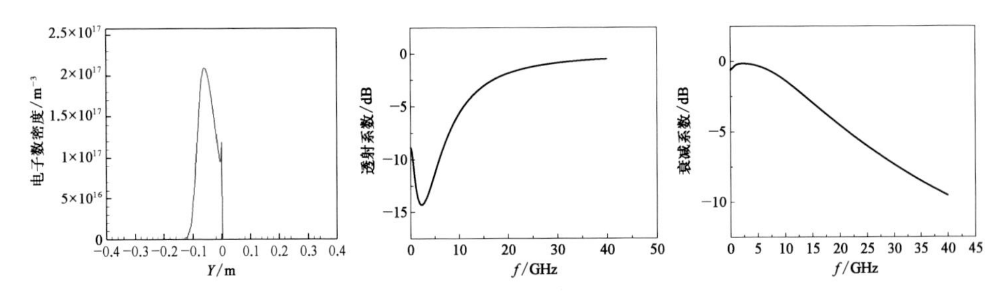

计算条件(位置 5):激励源为高斯脉冲,空间网格大小 $\delta = 2.5 \times 10^{-4}$ m,时间步长 $\Delta t = \delta/2c = 4.1667 \times 10^{-13}$ s。

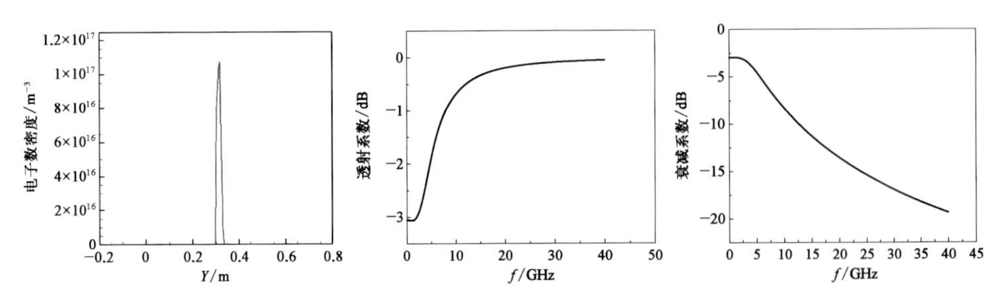

计算条件(位置 6)：激励源为高斯脉冲,空间网格大小 $\delta = 5.0 \times 10^{-4}$ m，时间步长 $\Delta t = \delta/2c = 8.333 \times 10^{-13}$ s。

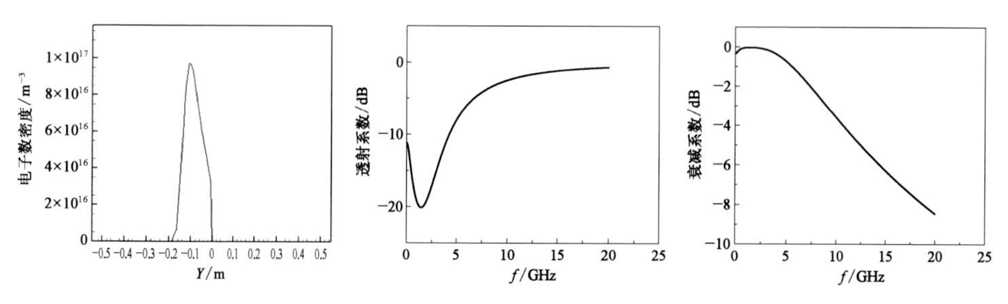

飞行高度：50 km　　飞行速度：25*Ma*　　攻角：0°

计算条件(位置 1)：激励源为高斯脉冲,空间网格大小 $\delta = 1.25 \times 10^{-4}$ m，时间步长 $\Delta t = \delta/2c = 2.083 \times 10^{-13}$ s。

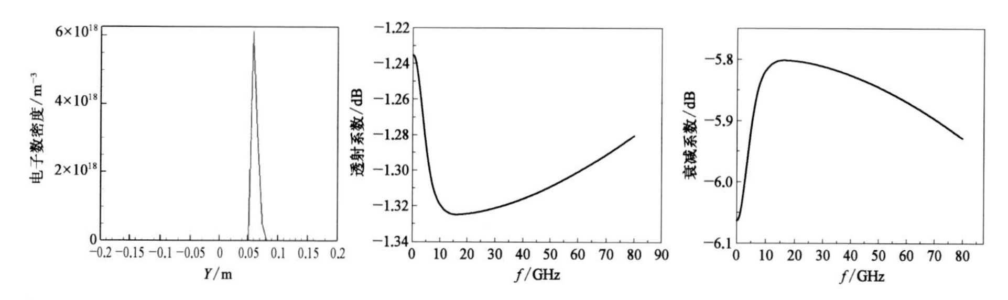

计算条件(位置 2)：激励源为高斯脉冲,空间网格大小 $\delta = 1.25 \times 10^{-4}$ m，时间步长 $\Delta t = \delta/2c = 2.083 \times 10^{-13}$ s。

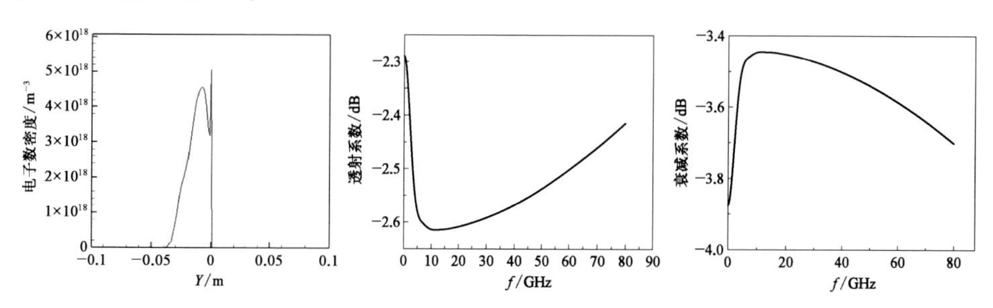

计算条件(位置 3)：激励源为高斯脉冲,空间网格大小 $\delta = 1.25 \times 10^{-4}$ m，时间步长 $\Delta t = \delta/2c = 2.083 \times 10^{-13}$ s。

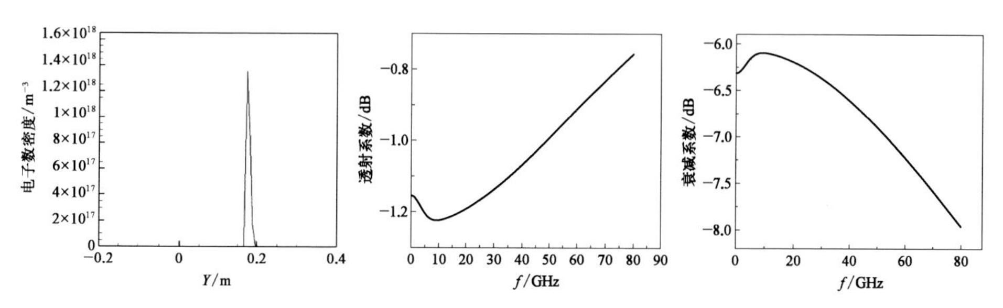

计算条件(位置 4)：激励源为高斯脉冲,空间网格大小 $\delta = 2.5 \times 10^{-4}$ m, 时间步长 $\Delta t = \delta/2c = 4.1667 \times 10^{-13}$ s。

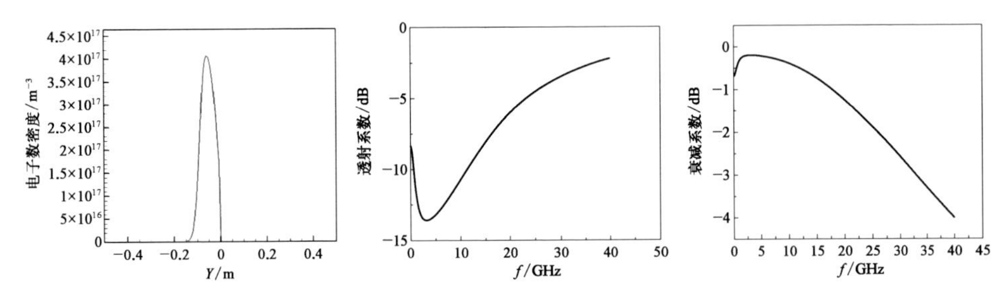

计算条件(位置 5)：激励源为高斯脉冲,空间网格大小 $\delta = 2.5 \times 10^{-4}$ m, 时间步长 $\Delta t = \delta/2c = 4.1667 \times 10^{-13}$ s。

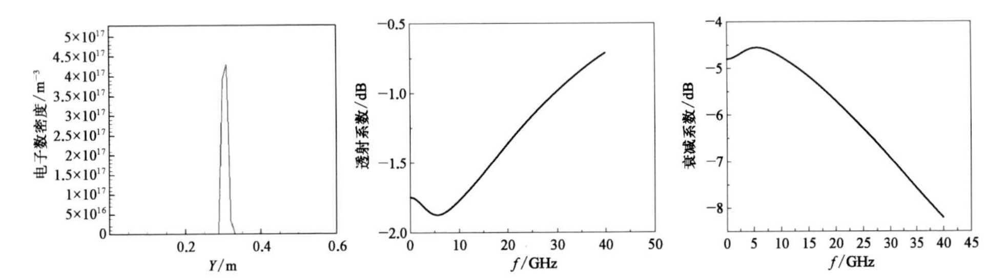

计算条件(位置 6)：激励源为高斯脉冲,空间网格大小 $\delta = 2.5 \times 10^{-4}$ m, 时间步长 $\Delta t = \delta/2c = 4.1667 \times 10^{-13}$ s。

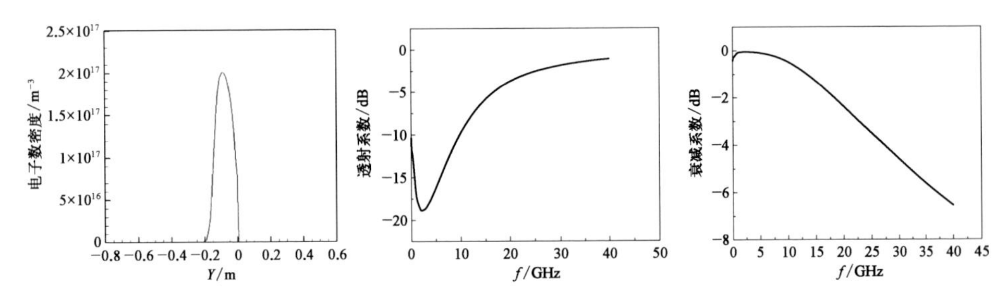

飞行高度：60 km　　飞行速度：15*Ma*　　攻角：0°

计算条件(位置 1)：激励源为高斯脉冲,空间网格大小 $\delta = 3.0 \times 10^{-3}$ m, 时间步长 $\Delta t = \delta/2c = 5.0 \times 10^{-12}$ s。

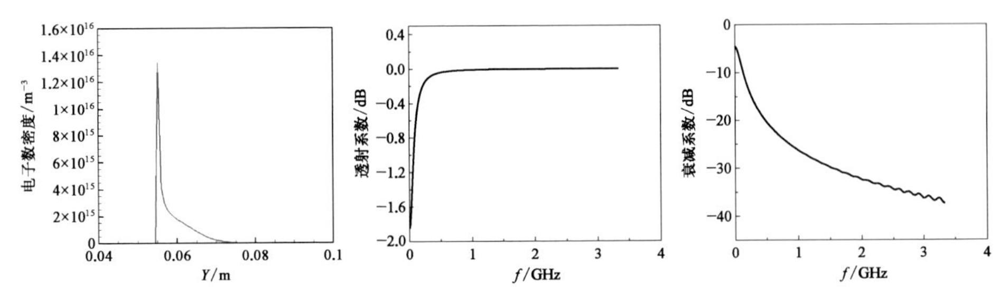

计算条件(位置2):激励源为高斯脉冲,空间网格大小 $\delta = 1.5 \times 10^{-3}$ m,时间步长 $\Delta t = \delta/2c = 2.5 \times 10^{-12}$ s。

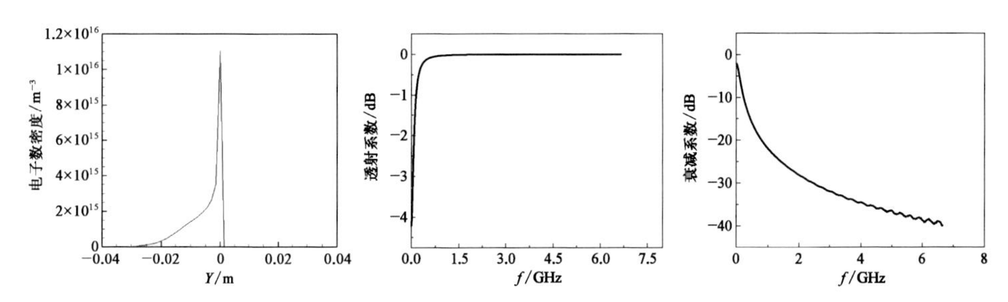

计算条件(位置3):激励源为高斯脉冲,空间网格大小 $\delta = 3.0 \times 10^{-3}$ m,时间步长 $\Delta t = \delta/2c = 5.0 \times 10^{-12}$ s。

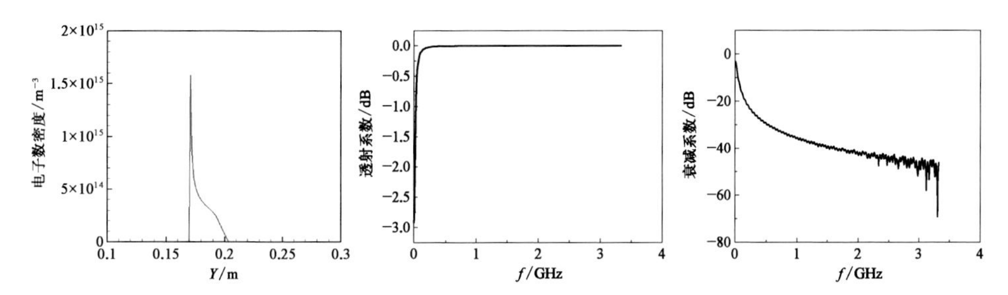

计算条件(位置4):激励源为高斯脉冲,空间网格大小 $\delta = 4.0 \times 10^{-3}$ m,时间步长 $\Delta t = \delta/2c = 6.667 \times 10^{-12}$ s。

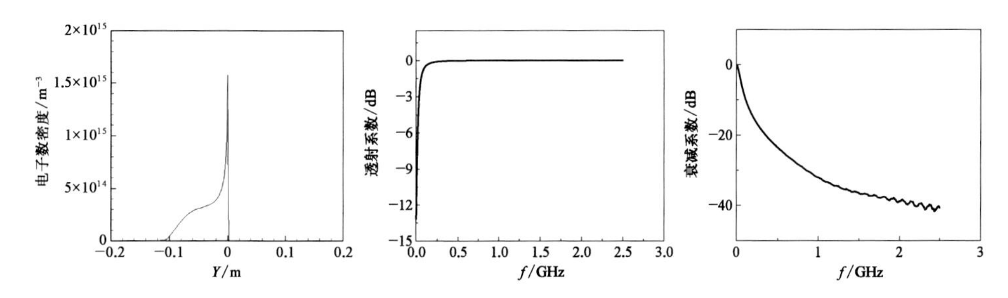

计算条件(位置5):激励源为高斯脉冲,空间网格大小 $\delta = 3.0 \times 10^{-3}$ m,时间步长 $\Delta t = \delta/2c = 5.0 \times 10^{-12}$ s。

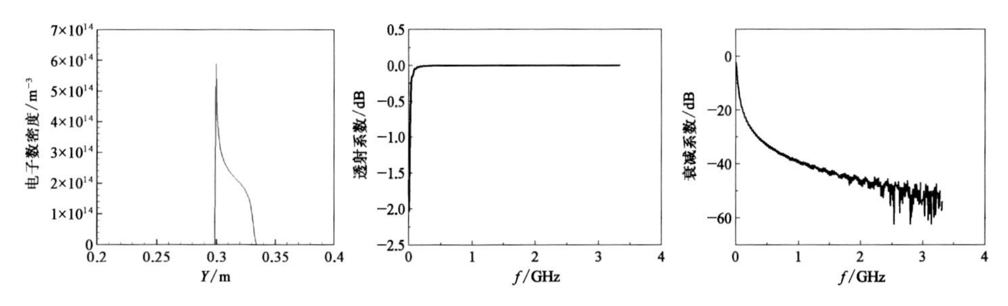

计算条件(位置 6)：激励源为高斯脉冲,空间网格大小 $\delta = 5.0 \times 10^{-3}$ m, 时间步长 $\Delta t = \delta/2c = 8.333 \times 10^{-12}$ s。

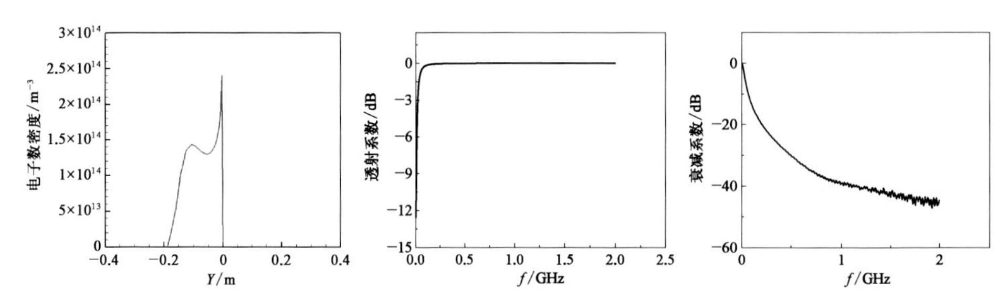

飞行高度：30 km　　飞行速度：15*Ma*　　攻角：10°

计算条件(位置 1)：激励源为高斯脉冲,空间网格大小 $\delta = 2.5 \times 10^{-4}$ m, 时间步长 $\Delta t = \delta/2c = 4.166\,7 \times 10^{-13}$ s。

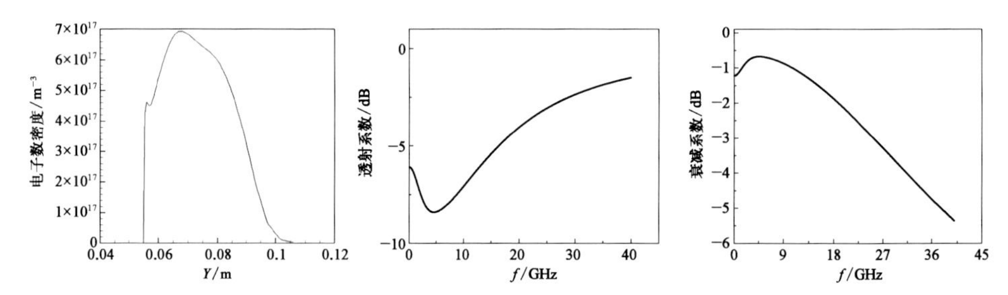

计算条件(位置 2)：激励源为高斯脉冲,空间网格大小 $\delta = 2.5 \times 10^{-4}$ m, 时间步长 $\Delta t = \delta/2c = 4.166\,7 \times 10^{-13}$ s。

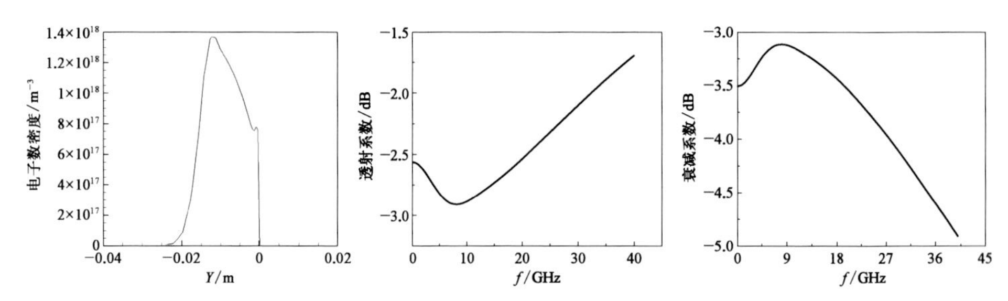

计算条件(位置 3)：激励源为高斯脉冲,空间网格大小 $\delta = 2.5 \times 10^{-4}$ m, 时间步长 $\Delta t = \delta/2c = 4.166\,7 \times 10^{-13}$ s。

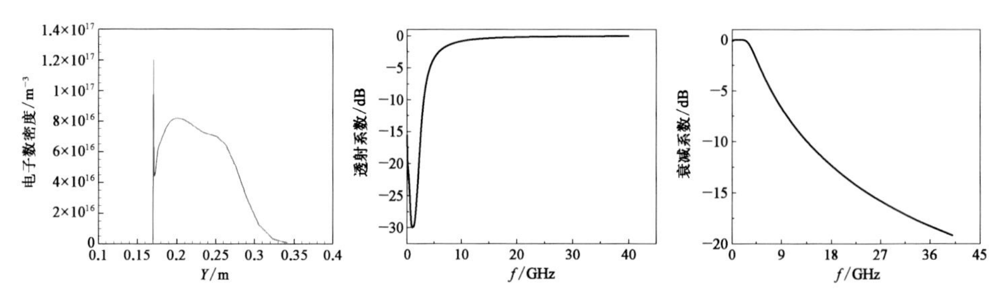

计算条件(位置 4)：激励源为高斯脉冲,空间网格大小 $\delta = 2.5 \times 10^{-4}$ m, 时间步长 $\Delta t = \delta/2c = 4.1667 \times 10^{-13}$ s。

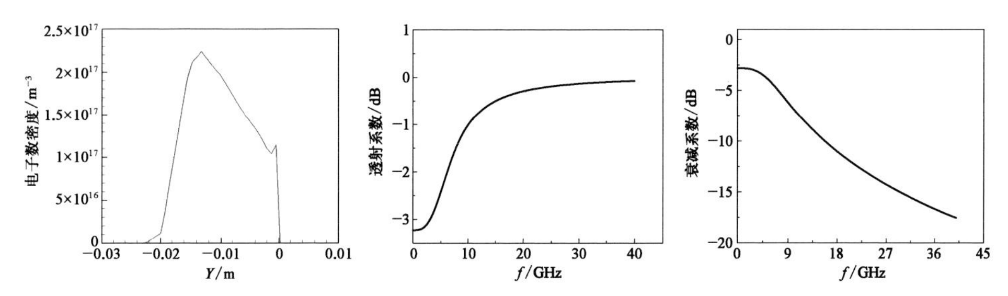

计算条件(位置 5)：激励源为高斯脉冲,空间网格大小 $\delta = 2.5 \times 10^{-4}$ m, 时间步长 $\Delta t = \delta/2c = 4.1667 \times 10^{-13}$ s。

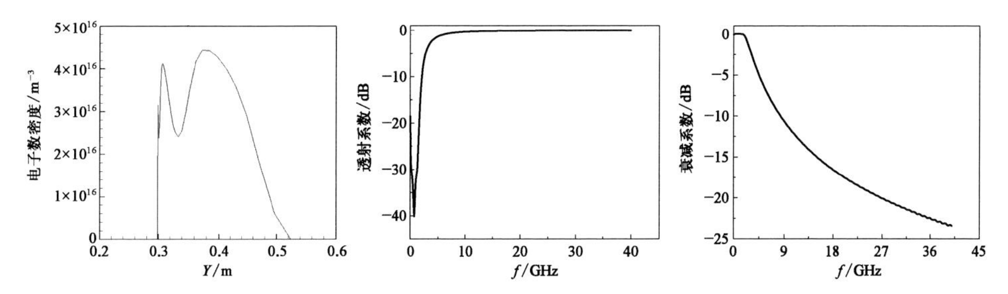

计算条件(位置 6)：激励源为高斯脉冲,空间网格大小 $\delta = 2.5 \times 10^{-4}$ m, 时间步长 $\Delta t = \delta/2c = 4.1667 \times 10^{-13}$ s。

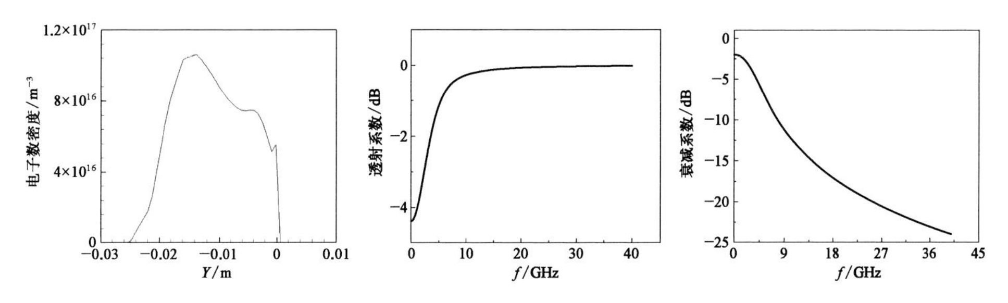

飞行高度：30 km　　飞行速度：15*Ma*　　攻角：20°

计算条件(位置 1)：激励源为高斯脉冲,空间网格大小 $\delta = 2.5 \times 10^{-4}$ m, 时间步长 $\Delta t = \delta/2c = 4.1667 \times 10^{-13}$ s。

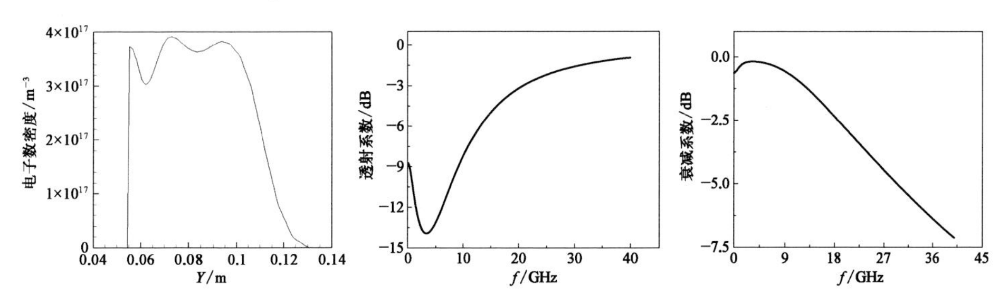

计算条件(位置 2)：激励源为高斯脉冲,空间网格大小 $\delta = 2.5 \times 10^{-4}$ m，时间步长 $\Delta t = \delta/2c = 4.1667 \times 10^{-13}$ s。

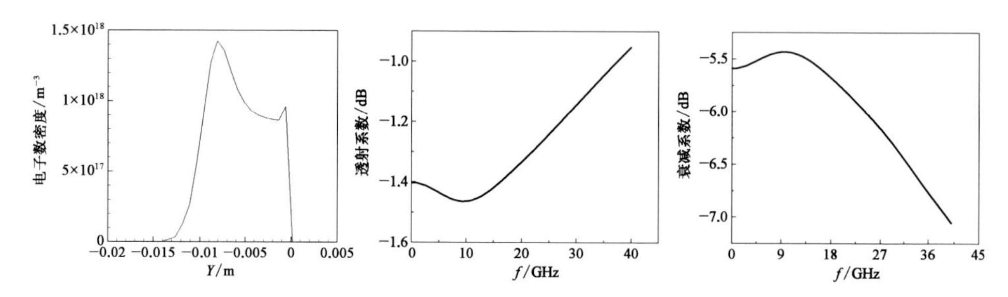

计算条件(位置 3)：激励源为高斯脉冲,空间网格大小 $\delta = 5.0 \times 10^{-4}$ m，时间步长 $\Delta t = \delta/2c = 8.333 \times 10^{-13}$ s。

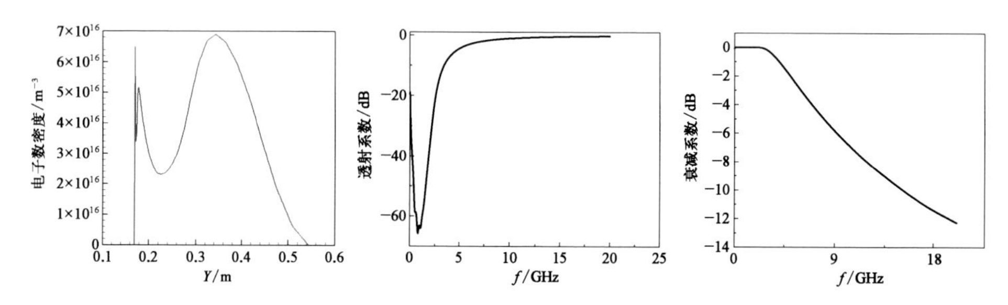

计算条件(位置 4)：激励源为高斯脉冲,空间网格大小 $\delta = 5.0 \times 10^{-4}$ m，时间步长 $\Delta t = \delta/2c = 8.333 \times 10^{-13}$ s。

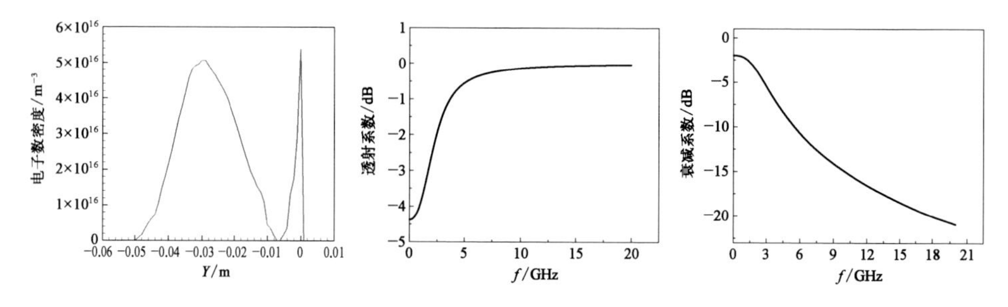

计算条件(位置 5)：激励源为高斯脉冲,空间网格大小 $\delta = 5.0 \times 10^{-4}$ m，时间步长 $\Delta t = \delta/2c = 8.333 \times 10^{-13}$ s。

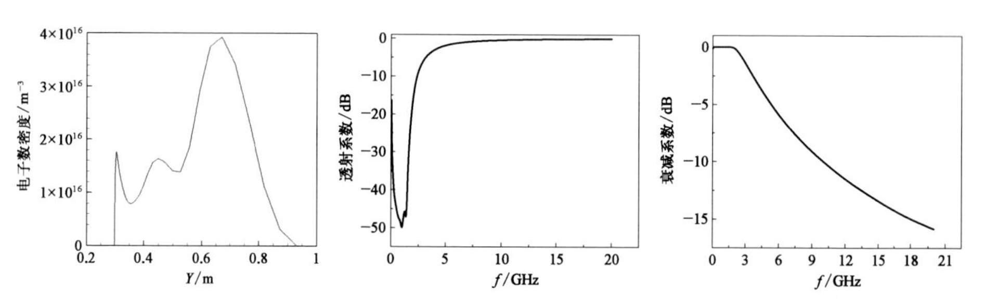

计算条件(位置 6)：激励源为高斯脉冲，空间网格大小 $\delta = 7.5 \times 10^{-4}$ m，时间步长 $\Delta t = \delta/2c = 1.25 \times 10^{-12}$ s。

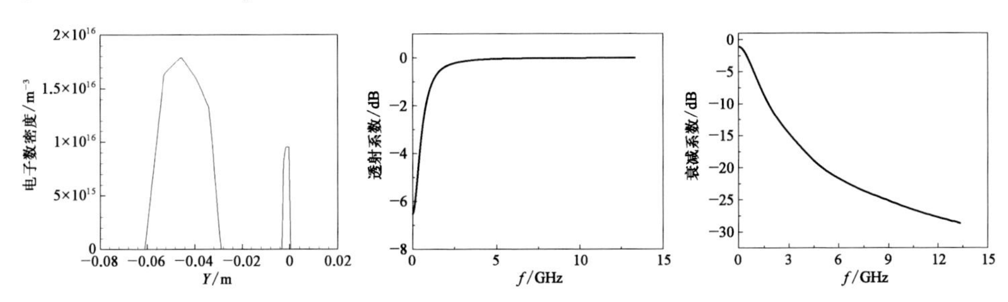

飞行高度：30 km　　飞行速度：20Ma　　攻角：10°

计算条件(位置 1)：激励源为高斯脉冲，空间网格大小 $\delta = 1.25 \times 10^{-4}$ m，时间步长 $\Delta t = \delta/2c = 2.083 \times 10^{-13}$ s。

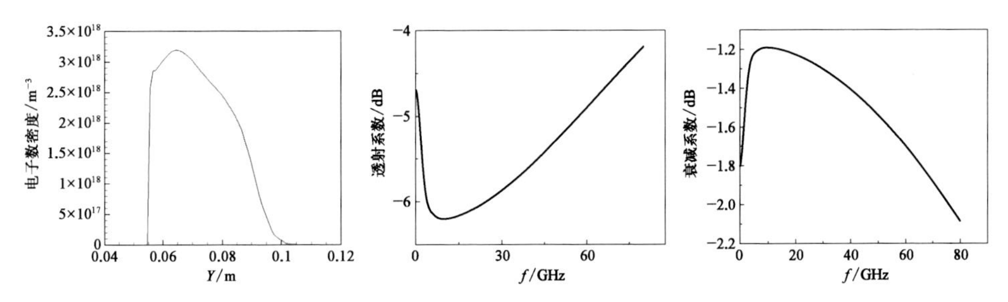

计算条件(位置 2)：激励源为高斯脉冲，空间网格大小 $\delta = 1.25 \times 10^{-4}$ m，时间步长 $\Delta t = \delta/2c = 2.083 \times 10^{-13}$ s。

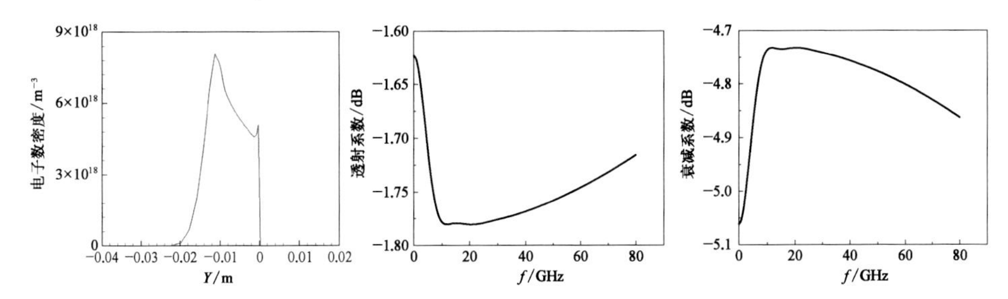

计算条件(位置 3)：激励源为高斯脉冲，空间网格大小 $\delta = 2.5 \times 10^{-4}$ m，时间步长 $\Delta t = \delta/2c = 4.1667 \times 10^{-13}$ s。

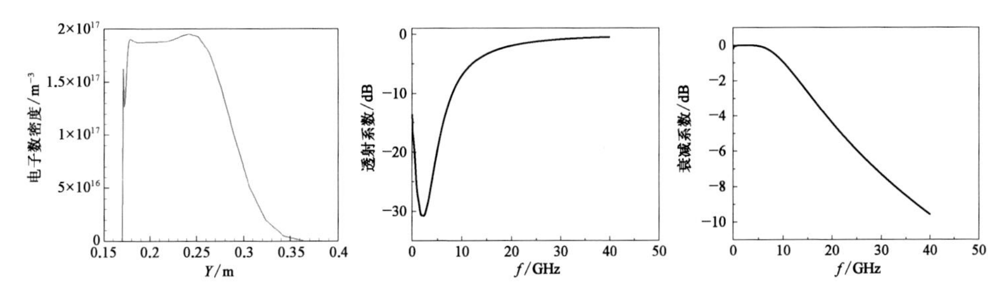

计算条件(位置 4):激励源为高斯脉冲,空间网格大小 $\delta = 2.5 \times 10^{-4}$ m,时间步长 $\Delta t = \delta/2c = 4.1667 \times 10^{-13}$ s。

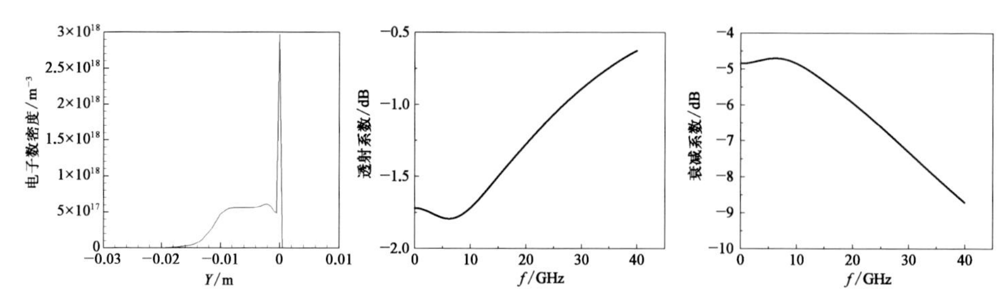

计算条件(位置 5):激励源为高斯脉冲,空间网格大小 $\delta = 2.5 \times 10^{-4}$ m,时间步长 $\Delta t = \delta/2c = 4.1667 \times 10^{-13}$ s。

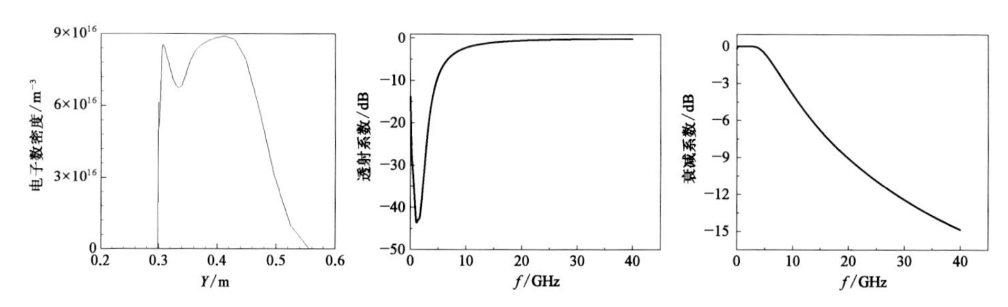

计算条件(位置 6):激励源为高斯脉冲,空间网格大小 $\delta = 2.5 \times 10^{-4}$ m,时间步长 $\Delta t = \delta/2c = 4.1667 \times 10^{-13}$ s。

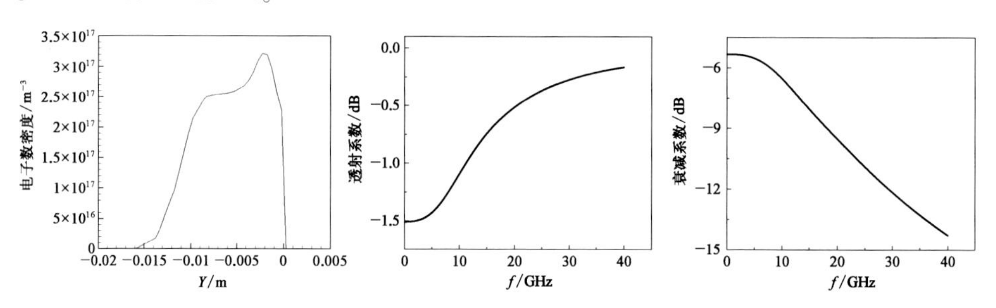

飞行高度:30 km　　飞行速度:20Ma　　攻角:20°

计算条件(位置 1):激励源为高斯脉冲,空间网格大小 $\delta = 1.25 \times 10^{-4}$ m,时间步长 $\Delta t = \delta/2c = 2.083 \times 10^{-13}$ s。

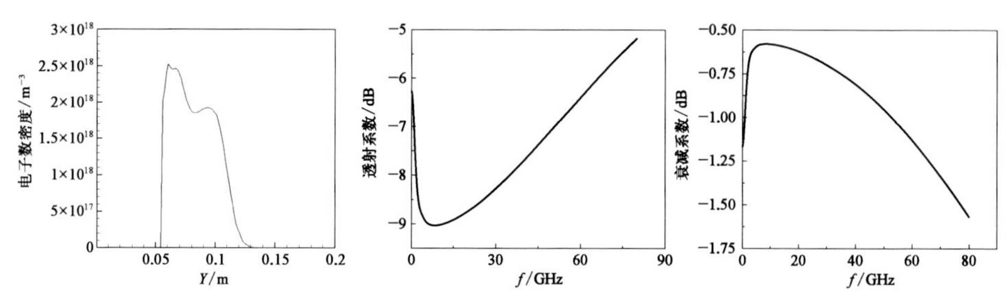

计算条件(位置 2)：激励源为高斯脉冲,空间网格大小 $\delta = 2.5 \times 10^{-5}$ m, 时间步长 $\Delta t = \delta/2c = 4.1667 \times 10^{-14}$ s。

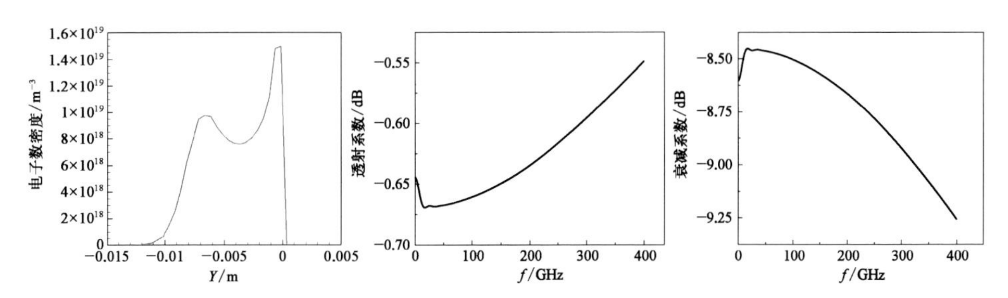

计算条件(位置 3)：激励源为高斯脉冲,空间网格大小 $\delta = 2.5 \times 10^{-4}$ m, 时间步长 $\Delta t = \delta/2c = 4.1667 \times 10^{-13}$ s。

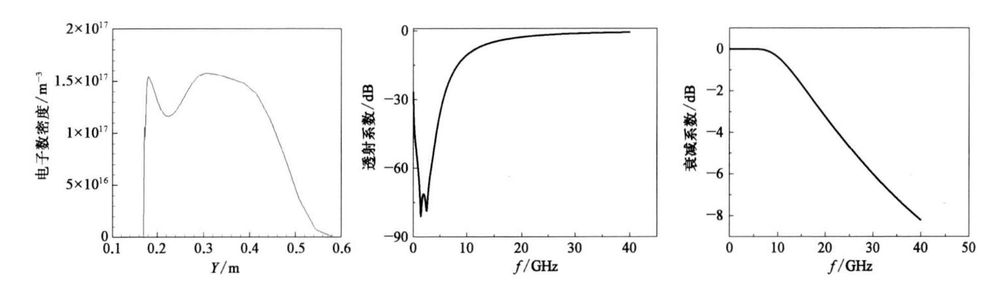

计算条件(位置 4)：激励源为高斯脉冲,空间网格大小 $\delta = 2.5 \times 10^{-4}$ m, 时间步长 $\Delta t = \delta/2c = 4.1667 \times 10^{-13}$ s。

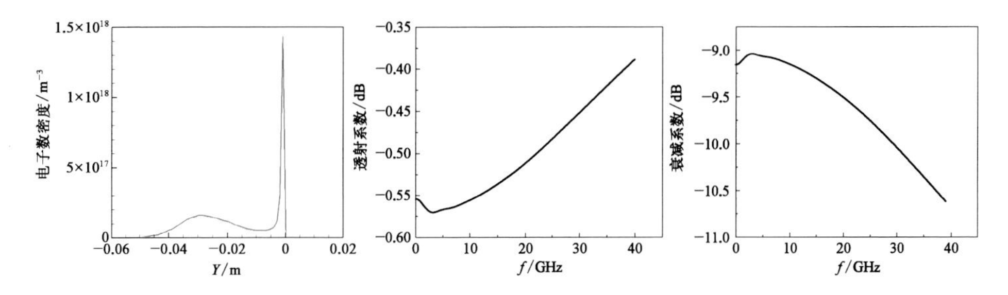

计算条件(位置 5)：激励源为高斯脉冲,空间网格大小 $\delta = 5.0 \times 10^{-4}$ m, 时间步长 $\Delta t = \delta/2c = 8.333 \times 10^{-13}$ s。

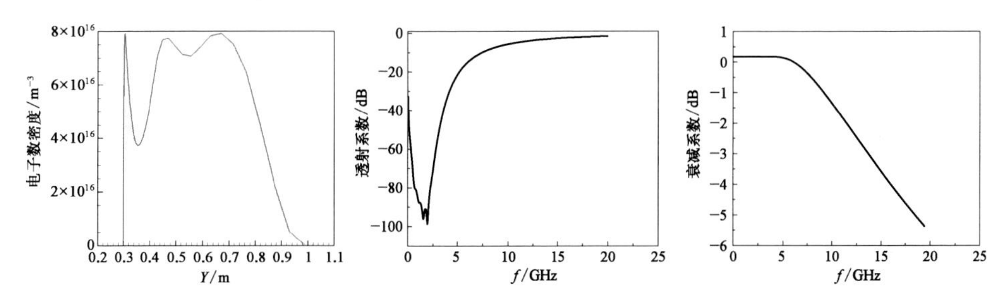

计算条件(位置 6)：激励源为高斯脉冲,空间网格大小 $\delta = 2.5 \times 10^{-4}$ m，时间步长 $\Delta t = \delta/2c = 4.1667 \times 10^{-13}$ s。

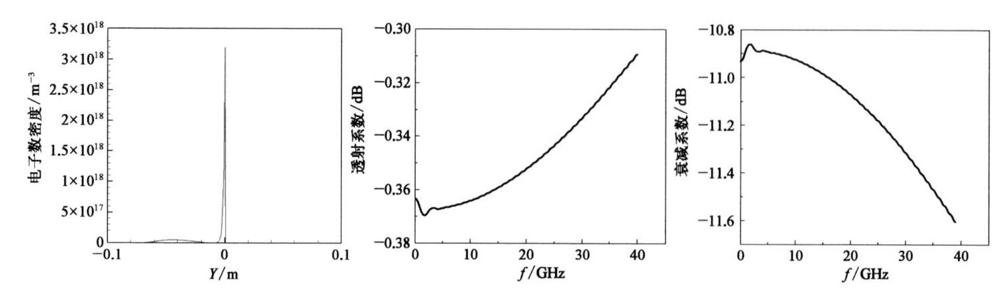

飞行高度：30 km　　飞行速度：25Ma　　攻角：10°

计算条件(位置 1)：激励源为高斯脉冲,空间网格大小 $\delta = 2.5 \times 10^{-5}$ m，时间步长 $\Delta t = \delta/2c = 4.1667 \times 10^{-14}$ s。

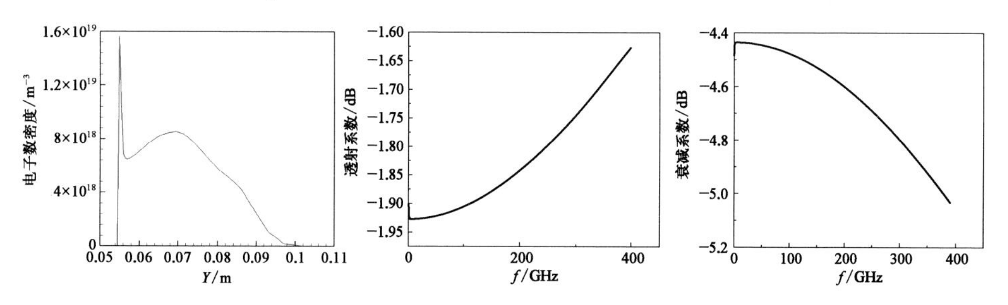

计算条件(位置 2)：激励源为高斯脉冲,空间网格大小 $\delta = 2.5 \times 10^{-5}$ m，时间步长 $\Delta t = \delta/2c = 4.1667 \times 10^{-14}$ s。

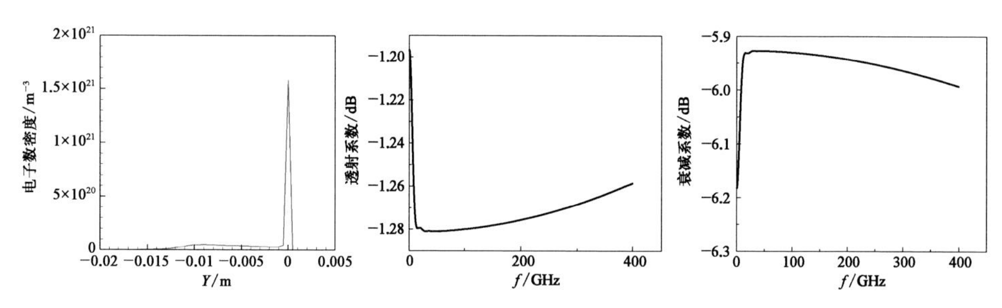

计算条件(位置 3)：激励源为高斯脉冲,空间网格大小 $\delta = 2.5 \times 10^{-4}$ m，时间步长 $\Delta t = \delta/2c = 4.1667 \times 10^{-13}$ s。

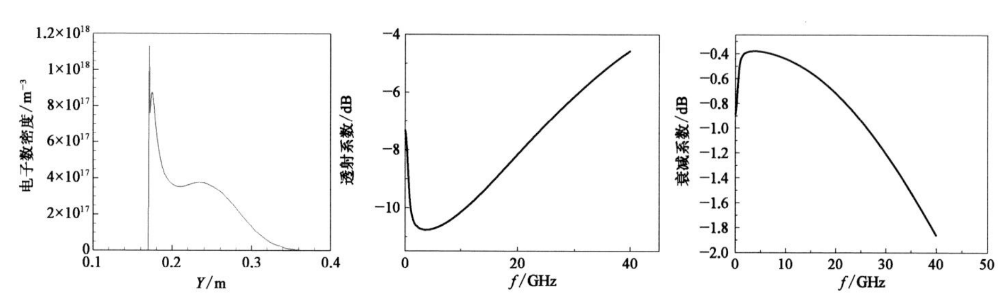

计算条件(位置 4)：激励源为高斯脉冲,空间网格大小 $\delta = 1.25 \times 10^{-5}$ m, 时间步长 $\Delta t = \delta/2c = 2.083 \times 10^{-14}$ s。

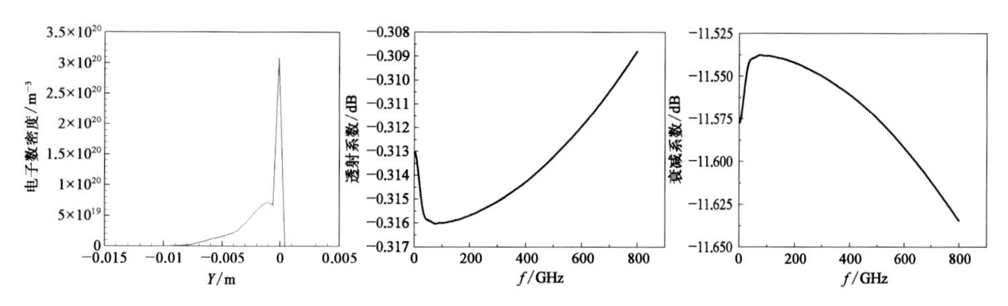

计算条件(位置 5)：激励源为高斯脉冲,空间网格大小 $\delta = 2.5 \times 10^{-4}$ m, 时间步长 $\Delta t = \delta/2c = 4.1667 \times 10^{-13}$ s。

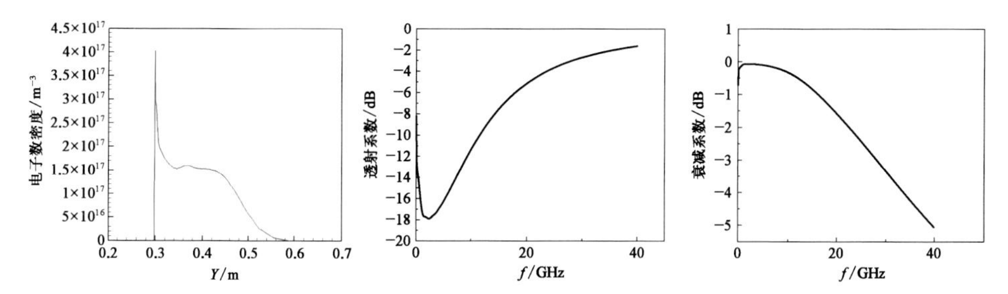

计算条件(位置 6)：激励源为高斯脉冲,空间网格大小 $\delta = 2.5 \times 10^{-5}$ m, 时间步长 $\Delta t = \delta/2c = 4.1667 \times 10^{-14}$ s。

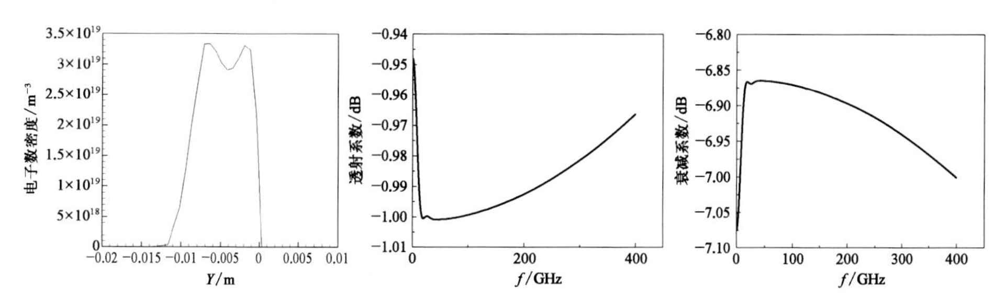

飞行高度：30 km　　飞行速度：25*Ma*　　攻角：20°

计算条件(位置 1)：激励源为高斯脉冲,空间网格大小 $\delta = 7.5 \times 10^{-5}$ m, 时间步长 $\Delta t = \delta/2c = 1.25 \times 10^{-13}$ s。

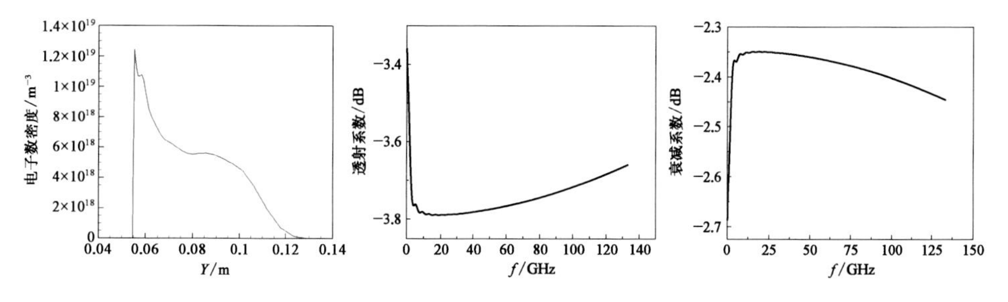

计算条件(位置 2)：激励源为高斯脉冲,空间网格大小 $\delta = 5.0 \times 10^{-6}$ m，时间步长 $\Delta t = \delta/2c = 8.333 \times 10^{-15}$ s。

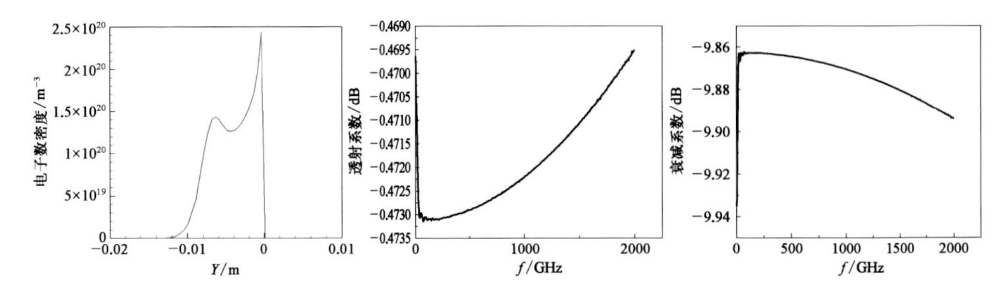

计算条件(位置 3)：激励源为高斯脉冲,空间网格大小 $\delta = 2.5 \times 10^{-4}$ m，时间步长 $\Delta t = \delta/2c = 4.1667 \times 10^{-13}$ s。

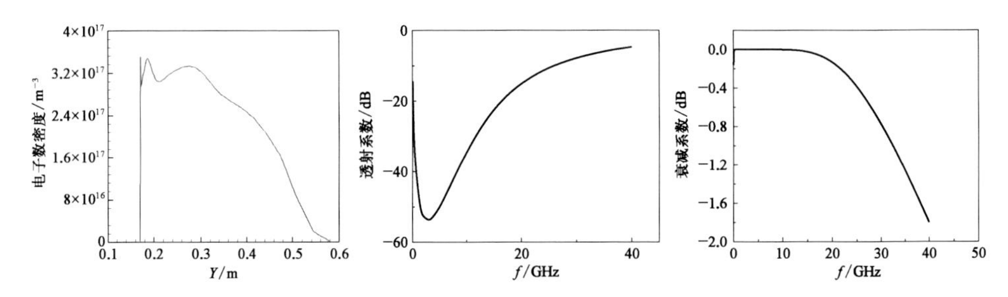

计算条件(位置 4)：激励源为高斯脉冲,空间网格大小 $\delta = 2.5 \times 10^{-4}$ m，时间步长 $\Delta t = \delta/2c = 4.1667 \times 10^{-13}$ s。

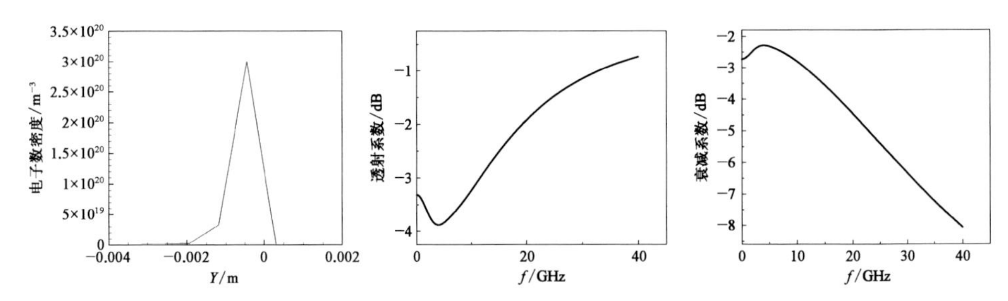

计算条件(位置 5)：激励源为高斯脉冲,空间网格大小 $\delta = 5.0 \times 10^{-4}$ m，时间步长 $\Delta t = \delta/2c = 8.333 \times 10^{-13}$ s。

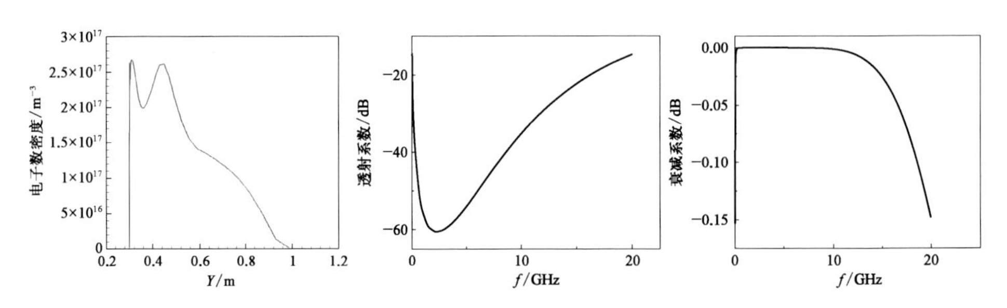

计算条件(位置6)：激励源为高斯脉冲,空间网格大小 $\delta = 1.25 \times 10^{-4}$ m, 时间步长 $\Delta t = \delta/2c = 2.083 \times 10^{-13}$ s。

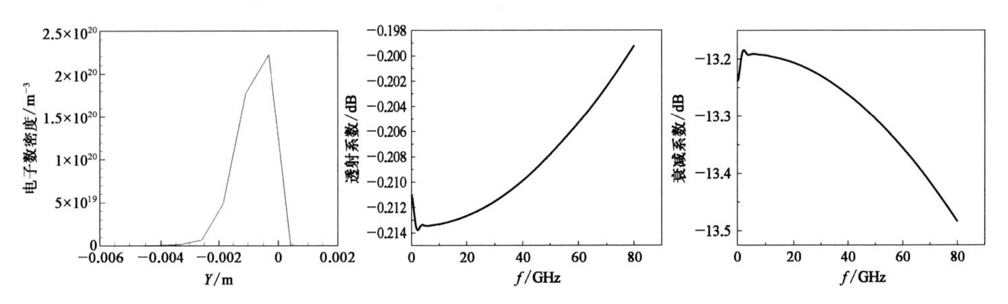

飞行高度：40 km　　飞行速度：15*Ma*　　攻角：10°

计算条件(位置1)：激励源为高斯脉冲,空间网格大小 $\delta = 2.5 \times 10^{-4}$ m, 时间步长 $\Delta t = \delta/2c = 4.1667 \times 10^{-13}$ s。

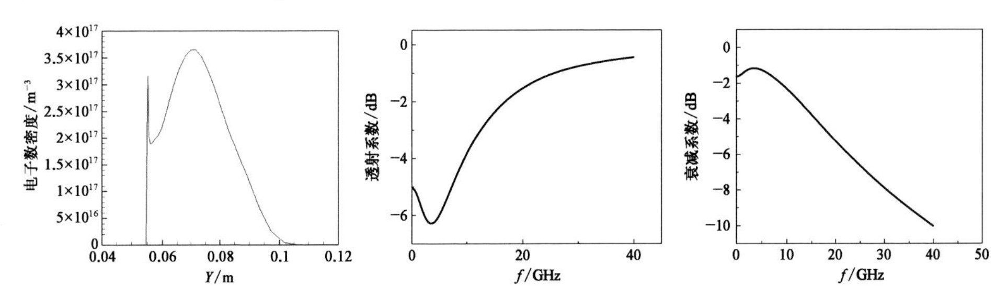

计算条件(位置2)：激励源为高斯脉冲,空间网格大小 $\delta = 2.5 \times 10^{-4}$ m, 时间步长 $\Delta t = \delta/2c = 4.1667 \times 10^{-13}$ s。

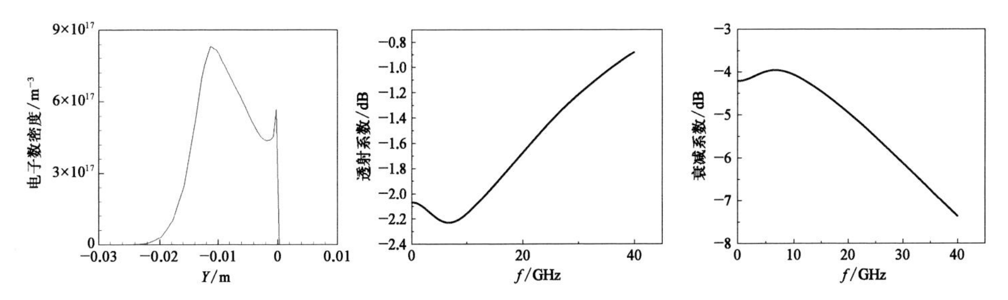

计算条件(位置3)：激励源为高斯脉冲,空间网格大小 $\delta = 2.5 \times 10^{-4}$ m, 时间步长 $\Delta t = \delta/2c = 4.1667 \times 10^{-13}$ s。

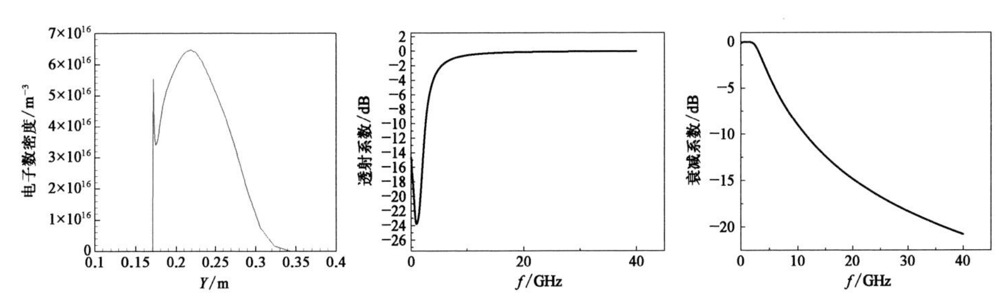

计算条件(位置 4):激励源为高斯脉冲,空间网格大小 $\delta = 2.5 \times 10^{-4}$ m,时间步长 $\Delta t = \delta/2c = 4.1667 \times 10^{-13}$ s。

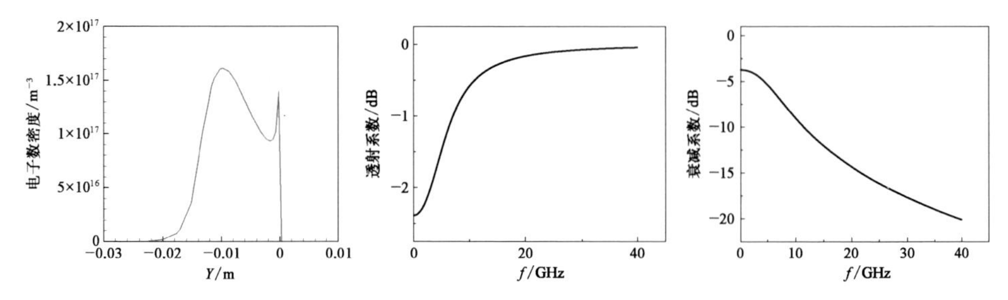

计算条件(位置 5):激励源为高斯脉冲,空间网格大小 $\delta = 2.5 \times 10^{-4}$ m,时间步长 $\Delta t = \delta/2c = 4.1667 \times 10^{-13}$ s。

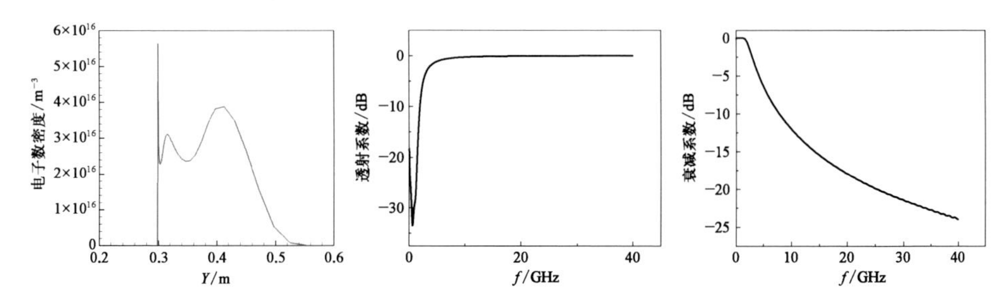

计算条件(位置 6):激励源为高斯脉冲,空间网格大小 $\delta = 2.5 \times 10^{-4}$ m,时间步长 $\Delta t = \delta/2c = 4.1667 \times 10^{-13}$ s。

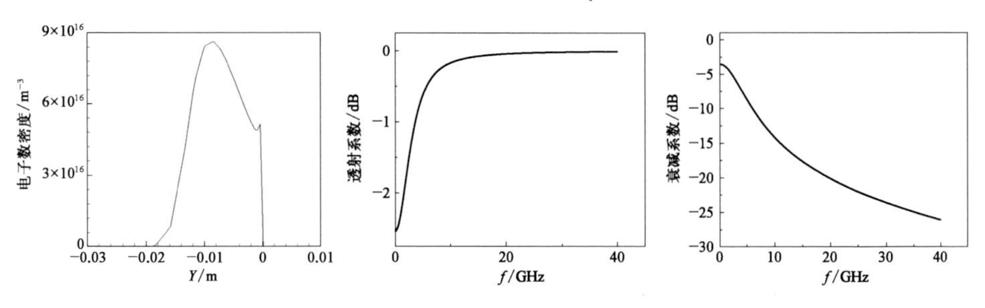

飞行高度:40 km　　飞行速度:15*Ma*　　攻角:20°

计算条件(位置 1):激励源为高斯脉冲,空间网格大小 $\delta = 2.5 \times 10^{-4}$ m,时间步长 $\Delta t = \delta/2c = 4.1667 \times 10^{-13}$ s。

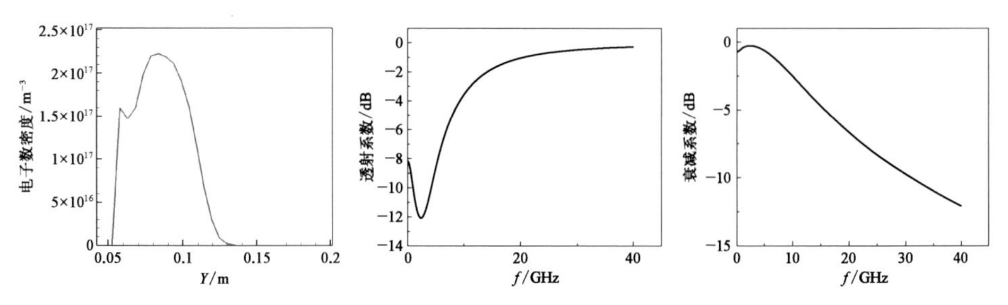

计算条件(位置 2)：激励源为高斯脉冲,空间网格大小 $\delta = 2.5 \times 10^{-4}$ m, 时间步长 $\Delta t = \delta/2c = 4.1667 \times 10^{-13}$ s。

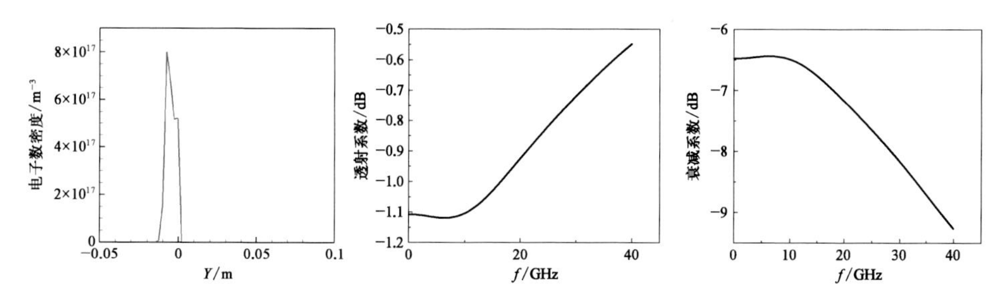

计算条件(位置 3)：激励源为高斯脉冲,空间网格大 $\delta = 5.0 \times 10^{-4}$ m, 时间步长 $\Delta t = \delta/2c = 8.333 \times 10^{-13}$ s。

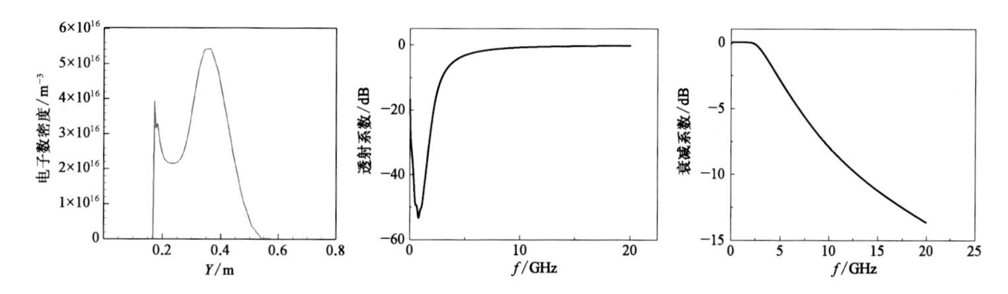

计算条件(位置 4)：激励源为高斯脉冲,空间网格大小 $\delta = 2.5 \times 10^{-4}$ m, 时间步长 $\Delta t = \delta/2c = 4.1667 \times 10^{-13}$ s。

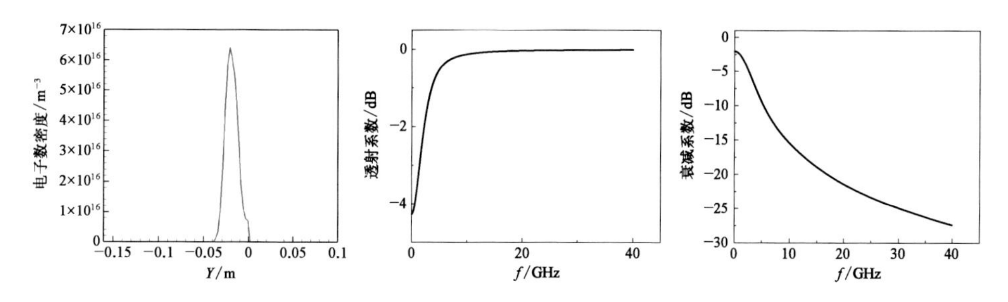

计算条件(位置 5)：激励源为高斯脉冲,空间网格大小 $\delta = 5.0 \times 10^{-4}$ m, 时间步长 $\Delta t = \delta/2c = 8.333 \times 10^{-13}$ s。

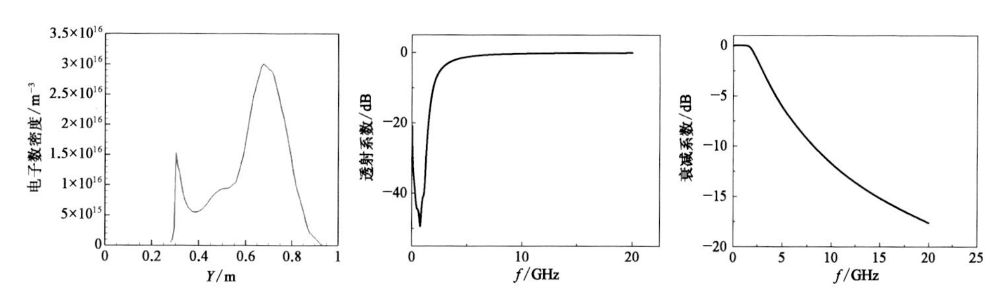

计算条件(位置 6)：激励源为高斯脉冲,空间网格大小 $\delta = 5.0 \times 10^{-4}$ m, 时间步长 $\Delta t = \delta/2c = 8.333 \times 10^{-13}$ s。

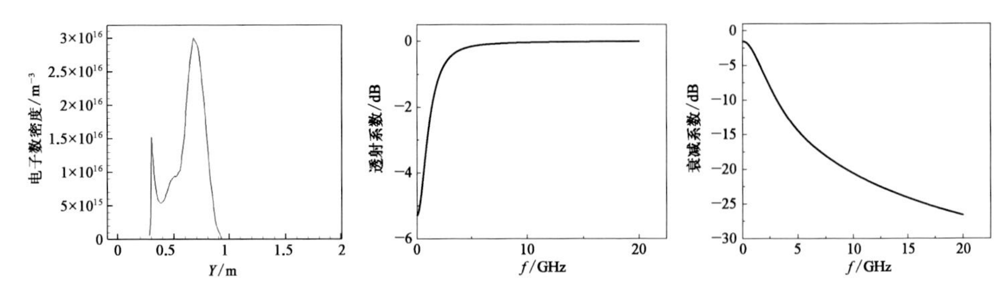

飞行高度：40 km　　飞行速度：20*Ma*　　攻角：10°

计算条件(位置 1)：激励源为高斯脉冲,空间网格大小 $\delta = 1.25 \times 10^{-4}$ m, 时间步长 $\Delta t = \delta/2c = 2.083 \times 10^{-13}$ s。

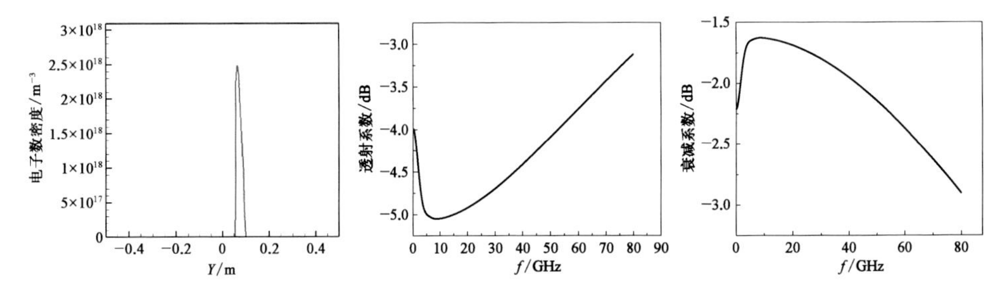

计算条件(位置 2)：激励源为高斯脉冲,空间网格大小 $\delta = 1.25 \times 10^{-4}$ m, 时间步长 $\Delta t = \delta/2c = 2.083 \times 10^{-13}$ s。

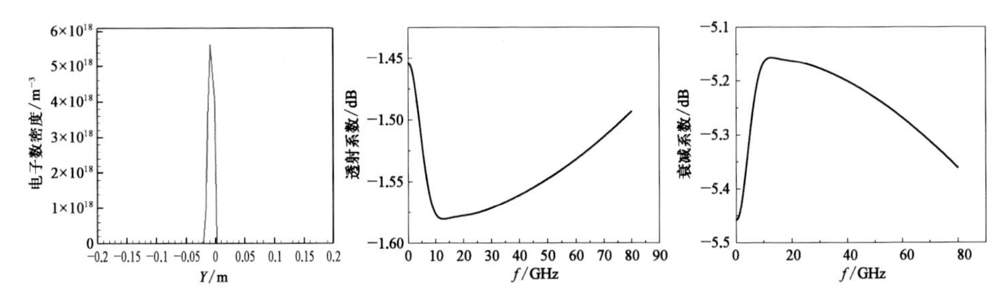

计算条件(位置 3)：激励源为高斯脉冲,空间网格大小 $\delta = 2.5 \times 10^{-4}$ m, 时间步长 $\Delta t = \delta/2c = 4.1667 \times 10^{-13}$ s。

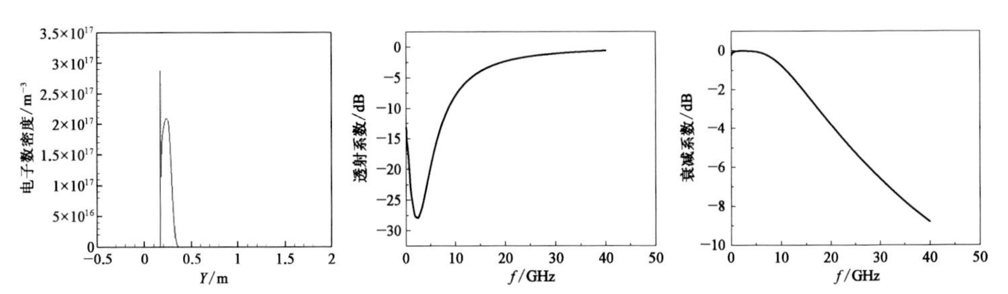

计算条件(位置 4)：激励源为高斯脉冲,空间网格大小 $\delta = 2.5 \times 10^{-4}$ m, 时间步长 $\Delta t = \delta/2c = 4.1667 \times 10^{-13}$ s。

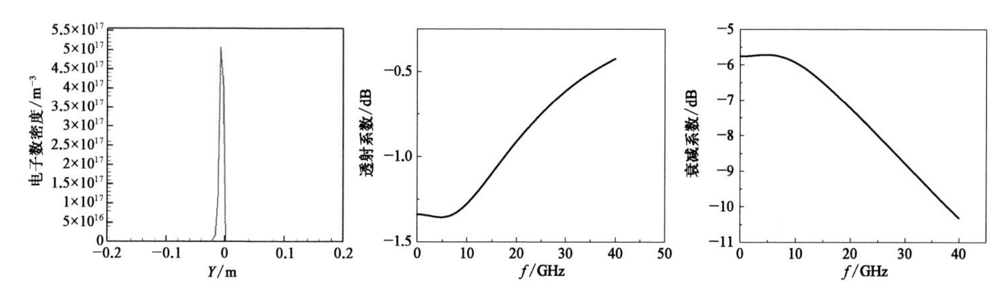

计算条件(位置 5)：激励源为高斯脉冲,空间网格大小 $\delta = 5.0 \times 10^{-4}$ m, 时间步长 $\Delta t = \delta/2c = 8.333 \times 10^{-13}$ s。

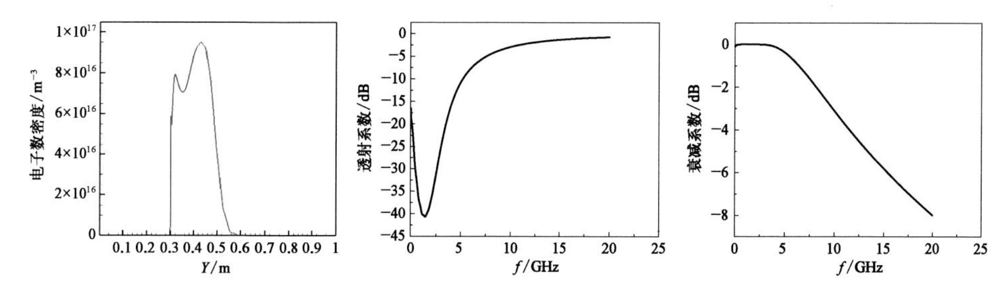

计算条件(位置 6)：激励源为高斯脉冲,空间网格大小 $\delta = 2.5 \times 10^{-4}$ m, 时间步长 $\Delta t = \delta/2c = 4.1667 \times 10^{-13}$ s。

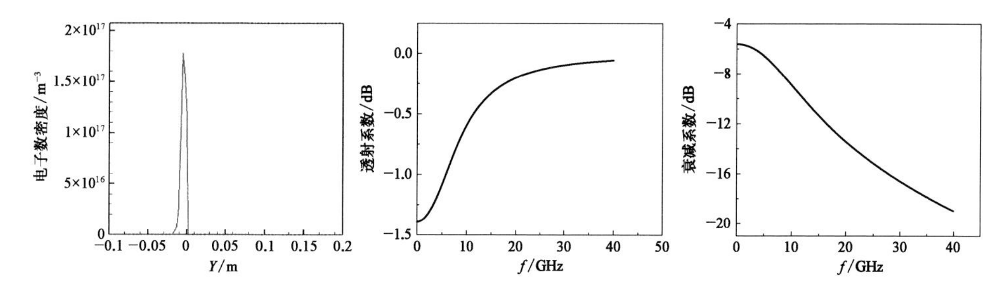

飞行高度：40 km　　飞行速度：25*Ma*　　攻角：10°

计算条件(位置 1)：激励源为高斯脉冲,空间网格大小 $\delta = 1.25 \times 10^{-4}$ m, 时间步长 $\Delta t = \delta/2c = 2.083 \times 10^{-13}$ s。

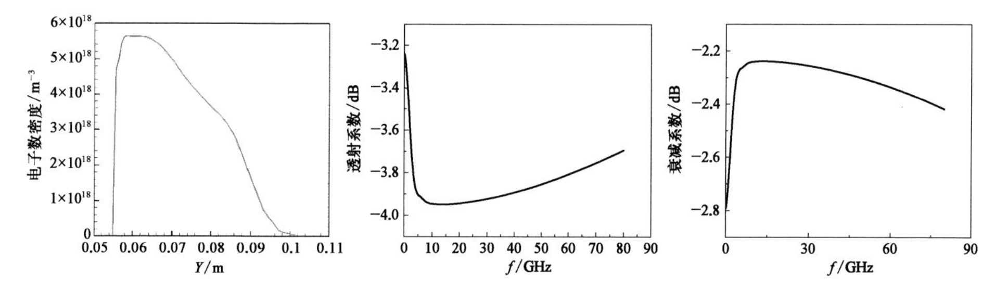

计算条件(位置 2)：激励源为高斯脉冲,空间网格大小 $\delta = 2.5\times10^{-5}$ m,时间步长 $\Delta t = \delta/2c = 4.1667\times10^{-14}$ s。

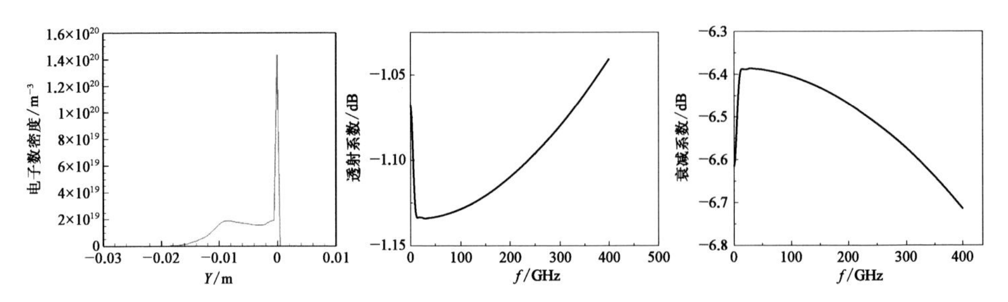

计算条件(位置 3)：激励源为高斯脉冲,空间网格大小 $\delta = 2.5\times10^{-4}$ m,时间步长 $\Delta t = \delta/2c = 4.1667\times10^{-13}$ s。

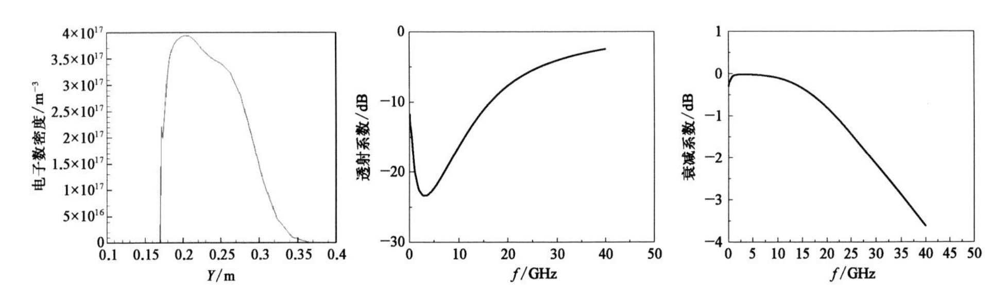

计算条件(位置 4)：激励源为高斯脉冲,空间网格大小 $\delta = 2.5\times10^{-5}$ m,时间步长 $\Delta t = \delta/2c = 4.1667\times10^{-14}$ s。

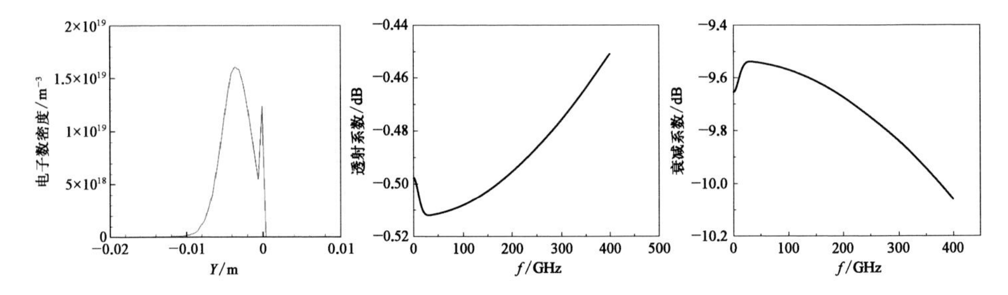

计算条件(位置 5)：激励源为高斯脉冲,空间网格大小 $\delta = 2.5\times10^{-4}$ m,时间步长 $\Delta t = \delta/2c = 4.1667\times10^{-13}$ s。

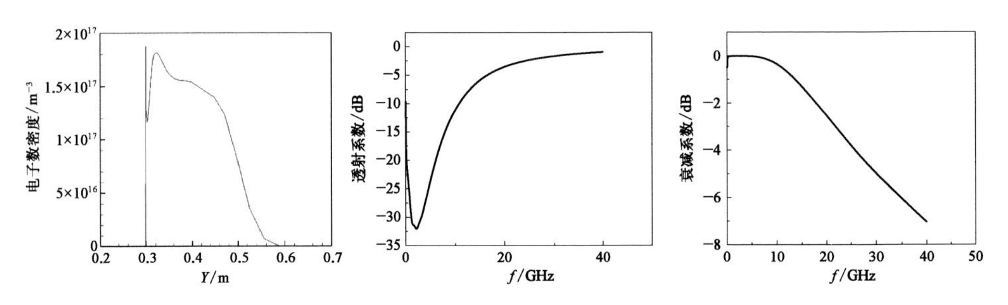

计算条件(位置 6):激励源为高斯脉冲,空间网格大小 $\delta = 1.25 \times 10^{-4}$ m,时间步长 $\Delta t = \delta/2c = 2.083 \times 10^{-13}$ s。

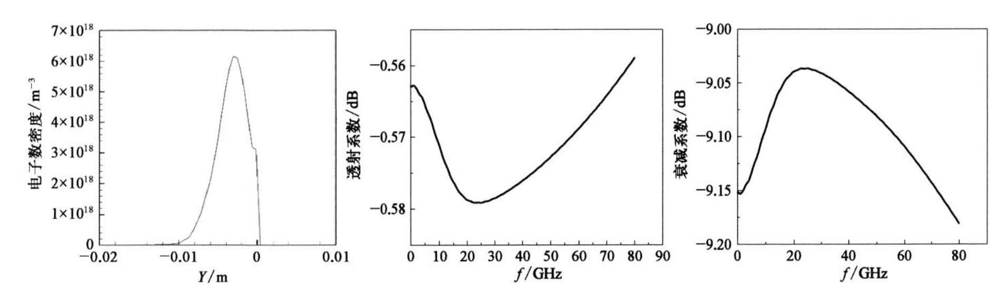

飞行高度:40 km　　飞行速度:25Ma　　攻角:20°

计算条件(位置 1):激励源为高斯脉冲,空间网格大小 $\delta = 1.25 \times 10^{-4}$ m,时间步长 $\Delta t = \delta/2c = 2.083 \times 10^{-13}$ s。

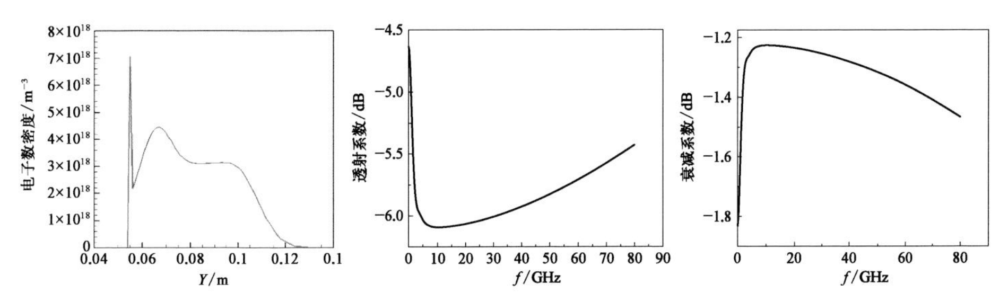

计算条件(位置 2):激励源为高斯脉冲,空间网格大小 $\delta = 1.25 \times 10^{-5}$ m,时间步长 $\Delta t = \delta/2c = 2.083 \times 10^{-14}$ s。

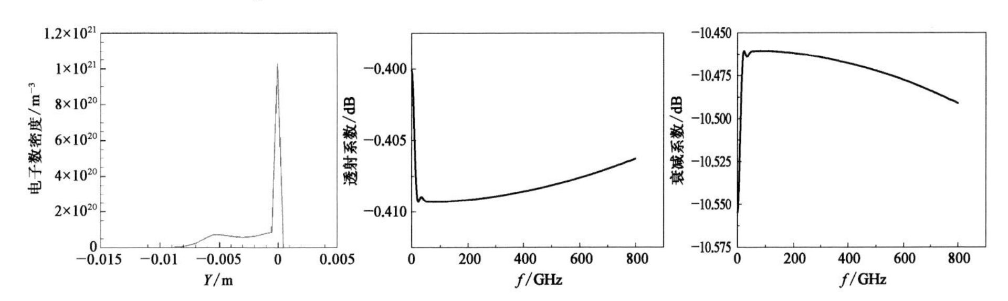

计算条件(位置 3):激励源为高斯脉冲,空间网格大小 $\delta = 2.5 \times 10^{-4}$ m,时间步长 $\Delta t = \delta/2c = 4.166\ 7 \times 10^{-13}$ s。

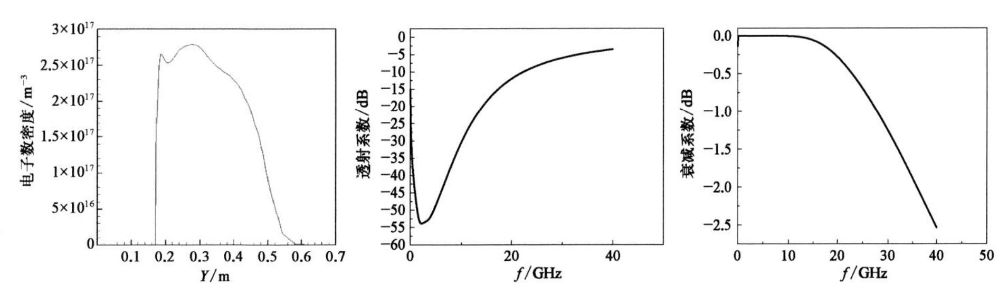

计算条件(位置 4)：激励源为高斯脉冲,空间网格大小 $\delta = 1.25 \times 10^{-4}$ m, 时间步长 $\Delta t = \delta/2c = 2.083 \times 10^{-13}$ s。

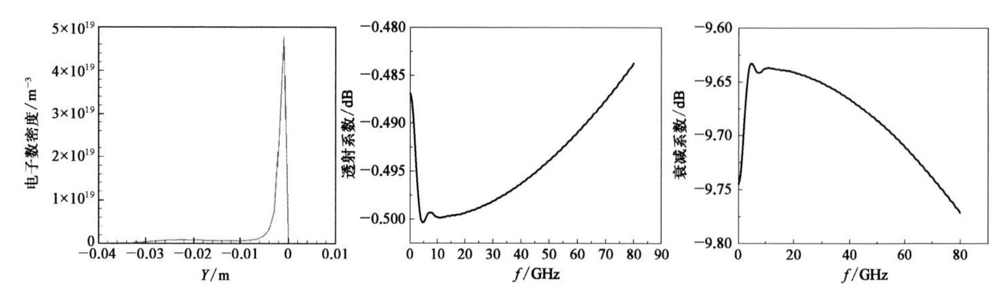

计算条件(位置 5)：激励源为高斯脉冲,空间网格大小 $\delta = 5.0 \times 10^{-4}$ m, 时间步长 $\Delta t = \delta/2c = 8.333 \times 10^{-13}$ s。

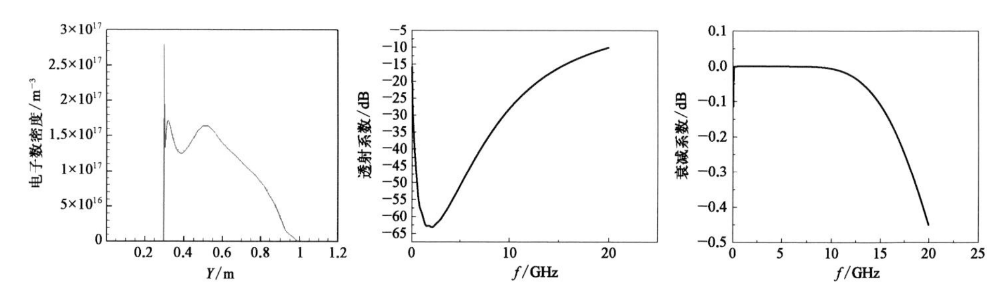

计算条件(位置 6)：激励源为高斯脉冲,空间网格大小 $\delta = 2.5 \times 10^{-4}$ m, 时间步长 $\Delta t = \delta/2c = 4.166\,7 \times 10^{-13}$ s。

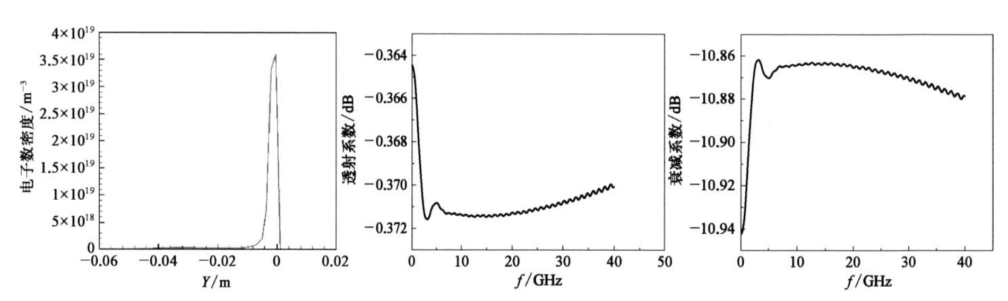

飞行高度：50 km　　飞行速度：15*Ma*　　攻角：10°

计算条件(位置 1)：激励源为高斯脉冲,空间网格大小 $\delta = 5.0 \times 10^{-4}$ m, 时间步长 $\Delta t = \delta/2c = 8.333 \times 10^{-13}$ s。

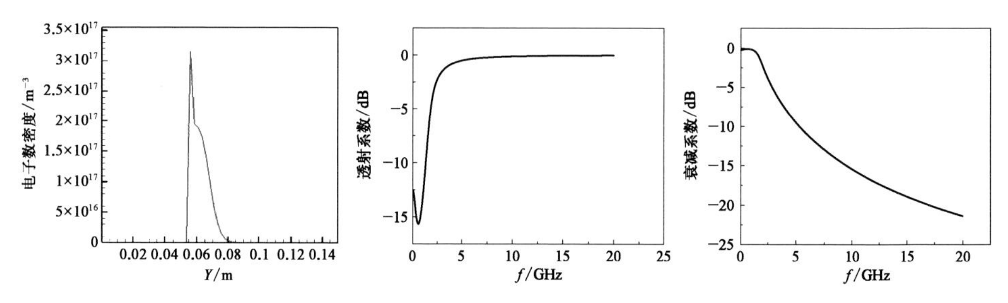

计算条件(位置 2)：激励源为高斯脉冲,空间网格大小 $\delta = 2.5 \times 10^{-4}$ m,时间步长 $\Delta t = \delta/2c = 4.1667 \times 10^{-13}$ s。

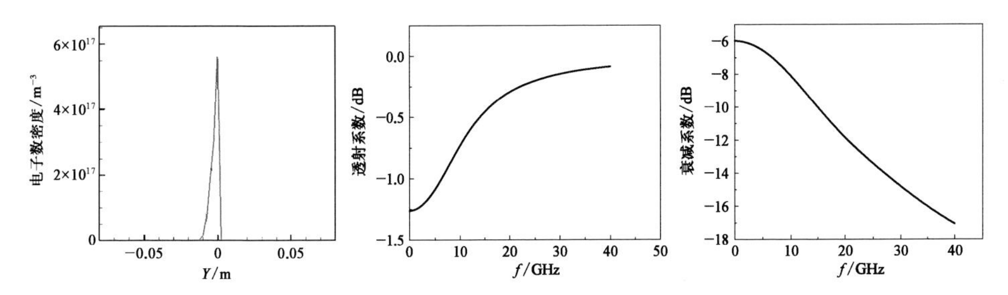

计算条件(位置 3)：激励源为高斯脉冲,空间网格大小 $\delta = 5.0 \times 10^{-4}$ m,时间步长 $\Delta t = \delta/2c = 8.333 \times 10^{-13}$ s。

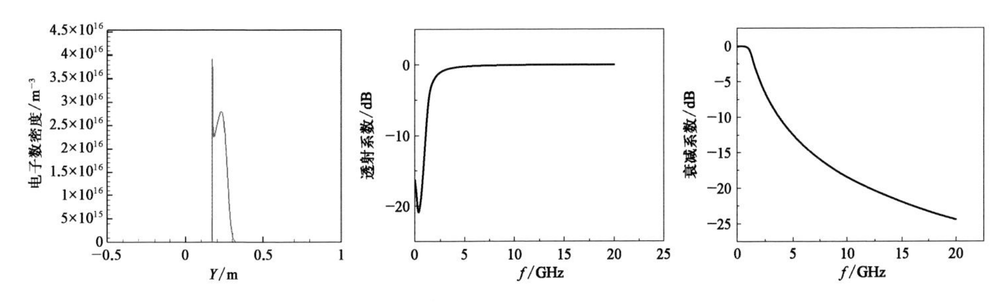

计算条件(位置 4)：激励源为高斯脉冲,空间网格大小 $\delta = 5.0 \times 10^{-4}$ m,时间步长 $\Delta t = \delta/2c = 8.333 \times 10^{-13}$ s。

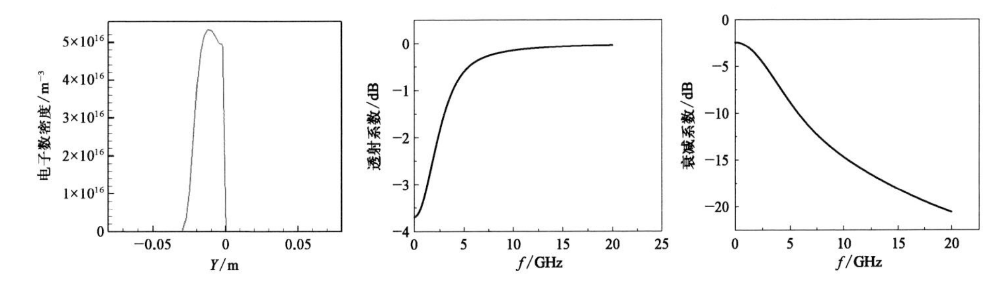

计算条件(位置 5)：激励源为高斯脉冲,空间网格大小 $\delta = 5.0 \times 10^{-4}$ m,时间步长 $\Delta t = \delta/2c = 8.333 \times 10^{-13}$ s。

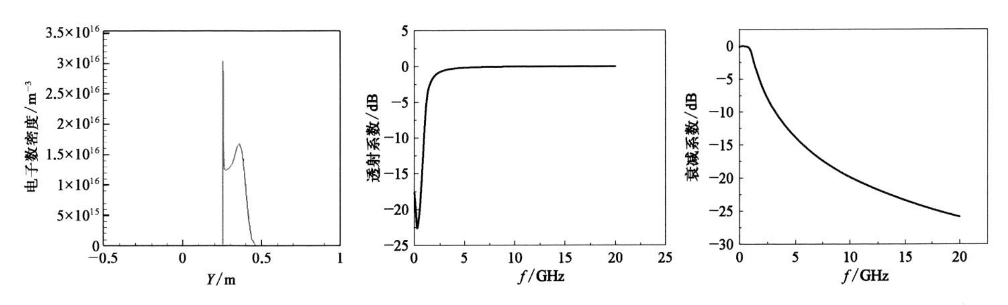

计算条件(位置 6)：激励源为高斯脉冲，空间网格大小 $\delta = 5.0 \times 10^{-4}$ m，时间步长 $\Delta t = \delta/2c = 8.333 \times 10^{-13}$ s。

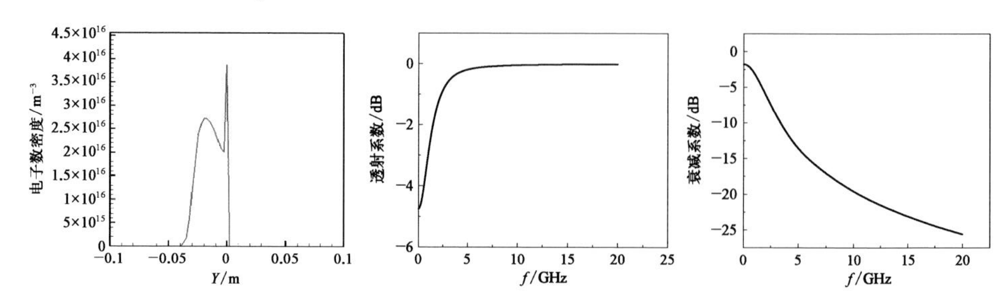

飞行高度：50 km　　飞行速度：15Ma　　攻角：20°

计算条件(位置 1)：激励源为高斯脉冲，空间网格大小 $\delta = 2.5 \times 10^{-4}$ m，时间步长 $\Delta t = \delta/2c = 4.166\ 7 \times 10^{-13}$ s。

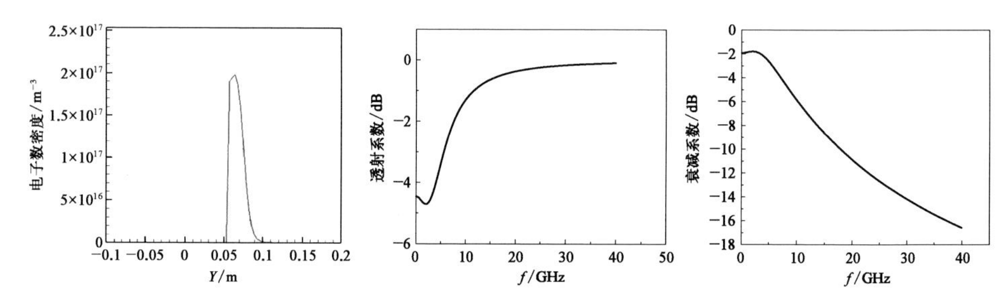

计算条件(位置 2)：激励源为高斯脉冲，空间网格大小 $\delta = 2.5 \times 10^{-4}$ m，时间步长 $\Delta t = \delta/2c = 4.166\ 7 \times 10^{-13}$ s。

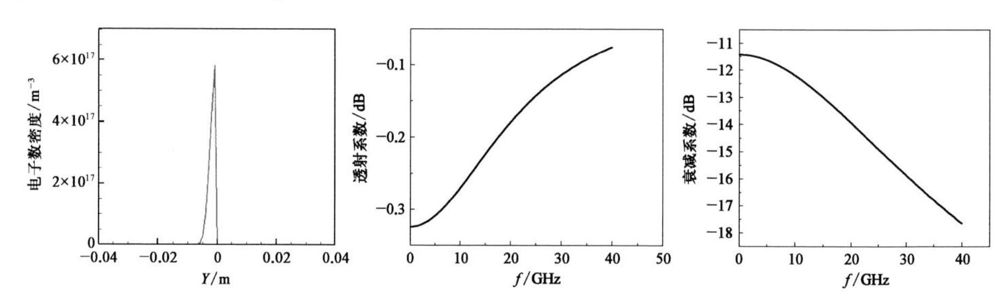

计算条件(位置 3)：激励源为高斯脉冲，空间网格大小 $\delta = 5.0 \times 10^{-4}$ m，时间步长 $\Delta t = \delta/2c = 8.333 \times 10^{-13}$ s。

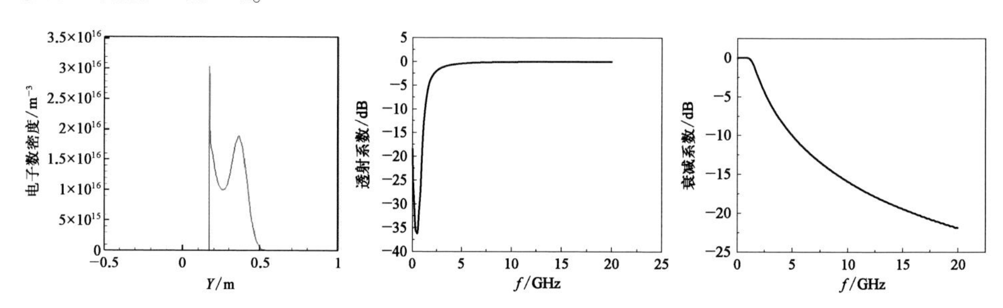

计算条件(位置 4)：激励源为高斯脉冲,空间网格大小 $\delta = 5.0 \times 10^{-4}$ m, 时间步长 $\Delta t = \delta/2c = 8.333 \times 10^{-13}$ s。

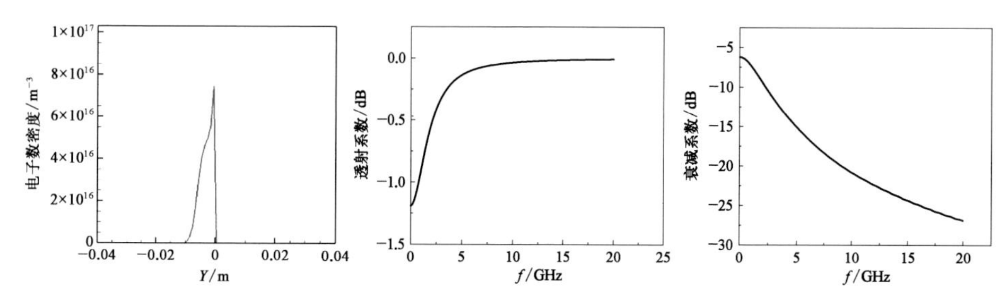

计算条件(位置 5)：激励源为高斯脉冲,空间网格大小 $\delta = 1.25 \times 10^{-3}$ m, 时间步长 $\Delta t = \delta/2c = 2.083 \times 10^{-12}$ s。

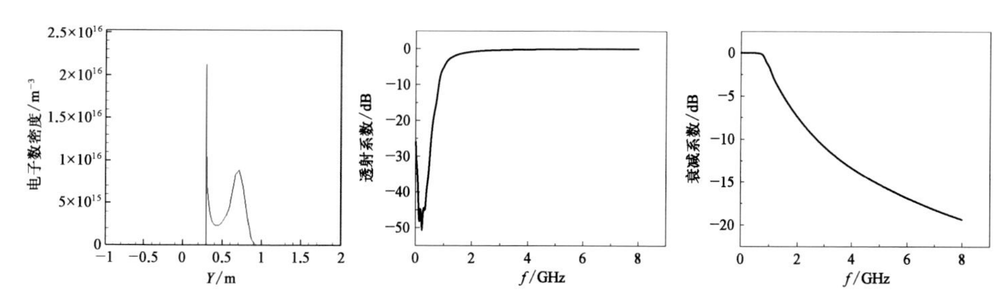

计算条件(位置 6)：激励源为高斯脉冲,空间网格大小 $\delta = 1.0 \times 10^{-3}$ m, 时间步长 $\Delta t = \delta/2c = 1.667 \times 10^{-12}$ s。

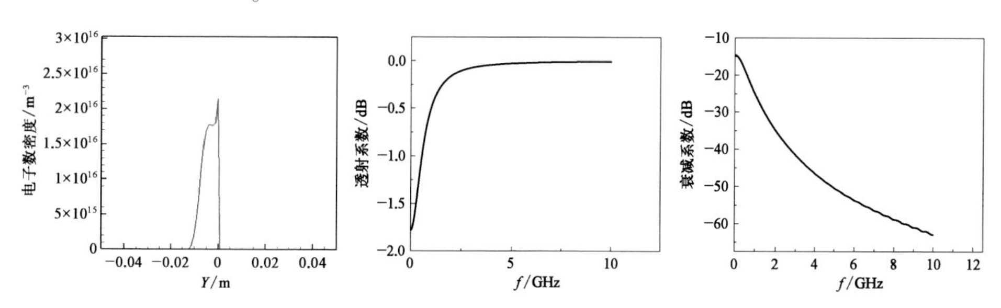

飞行高度：50 km　　飞行速度：20Ma　　攻角：10°

计算条件(位置 1)：激励源为高斯脉冲,空间网格大小 $\delta = 1.25 \times 10^{-4}$ m, 时间步长 $\Delta t = \delta/2c = 2.083 \times 10^{-13}$ s。

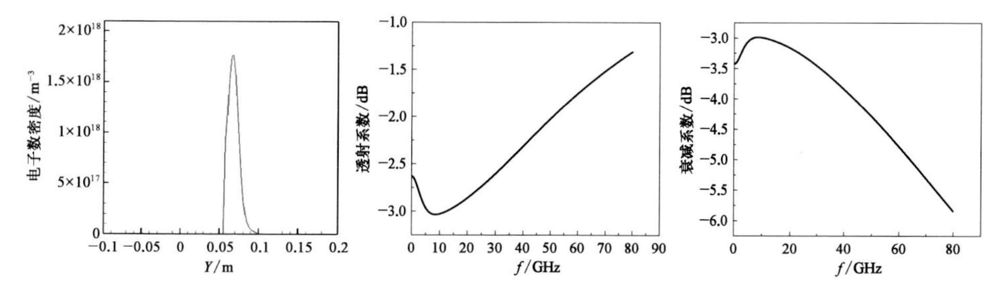

计算条件(位置 2)：激励源为高斯脉冲,空间网格大小 $\delta = 1.25 \times 10^{-4}$ m，时间步长 $\Delta t = \delta/2c = 2.083 \times 10^{-13}$ s。

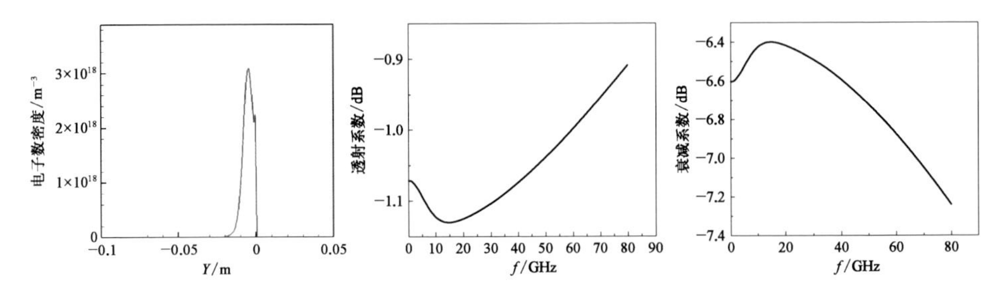

计算条件(位置 3)：激励源为高斯脉冲,空间网格大小 $\delta = 5.0 \times 10^{-4}$ m，时间步长 $\Delta t = \delta/2c = 8.333 \times 10^{-13}$ s。

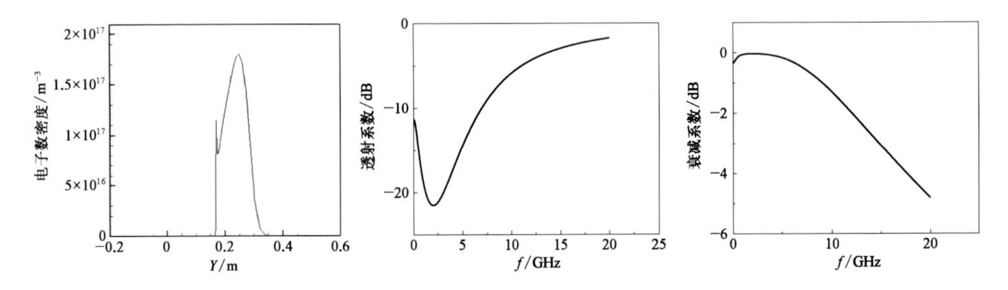

计算条件(位置 4)：激励源为高斯脉冲,空间网格大小 $\delta = 5.0 \times 10^{-4}$ m，时间步长 $\Delta t = \delta/2c = 8.333 \times 10^{-13}$ s。

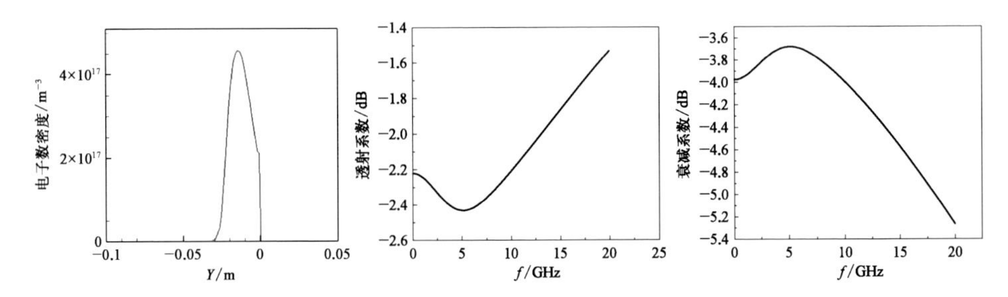

计算条件(位置 5)：激励源为高斯脉冲,空间网格大小 $\delta = 5.0 \times 10^{-4}$ m，时间步长 $\Delta t = \delta/2c = 8.333 \times 10^{-13}$ s。

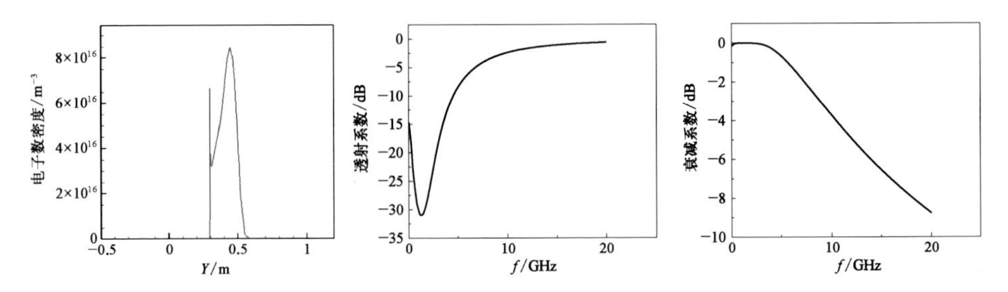

计算条件(位置 6): 激励源为高斯脉冲,空间网格大小 $\delta = 5.0 \times 10^{-4}$ m, 时间步长 $\Delta t = \delta/2c = 8.333 \times 10^{-13}$ s。

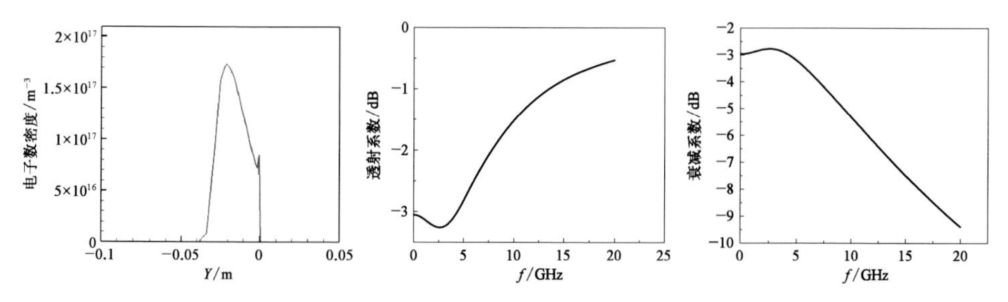

飞行高度: 50 km　　飞行速度: 20*Ma*　　攻角: 20°

计算条件(位置 1): 激励源为高斯脉冲,空间网格大小 $\delta = 1.25 \times 10^{-4}$ m, 时间步长 $\Delta t = \delta/2c = 2.083 \times 10^{-13}$ s。

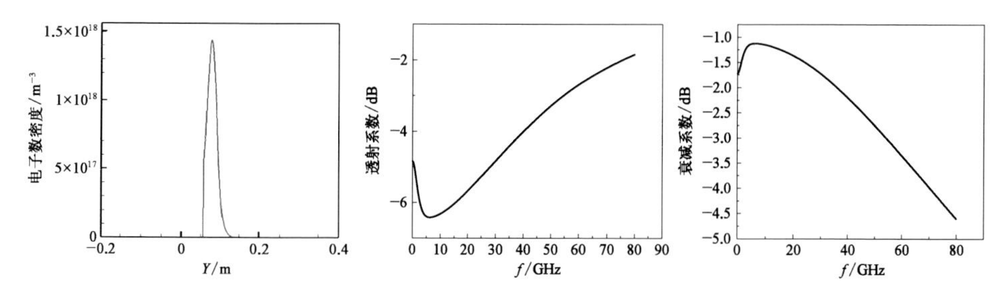

计算条件(位置 2): 激励源为高斯脉冲,空间网格大小 $\delta = 1.25 \times 10^{-4}$ m, 时间步长 $\Delta t = \delta/2c = 2.083 \times 10^{-13}$ s。

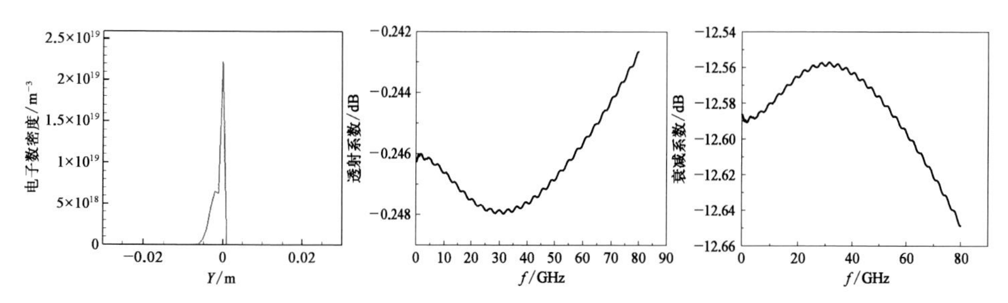

计算条件(位置 3): 激励源为高斯脉冲,空间网格大小 $\delta = 5.0 \times 10^{-4}$ m, 时间步长 $\Delta t = \delta/2c = 8.333 \times 10^{-13}$ s。

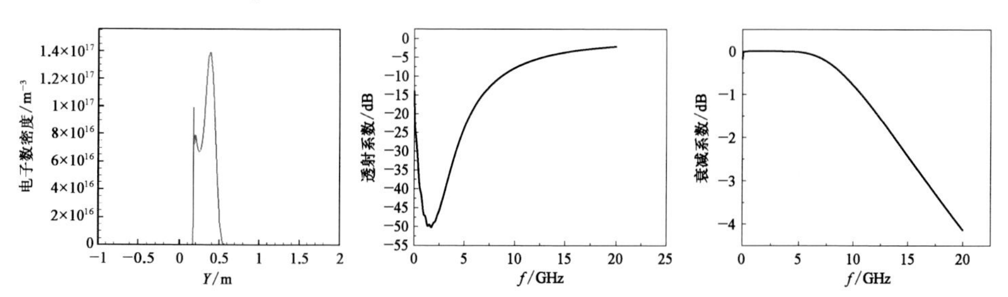

计算条件(位置 4)：激励源为高斯脉冲,空间网格大小 $\delta = 2.5 \times 10^{-4}$ m, 时间步长 $\Delta t = \delta/2c = 4.1667 \times 10^{-13}$ s。

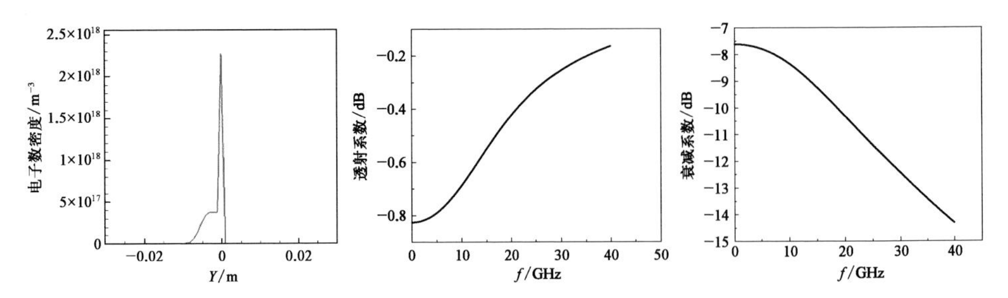

计算条件(位置 5)：激励源为高斯脉冲,空间网格大小 $\delta = 5.0 \times 10^{-4}$ m, 时间步长 $\Delta t = \delta/2c = 8.333 \times 10^{-13}$ s。

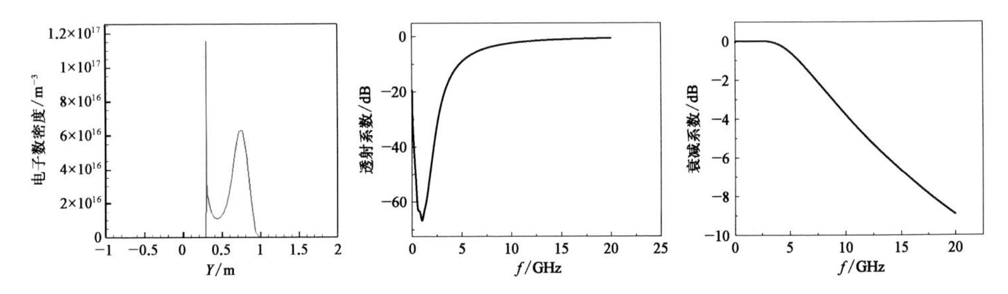

计算条件(位置 6)：激励源为高斯脉冲,空间网格大小 $\delta = 2.5 \times 10^{-4}$ m, 时间步长 $\Delta t = \delta/2c = 4.1667 \times 10^{-13}$ s。

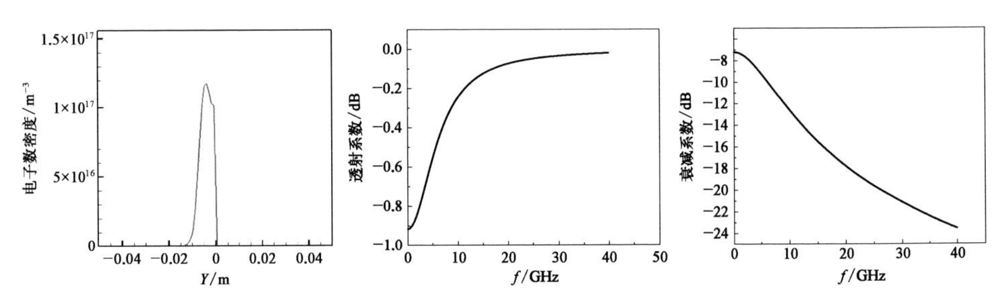

飞行高度：50 km　　飞行速度：25Ma　　攻角：10°

计算条件(位置 1)：激励源为高斯脉冲,空间网格大小 $\delta = 1.25 \times 10^{-4}$ m, 时间步长 $\Delta t = \delta/2c = 2.083 \times 10^{-13}$ s。

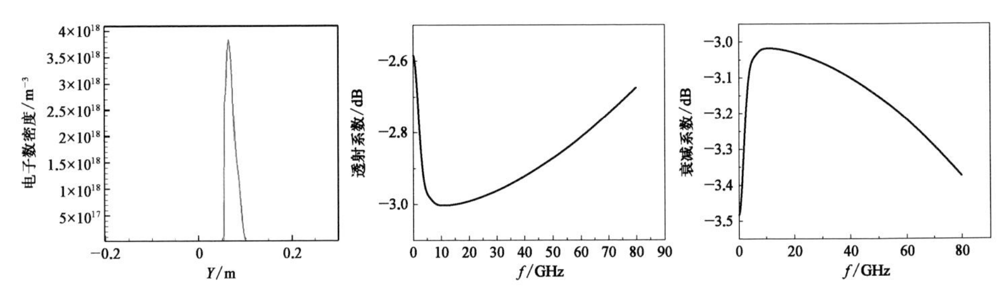

计算条件(位置2):激励源为高斯脉冲,空间网格大小 $\delta = 7.5 \times 10^{-5}$ m,时间步长 $\Delta t = \delta/2c = 1.25 \times 10^{-13}$ s。

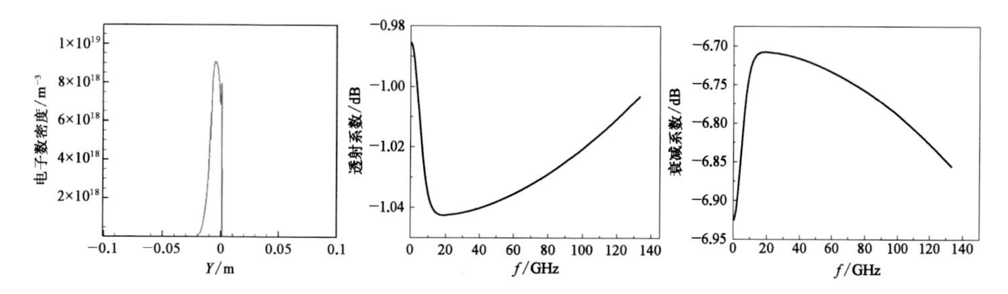

计算条件(位置3):激励源为高斯脉冲,空间网格大小 $\delta = 5.0 \times 10^{-4}$ m,时间步长 $\Delta t = \delta/2c = 8.333 \times 10^{-13}$ s。

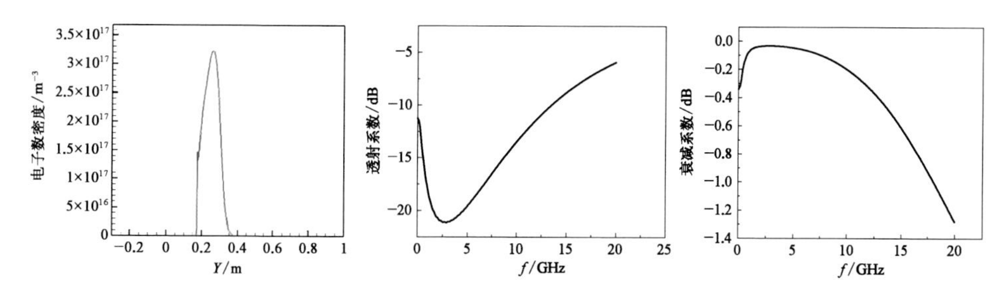

计算条件(位置4):激励源为高斯脉冲,空间网格大小 $\delta = 1.25 \times 10^{-4}$ m,时间步长 $\Delta t = \delta/2c = 2.083 \times 10^{-13}$ s。

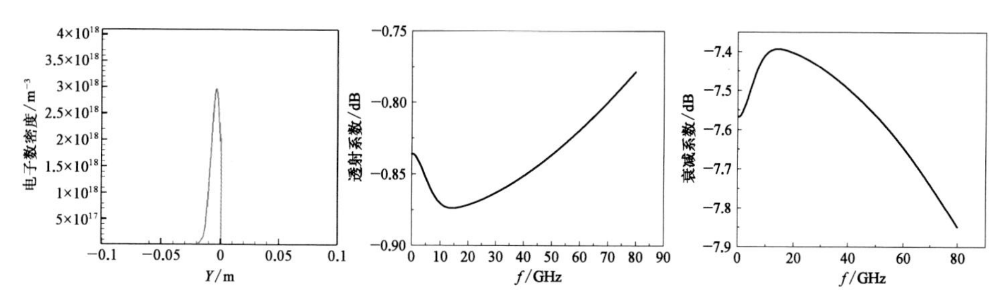

计算条件(位置5):激励源为高斯脉冲,空间网格大小 $\delta = 5.0 \times 10^{-4}$ m,时间步长 $\Delta t = \delta/2c = 8.333 \times 10^{-13}$ s。

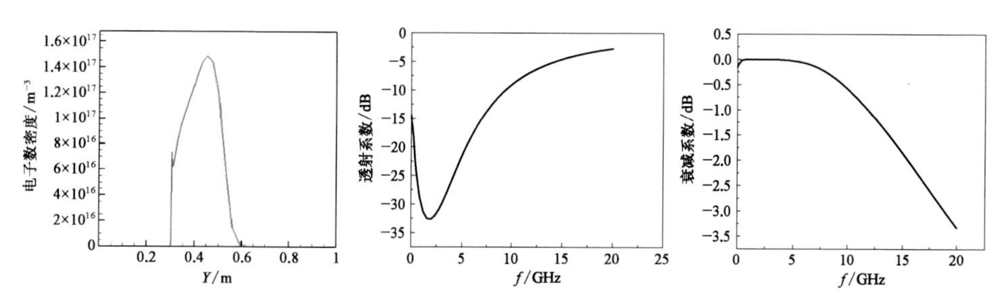

计算条件(位置 6)：激励源为高斯脉冲,空间网格大小 $\delta = 2.5 \times 10^{-4}$ m, 时间步长 $\Delta t = \delta/2c = 4.1667 \times 10^{-13}$ s。

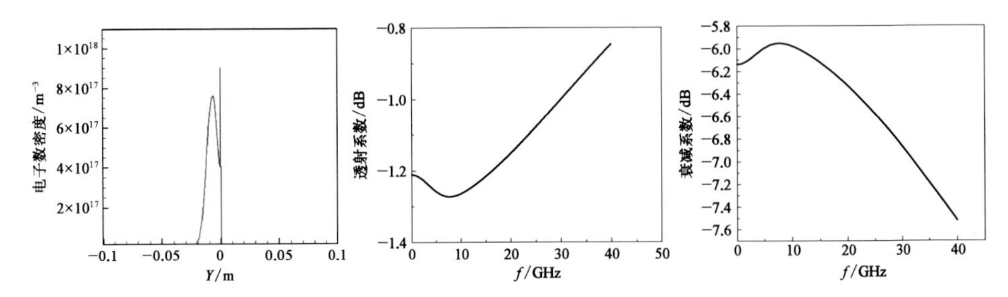

飞行高度：50 km　　飞行速度：25*Ma*　　攻角：20°

计算条件(位置 1)：激励源为高斯脉冲,空间网格大小 $\delta = 5.0 \times 10^{-4}$ m, 时间步长 $\Delta t = \delta/2c = 8.333 \times 10^{-13}$ s。

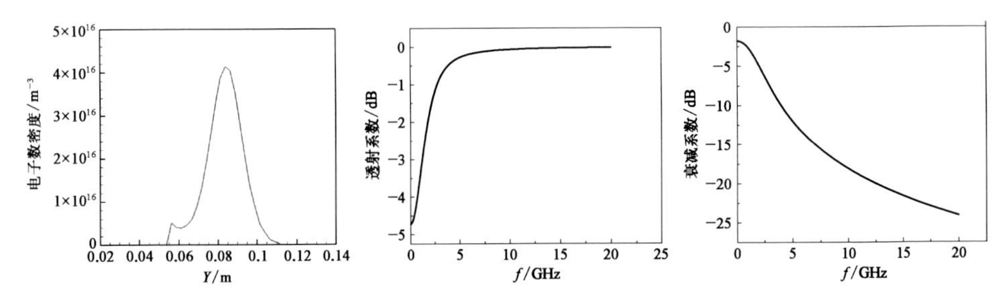

计算条件(位置 2)：激励源为高斯脉冲,空间网格大小 $\delta - 1.25 \times 10^{-5}$ m, 时间步长 $\Delta t = \delta/2c = 2.083 \times 10^{-14}$ s。

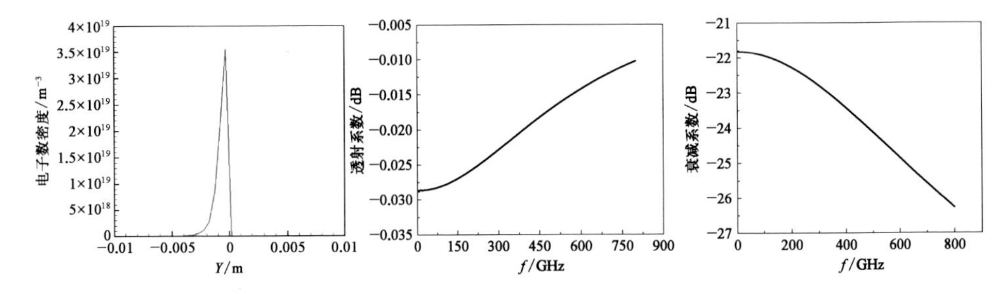

计算条件(位置 3)：激励源为高斯脉冲,空间网格大小 $\delta = 1.0 \times 10^{-3}$ m, 时间步长 $\Delta t = \delta/2c = 1.667 \times 10^{-12}$ s。

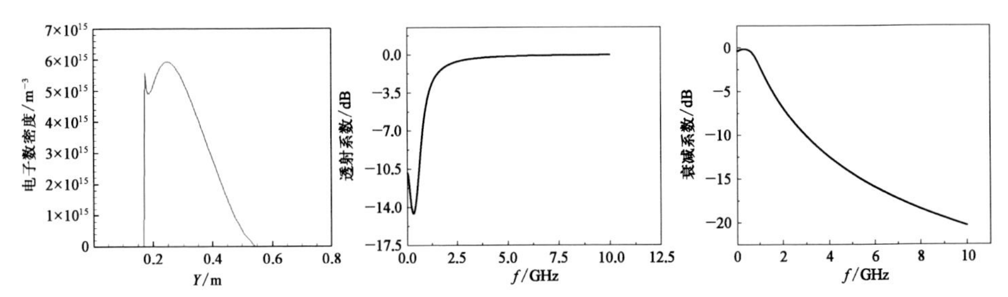

计算条件(位置 4)：激励源为高斯脉冲,空间网格大小 $\delta = 2.5 \times 10^{-5}$ m, 时间步长 $\Delta t = \delta/2c = 4.1667 \times 10^{-14}$ s。

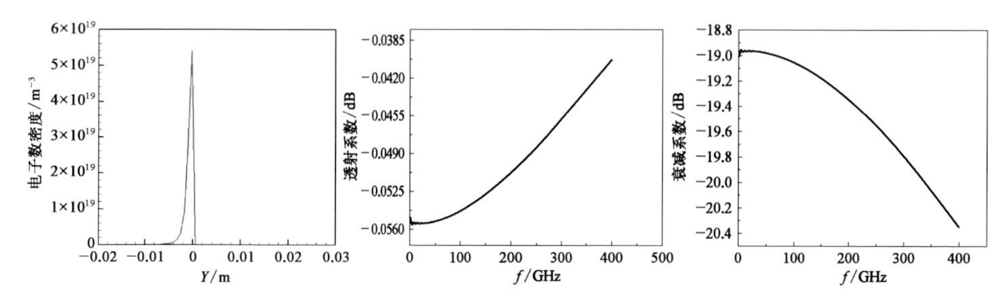

计算条件(位置 5)：激励源为高斯脉冲,空间网格大小 $\delta = 1.0 \times 10^{-3}$ m, 时间步长 $\Delta t = \delta/2c = 1.667 \times 10^{-12}$ s。

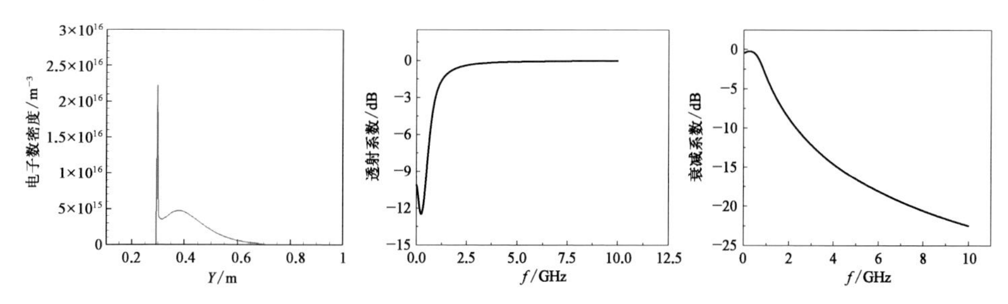

计算条件(位置 6)：激励源为高斯脉冲,空间网格大小 $\delta = 1.25 \times 10^{-5}$ m, 时间步长 $\Delta t = \delta/2c = 2.083 \times 10^{-14}$ s。

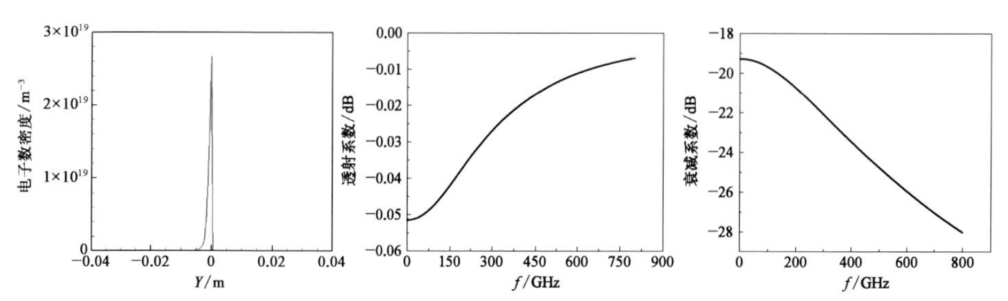

飞行高度：60 km　　飞行速度：15*Ma*　　攻角：10°

计算条件(位置 1)：激励源为高斯脉冲,空间网格大小 $\delta = 3.0 \times 10^{-3}$ m, 时间步长 $\Delta t = \delta/2c = 5.0 \times 10^{-12}$ s。

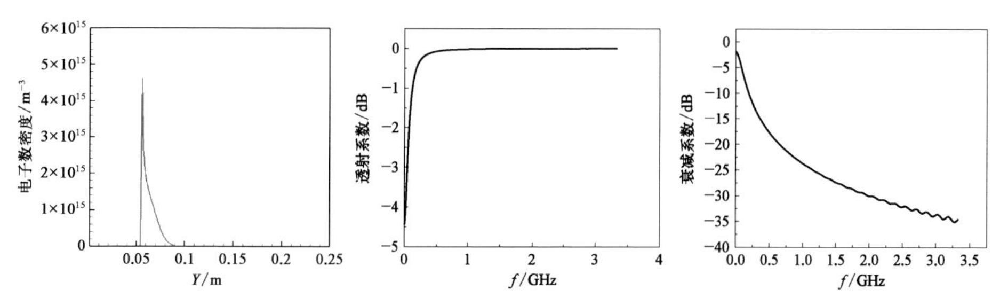

计算条件(位置 2)：激励源为高斯脉冲,空间网格大小 $\delta = 5.0 \times 10^{-3}$ m, 时间步长 $\Delta t = \delta/2c = 8.333 \times 10^{-12}$ s。

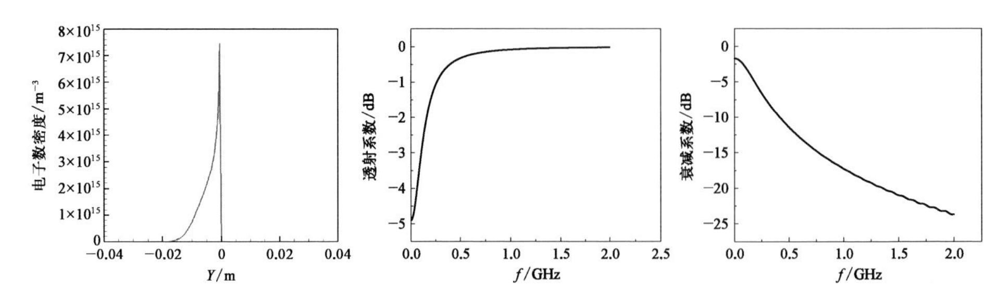

计算条件(位置 3)：激励源为高斯脉冲,空间网格大小 $\delta = 5.0 \times 10^{-3}$ m, 时间步长 $\Delta t = \delta/2c = 8.333 \times 10^{-12}$ s。

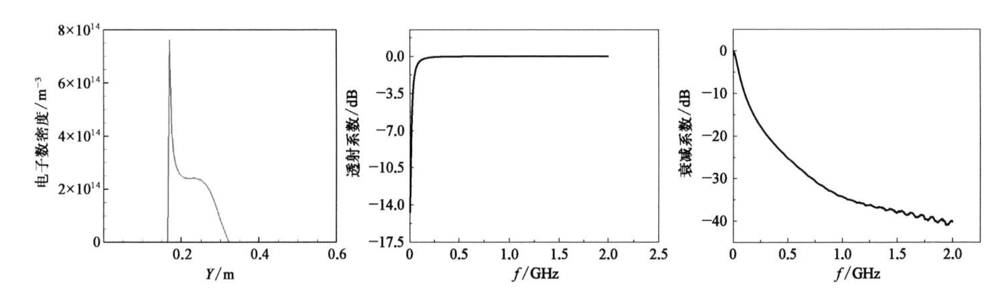

计算条件(位置 4)：激励源为高斯脉冲,空间网格大小 $\delta = 3.0 \times 10^{-3}$ m, 时间步长 $\Delta t = \delta/2c = 5.0 \times 10^{-12}$ s。

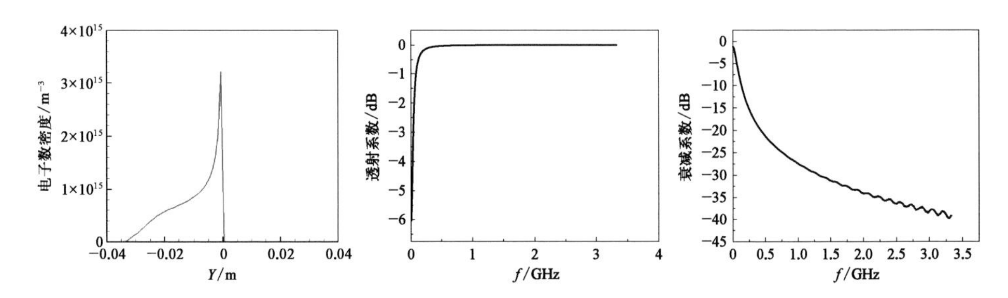

计算条件(位置 5)：激励源为高斯脉冲,空间网格大小 $\delta = 5.0 \times 10^{-3}$ m, 时间步长 $\Delta t = \delta/2c = 8.333 \times 10^{-12}$ s。

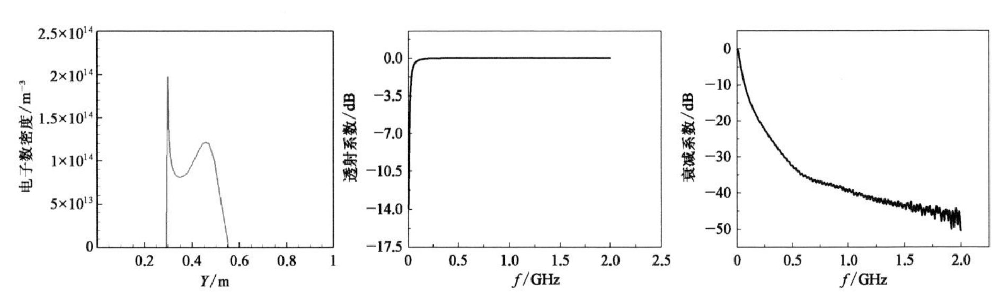

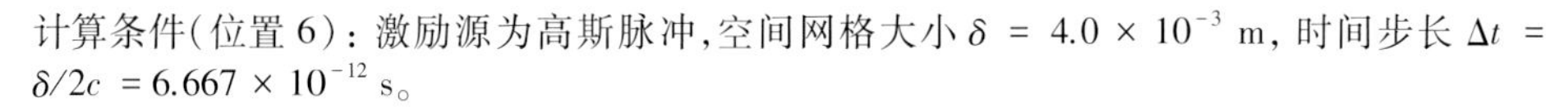

计算条件(位置 6)：激励源为高斯脉冲,空间网格大小 $\delta = 4.0 \times 10^{-3}$ m,时间步长 $\Delta t = \delta/2c = 6.667 \times 10^{-12}$ s。

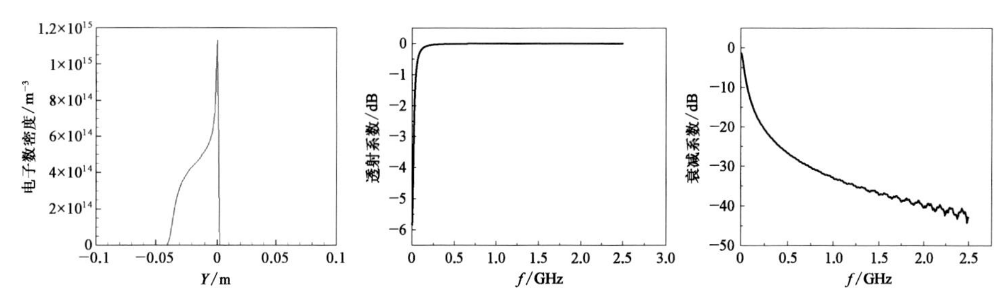

结合以上类 HTV-2 等离子体鞘套中的传播特性结果图,分析可知:

(1) 当位于不同高度(速度均为 15*Ma*,攻角均为 0°)时,高度增加,电子数密度逐渐减小,此时,透射逐渐增加,衰减不断减小。这是由于高度越高,空气相对较稀薄,可电离的空气变少,从而造成电子数密度逐渐变小,此时,电磁波穿过等离子体的能力增强,衰减不断降低。

(2) 当以不同速度(高度均为 40 km,攻角均为 0°)飞行时,随着速度的增大,类 HTV-2 高超声速飞行器目标体上不同位置处的衰减变化有所不同,具体情况如下:速度增大,位置 1 的衰减呈降低趋势;位置 2 和位置 3 的衰减呈先增大再减小的趋势;位置 4、位置 5 及位置 6 的衰减呈增大之势。

(3) 当以不同攻角(高度均为 50 km,速度均为 20*Ma*)飞行时,随着飞行攻角的逐渐增大,类 HTV-2 高超声速飞行器目标体上不同位置处的衰减情况呈现如下的变化规律:增大攻角,位置 1、位置 3 和位置 5 的衰减变化呈逐渐增大的趋势;而位置 2、位置 4 及位置 6 的衰减变化呈现逐渐降低的趋势。这是由于当高超声速飞行器类 HTV-2 增大飞行攻角时,上表面的等离子体鞘套厚度增大,下表面的等离子体鞘套厚度减小,从而造成上、下表面的电磁波穿透能力呈现不同的变化趋势,导致了类 HTV-2 高超声速飞行器的衰减表现为:电磁波在上表面传播时,衰减逐渐增大;电磁波在下表面传播时,衰减逐渐减小。

(4) 对比同一高度、同一速度、同一攻角下的传播结果可知,高超声速飞行器上不同位置(位置 1、位置 2、位置 3、位置 4、位置 5、位置 6)对电磁波传播的影响情况,可以初步得出结论:为了实现"通得好",天线应放置在高超声速飞行器的尾部(位置 5 或者位置 6),才能较好地接收信号。

第 4 章

高超声速飞行器等离子体鞘套的电磁散射特性分析

4.1 电磁散射的基础理论知识

物体的电磁散射回波中包含着被照射物体的几何形状和电磁特性信息,雷达就是根据目标对雷达波的散射能量来判定目标的存在并确定目标位置的,定量地描述雷达特征的参量是目标对入射雷达波所呈现的有效雷达散射截面(radar cross section, RCS)。换句话说,目标电磁散射特性的研究是雷达技术的基础和核心。因此,对预定目标电磁散射的分析,特别是对雷达散射截面的精确预估,在隐身与反隐身、目标识别与反识别、精确制导、预警追踪等应用领域具有重要的研究价值和现实意义。目前,电磁波的研究已深入到各领域,应用范围非常广泛,如无线电波传播、微波、天线、雷达技术、电磁成像、地下电磁探测、电磁兼容、光纤通信和移动通信等[55-58]。

研究复杂目标的电磁散射的理论,都可以归结为满足一定边界条件的麦克斯韦方程组。由麦克斯韦方程组求解电磁场的边值问题主要有两类方法:一类是解析法;另一类是数值法。用严格的解析法,如分离变量法、保角变换法、格林函数法等,可以得到精确的理论解,但是只能在少数简单规则的情况下获得封闭形式的解。然而,由于研究对象材料、结构、形状等方面,现代电磁场工程所要解决的问题已经变得越来越复杂,要想获得严格的解析解几乎是不可能的,人们转而求助于各种数值计算方法。近年来,计算机技术的快速发展为数值技术提供了坚实的物质基础,电磁场工程问题的解决越来越倾向于对各种数值方法的研究。求解电磁场常用的数值方法有矩量法(moment method, MOM)、有限元法(finite element method, FEM)、边界元法(boundary element method, BEM)、谱域法(spectral domain method, SDM)、时域有限差分法等。其中,时域有限差分法具有众多的优越性,因此在电磁辐射、散射、逆散射、天线、微波技术、微波与毫米波电路、生物电磁学、光电子学等领域得到了广泛的应用[59-64]。

矩量法是一种求解线性算子方程的通用数值方法,矩量法的基本原理是:先采用基函数对待求未知量进行近似展开,并代入算子方程,再选取适当的权函数使算子方程在加权平均意义下的余量等于零,由此将连续的算子方程转换为矩阵方程。原则上,矩量法既可用于求解微分方程,也可用于求解积分方程,但用于求解微分方程时所得到的矩阵方程的系数矩阵往往是病态的,故在电磁场问题上主要用于求解积分方程。按照待求未知量的所在区域,积分方程可分为面积分方程和体积分方程。对于自由空间中的理想导体散射问题,可使用基于面积分方程的矩量法求解。因为在自由空间中格林函数容易获得,所以积分方程只需在导体表面匹配边界条件。对于均匀介质和均匀分段的介质散射问题,也可以使用基于面积分方程的矩量法求解。因其所需的格林函数为形式简单的均匀介质格林函数而得到广泛的应用。利用等效原理在分界面引入等效面电流,利用边界上切向电场和磁场连续建立电场积分方程和磁场积分方程。对于复杂的非均匀介质目标,可采用基于体积分方程的矩量法进行求解。由于区域内的极化电流与总场成正比,散射场由极化电流可以确定,利用总场为入射场和散射场之和这一关系便可以建立需要的体积分方程。利用矩量法求解电磁场问题的主要优点是离散区域可以保持到最小,不会产生数值色散,数值结果精度很高。

有限元法是以变分原理和剖分插值为基础,近似求解数理边值问题的一种数值方法。该方法的基本原理是:首先,用许多子域来代表整个连接区域,在各子域中,未知函数用带有未知系数的简单插值函数来表示。因此,无限个自由度的边值问题被转化成有限个自由度的边值问题,即整个系统的解用有限数目的未知系数近似。然后,用里瑞利-里茨法得到一个矩阵方程。最后,通过求解矩阵方程得到边值问题的解。有限元法的一大优点是其离散单元的灵活性。相对而言,有限元法可以更精确地模拟各种复杂的几何结构,并通过选择取样点的疏密情况适应场分布的不同情况,既能满足计算精度的要求,又不增加过大的计算量。有限元法的另一大优点是其所形成的有限元方程组的系数矩阵是稀疏的、对称的,这非常有利于代数方程组的求解。

时域有限差分法于1966年由K. S. Yee首次提出,该方法直接从时域麦克斯韦旋度方程出发,对电磁场 $\boldsymbol{E}$、$\boldsymbol{H}$ 分量在空间和时间上采取交替抽样的离散方式,每一个 **E**(或 **H**)场分量周围有四个 **H**(或 **E**)场分量环绕,应用这种离散方式将含时间变量的麦克斯韦旋度方程转化为一组差分方程,并在时间轴上逐步地求解空间电磁场。FDTD 法比较简单和适用,它具有以下几方面的优点:① 它所需要的计算机内存和 CPU 时间与网络单元数成正比,不需要矩阵求逆;② 在 FDTD 计算过程中,目标的电磁参数反映在每个网格的电磁场计算中,因此它很容易处理复杂介质目标和复杂形状目标的电磁散射问题;③ 它作为一种时域方法,使电磁场的时域特性直接被反映出来,它能充分而形象地描绘电磁场的传播及其与目标相互作用的过程,用清晰的图像解释复杂的物理过程;④ 作为一种瞬态方法,FDTD 法以脉冲波作为激励源,经过一次计算及 Fourier 变换处理,可以获得丰富的频域信息;⑤ 由于直接由麦克斯韦方程出发,它原理简单、直观,计算程序具有很强的通用性,适合于并行计算[54,65-70]。

4.2 电磁散射计算方法

根据以上我们对电磁散射基础理论知识的了解,本节采用 FDTD 法对临近空间高超声速飞行器等离子体鞘套的电磁散射特性展开研究。

4.2.1 吸收边界条件

当采用 FDTD 法分析电磁辐射、散射等开域问题时,由于计算机内存的限制,FDTD 法的计算区域不能延伸到无穷远,所以需要在计算区域的外层设置截断边界来正确模拟开域问题。目标应用最广泛的吸收边界条件有:Mur 吸收边界条件、Mei-Fang 超吸收边界条件、Berenger 完全匹配层吸收边界条件、单轴各向异性介质完全匹配层吸收边界条件。

Mur 吸收边界是一种基于单向行波方程的吸收边界算法,当入射角较小时,残留的反射波与入射波之比较小,尤其是当入射角为 0°时,能够完全消除反射波。而当入射角大于 85°时,残留的反射波与入射波之比为 71%以上,引入的反射误差已不能满足工程的需要。

传统的吸收边界只在边界上对电场或磁场进行特殊处理,而不同时计算二者。为了提高精度,Fang 和 Mei 第一次提出了超吸收边界的概念。在超吸收边界中电场和磁场同时参与计算,以便减少计算电磁场时非物理因素引起的反射,从而改善原吸收边界的性能,因此称为超吸收边界。超吸收边界自身并不是一个吸收边界条件,而是建立在其他吸收边界基础上、通过一种误差抵消过程改善局部吸收边界条件的方法[71-74]。

完全匹配层由 Berenger 于 1994 年首先提出,它将电磁场分量在吸收边界区域分裂,并对各场分量赋予不同的损耗,这样就能在 FDTD 网格边界得到一种非物理的吸收介质,该介质的波阻抗与相邻介质波阻抗完全匹配,因此入射波将能无反射地穿过分界面进入 PML。但是这种基于场量分裂的 PML 和麦克斯韦方程组的形式不一致,且编程过于繁杂,不利于实现程序的并行化。

Sacks 和 Gedney 提出了各向异性介质完全匹配层理论。通过适当选择各向异性介质的本构参数也可以形成完全匹配层。与 Berenger 的 PML 不同,在各向异性介质中,波方程仍为麦克斯韦方程。UPML 在 FDTD 计算中常用作高有耗介质或有倏逝波时的吸收边界[57,58]。

本章计算主要采用的是 UPML 和 PML 吸收边界条件,这是由于在上述几种吸收边界条件中,UPML 和 PML 吸收边界条件的吸收效果较好。

4.2.2　平面波激励源的设置

FDTD 算法仿真中一个重要的环节就是对激励源的模拟,即选择合适的入射波形式及用适当的方法将入射波引入 FDTD 算法随着时间步长的迭代中。激励源从频谱分布角度可以分为两类: 一类是仅有点频分量的时谐场源;另一类是具有宽带频率分量的脉冲场源。激励源从空间分布角度可以分为面源、线源、点源及具有一定形状的波束激励源等。激励源从设置方法角度可以分为初始条件、硬源、软源、总场/散射场。本章主要研究电磁散射问题,所采用的激励源为时谐场源及脉冲场源,设置方法采用总场/散射场方法。

总场/散射场方法可以避免采用硬源方法或者初始条件方法所带来的问题,该方法既可以适用于时谐场源的引入,又可以适用于脉冲场源的引入。总场/散射场方法将仿真区域分为两部分: 一部分为总场区;另一部分为散射场区,入射波只存在于总场区。因此,必须在总场/散射场边界处设置特殊的等效源以满足边界处的不连续性。假定电磁散射的总场为入射场和散射场之和,即

$$\boldsymbol{E}_{\text{total}} = \boldsymbol{E}_{\text{i}} + \boldsymbol{E}_{\text{s}} \tag{4.1}$$

$$\boldsymbol{H}_{\text{total}} = \boldsymbol{H}_{\text{i}} + \boldsymbol{H}_{\text{s}} \tag{4.2}$$

其中, $\boldsymbol{E}_{\text{i}}$ 和 $\boldsymbol{H}_{\text{i}}$ 为入射波电磁场,在 FDTD 仿真区域中任意一个空间网格及任意

一个时间步长均为已知；$\boldsymbol{E}_{\mathrm{s}}$ 和 $\boldsymbol{H}_{\mathrm{s}}$ 为散射波电磁场。

对于三维电磁散射，如图 4.1 所示，俯仰角 θ 为入射波的传播矢量 k 与 z 轴的夹角；方位角 φ 为入射波的传播矢量 k 与 x 轴的夹角；极化角 α 为电场极化方向与向量 $k \times z$，即等相位面之间的夹角。总场/散射场边界在 Yee 空间中涉及形成一个封闭空间的六个边界平面，每个边界平面包含两个电场切向分量。设总场边界网格与电场相同，其范围为 $i_0 < i < i_1$、$j_0 < j < j_1$、$k_0 < k < k_1$，磁场的总场边界与电场相差半个 Yee 网格，即 $i_0 - 0.5 < i < i_1 + 0.5$、$j_0 - 0.5 < j < j_1 + 0.5$、$k_0 - 0.5 < k < k_1 + 0.5$。电场切向分量在三维总场/散射场边界各平面公式如下。

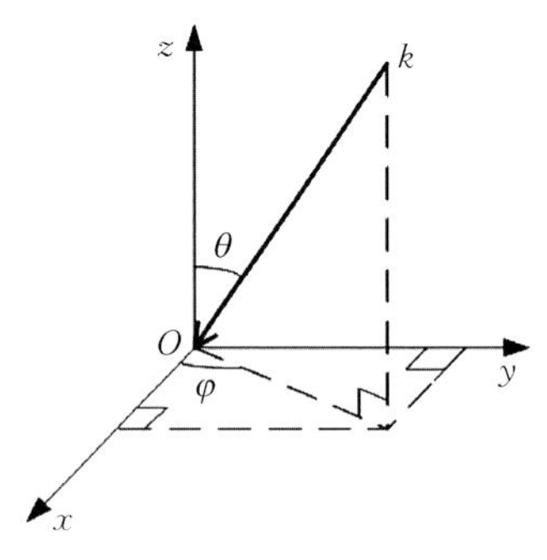

图 4.1　示意图

在 $y = j_0\Delta y$ 边界平面，E_x 与 E_z 的公式为

$$E_x^{n+1}(i+0.5, j_0, k) = E_x^{n+1}(i+0.5, j_0, k) - \frac{\Delta t}{\varepsilon_0 \Delta y} H_{z,i}^{n+0.5}(i, j_0 - 0.5, k) \tag{4.3}$$

$$E_z^{n+1}(i, j_0, k+0.5) = E_z^{n+1}(i, j_0, k+0.5) + \frac{\Delta t}{\varepsilon_0 \Delta y} H_{x,i}^{n+0.5}(i, j_0 - 0.5, k) \tag{4.4}$$

在 $y = j_1\Delta y$ 边界平面，E_x 与 E_z 的公式为

$$E_x^{n+1}(i+0.5, j_1, k) = E_x^{n+1}(i+0.5, j_1, k) - \frac{\Delta t}{\varepsilon_0 \Delta y} H_{z,i}^{n+0.5}(i, j_1 - 0.5, k) \tag{4.5}$$

$$E_z^{n+1}(i, j_1, k+0.5) = E_z^{n+1}(i, j_1, k+0.5) + \frac{\Delta t}{\varepsilon_0 \Delta y} H_{x,i}^{n+0.5}(i, j_1 - 0.5, k) \tag{4.6}$$

在 $z = k_0\Delta z$ 边界平面，E_x 与 E_y 的公式为

$$E_x^{n+1}(i+0.5, j, k_0) = E_x^{n+1}(i+0.5, j, k_0) - \frac{\Delta t}{\varepsilon_0 \Delta z} H_{y,i}^{n+0.5}(i, j, k_0 - 0.5) \tag{4.7}$$

$$E_y^{n+1}(i, j+0.5, k_0) = E_y^{n+1}(i, j+0.5, k_0) - \frac{\Delta t}{\varepsilon_0 \Delta z} H_{x,i}^{n+0.5}(i, j, k_0 - 0.5) \tag{4.8}$$

在 $z = k_1 \Delta z$ 边界平面，E_x与 E_y的公式为

$$E_x^{n+1}(i+0.5, j, k_1) = E_x^{n+1}(i+0.5, j, k_1) - \frac{\Delta t}{\varepsilon_0 \Delta z} H_{y,i}^{n+0.5}(i, j, k_1 - 0.5) \tag{4.9}$$

$$E_y^{n+1}(i, j+0.5, k_1) = E_y^{n+1}(i, j+0.5, k_1) - \frac{\Delta t}{\varepsilon_0 \Delta z} H_{x,i}^{n+0.5}(i, j, k_1 - 0.5) \tag{4.10}$$

在 $x = i_0 \Delta x$ 边界平面，E_y与 E_z的公式为

$$E_y^{n+1}(i_0, j+0.5, k) = E_y^{n+1}(i_0, j+0.5, k) - \frac{\Delta t}{\varepsilon_0 \Delta x} H_{z,i}^{n+0.5}(i_0 - 0.5, j, k) \tag{4.11}$$

$$E_z^{n+1}(i_0, j, k+0.5) = E_z^{n+1}(i_0, j, k+0.5) - \frac{\Delta t}{\varepsilon_0 \Delta x} H_{y,i}^{n+0.5}(i_0 - 0.5, j, k) \tag{4.12}$$

在 $x = i_1 \Delta x$ 边界平面，E_y与 E_z的公式为

$$E_y^{n+1}(i_1, j+0.5, k) = E_y^{n+1}(i_1, j+0.5, k) - \frac{\Delta t}{\varepsilon_0 \Delta x} H_{z,i}^{n+0.5}(i_1 - 0.5, j, k) \tag{4.13}$$

$$E_z^{n+1}(i_1, j, k+0.5) = E_z^{n+1}(i_1, j, k+0.5) - \frac{\Delta t}{\varepsilon_0 \Delta x} H_{y,i}^{n+0.5}(i_1 - 0.5, j, k) \tag{4.14}$$

对于总场/散射场边界各平面上切向磁场分量，可以按照类似的方法进行处理，需要注意的是，磁场的总场/散射场边界比电场边界大 0.5 个网格，即磁场边界为 $i = i_0 - 0.5$、$i = i_1 + 0.5$、$j = j_0 - 0.5$、$j = j_1 + 0.5$、$k = k_0 - 0.5$、$k = k_1 + 0.5$ 六个边界平面。

在六个边界平面上引入给定方向的入射波源时，总会从六个边界平面上八个顶点中的任意一个进入总场区域。该顶点可以作为入射波源到各边界平面上等效源之间延迟 d 的起点，可表示为

$$d = \hat{\boldsymbol{k}}_{\mathrm{i}} \cdot \boldsymbol{r} \tag{4.15}$$

其中，$\hat{\boldsymbol{k}}_{\mathrm{i}}$ 为入射波方向的单位向量

$$\hat{\boldsymbol{k}}_{\mathrm{i}} = \hat{x}\sin\theta\cos\varphi + \hat{y}\sin\theta\sin\varphi + \hat{z}\cos\theta \tag{4.16}$$

$\boldsymbol{r}$ 为从顶点到各边界平面等效电磁流网格坐标的矢量。

当 $0° < \theta \leqslant 90°$ 时，在总场/散射场边界区域内首先接触到平面波源的为定点 O_1、O_2、O_3、O_4，此时 $\boldsymbol{r}$ 可以表示为

$0° < \varphi \leqslant 90°$ 对应于坐标为 (i_0, j_0, k_0) 的顶点 O_1

$$\boldsymbol{r} = (i - i_0)\hat{x} + (j - j_0)\hat{y} + (k - k_0)\hat{z} \tag{4.17}$$

$90° < \varphi \leqslant 180°$ 对应于坐标为 (i_1, j_0, k_0) 的顶点 O_2

$$\boldsymbol{r} = (i - i_1)\hat{x} + (j - j_0)\hat{y} + (k - k_0)\hat{z} \tag{4.18}$$

$180° < \varphi \leqslant 270°$ 对应于坐标为 (i_1, j_1, k_0) 的顶点 O_3

$$\boldsymbol{r} = (i - i_1)\hat{x} + (j - j_1)\hat{y} + (k - k_0)\hat{z} \tag{4.19}$$

$270° < \varphi < 360°$ 对应于坐标为 (i_0, j_1, k_0) 的顶点 O_4

$$\boldsymbol{r} = (i - i_0)\hat{x} + (j - j_1)\hat{y} + (k - k_0)\hat{z} \tag{4.20}$$

通过类似的方式，可以得到当 $90° < \theta < 180°$ 时的 $\boldsymbol{r}$ 矢量。

通过距离 d 的时延关系及一维 FDTD 网格上的平面波，采用线性插值公式，可以得到所需入射波等相位面的电场值，设

$$d' = d - [d] \tag{4.21}$$

其中，$[d]$ 代表 d 的整数部分。

$$E_{\mathrm{i}}\Big|_{d}^{n} = (1 - d') \cdot E_{\mathrm{i}}\Big|_{m_0+[d]}^{n} + d' \cdot E_{\mathrm{i}}\Big|_{m_0+[d]+1}^{n} \tag{4.22}$$

考虑磁场与电场在空间上相差半个网格，设

$$d'' = d + 0.5 \tag{4.23}$$

$$d' = d'' - [d''] \tag{4.24}$$

$$H_{\mathrm{i}}\Big|_{d}^{n} = (1 - d') \cdot H_{\mathrm{i}}\Big|_{m_0-0.5+[d]}^{n} + d' \cdot H_{\mathrm{i}}\Big|_{m_0+[d]+0.5}^{n} \tag{4.25}$$

总场/散射场边界上的等效源各分量可表示为

$$
\begin{aligned}
E_{x,i}^{n} &= E_{\mathrm{i}}\Big|_{d}^{n}(\cos\alpha\sin\varphi - \sin\alpha\cos\theta\cos\varphi)\\
E_{y,i}^{n} &= E_{\mathrm{i}}\Big|_{d}^{n}(-\cos\alpha\cos\varphi - \sin\alpha\cos\theta\sin\varphi)\\
E_{z,i}^{n} &= E_{\mathrm{i}}\Big|_{d}^{n}(-\sin\alpha\sin\theta)
\end{aligned}
\tag{4.26}
$$

$$
\begin{aligned}
H_{x,i}^{n+0.5} &= H_{\mathrm{i}}\Big|_{d}^{n}(\sin\alpha\sin\varphi + \cos\alpha\cos\theta\cos\varphi)\\
H_{y,i}^{n+0.5} &= H_{\mathrm{i}}\Big|_{d}^{n}(-\sin\alpha\cos\varphi + \cos\alpha\cos\theta\sin\varphi)\\
H_{z,i}^{n+0.5} &= H_{\mathrm{i}}\Big|_{d}^{n}(-\cos\alpha\sin\theta)
\end{aligned}
\tag{4.27}
$$

将式(4.26)与式(4.27)中的各分量代入式(4.3)~式(4.14)即可得到总场/散射场边界设置的完整过程。

4.2.3　色散介质 FDTD 法

介质电极化与物质结构密切相关。在外电场作用下电极化的三个基本微观过程为：① 原子核外电子云的畸变极化；② 分子中正负电中心的相对位移极化；③ 分子固有磁矩的转向极化。介质的介电系数为综合这几个微观过程的宏观物理量。表征色散介质电极化的频域模型主要有 Drude 模型、Debye 模型及 Lorentz 模型。由于等离子体与电磁超材料的介电系数均可以用 Drude 模型表示，所以本小节主要考虑 Drude 模型，即

$$
\varepsilon_r^{\mathrm{Drude}}(\omega) = 1 + \chi(\omega) = 1 - \frac{\omega_{\mathrm{p}}^2}{\omega(\omega - \mathrm{j}\nu)} \tag{4.28}
$$

其中，ω_{p} 为等离子体频率；ν 为碰撞频率。

根据频域到时域的转换关系 $\mathrm{j}\omega \to \partial/\partial t$，频域本构关系式在时域可以表示为

$$
D(t) = \varepsilon_0 \varepsilon_r^{\mathrm{Drude}}(\partial/\partial t) E(t) \tag{4.29}
$$

其中，$\varepsilon_r^{\mathrm{Drude}}(\partial/\partial t)$ 为时域形式的介电系数。

$$
\varepsilon_r^{\mathrm{Drude}}(\partial/\partial t) = \frac{\sum_{n=0}^{N} p_n (\partial/\partial t)^n}{\sum_{n=0}^{M} q_n (\partial/\partial t)^n} \tag{4.30}
$$

将式(4.30)代入式(4.29)可以得

$$\left[\sum_{l=0}^{M} q_l \left(\partial/\partial t\right)^l\right] D(t) = \varepsilon_0 \left[\sum_{l=0}^{N} p_l \left(\partial/\partial t\right)^l\right] E(t) \tag{4.31}$$

式(4.31)为时域中包含时间导数的本构关系[75-78]。

4.3 典型外形高超声速飞行器等离子体鞘套的电磁散射计算数据

4.3.1 高超声速 RAM-C 钝锥等离子体目标的电磁散射计算数据

本小节计算了 RAM-C 模型在不同飞行高度、不同飞行速度下的雷达散射截面(radar cross section, RCS),图 4.2 为 RAM-C 模型文件导入 3Ds Max 软件三维显示图。

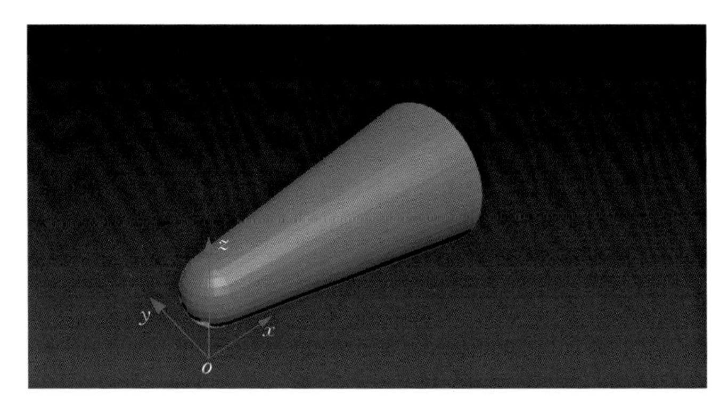

图 4.2 RAM-C 模型三维显示图

当 RAM-C 飞行器模型在距离地面 30 km 高度,以 15Ma 速度飞行时,飞行器与大气之间剧烈摩擦,在飞行器前形成弓形脱体激波,周围空气温度急剧上升,空气中分子发生离解、电离反应,飞行器表面及周围形成等离子体层。根据仿真的流场数据,计算 30 km 高度,15Ma 速度,0°攻角下飞行器表面等离子体电磁参数分布如图 4.3 所示,图中显示了此飞行场景下飞行器表面及周围等离子体频率(F_{p})和等离子体碰撞频率(M_{uc})的二维分布情况。

采用并行 FDTD 法计算不同入射角下 RAM-C 飞行器与等离子体鞘套组合体目标的单站 RCS,选取高斯脉冲波束作为入射激励源,其中时间步长 $\Delta t = \delta/2c$, 高斯脉冲系数 $\tau = 30\Delta t$, 当入射角 $\varphi = 0°$, θ 分别为 0°、45°、90°时,计算了四种入射角下组合体目标后向 RCS 随频率变化情况,如图 4.4 所示。

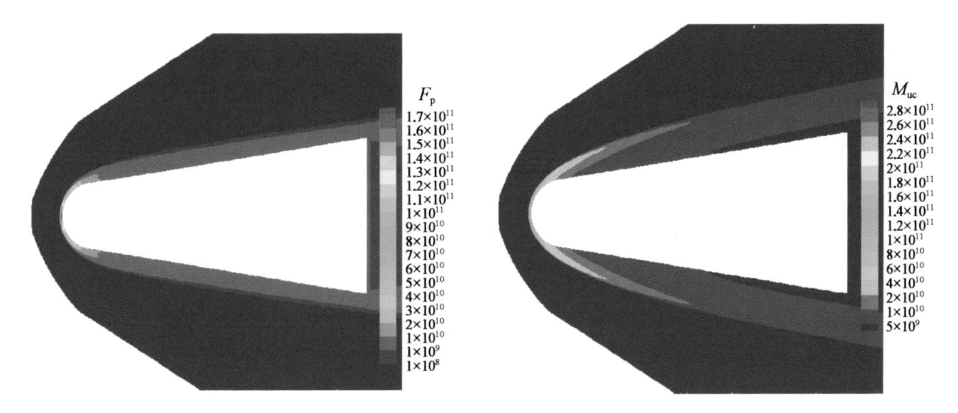

图 4.3　RAM-C 模型在 30 km 高度、15*Ma* 速度、0°攻角下等离子体频率与等离子体碰撞频率的二维分布

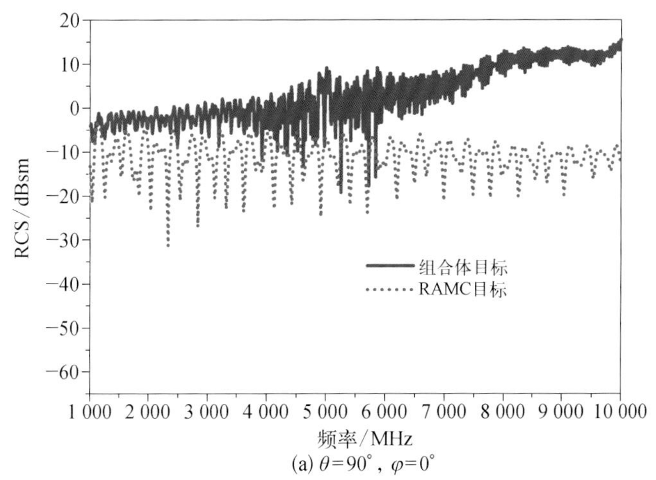

(a) $\theta=90°$，$\varphi=0°$

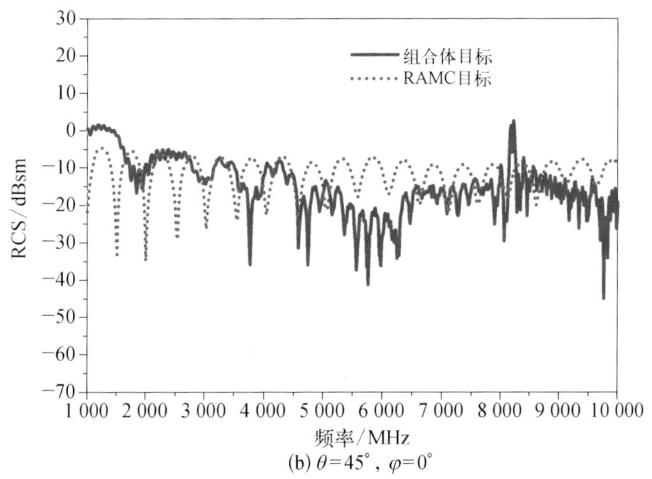

(b) $\theta=45°$，$\varphi=0°$

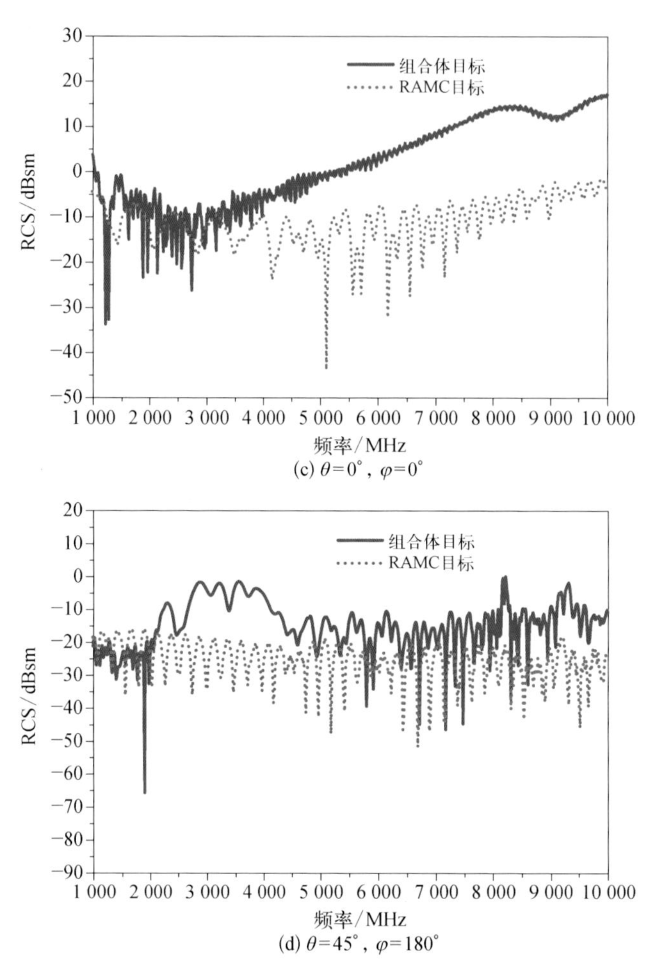

图 4.4　30 km 高度、15*Ma* 速度、不同入射角对应的 RAM-C 组合体目标后向 RCS 随频率的变化

当 RAM-C 飞行器模型在距离地面 50 km 高度，以 20*Ma* 速度飞行时，根据仿真所得的流场数据，计算的 50 km 高度、20*Ma* 速度、0°攻角下飞行器表面等离子体电磁参数分布如图 4.5 所示，图 4.5 中显示了此飞行场景下飞行器表面及其周围等离子体频率和等离子体碰撞频率的二维分布情况。

同样，利用并行 FDTD 法计算在此飞行场景下不同角度入射 RAM-C 飞行器与等离子体鞘套组合体目标的单站 RCS，选取高斯脉冲波束作为入射激励源，其中，时间步长 $\Delta t = \delta/2c$，高斯脉冲系数 $\tau = 30\Delta t$，当入射角 φ 为 0°，θ 分别为 0°、45°、90°时，计算了四种入射角下组合体目标后向 RCS 随频率变化情况，如图 4.6 所示。

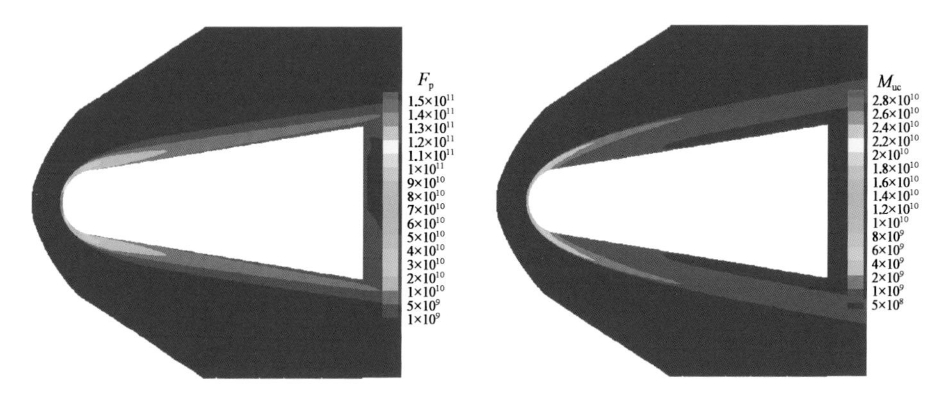

图 4.5　RAM-C 模型在 50 km 高度、20*Ma* 速度、0°攻角下等离子体频率与等离子体碰撞频率的二维分布

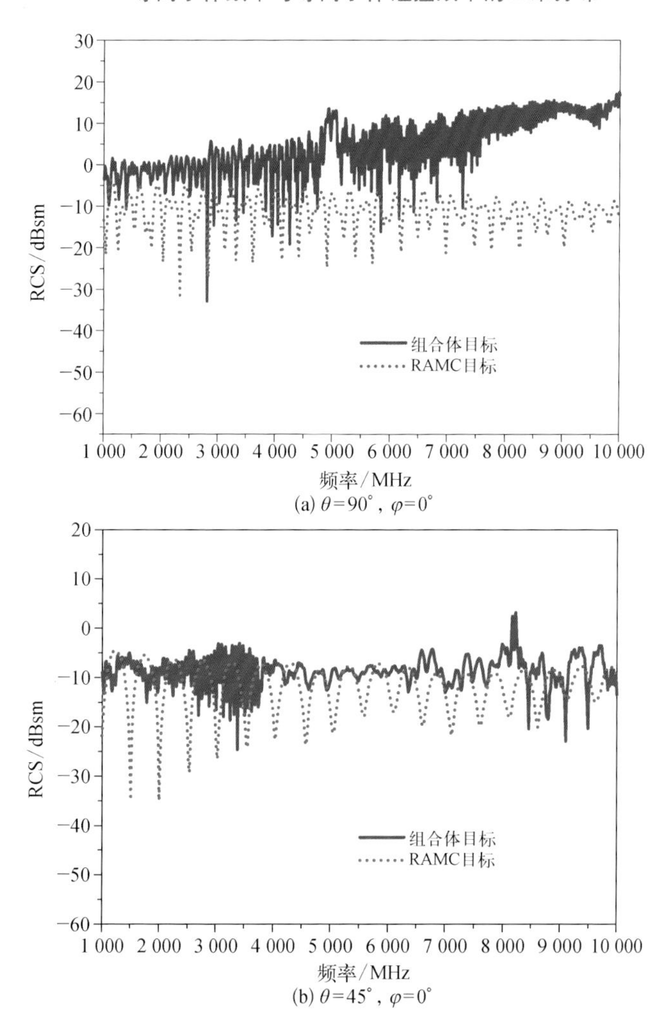

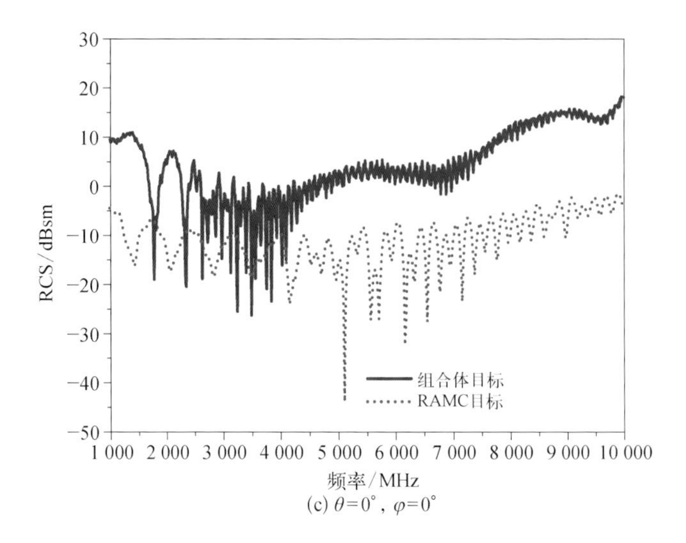

(c) $\theta=0^\circ$, $\varphi=0^\circ$

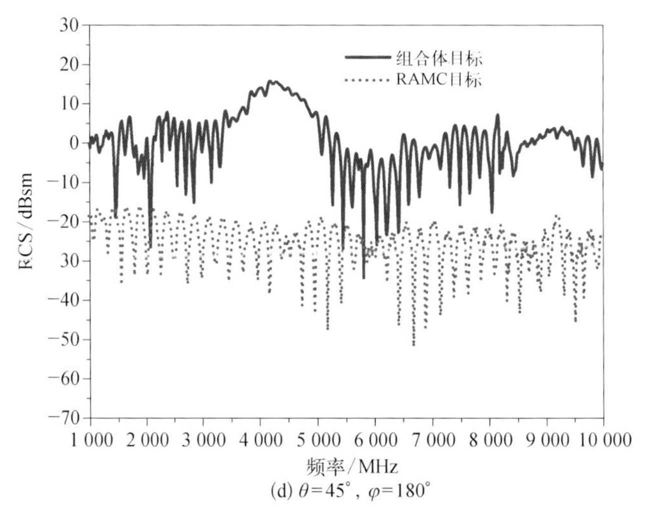

(d) $\theta=45^\circ$, $\varphi=180^\circ$

图 4.6　50 km 高度、20*Ma* 速度、不同入射角对应的 RAM-C 组合体目标后向 RCS 随频率的变化

当 RAM-C 飞行器模型在距离地面 70 km 高度，以 25*Ma* 速度飞行时，根据仿真所得的流场数据，计算的 70 m 高度、25*Ma* 速度、0°攻角下飞行器表面等离子体电磁参数分布如图 4.7 所示，图 4.7 中显示了此飞行场景下飞行器表面及其周围等离子体频率和等离子体碰撞频率的二维分布情况。

选取高斯脉冲波束作为入射激励源，其中时间步长 $\Delta t=\delta/2c$，高斯脉冲系数 $\tau=30\Delta t$，当入射角 φ 为 0°，θ 分别为 0°、45°、90°时，计算了三种入射角度下组合体目标后向 RCS 随频率变化情况，如图 4.8 所示。

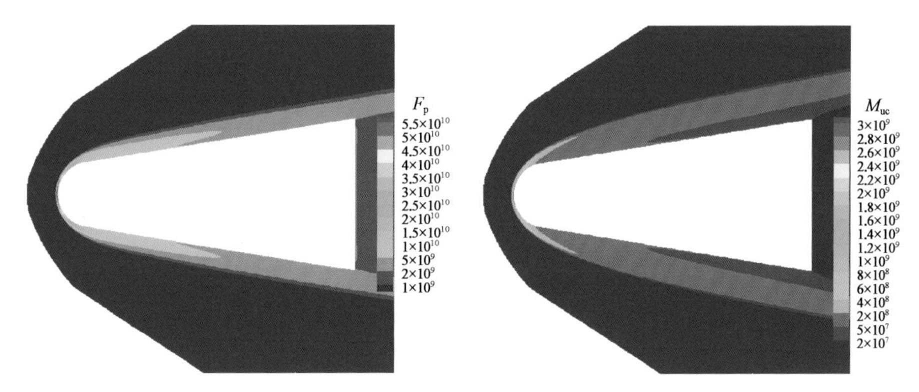

图 4.7　RAM-C 模型在 70 km 高度、25*Ma* 速度、0°攻角下等离子体频率与等离子体碰撞频率的二维分布

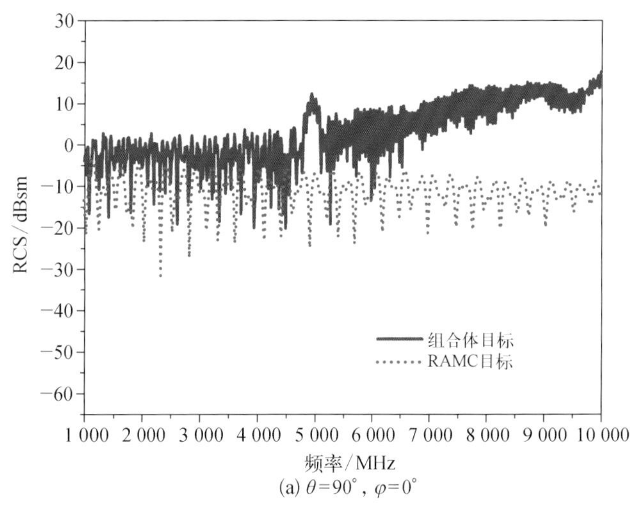

(a) $\theta=90°$, $\varphi=0°$

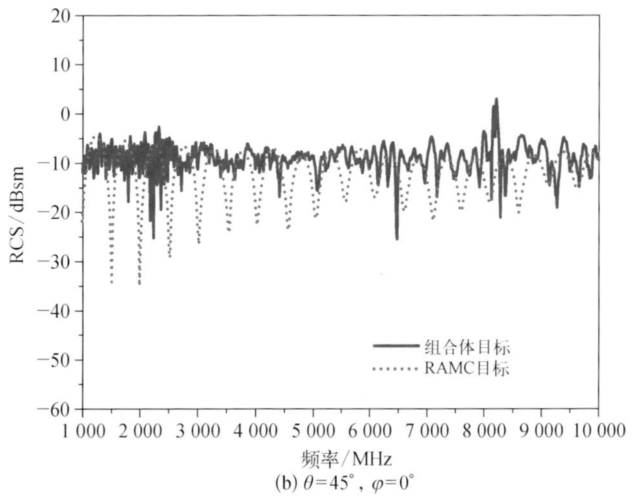

(b) $\theta=45°$, $\varphi=0°$

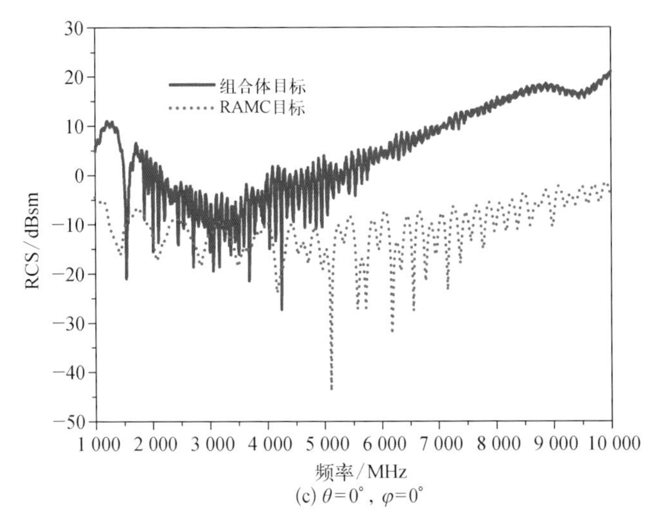

(c) $\theta=0°$, $\varphi=0°$

图 4.8 70 km 高度、25*Ma* 速度、不同入射角对应的 RAM-C 组合体目标后向 RCS 随频率的变化

4.3.2 高超声速类 HTV-2 等离子体目标的电磁散射计算数据

本小节计算了类 HTV-2 飞行器模型在不同飞行高度、不同飞行速度下的 RCS,图 4.9 为类 HTV-2 模型文件导入 3Ds Max 软件三维显示图。

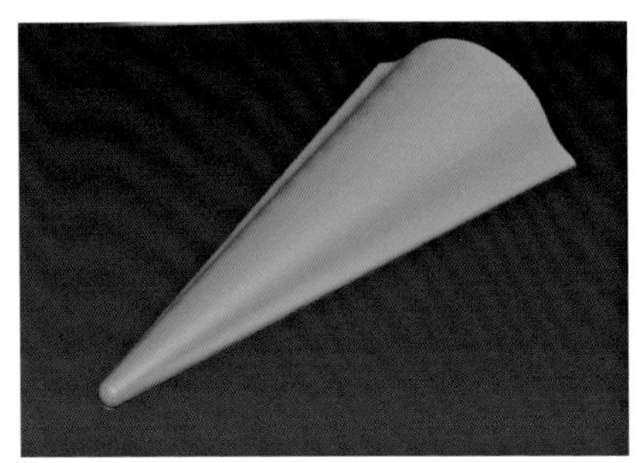

图 4.9 类 HTV-2 模型三维显示图

类 HTV-2 飞行器模型在 30 km 飞行高度、15*Ma* 飞行速度下,基于仿真所得的流场数据,计算出 30 km 高度、15*Ma* 速度、0°攻角下飞行器表面等离子体电磁参数分布如图 4.10 所示,图 4.10 中显示了此飞行场景下飞行器表面及其周围等离子体频率和等离子体碰撞频率的二维分布情况。

采用高斯脉冲波束作为入射激励源,时间步长 $\Delta t = \delta/2c$, 高斯脉冲系数 $\tau = 30\Delta t$, 当入射角 θ 为 90°, φ 分别为 0°、45°、270°、315°时,计算了四种入射角下组合体目标后向 RCS 随频率变化情况,如图 4.11 所示。

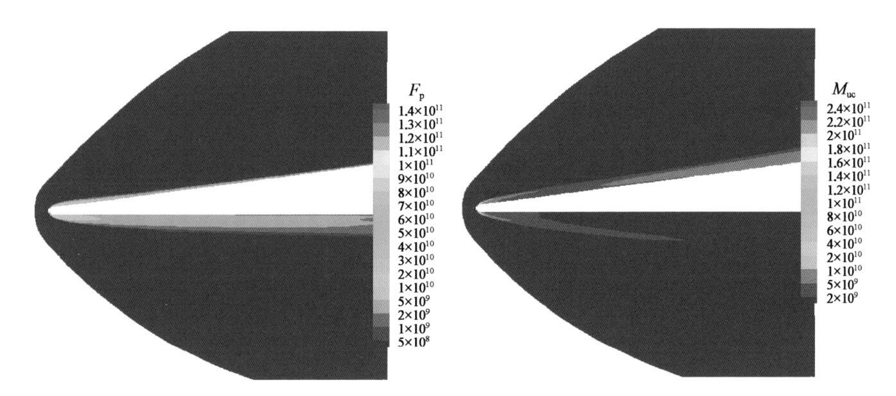

图 4.10　类 HTV-2 模型在 30 km 高度、15*Ma* 速度、0°攻角下等离子体频率与等离子体碰撞频率的二维分布

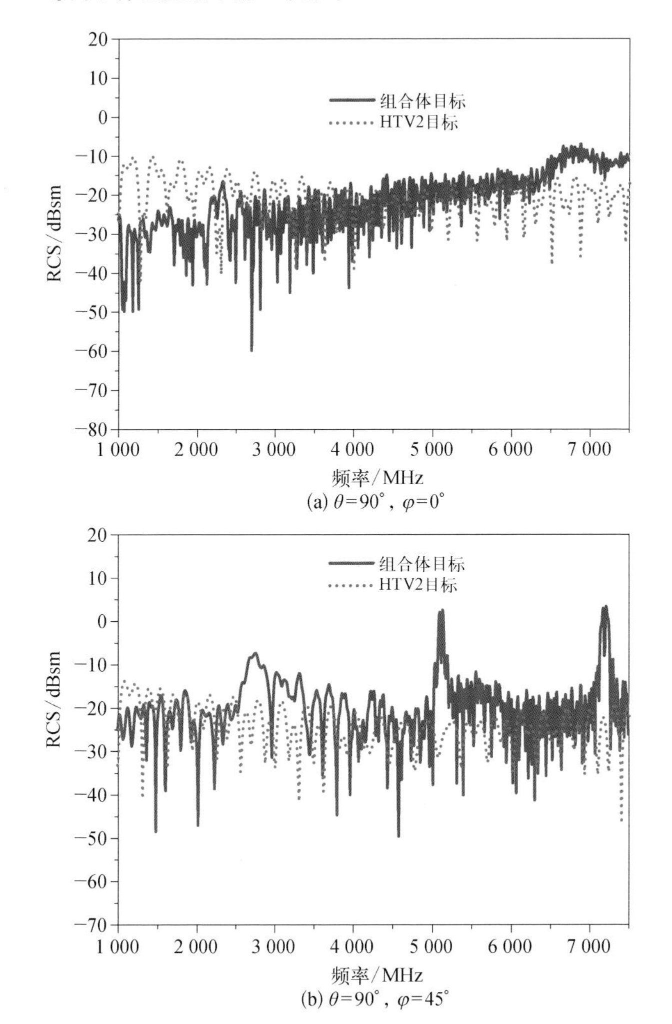

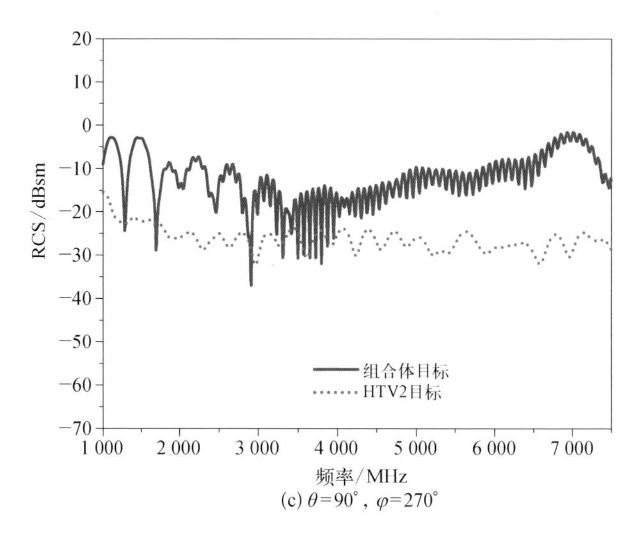

(c) $\theta=90^\circ$, $\varphi=270^\circ$

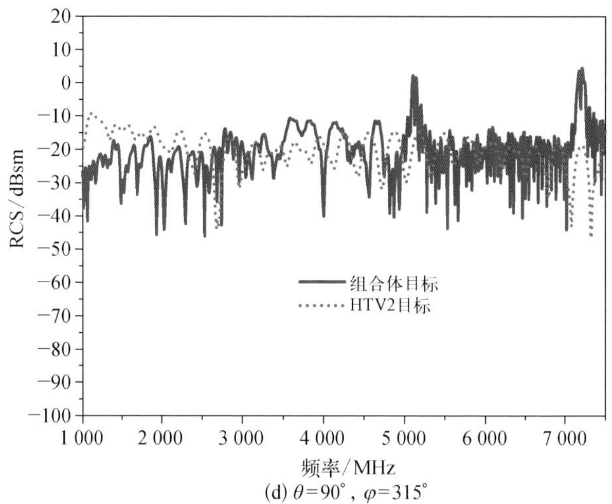

(d) $\theta=90^\circ$, $\varphi=315^\circ$

图 4.11 30 km 高度、15*Ma* 速度、不同入射角对应类 HTV-2 组合体目标后向 RCS 随频率的变化

若类 HTV-2 飞行器模型在 40 km 飞行高度，20*Ma* 飞行速度下，基于仿真所得的流场数据，计算出 40 km 高度、20*Ma* 速度、0°攻角下飞行器表面等离子体电磁参数分布如图 4.12 所示，图 4.12 中显示了此飞行场景下飞行器表面及其周围等离子体频率和等离子体碰撞频率的二维分布情况。

同样，采用高斯脉冲波束作为入射激励源，时间步长 $\Delta t = \delta/2c$，高斯脉冲系数 $\tau = 30\Delta t$，当入射角 θ 为 90°，φ 分别为 0°、45°、270°、315°时，计算了四种入射角下组合体目标后向 RCS 随频率变化情况，如图 4.13 所示。

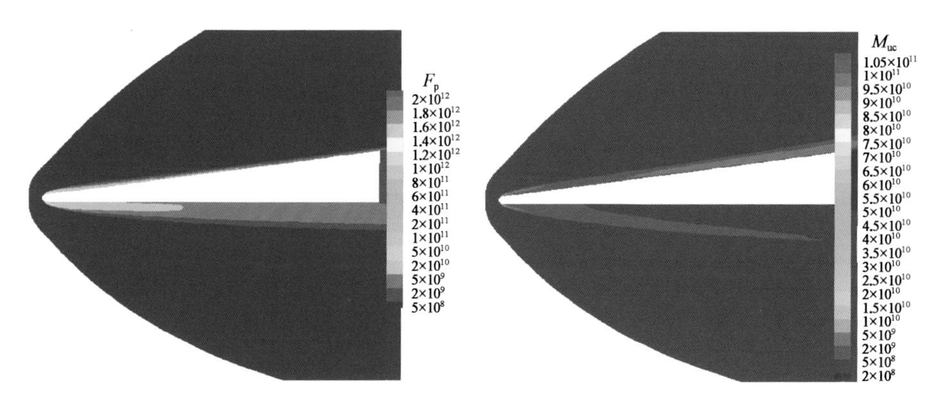

图 4.12　类 HTV-2 模型在 40 km 高度、20*Ma* 速度、0°攻角下等离子体频率与等离子体碰撞频率的二维分布

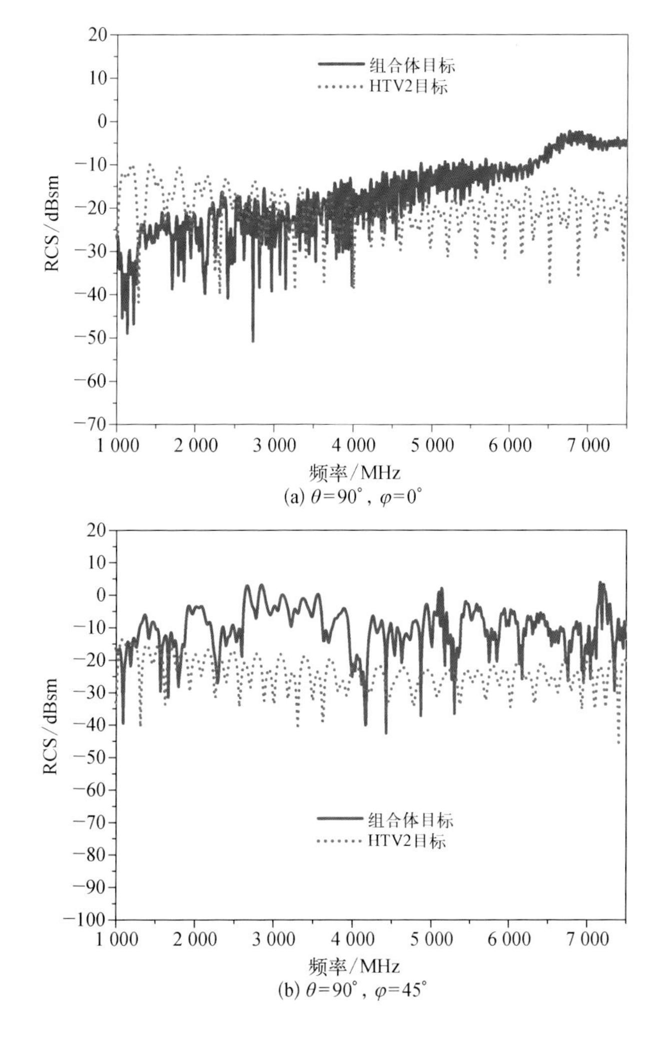

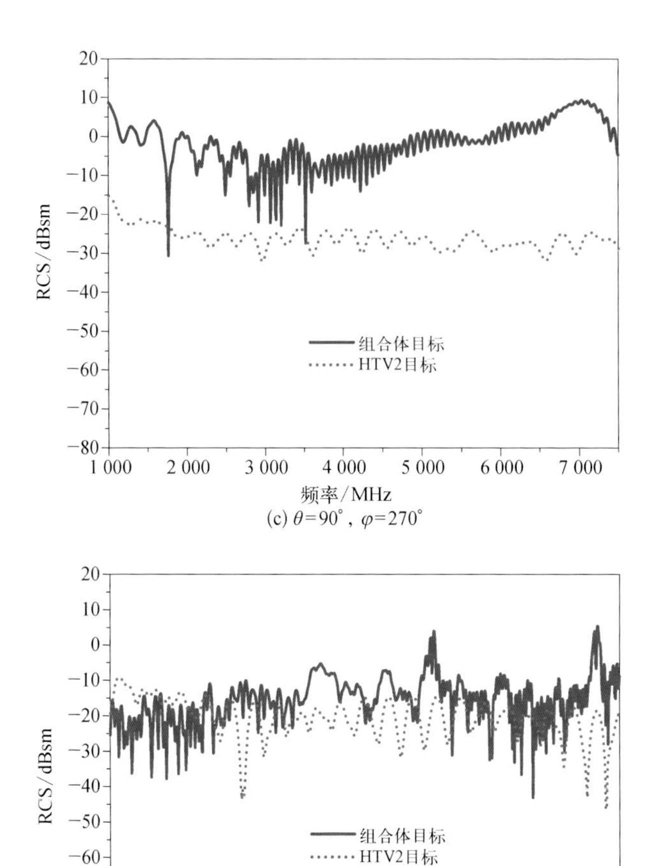

(c) θ=90°, φ=270°

(d) θ=90°, φ=315°

图 4.13 40 km 高度、20Ma 速度、不同入射角对应类 HTV-2 组合体目标后向 RCS 随频率的变化

当类 HTV-2 飞行器模型在 50 km 飞行高度，25Ma 飞行速度下，基于仿真所得的流场数据，计算出 50 km 高度、25Ma 速度、0°攻角下飞行器表面等离子体电磁参数分布如图 4.14 所示，图 4.14 中显示了此飞行场景下飞行器表面及其周围等离子体频率和等离子体碰撞频率的二维分布情况。

以高斯脉冲波束作为入射激励源，时间步长 $\Delta t = \delta/2c$，高斯脉冲系数 $\tau = 30\Delta t$，当入射角 θ 为 90°，φ 分别为 0°、45°、270°、315°时，计算了四种入射角下组合体目标后向 RCS 随频率变化情况，如图 4.15 所示。

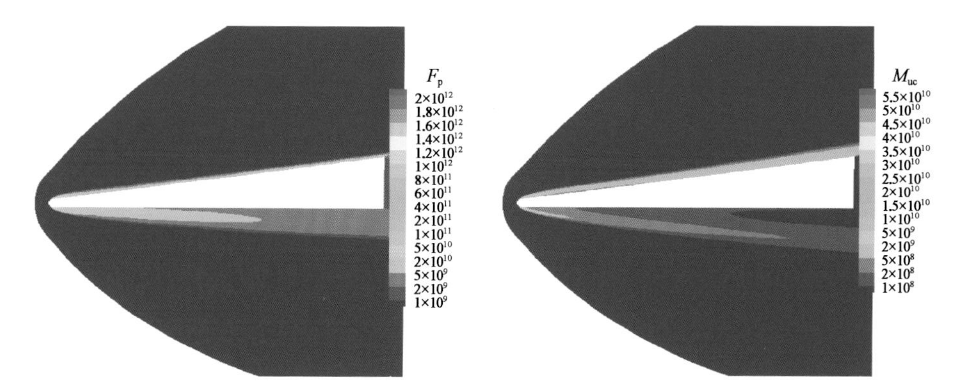

图 4.14　类 HTV-2 模型在 50 km 高度、25*Ma* 速度、0°攻角下等离子体频率与等离子体碰撞频率的二维分布

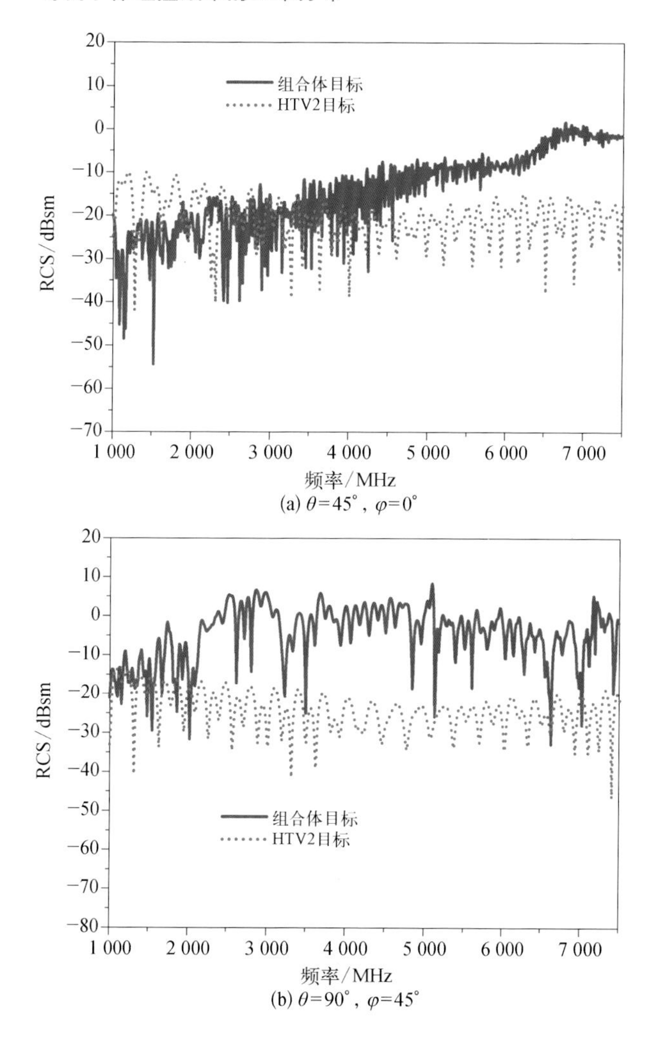

(a) $\theta=45°$, $\varphi=0°$

(b) $\theta=90°$, $\varphi=45°$

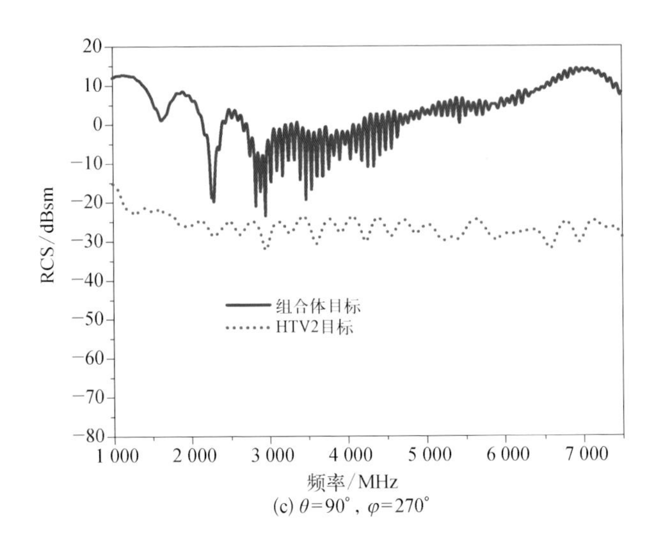

(c) $\theta=90^\circ$, $\varphi=270^\circ$

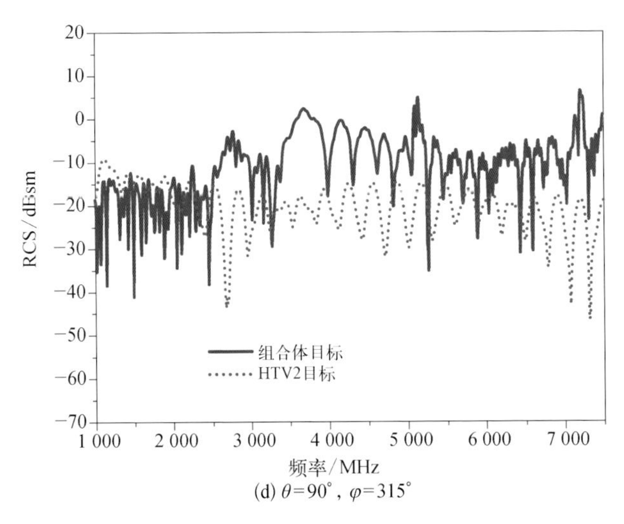

(d) $\theta=90^\circ$, $\varphi=315^\circ$

图 4.15　50 km 高度、25*Ma* 速度、不同入射角对应类 HTV-2 组合体目标后向 RCS 随频率的变化

4.3.3　高超声速 Apollo 等离子体目标的电磁散射计算数据

本小节计算了 Apollo 返回舱在 50 km 高度，15*Ma* 速度下飞行过程不同时间节点对应组合体目标的 RCS，Apollo 返回舱模型导入 3Ds Max 软件的三维显示图如图 4.16 所示。

当 Apollo 返回舱在 50 km 飞行高度，15*Ma* 飞行速度下，仿真了 Apollo 返回

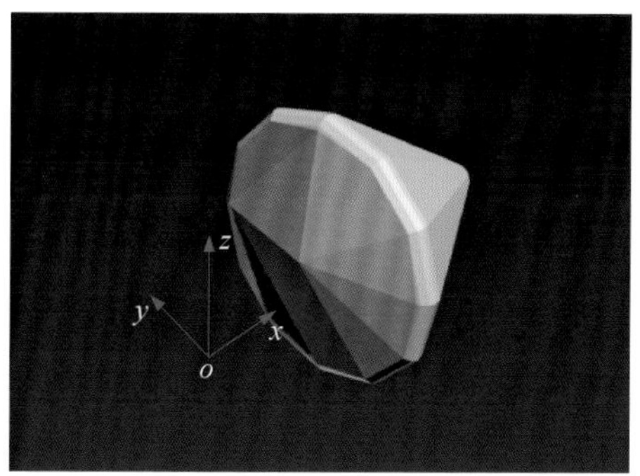

图 4.16　Apollo 返回舱模型三维显示图

舱从 0~6 s 时间段流场的变化，分别选取了 1 s、3 s、6 s 三个时间点下的流场数据用于电磁散射计算，基于 1 s 时间点的流场数据，计算出返回舱表面等离子体电磁参数分布如图 4.17 所示，图 4.17 中显示了此时间点下 Apollo 返回舱表面及其周围等离子体频率和等离子体碰撞频率的二维分布情况。

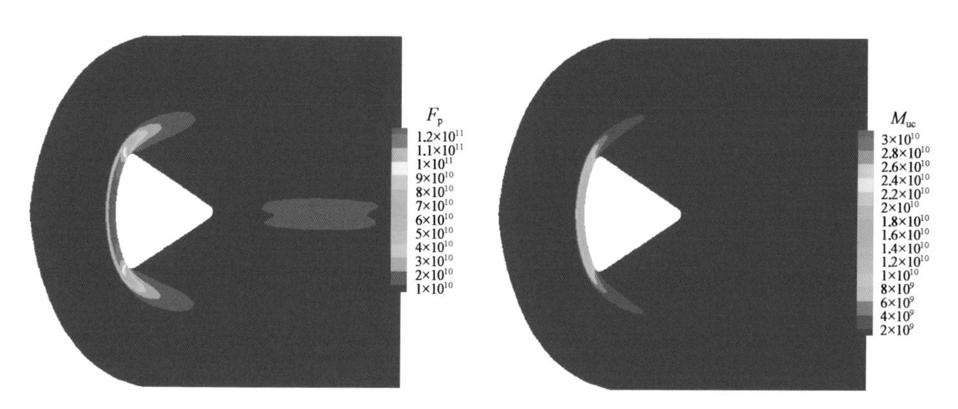

图 4.17　Apollo 返回舱模型在时间点为 1 s 时等离子体频率与等离子体碰撞频率的二维分布

采用高斯脉冲波束作为入射激励源，时间步长 $\Delta t = \delta/2c$，高斯脉冲系数 $\tau = 30\Delta t$，当入射角 φ 为 0°，θ 分别为 0°、45°、90°及 φ 为 180°、θ 为 45°时，利用并行 FDTD 法计算了四种入射角下组合体目标后向 RCS 随频率变化情况，如图 4.18 所示。

若基于 3 s 时间点的流场数据，计算出 Apollo 返回舱表面等离子体电磁参数分布如图 4.19 所示，图 4.19 中显示了此时间点下 Apollo 返回舱表面及其周围等离子体频率和等离子体碰撞频率的二维分布情况。

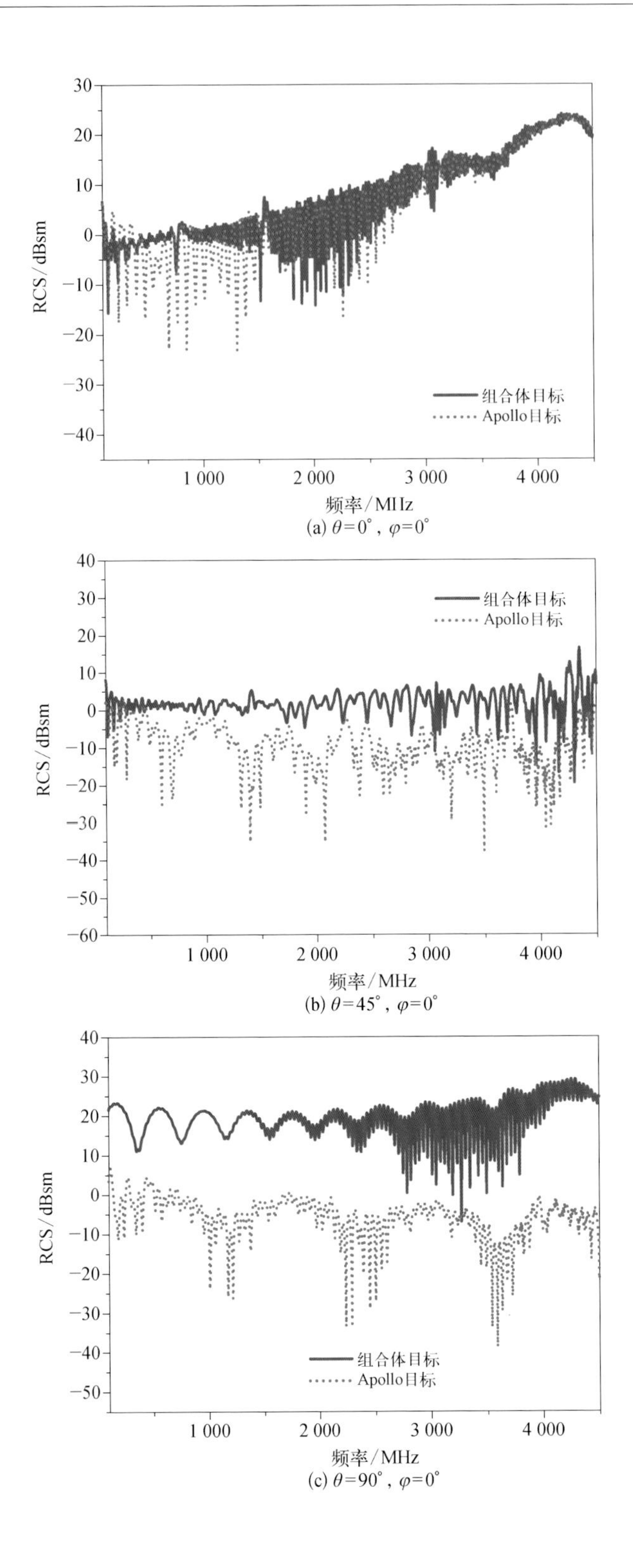

(a) $\theta=0^{\circ}$, $\varphi=0^{\circ}$

(b) $\theta=45^{\circ}$, $\varphi=0^{\circ}$

(c) $\theta=90^{\circ}$, $\varphi=0^{\circ}$

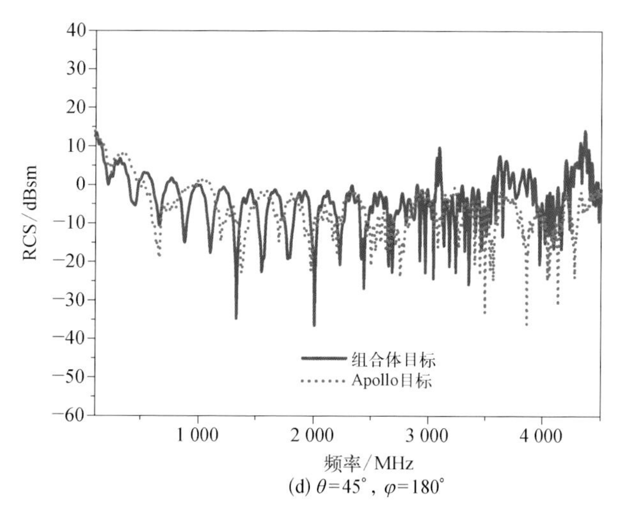

图 4.18　1 s 时间点时不同入射角对应 Apollo 组合体目标后向 RCS 随频率的变化

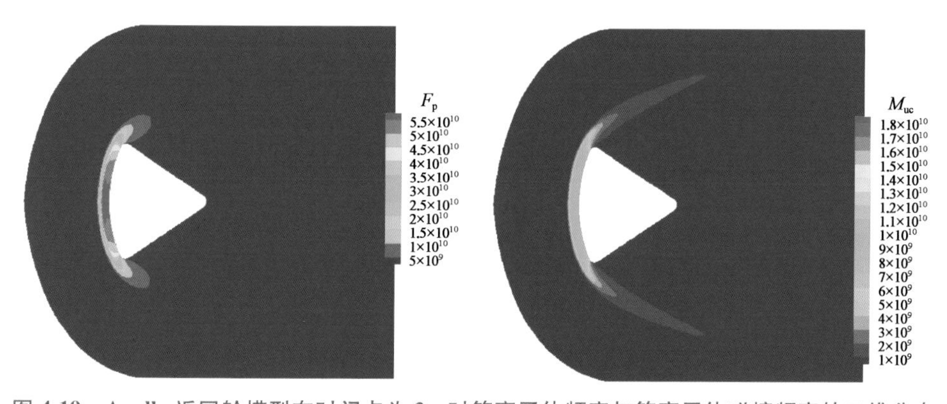

图 4.19　Apollo 返回舱模型在时间点为 3 s 时等离子体频率与等离子体碰撞频率的二维分布

同样,选用高斯脉冲波束作为入射激励源,时间步长 $\Delta t = \delta/2c$, 高斯脉冲系数 $\tau = 30\Delta t$, 当入射角 φ 为 0°, θ 分别为 0°、45°、90°及 φ 为 180°、θ 为 45°时,利用并行 FDTD 法计算了四种入射角下组合体目标后向 RCS 随频率变化情况,如图 4.20 所示。

若基于 6 s 时间点的流场数据,计算出 Apollo 返回舱表面等离子体电磁参数分布如图 4.21 所示,图 4.21 中显示了此时间节点下 Apollo 返回舱表面及其周围等离子体频率和等离子体碰撞频率的二维分布情况。

以高斯脉冲波束作为入射激励源,时间步长 $\Delta t = \delta/2c$, 高斯脉冲系数 $\tau = 30\Delta t$, 当入射角度 φ 为 0°, θ 分别为 0°、45°、90°及 φ 为 180°、θ 为 45°时,计算了四种入射角下组合体目标后向 RCS 随频率变化情况如图 4.22 所示。

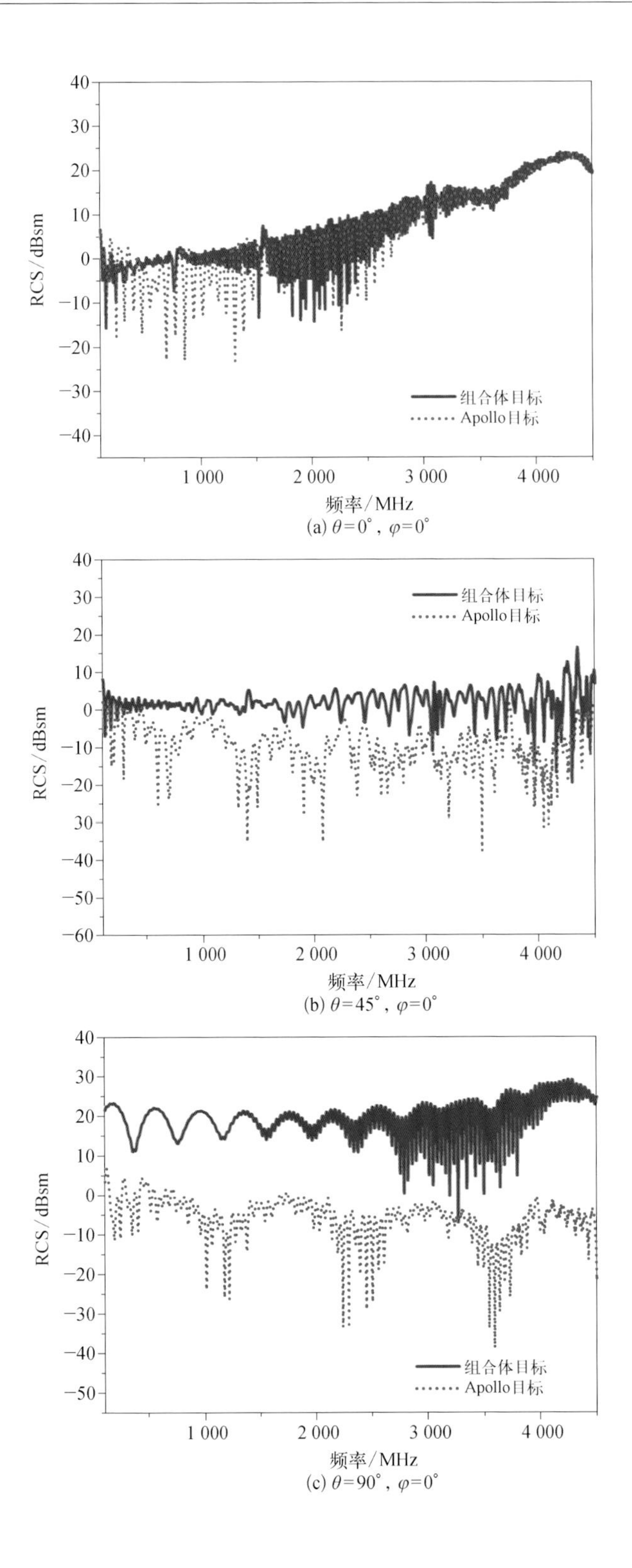

(a) $\theta=0^\circ$，$\varphi=0^\circ$

(b) $\theta=45^\circ$，$\varphi=0^\circ$

(c) $\theta=90^\circ$，$\varphi=0^\circ$

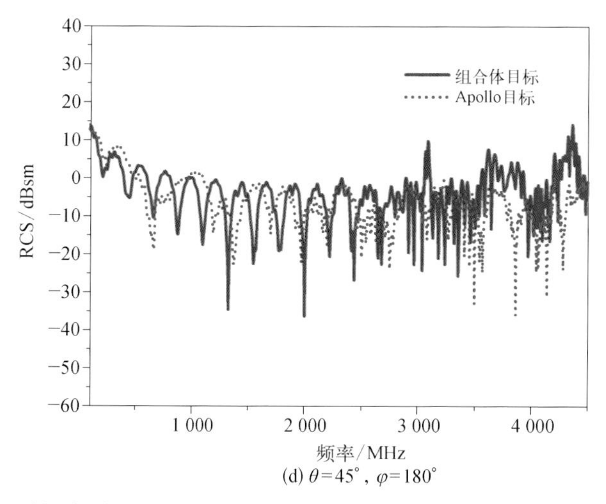

(d) $\theta=45^\circ$，$\varphi=180^\circ$

图 4.20　3 s 时间点时不同入射角对应 Apollo 组合体目标后向 RCS 随频率的变化

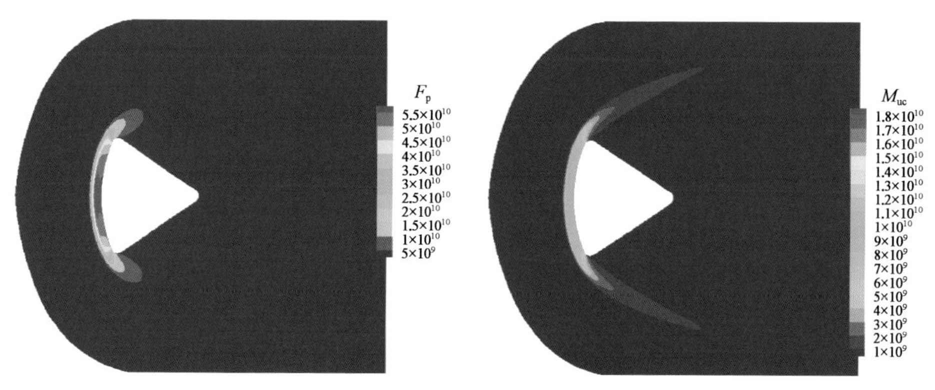

图 4.21　Apollo 返回舱模型在时间点为 6 s 时等离子体频率与等离子体碰撞频率的二维分布

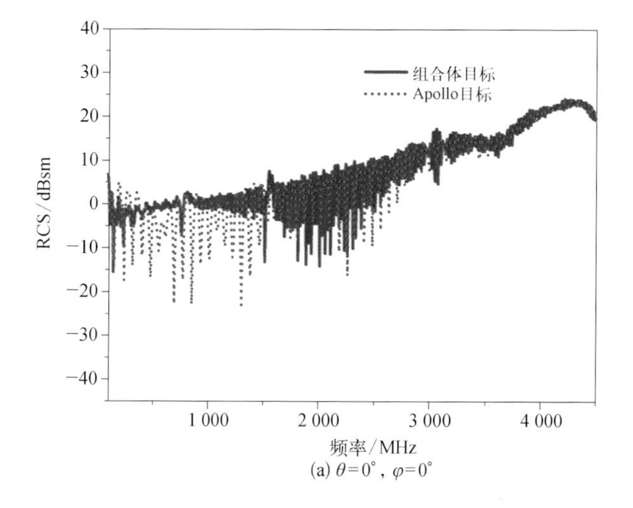

(a) $\theta=0^\circ$，$\varphi=0^\circ$

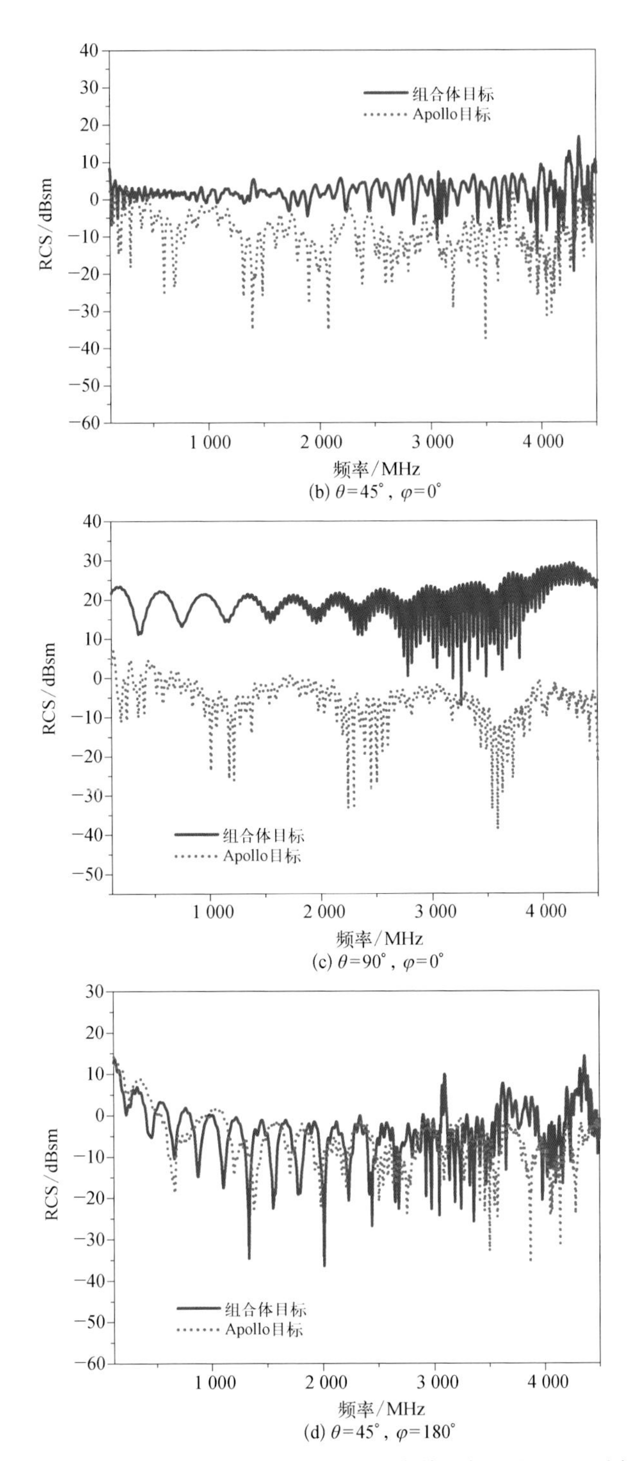

图 4.22　6 s 时间点时不同入射角对应 Apollo 组合体目标后向 RCS 随频率的变化

第5章

高速目标等离子体鞘套特性弹道靶试验研究

利用高分辨率阴影成像系统、红外成像系统等多种测试手段相互融合，对模型等离子体鞘套激波脱体距离、电子数密度、压力、光学等特性进行综合观测，提供了动态等离子体观测多参数试验数据。利用高超声速飞行器等离子体鞘套计算平台对弹道靶模型等离子体鞘套与尾迹流场进行模拟，根据模型等离子体流场计算结果进行模型及流场 RCS 计算，将计算结果与试验测量结果进行对比，验证、修正流场等离子体动态性计算模型与动态等离子体 RCS 计算模型。

5.1 弹道靶模型设计

带翼钝锥模型长 74.3 mm，底径为 20 mm，四片翼展，如图 5.1 所示。直径 12 mmAl_2O_3球模型及弹托如图 5.2 所示。

图 5.1 弹道靶 7°带翼钝锥模型

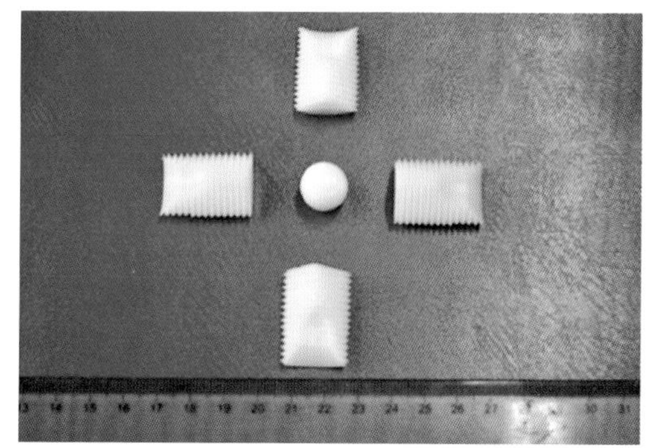

图 5.2 Al_2O_3球模型及弹托

5.1.1 弹道靶试验模型流场高分辨率阴影成像

当带翼钝锥模型飞行速度为3.1 km/s、靶室压力为 6.0 kPa 时，高分辨率阴影成像照片如图 5.3 所示，头部和底部阴影成像放大图像分别如图 5.4 和图 5.5 所示，不同速度 Al_2O_3 球模型头部流场阴影成像照片如图 5.6 所示。

图 5.3 弹道靶试验模型高分辨率阴影成像照片(飞行速度为 3.1 km/s，靶室压力为 6.0 kPa)

图 5.4 弹道靶试验模型头部阴影成像放大图像

图 5.5 弹道靶试验模型底部阴影成像放大图像

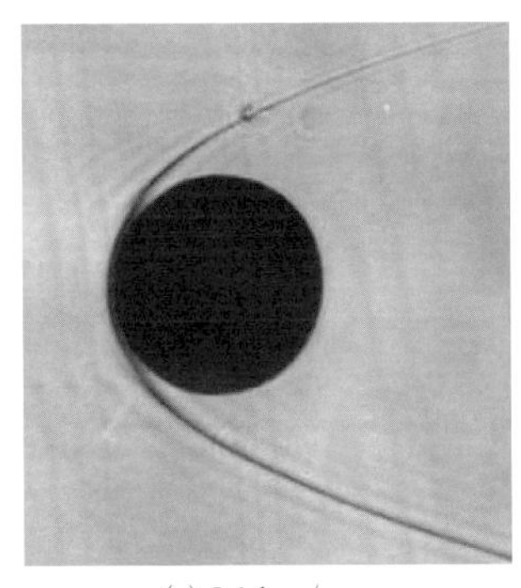

(a) 5.1 km/s

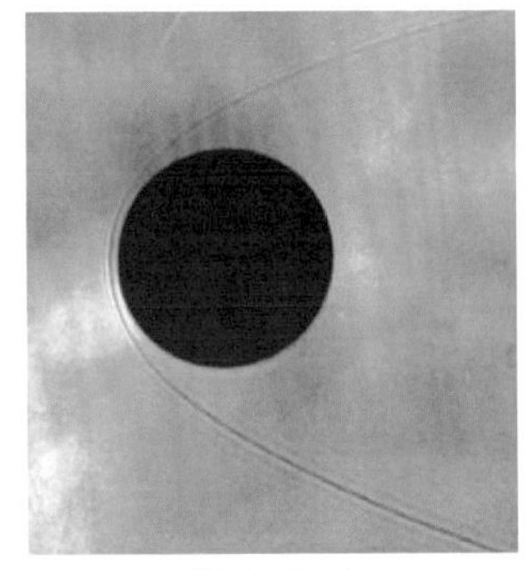

(b) 4.3 km/s

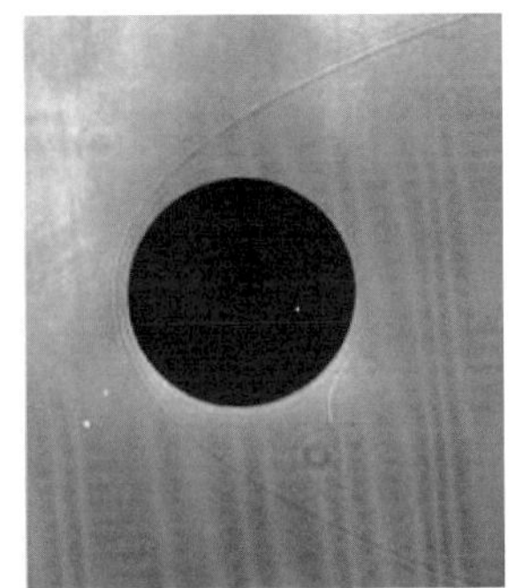

(c) 2.7 km/s

图 5.6 不同速度 Al_2O_3球模型头部流场阴影成像照片(压力为 4.2 kPa)

采用流体计算 CFD 软件对试验条件下球模型激波脱体距离进行计算，与试验数据进行对比，如表 5.1 所示。

表 5.1　激波脱体距离试验数据与计算数据对比

试 验 状 态	驻点激波脱体距离试验数据	驻点激波脱体距离 CFD 数据
2.7 km/s、4.2 kPa	0.708 8 mm	0.681 0 mm
4.3 km/s、4.2 kPa	0.581 0 mm	0.524 7 mm
5.1 km/s、4.2 kPa	0.403 5 mm	0.469 6 mm

5.1.2　红外成像照片

当带翼钝锥模型飞行速度为 3.1 km/s、靶室压力为 6.0 kPa 时，红外成像照片如图 5.7 所示。从图 5.7 中可见，尾翼部分、翼身过渡部分及头部有较强的红外辐射，模型周围的流场辐射不明显。

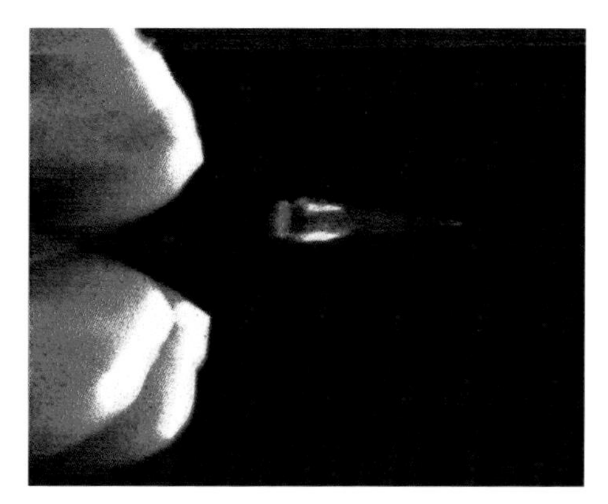

图 5.7　带翼钝锥模型红外成像照片
（速度为 3.1 km/s，靶室压力为 6.0 kPa）

图 5.8(a)~图 5.8(c)分别给出了直径 12 mm 的 Al_2O_3 球模型在靶室压力为 4.2 kPa，飞行速度为 5.1 km/s、4.3 km/s、2.7 km/s 时阴影成像照片。由图 5.8 可见，在同等压力条件下，随着飞行速度的降低 Al_2O_3 球模型的红外辐射逐渐增强。

(a) 5.1 km/s，4.2 kPa

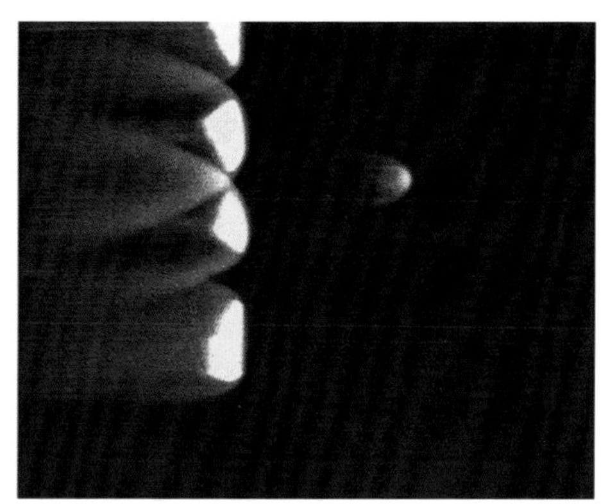

(b) 4.3 km/s，4.2 kPa

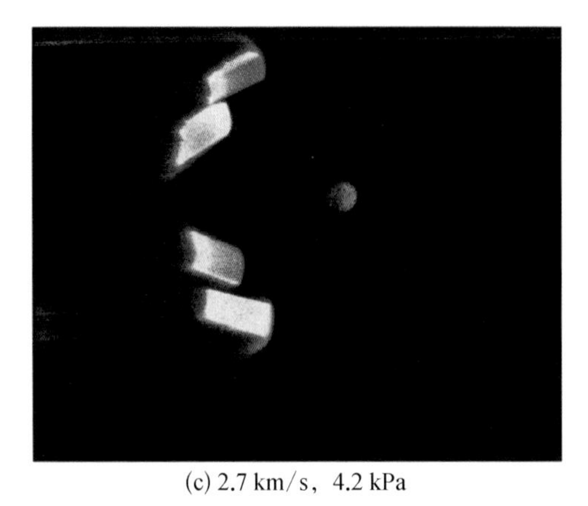

(c) 2.7 km/s，4.2 kPa

图 5.8 不同条件下 Al_2O_3球模型红外成像照片

5.1.3 模型尾迹电子数密度一维分布测量

采用微波干涉仪测量系统和开式/闭式微波谐振腔检测系统测量弹道靶高速模型尾迹电子数密度分布，Al_2O_3球模型尾迹电子数密度随 X/D 变化如图 5.9 和图 5.10 所示。其中，X 为距离，D 为 Al_2O_3球模型直径。由图 5.9 和图 5.10 可见，在同等压力条件下，随着速度的增加，Al_2O_3球模型的尾迹电子数密度峰值变大，电子数密度衰减速度减小。

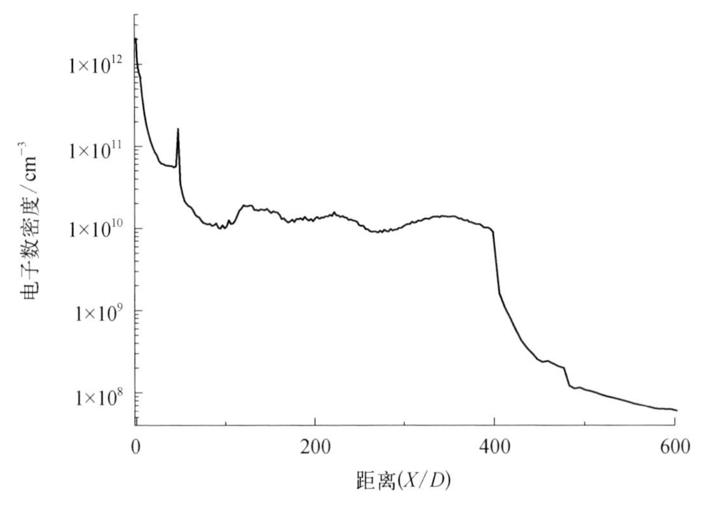

图 5.9 Al_2O_3球模型尾迹电子数密度随 X/D 变化

（速度为 5.1 km/s、压力为 4.2 kPa）

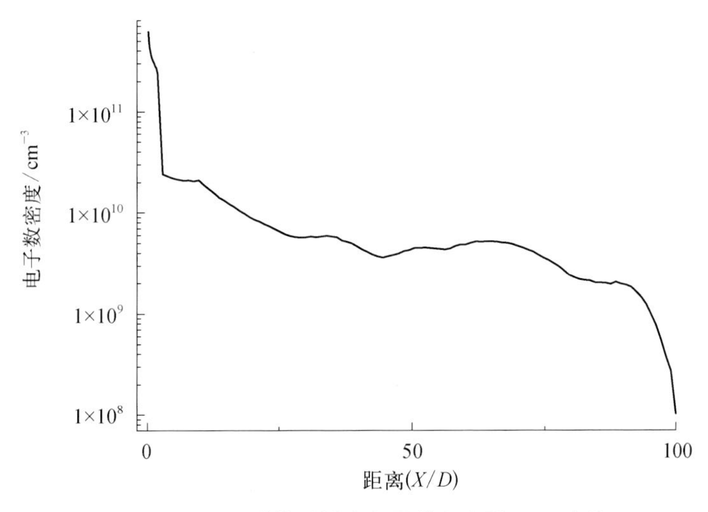

图 5.10　Al_2O_3球模型尾迹电子数密度随 X/D 变化

(速度为 4.3 km/s、压力为 4.2 kPa)

5.1.4　模型及其等离子体鞘套 RCS 测量

弹道靶雷达测量系统获得高速模型及其等离子体鞘套、尾迹的总 RCS 和一维 RCS 分布数据。选择 X 波段单站雷达系统作为测量系统，垂直极化发射、垂直极化接收，视角与靶室轴线成 40°，测量系统的布置示意图如图 5.11 所示。带翼钝锥模型和 Al_2O_3球模型在有等离子体鞘套包覆下 RCS、尾迹总体 RCS 和全目标总体 RCS 测量结果如表 5.2 所示，RCS 分布测量结果分别如图 5.12 和图 5.13 所示。

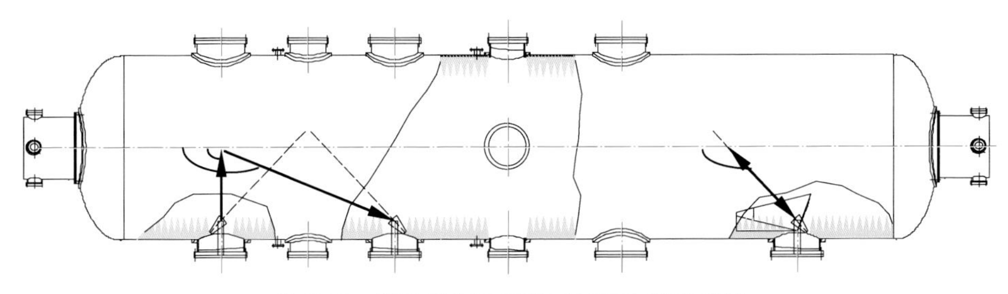

图 5.11　弹道靶雷达测量系统的布置示意图

表 5.2 带翼钝锥模型和 Al_2O_3 球模型目标 RCS 测量结果

模型种类	试验状态	模型目标 RCS 测量结果/dBsm		
直径 12 mm Al_2O_3球模型	4.2 kPa、2.7 km/s	−30.9	−62.3	−30.9
	4.2 kPa、4.3 km/s	−31.2	−62.5	−31.2
	4.2 kPa、5.1 km/s	−31.4	−52.1	−31.4
带翼钝锥模型	12 kPa、3.2 km/s	−29.7	−48.1	−29.6

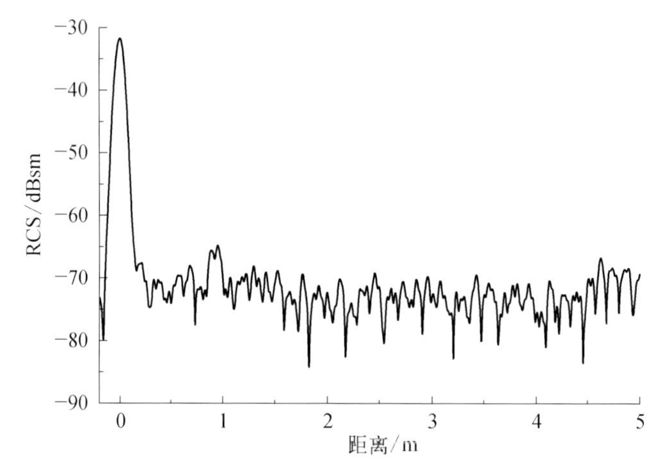

图 5.12 ϕ12 mmAl_2O_3球模型目标 RCS 分布测量结果

(速度为 5.1 km/s、压力为 4.2 kPa)

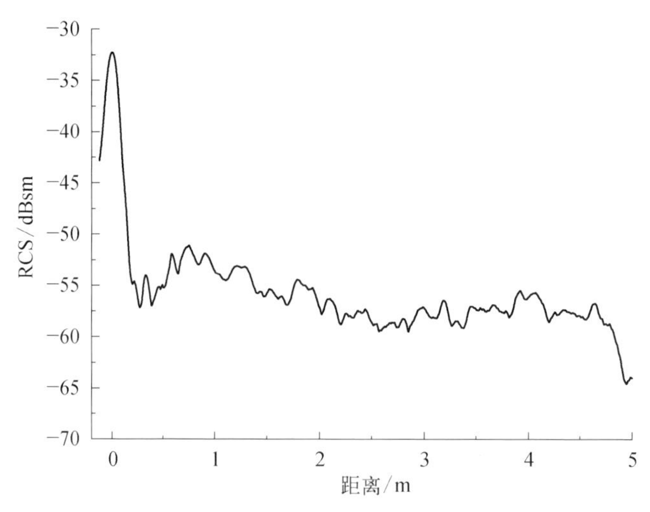

图 5.13 带翼钝锥模型目标 RCS 分布测量结果

(速度为 3.2 km/s、压力为 12 kPa)

5.2　高速目标等离子体鞘套特性激波管试验

5.2.1　低频磁场波在等离子体中的传输特性

利用激波管产生高密度、高碰撞频率的等离子体，在激波管专用测试段内放置信标模型，利用 2 区气体作为试验气体。模型通过支架固定在测试段内，当测量气体以速度 v 向模型运动时，模型前形成脱体激波，模型周围形成等离子体包覆模型的绕流场，测量示意图如图 5.14 所示。磁场信标源通过磁偶极子发射天线发射低频磁场波，磁场波经过等离子体流场衰减后由试验段外的场强探头接收，经放大后送入示波器记录。比较在有、无等离子体条件下接收信号的幅度大小，获得磁场波在等离子体中的衰减数据，验证低频磁场波在高碰撞条件下的传播特性、低频磁场波对高密度等离子体的穿透能力。信标放置在模型内部，采用灌装方式将信标固定在模型内。发射信标及其装配模型实物图如图 5.15 所示。磁信标及其安装基座如图 5.16 所示。不同频率磁场波在等离子体中传输特性理论计算与试验结果对比如表 5.3 所示，试验测量结果如图 5.17 所示。在相同试验条件下，低频磁场波与 S 波段电磁波在等离子体中传输衰减特性对比

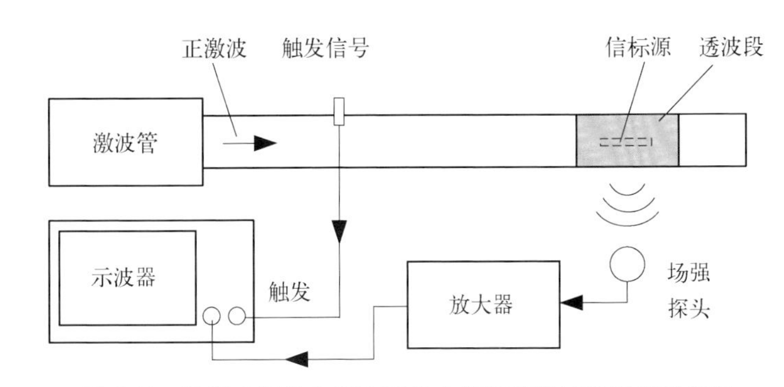

图 5.14　低频磁场波在等离子体中传播特性试验测量示意图

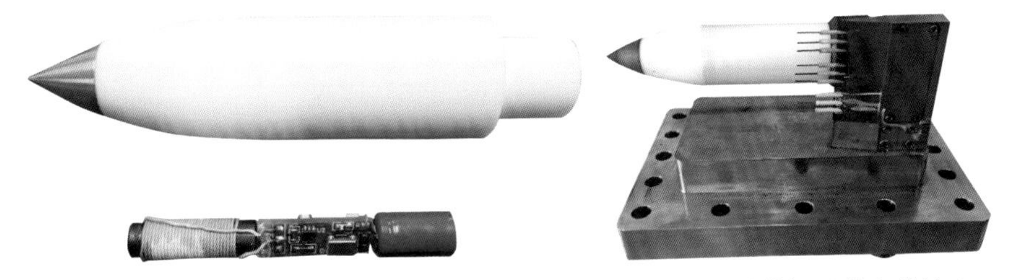

图 5.15　发射信标及其装配模型实物图　　图 5.16　磁信标及其安装基座

如图 5.18 所示。在等离子体电子数密度不变,10 MHz 磁场波在不同碰撞频率的等离子体中传输特性理论计算与试验结果对比如表 5.4 所示,试验测量结果如

表 5.3 磁场波在等离子体中传输特性理论计算与试验结果对比

信标频率/MHz	平均峰值电子数密度/cm^{-3}	激波速度/(km/s)	1 区气体压力/Pa	碰撞频率/GHz	理论衰减/dB	试验衰减/dB	误差/dB
1	8.4×10^{12}	4.9	180	36	−0.67	−1.09	−0.42
3					−1.15	−1.50	−0.35
10					−2.11	−3.54	−1.43
30					−3.64	−4.44	−0.8

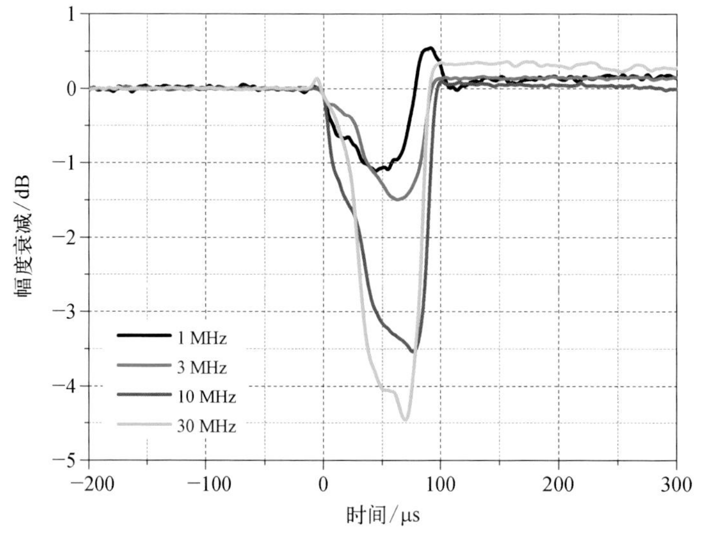

图 5.17 不同频率磁场波在等离子体中传输衰减特性试验测量结果

(电子数密度为 8.4×10^{12} cm^{-3},碰撞频率为 36 GHz,0 m 位置处触发)

表 5.4 10 MHz 磁场波在不同碰撞频率等离子体中传输特性理论计算与试验结果对比

信标频率/MHz	峰值电子数密度/cm^{-3}	激波速度/(km/s)	1 区气体压力/Pa	碰撞频率/GHz	理论衰减/dB	试验衰减/dB	误差/dB
10	1.07×10^{13}	5.2	60	6.70	−5.47	−6.01	−0.54
10	1.09×10^{13}	5.0	180	38.35	−2.31	−3.54	−1.23
10	5.33×10^{12}	4.3	640	62.46	−1.26	−0.64	0.62

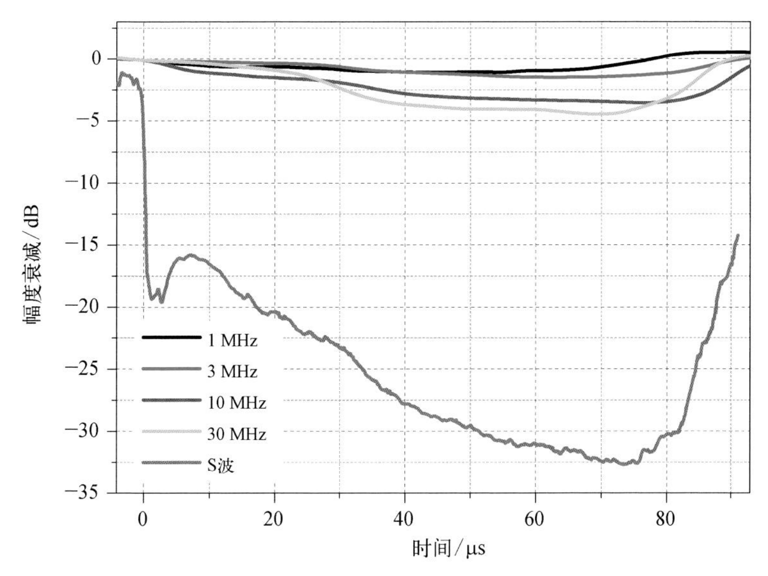

图 5.18　低频磁场波与 S 波段电磁波在等离子体中传输衰减特性对比

图 5.19 所示。在严重黑障区等离子体状态下，Ka 波段毫米波信号和低频磁场波信号在等离子体中传输特性测量结果如图 5.20 所示。

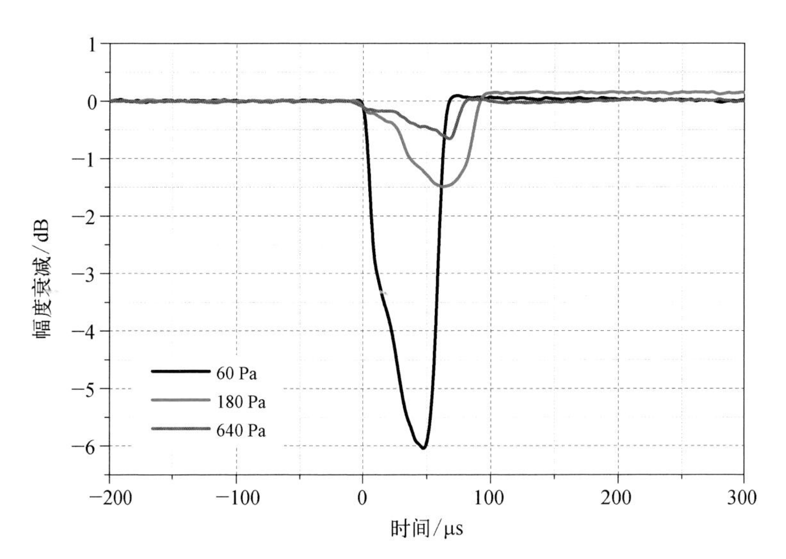

图 5.19　10 MHz 磁场波在不同等离子体中传输特性试验测量结果
（0 m 位置处触发）

利用激波管产生高密度、高碰撞频率的等离子体，在激波管专用测试段内放置模型，模型内置电场/磁场场强仪，在距离激波管测试段 5~6 m 位置放置低频

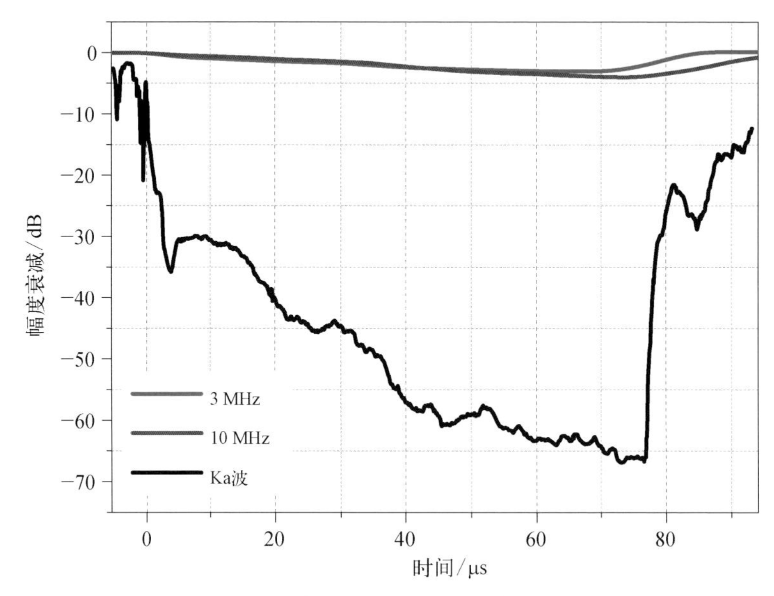

图 5.20 低频磁场波信号与毫米波信号在黑障区等离子体中传输特性测量结果

（电子数密度为 $8.4\times10^{12}\,\mathrm{cm}^{-3}$，碰撞频率为 36 GHz）

磁场发射机。模型通过支架固定在测试段内，当测量气体以速度 v 向模型运动时，模型前形成脱体激波，模型周围形成等离子体包覆模型的绕流场，利用激波管前段和后段分别开展“通得好”和“通得了”试验，可以在基本相同的状态下同步进行两组对比试验，测量示意图如图 5.21 所示。磁场发射机通过磁偶极子发

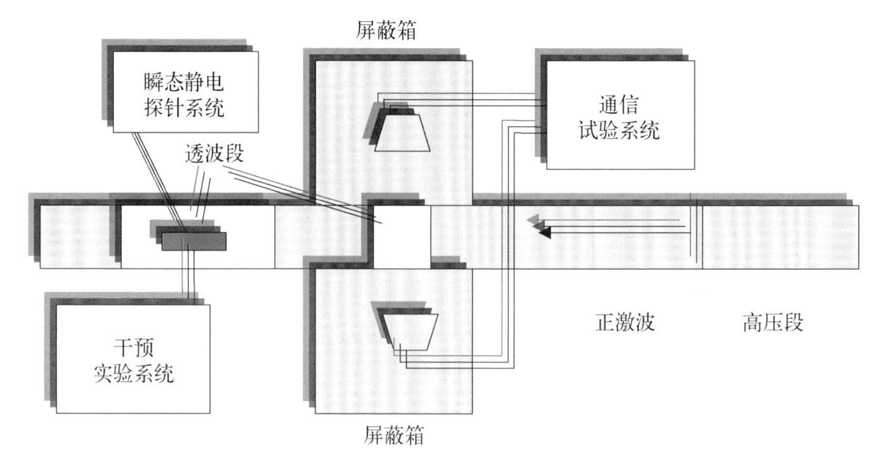

图 5.21 等离子体流场中低频电磁波传输特性与通信测量示意图

射天线发射低频磁场波,磁场波经过等离子体流场衰减后由模型内部的电场/磁场场强探头接收,经放大后送入示波器记录。比较在有、无等离子体条件下电场/磁场信号的幅度大小,获得电场波/磁场波在等离子体中的衰减数据,验证低频电场波/磁场波在高碰撞频率条件下的传播特性,比较低频磁场波/电场波对高密度等离子体的穿透能力。电场/磁场场强仪工作频率为 10 MHz。低频电场波/磁场波在等离子体流场中传输特性试验测量示意图如图 5.22 所示。电场/磁场场强仪放置在模型内部,采用灌装方式将场强仪固定在模型内。低频电场/磁场场强仪及其装配模型实物图如图 5.23 所示。低频电场波/磁场波在等离子体中传输特性典型时域测量曲线如图 5.24 所示。E/H 场衰减及其电子数密度对比试验结果如图 5.25 所示。

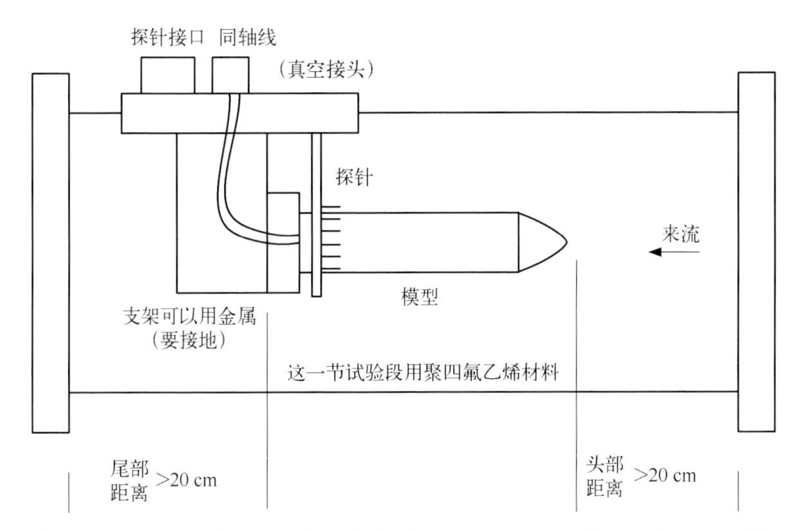

图 5.22　低频电场波/磁场波在等离子体流场中传输特性试验测量示意图

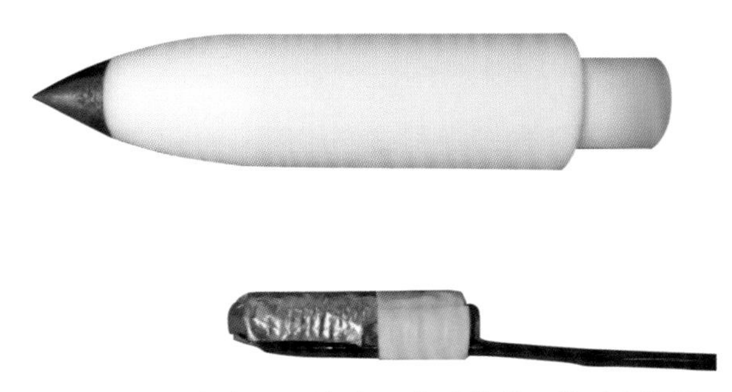

图 5.23　低频电场/磁场场强仪及其装配模型实物图

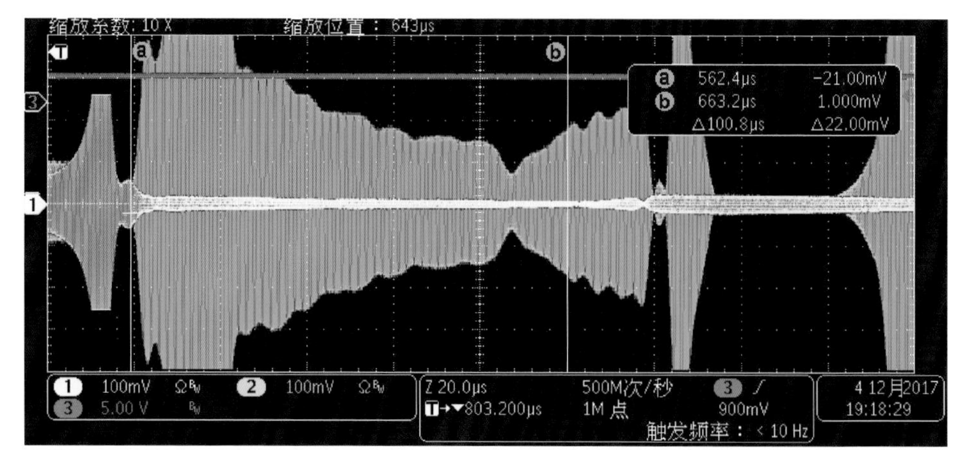

图 5.24 低频电场波/磁场波在等离子体中传输特性典型时域测量曲线

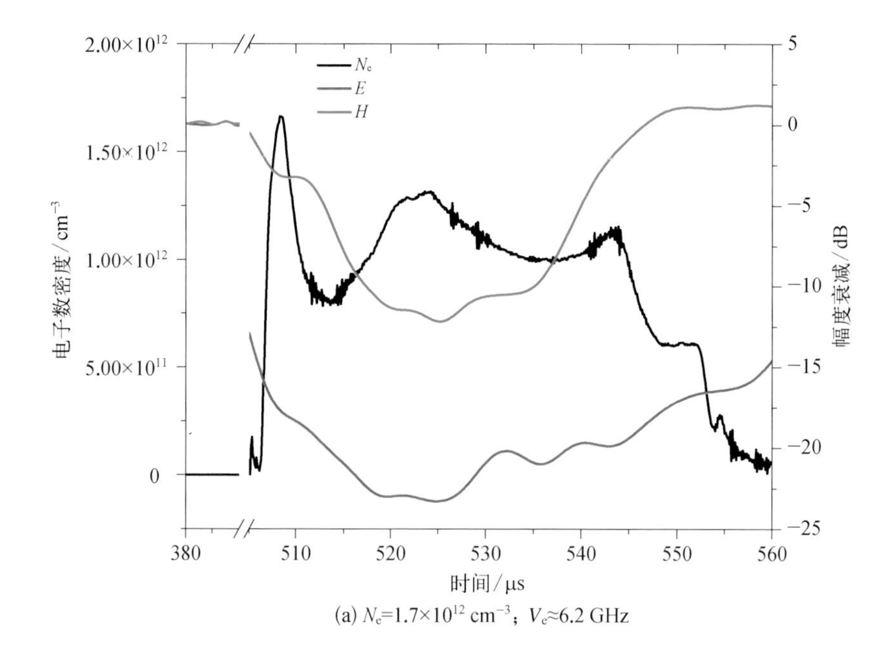

(a) N_e=1.7×10^{12} cm^{-3}；V_e≈6.2 GHz

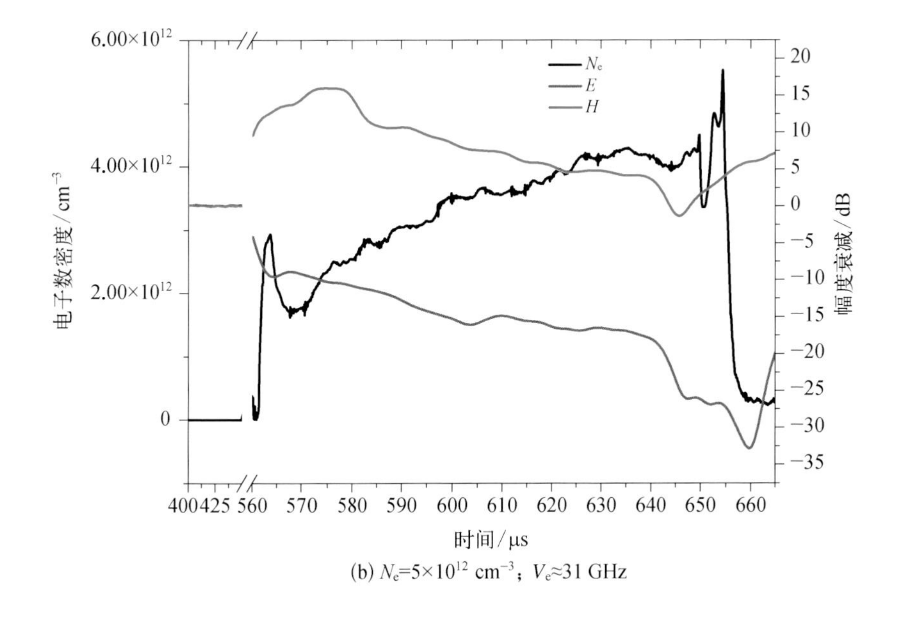

(b) N_e=5×10^{12} cm^{-3}；V_e≈31 GHz

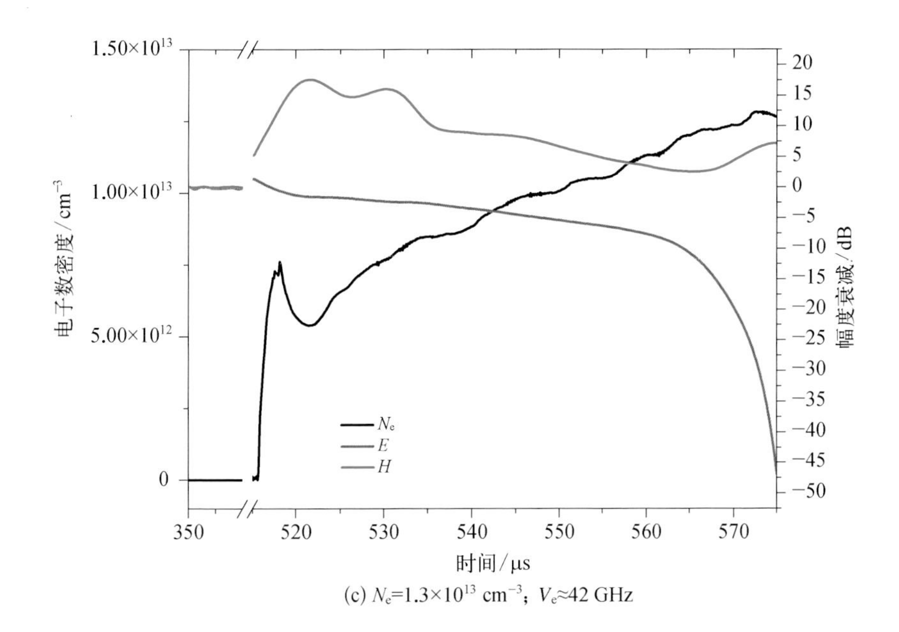

(c) N_e=1.3×10^{13} cm^{-3}；V_e≈42 GHz

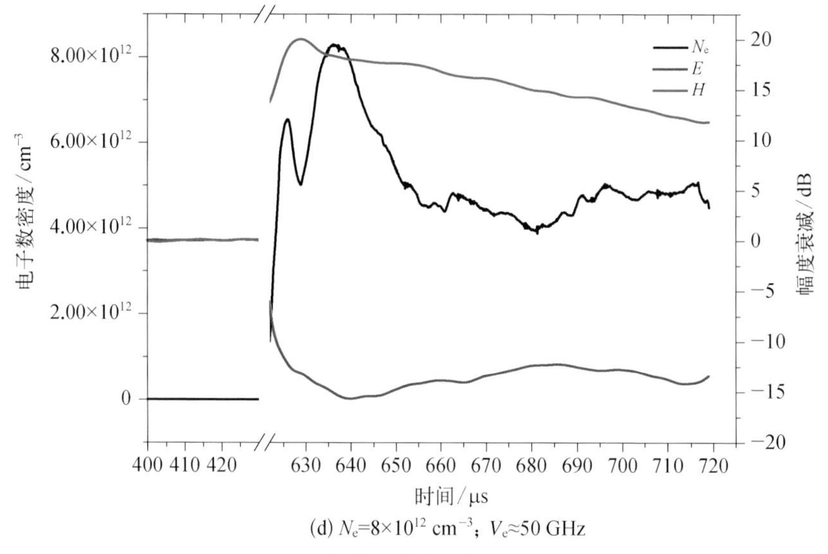

(d) N_e=8×10¹² cm⁻³；V_c≈50 GHz

图 5.25　E/H 场衰减及其电子数密度对比试验结果

5.2.2　等离子体对调制通信信号影响激波管试验

本试验设计了激波管电磁密封结构，显著地减少了电磁波的绕射；在电磁屏

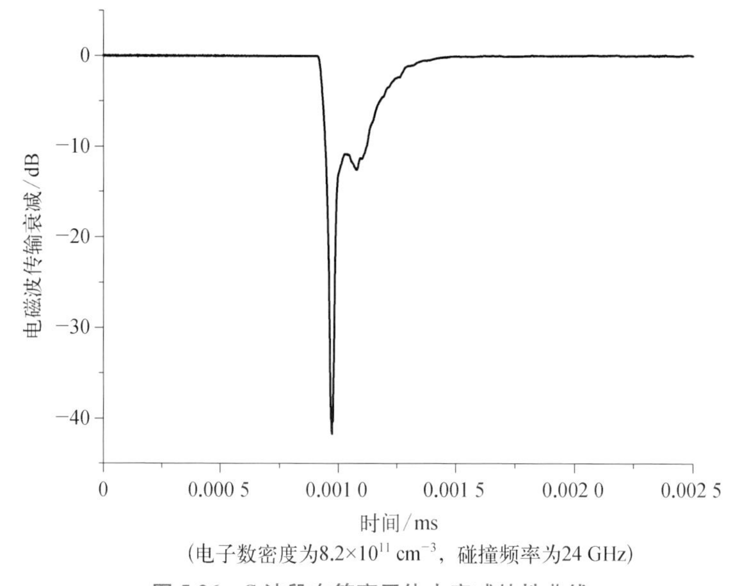

(电子数密度为8.2×10¹¹ cm⁻³，碰撞频率为24 GHz)

图 5.26　S 波段在等离子体中衰减特性曲线

蔽装置内部粘贴吸波材料，对反射电磁波进行有效的吸收；研制加工出聚焦透镜天线，增强了波束的指向性。在激波管结构上实现了 50~60 dB 的屏蔽性能。在之前开展的激波管调制通信试验中观测到 S 波段衰减大于 40 dB 的试验现象，典型测量结果如图 5.26 所示。

开展调制通信信号在瞬态等离子体中传输特性试验，研究测试不同的电子数密度、碰撞频率下多种通信体制（QPSK、4FSK、4PPM）的可达速率、信道特性，测量示意图如图 5.27 所示。S 波段工作频率为 2.2~2.4 GHz。

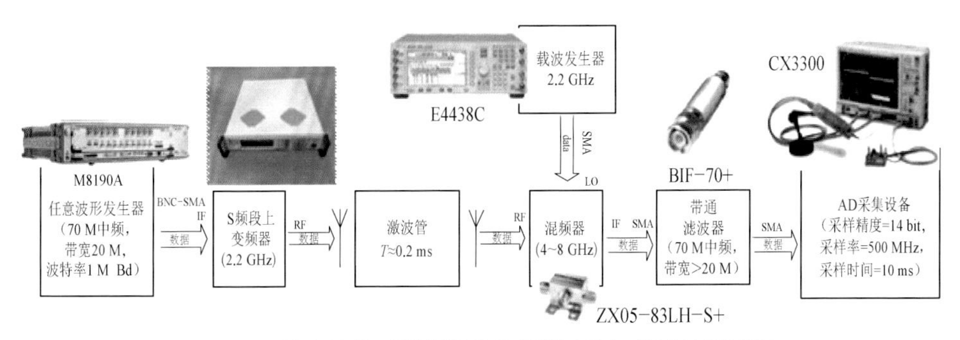

图 5.27　等离子体对调制通信信号影响激波管试验测试图

计算 QPSK、4FSK、4PPM 下对应符号的条件概率密度分布，从而可得对应符号的软信息，即似然比，进一步得到三种调制方式下的可达速率。首先，由带通滤波器分别滤出 QPSK、4FSK、4PPM 信号。其次，由匹配滤波器得到接收信号 y，从而可得到相应符号的条件概率密度 $p(y \mid x)$，有以下两种方式得到所需要的分布函数：① 直接对接收符号做直方图统计，从而得到分布函数的数值近似；② 用对数正态分布或混合高斯分布近似，只需要估计出相应模型参数。最后，有了对应符号的分布函数近似解，则可得到相应调制方式的可达速率 R，即

$$R = \log M - E_{x,y}\left\{\log\left(\frac{\sum_{x \in S} p(y \mid x)}{p(y \mid x)}\right)\right\} \tag{5.1}$$

$$\begin{aligned} & E_{x,y}\left\{\log\left(\frac{\sum_{x \in S} p(y \mid x)}{p(y \mid x)}\right)\right\} \\ = & E_x\left\{\frac{p(y \mid x_1) + p(y \mid x_2) + p(y \mid x_3) + p(y \mid x_4)}{p(y \mid x)} \mathrm{d}y\right\} \end{aligned} \tag{5.2}$$

通过对单载波接收信号的分析,得到了激波管等离子体信道衰减情况,验证了信道的动态性和非平稳性,分析不同动态性下的等离子体信道可达速率,得到动态性与可达速率的关系。在不同试验状态下,三种调制信号在等离子体中传输衰减和可达速率测试结果如表 5.5 所示。由表 5.5 可见,$R_{4FSK}>R_{4PPM}>R_{QPSK}$,调频信号抗等离子体干扰能力最强,调相信号容易受等离子体干扰影响。QPSK 解调星座图如图 5.28 所示。由图 5.28 可见,激波管等离子体信道具有较强的动态性和非平稳性。

表 5.5 不同调制方式在瞬态等离子体中传输衰减与可达速率测试结果

电子数密度	$N_e=5\times10^{10}\text{cm}^{-3}$	$N_e=3\times10^{11}\text{cm}^{-3}$	$N_e=7\times10^{12}\text{cm}^{-3}$
平均衰减	12	21	30
4FSK	1.99	1.80	1.72
4PPM	1.98	1.63	1.35
QPSK	0.97	1.53	0.86

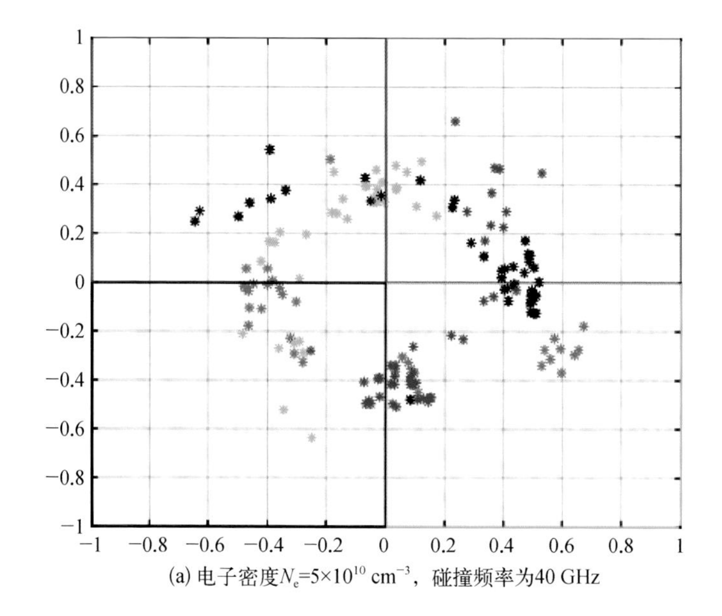

(a) 电子密度N_e=5×10^{10} cm^{-3}，碰撞频率为40 GHz

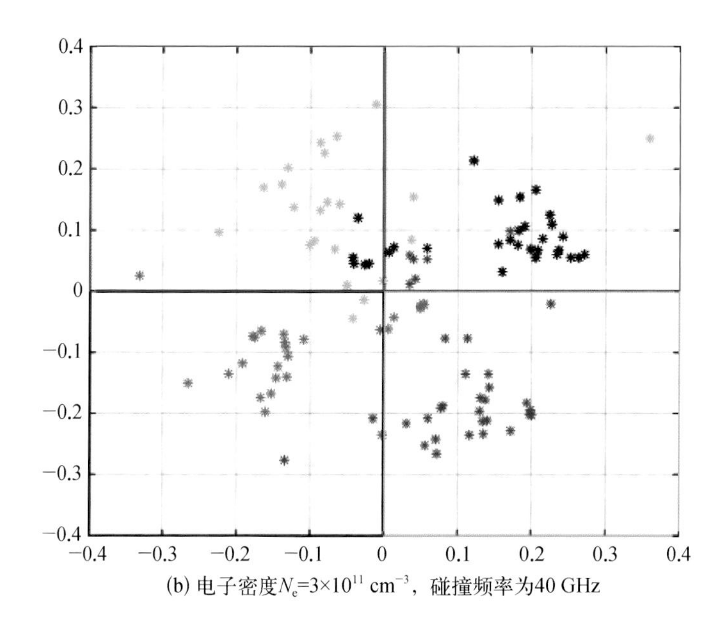

(b) 电子密度N_e=3×10^{11} cm^{-3}，碰撞频率为40 GHz

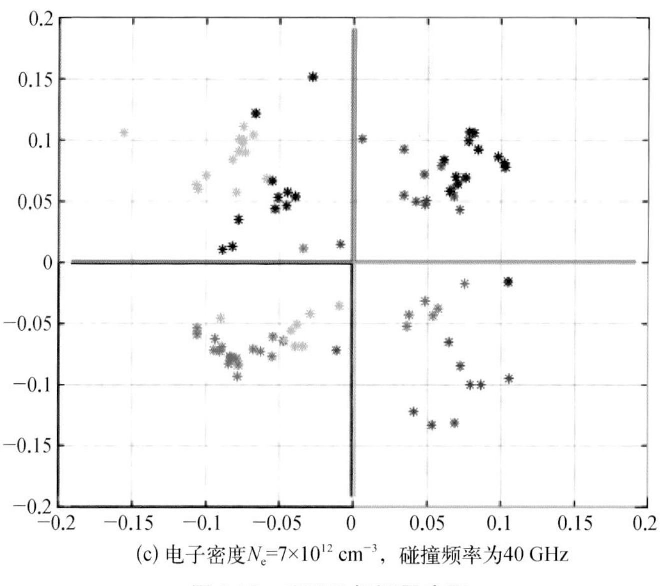

(c) 电子密度N_e=7×10^{12} cm^{-3}，碰撞频率为40 GHz

图 5.28　QPSK 解调星座图

5.2.3 模型等离子体鞘套光辐射测量技术研究

采用可见光谱测量系统测量激波管模型等离子体鞘套/流场的辐射光谱，紫外/可见光辐射系统测量激波管模型等离子体鞘套/流场的光辐射强度，对获得的辐射光谱、光辐射强度进行数据处理得到不同模型、不同马赫数条件下模型等离子体鞘套辐射热流、辐射特征谱。图 5.29 为等离子体鞘套光辐射与光谱测量的模型装配图。图 5.30 和图 5.31 分别给出了典型试验状态下激波管模型高温绕流气体光辐射强度与光谱测量结果。

图 5.29 等离子体鞘套光辐射与光谱测量的模型装配图

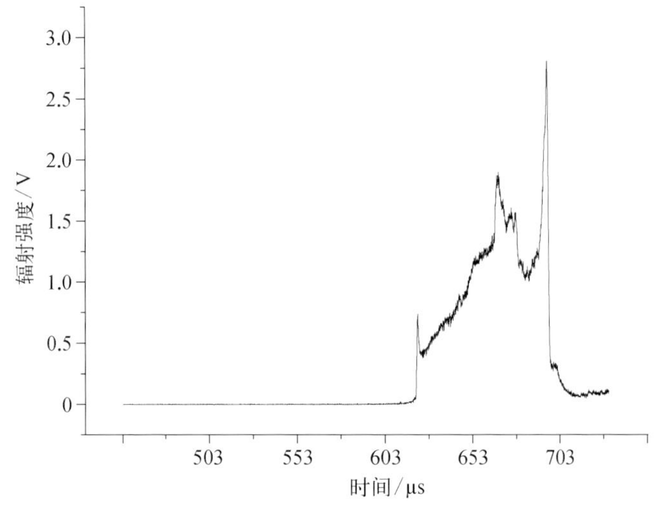

图 5.30 典型试验状态下激波管模型高温绕流气体光辐射强度测量结果

（中心波长为 356 nm、带宽为 34.4 nm）

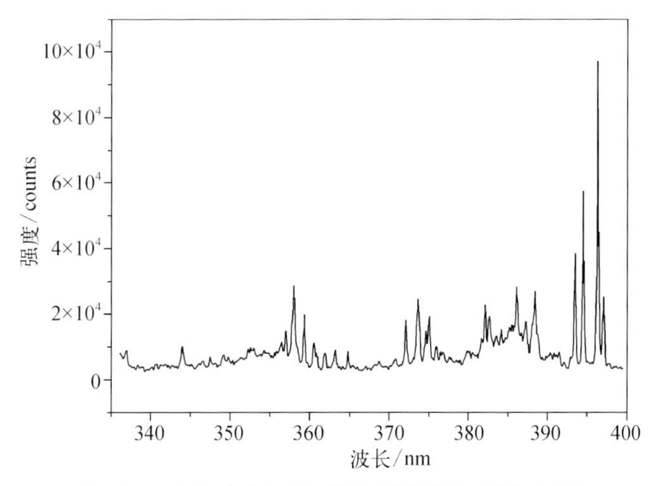

图 5.31　典型试验状态下激波管模型光谱测量结果

5.2.4　激光在等离子体鞘套中传输特性的地面模拟试验研究

在激波管设备上开展激光在等离子体鞘套中传输特性的地面模拟试验，探究激光通信在突破等离子体鞘套通信问题上的可行性，探究适合于等离子体鞘套通信的激光探测方法和调制方式，研究了不同探测方式/调制方式、不同码型及不同等离子体环境下的 1 550 nm 激光信号振幅、相位的影响。试验系统分为

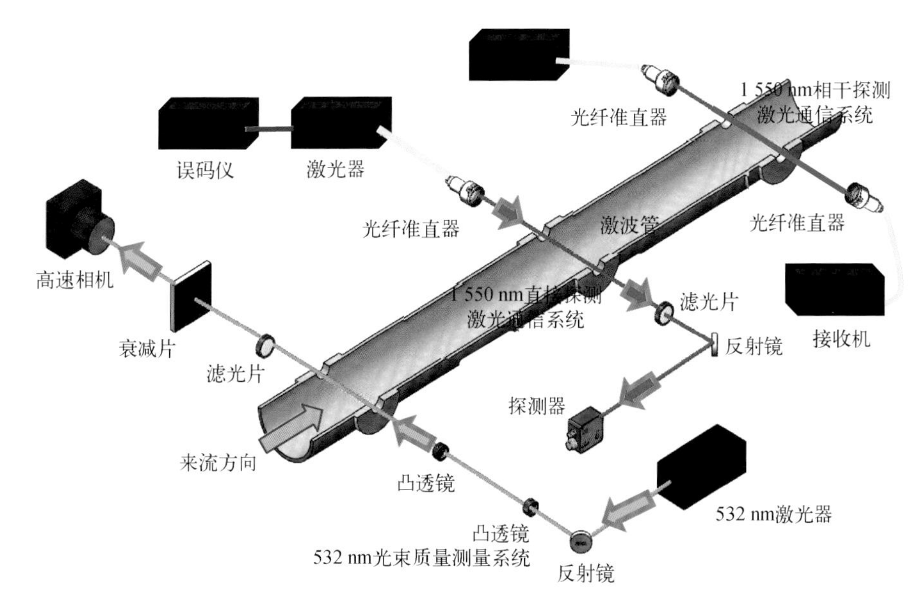

图 5.32　激光在动态等离子体鞘套中传输特性试验系统

三个部分：1 550 nm 直接探测系统、相干探测系统及可见光 532 nm 的光束质量监测系统，如图 5.32 所示。光束监测系统是利用高速相机拍摄可见光 532 nm 的光斑能量和大小的分布情况来观察光束质量的变化。

图 5.33 和图 5.34 为激光在纯空气电离的等离子体中的传输实验测量结果。利用激光相干通信系统，进行码率为 5 Gb/s 的 QPSK 信号传输试验，传递了已知码元序列的一段伪随机码，解调出来的不同时刻的一路 5 Gb/s 的 QPSK 信号如图 5.35(a)所示，图 5.35(b)为对应时刻信息传输准确情况下应该出现的 01 码元。由图 5.36 可知，激光信号按照序列传输，没有发生乱码的现象。

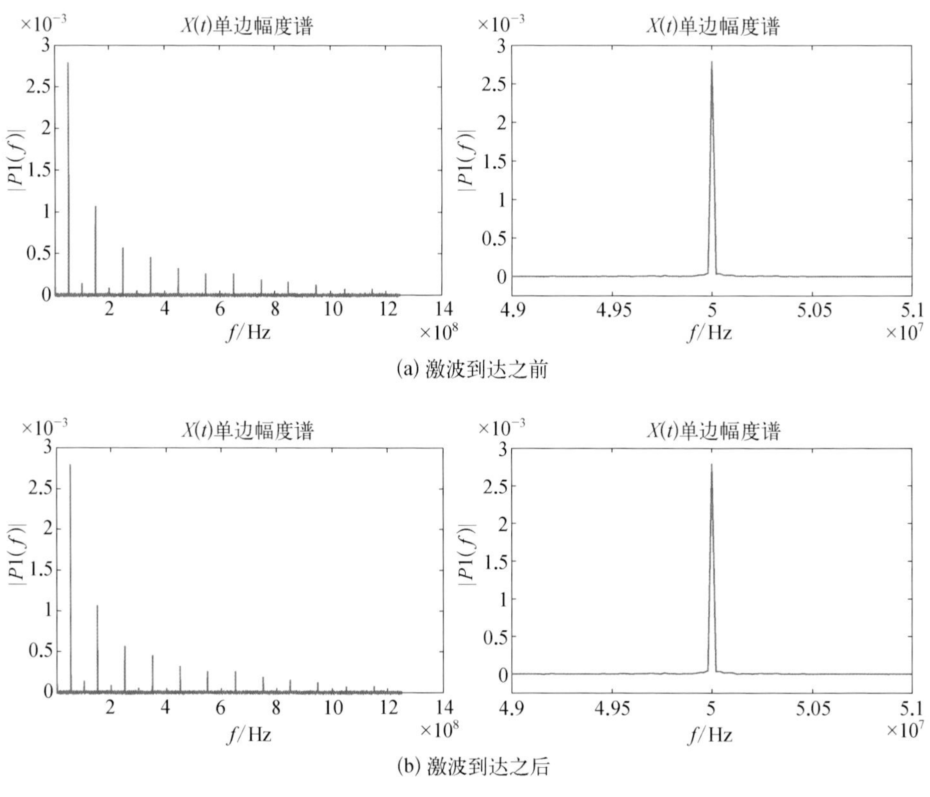

图 5.33 激光在纯空气电离的等离子体中传输试验频谱测量结果

（电子数密度为 $1.2\times10^{13}\,\text{cm}^{-3}$、碰撞频率为 25 GHz、100 Mb/s、01 码）

激光在含烧蚀颗粒的等离子体中的传输试验结果分别如图 5.37 和图 5.38 所示。由图 5.37 可见，烧蚀颗粒造成了信号幅度的明显起伏，但没有明显的频移和脉冲展宽，信号能够正常传输。从 QPSK 信号的解调结果来看，信号还是按照序列传输，没有发生相位随机现象。

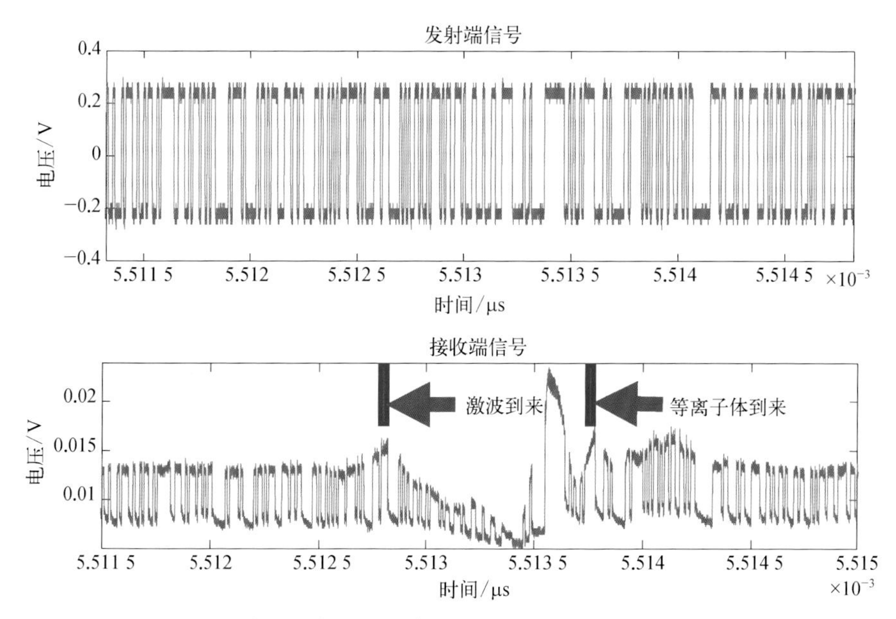

图 5.34 激光在纯空气电离的等离子体中传输试验伪随机码测量结果

（电子数密度为 $1.2\times10^{13}\ \mathrm{cm}^{-3}$、碰撞频率为 25 GHz、100 Mb/s、01 码）

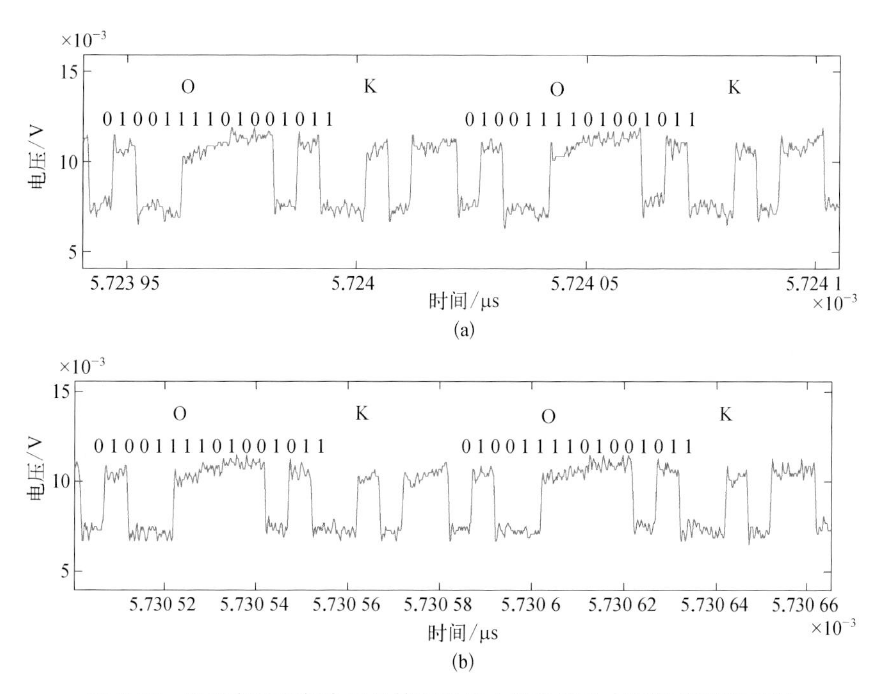

图 5.35 激光在纯空气电离的等离子体中传输试验 ASCII 码测量结果

（电子数密度为 $7.3\times10^{12}\ \mathrm{cm}^{-3}$、碰撞频率为 93 Hz、码率为 5 Gb/s）

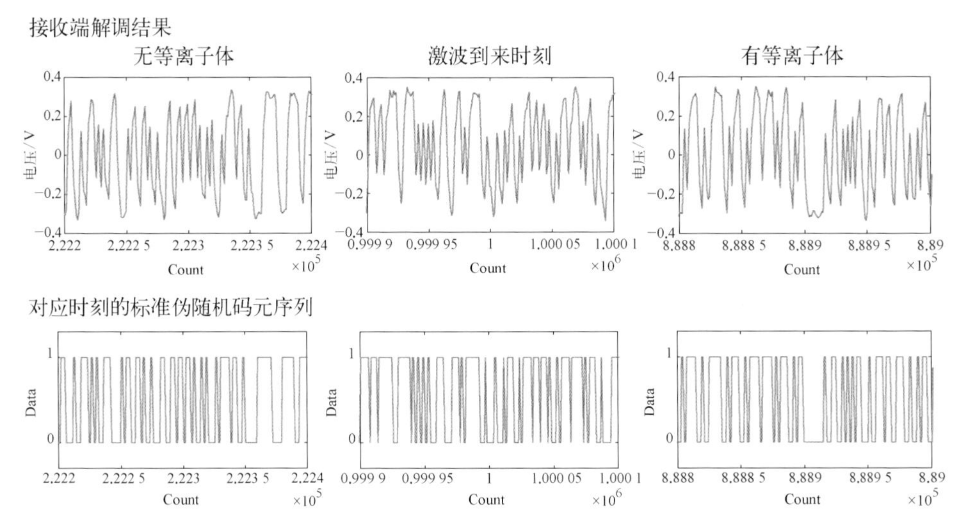

图 5.36　激光在纯空气电离的等离子体中传输试验 QPSK 测量结果

（电子数密度为 7.3×10^{12} cm^{-3}、碰撞频率为 93 Hz、码率为 5 Gb/s）

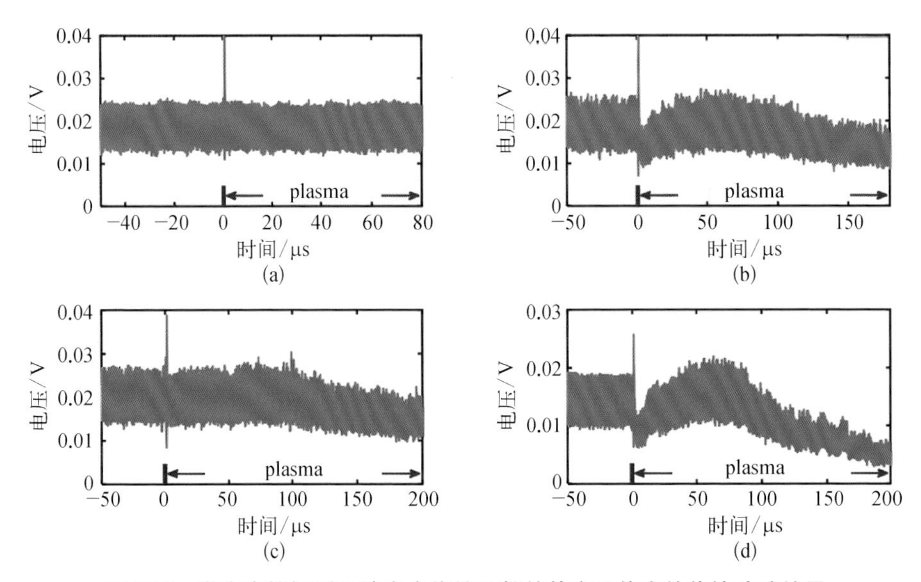

图 5.37　激光直接探测系统在含烧蚀颗粒的等离子体中的传输试验结果

（电子数密度为 7.3×10^{12} cm^{-3}、碰撞频率为 93 Hz、100 Mb/s、01 码、1 g ZrB_2-S_iC-C）

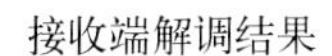

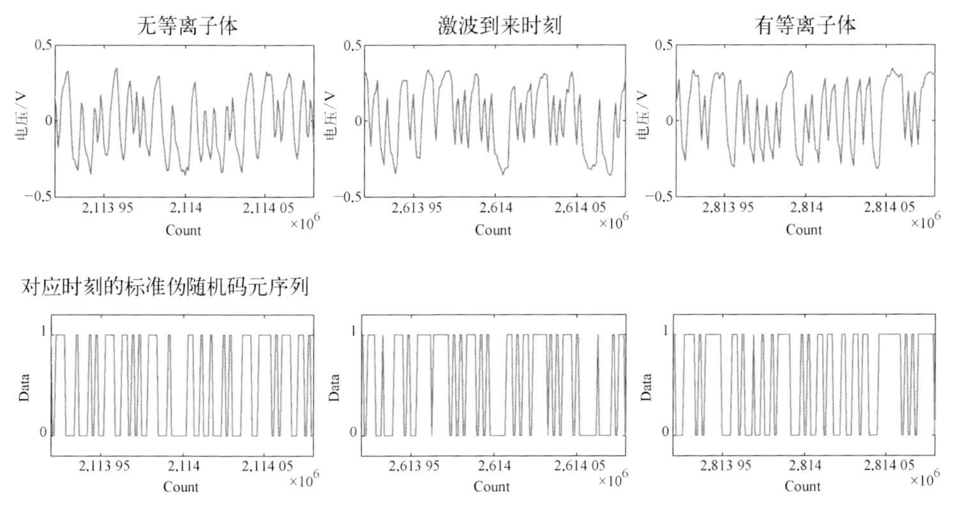

图 5.38　激光相干探测系统在含烧蚀颗粒的等离子体中的传输试验结果

（电子数密度为 $7.3\times10^{12}\,cm^{-3}$、碰撞频率为 93 Hz、5 Gb/s、QPSK、1 g ZrB_2-S_iC-C）

参 考 文 献

[1] 卞博锐.临近空间高超声速飞行器等离子体鞘套电磁特性研究.南京：南京航空航天大学,2012.

[2] 韩高.临近空间飞行器测控系统的分布式仿真平台研究.西安：西安电子科技大学,2012.

[3] 袁伟.临近空间高超声速飞行器测控链路设计与仿真平台实现.西安：西安电子科技大学,2012.

[4] 田媛.等离子体鞘套数值仿真及其与电磁波相互作用.西安：西安电子科技大学,2016.

[5] Allen E H. The case for near space. Aerospace America, 2006, 2: 31-34.

[6] 李文正,龚波.美国对临近空间概念的研究.航天航空技术,2005,11：1-16.

[7] Longo M R, Lourenco S F. On the nature of near space: Effects of tool use and the transition to far space. Neuropsychologia, 2006, 44(6): 977-981.

[8] 赵向阳.黑障对无线电信号的影响分析与研究.兰州：兰州大学,2012.

[9] 王金云,魏素军.美俄未来高超声速飞航导弹技术发展动向.飞航导弹,2012(9)：25-29.

[10] 王家胜,杨显强,经姚翔,等.钝头型航天器再入通信黑障及对策研究.航天器工程,2014,23(1)：6-16.

[11] 安慧.美军太空对地打击技术的发展.国际太空,2010,(7)：1-7.

[12] 洪延姬,金星,李小将,等.临近空间飞行器技术.北京：国防工业出版社,2012.

[13] 蔡国飙,徐大军,高超声速飞行器技术.北京：科学出版社,2012.

[14] Voland R T, Huebner L D, McClinton C R. X-43A Hypersonic vehicle technology development. Acta Astronautica, 2006, 59(1-5): 181-191.

[15] McClinton C R, Rausch V L, Nguyen L T, et al. Preliminary X-43 flight test results. Acta Astronautica, 2005, 57(2-8): 266-276.

[16] 袁忠才.等离子体鞘套对飞行器再入过程信号传播特性的影响分析.2014,31(1)：79-82.

[17] 陈禹旭,赵青,薄勇,等.等离子体鞘层中电磁传输特性的数值仿真和实验验证.2015,27(3)：290-294.

[18] Li L Q, Wei B, Yang Q, et al. High-Order SO-DGTD simulation of radio wave propagation through inhomogeneous weakly ionized dusty plasma sheath. IEEE Antennas and Wireless Propagation Letters, 2017, 16: 2078-2081.

[19] 刘昌臻."黑障"测控传输体制研究.南京：南京理工大学,2012.

[20] Park C. Problems of rate chemistry in the flight regimes of aeroassisted orbital transfer vehicles. Progress in astronautiscs. 1985, 96: 511 – 537.

[21] Dyakonov A A, Schoenenberger M, Norman J V. Hypersonic and supersonic static aerodynamics of Mars Science Laboratory entry vehicle. AIAA paper, 2012: 25 – 28.

[22] Gnoffo P A, Mccandless R S. Three-dimensional AOTV flowfields in chemical nonequilibrium. NTRS, 1986.

[23] Eberhardt S, Brown K. Shock-capturing technique for hypersonic, chemically relaxing flows. Journal of Spacecraft and Rockets, 1987, 24(6): 481 – 488.

[24] Cheatwood F M, Gnoffo P A. User's manual for the Langley aerothermodynamic upwind relaxation algorithm (LAURA). National Aeronautics and Space Administration, Langley Research Center, 1996.

[25] Nompelis I, Drayna T, Candler G. Development of a hybrid unstructured implicit solver for the simulation of reacting flows over complex geometries. AIAA Fluid Dynamics Conference & Exhibit, 2004.

[26] Wright M J, Candler G V, Bose D. Data-parallel line relaxation method for the Navier-Stokes equations. AIAA journal, 1998, 36(9): 1603 – 1609.

[27] Millikan R C, White D R. Systematics of vibrational relaxation. The Journal of chemical physics, 1963, 39(12): 3209 – 3213.

[28] Park C. Assessment of two-temperature kinetic model for ionizing air. Journal of thermophysics and Heat Transfer, 1989, 3(3): 233 – 244.

[29] Gupta R N, Yos J M, Thompson R A, et al. A review of reaction rates and thermodynamic and transport properties for an 11-species air model for chemical and thermal nonequilibrium calculations to 30 000 K. National Aeronautics and Space Administration, Langley Research Center, 1990.

[30] Park C, Jaffe R L, Partridge H. Chemical-kinetic parameters of hyperbolic earth entry. Journal of thermophysics and Heat Transfer, 2001, 15(1): 76 – 90.

[31] Ramshaw J D. Self-consistent effective binary diffusion in multicomponent gas mixtures. Journal of Non-Equilibrium Thermodynamics, 1990, 15(3): 295 – 300.

[32] Candler G V, Maccormack R W. The computation of hypersonic ionized flows in chemical and thermal nonequlibrium. 26th AIAA Aerospace Sciences Meeting, 1988.

[33] Gnoffo P A, Weilmuenster K J, Alter S J. Multiblock analysis for shuttle orbiter reentry heating from Mach 24 to Mach 12. Journal of Spacecraft and Rockets, 1994, 31(3): 367 – 377.

[34] Gnoffo P A, Weilmuenster K J, Hamilton H H, et al. Computational aerothermodynamic design issues for hypersonic vehicles. Journal of Spacecraft and Rockets, 1999, 36(1): 21 – 43.

[35] Reda D C, Wilder M C, Bogdanoff D W, et al. Transition experiments on blunt bodies with distributed roughness in hypersonic free flight. Journal of Spacecraft and Rockets, 2008, 45(2): 210 – 215.

[36] Palmer G E, White T, Pace A. Direct coupling of the NEQAIR radiation and DPLR CFD codes. Journal of Spacecraft and Rockets, 2011, 48(5): 836 - 845.

[37] Candler G V, Johnson H B, Nompelis I, et al. Development of the US3D code for advanced compressible and reacting flow simulations. 53rd AIAA Aerospace Sciences Meeting, 2015.

[38] Liou M-S, Steffen C J. A new flux splitting scheme. Journal of Computational Physics, 1993, 107(1): 23 - 39.

[39] 沈建伟,瞿章华.高超音速化学非平衡钝劈绕流数值计算.航空学报,1989,10(1):67 - 69.

[40] 董维中.气体模型对高超声速再入钝体气动参数计算影响的研究.空气动力学学报,2001,19(2): 197 - 202.

[41] 范绪箕.关于飞行器高超声速不平衡气体绕流的数值模拟.力学进展,2004,34(2):224 - 236.

[42] 程晓丽,苗文博,周伟江.真实气体效应对高超声速轨道器气动特性的影响.宇航学报,2007,28(2): 259 - 264.

[43] 潘沙.高超声速气动热数值模拟方法及大规模并行计算研究.长沙: 国防科学技术大学,2010.

[44] 卞荫贵,徐立功.气动热力学.中国科学技术大学出版社,1997.

[45] 瞿章华.高超声速空气动力学.国防科技大学出版社,2005.

[46] Zhao W W, Chen W F, Agarwal R K.Formulation of a new set of Simplified Conventional Burnett equations for computation of rarefied hypersonic flows. Aerospace Science and Technology, 2014, 38: 64 - 75.

[47] Zhao W W, Chen W F, Liu H L, et al. Computation of 1-D shock structure in a gas in rotational non-equilibrium using a new set of simplified Burnett equations. Vacuum, 2014, 109: 319 - 325.

[48] Zhao W W, Chen W F, Agarwal R K. Computation of rarefied hypersonic flows using modified form of conventional burnett equations. Journal of Spacecraft and Rockets, 2015, 52(3): 1 - 15.

[49] Leer B V. Towards the ultimate conservative difference scheme. V. A second-order sequel to Godunov's method. Journal of Computational Physics, 1979, 32(1): 101 - 136.

[50] Kim K H, Kim C. Accurate, efficient and monotonic numerical methods for multi-dimensional compressible flows: Part I: Spatial discretization. Journal of Computational Physics, 2005, 208(2): 570 - 615.

[51] Kim K H, Kim C, Rho O H. Methods for the accurate computations of hypersonic flows: I. AUSMPW+ scheme. Journal of Computational Physics, 2001, 174(1): 38 - 80.

[52] Kaynak Ü, Gürdamar E. Boundary-layer transition under the effect of compressibility for the correlation based transition model. AIAA Aerospace Sciences Meeting & Exhibit, 2013.

[53] 赵文文.高超声速流动 Burnett 方程稳定性与数值计算方法研究.杭州: 浙江大学学位论文,2014.

[54] 葛德彪,闫玉波.电磁波时域有限差分方法.西安: 西安电子科技大学出版社.2002.

[55] Delaney W P, Ward W W. Radar development at lincoln laboratory: An overview of the first

fifty years. The Lincoln Laboratory Journal, 2000, 12(1): 147 - 166.

[56] 阮颖铮.雷达截面与隐身技术.国防工业出版社,1998.

[57] Li J S, Pendry J B. Hiding under the carpet: A new strategy for cloaking. Physical Review Letters, 2008, 101(20): 203901.

[58] Liu R, Ji C, Mock J J, et al. Broadband ground-plane cloak. Science, 2009, 323(5912): 366 - 369.

[59] Carter R G. The method of moments in electromagnetics, by W. C. Gibson. Contemporary Physics, 2010, 51(2): 183 - 184.

[60] Volakis J L, Cbatterjee A, Kempel L C. Finite Element Method for Electromagneticsom. New York: IEEE Press, 2002.

[61] Jin J M. The finite element method in electromagnetics. Journal of the Japan Society of Applied Electr agnetics, 2002, 1: 39 - 40.

[62] Lu C C, Chew W C. Fast algorithm for solving hybrid integral equations. IEE Proceedings H-Microwaves, Antennas and Propagation, 1993, 140(6): 455 - 460.

[63] Song M, Chew W C. Fast multipole method solution using parametric Geometry. Microw. Opt. Technol. Lett., 1994, 7(16): 760 - 765.

[64] Bleszynski E, Bleszynski M, Jaroszewicz T. AIM: Adaptive integral method for solving large-scale electromagnetic scattering and radiation problems. Radio Science, 1996, 31(5): 1225 - 1251.

[65] Taflove. A, Hagness S C. Computational Electromagnetics: Finite-Difference Time-Domain Method, 2005.

[66] Sullivan D M. An Unsplit Step 3-D Pml for Use with the FDTD Method. IEEE Microwave and Guided Wave Letters, 1997, 7(7): 184 - 186.

[67] Luebbers R J, Kunz K S, Schneider M, et al. A finite-difference time-domain near zone to far zone transformation[Electromagnetic Scattering]. IEEE Transactions on Antennas and Propagation, 1991, 39(4): 429 - 433.

[68] Yee K S, Ingham D, Shlager K. Time-domain extrapolation to the far field based on fdtd calculations. IEEE Transactions on Antennas and Propagation, 1991, 39(3): 410 - 413.

[69] Shlager K L, Smith G S. Near-field to near-field transformation for use with fdtd method and its application to pulsed antenna problems. Electronics Letters, 1994, 30(16): 1262 - 1264.

[70] 艾夏.复杂色散介质电磁散射的 FDTD 算法及其改进方法的研究.西安: 西安电子科技大学,2013.

[71] Berenger J P. Three-dimensional perfectly matched layer for the absorption of electromagnetic waves. Journal of Computational Physics, 1996, 127(2): 363 - 379.

[72] Sacks Z S, Kingsland D M, Lee R, et al. A perfectly matched anisotropic absorber for use as an absorbing boundary condition. IEEE Transactions on Antennas and Propagation, 1995, 43(12): 1460 - 1463.

[73] Gedney S D. An anisotropic perfectly matched layer-absorbing medium for the truncation of FDTD lattices. IEEE Transactions on Antennas and Propagation, 1996, 44(12):

1630－1639.

[74] Sullivan D M. An unsplit step 3-D Pml for use with the fdtd method. IEEE Microwave and Guided Wave Letters, 1997, 7(7): 184－186.

[75] Luebbers R, Steich D, Kunz K. Fdtd calculation of scattering from frequency-dependent materials. IEEE Transactions on Antennas and Propagation, 1993, 41(9): 1249－1257.

[76] Siushansian R, LoVetri J. A comparison of numerical techniques for modeling electromagnetic dispersive media. IEEE Microwave and Guided Wave Letters, 1995, 5(12): 426－428.

[77] Kelley D F, Luebbers R J. Piecewise linear recursive convolution for dispersive media usingFdtd. IEEE Transactions on Antennas and Propagation, 1996, 44(6): 792－797.

[78] Gandhi O P, Gao B Q, Chen J Y. A frequency-dependent finite-difference time-domain formulation for general dispersive media. IEEE Transactions on Microwave Theory and Techniques, 1993, 41(4): 658－665.